サーマルデバイス

監修：舟橋良次／小原春彦

新素材・新技術による熱の高度制御と高効率利用

NTS

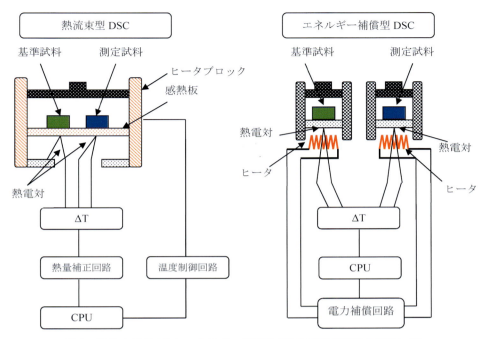

図1 熱流束型DSCとエネルギー補償型DSCの原理構成の比較（p.25）

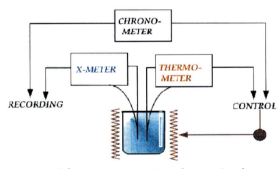

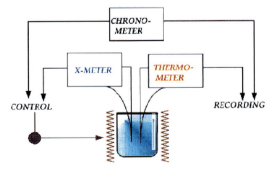

図7 従来法（上図）と試料速度制御熱分析（下図）の概念比較（p.46）

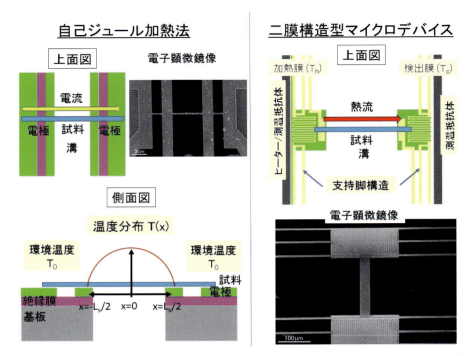

図2 自己ジュール加熱法（左）と二膜構造型マイクロデバイスを用いた熱伝導率測定法（右）を示した模式図と実際に製作されたデバイスの電子顕微鏡像（p.54）

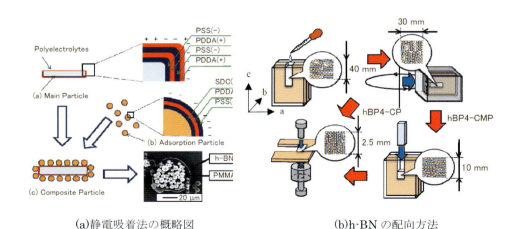

(a)静電吸着法の概略図　　　　(b)h-BNの配向方法

図5　静電吸着法とh-BNを配向させたコンポジットの作製方法（p.84）
出典：村上義信, 電気学会論文誌A, 137(4), 203(2017), Fig.1, Fig.2(c)

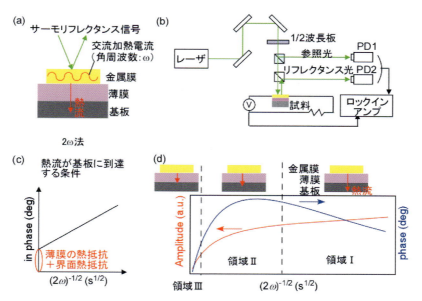

図5 (a)2ω法の模式図, (b)実験セットアップ, (c)従来の熱流基板に到達する条件での測定, (d)いろいろな熱流条件に対応する拡張2ω法[21] (p.99)

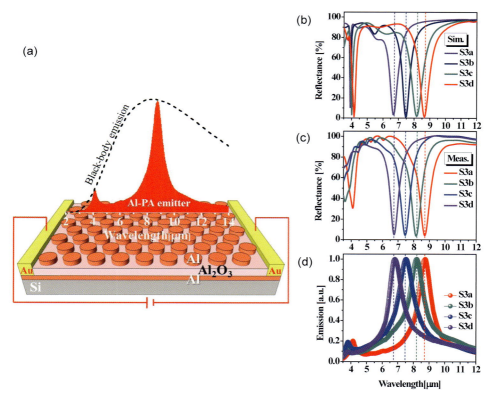

図4 (a)Al-アルミナ-Al構造によるディスク型MIM構造を用いた赤外線エミッターの模式図。(b)四つの異なったディスクサイズをもったMIM構造に対する反射スペクトルのシミュレーション結果。(c)反射スペクトルの実験結果。(d)エミッターを加熱し測定した熱ふく射スペクトル(p.107)

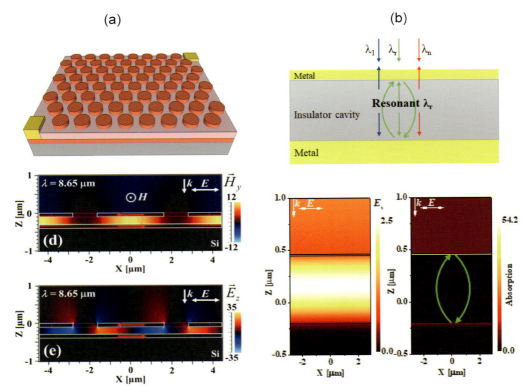

図1 (a)金属-絶縁体-金属(MIM)構造を用いた完全吸収構造の例。上側は構造の模式図。下側は電磁場計算による磁場 H_y と電場 E_z の強度。(b)積層型 Gires-Torunois 共振器構造(非対称 Fabry-Perot 共振器構造)を用いた完全吸収構造の例。上側は構造の模式図。下側は,電磁場計算による電場強度と吸収強度の結果(p.104)

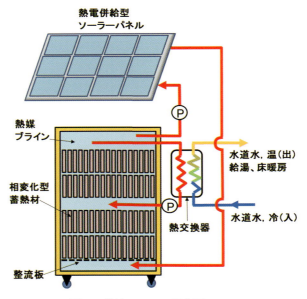

図1 蓄熱システム概念図(p.169)

充填部寸法
125mm×80mm×(厚さ約10mm)
内容量 100グラム

図4 蓄熱材パウチ(p.171)

図5 蓄熱材モジュール(p.171)

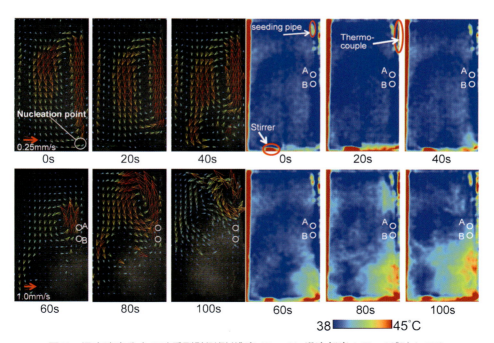

図7 温度速度分布の時系列計測例(濃度 45 wt%, 過冷却度 $\Delta T_c = 10$℃)(p.188)

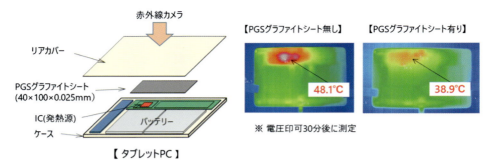

図7　タブレットPCにおけるPGSグラファイトシートの熱対策事例（p.206）

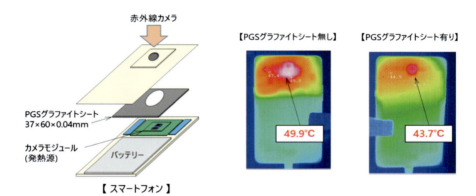

図8　スマートフォンにおけるPGSグラファイトシートの熱対策事例（p.206）

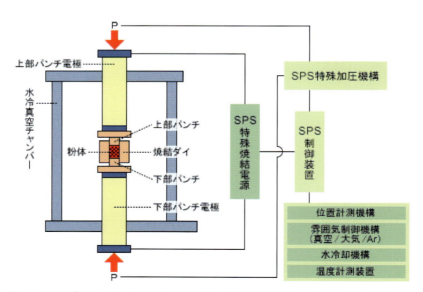

図1　SPSプロセスの基本構成（富士電波工機株式会社ホームページより）（p.215）

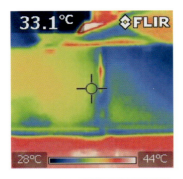

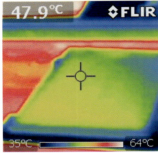
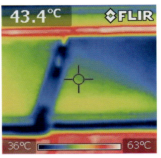

figure 4 放熱コーティングサーモグラフィー写真(p.247)
　　　試験条件　2013年6月28日　気温26℃　風速4m
　　　天候　くもり時々晴れ　測定時間　2時～3時
　　　試験場所　都ローラー工業株式会社屋上

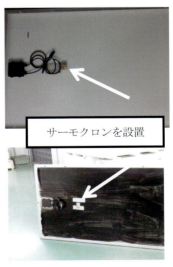

図5　温度データーロガーによる温度変化(p.247)

 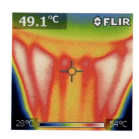 

図6　LED放熱部によるサーモグラフィー温度差（p.248）

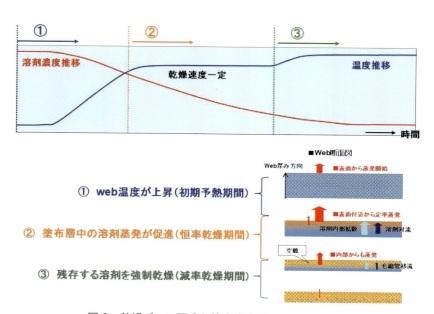

図2　乾燥ゾーン区分と塗布膜内部イメージ（p.251）

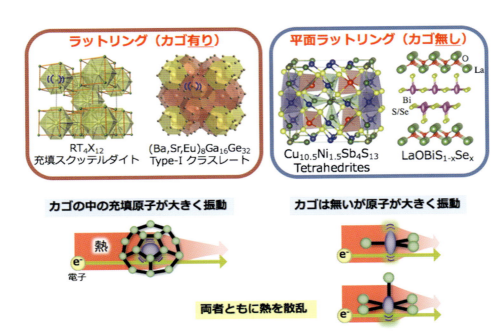

図1　カゴ状物質(左)と平面配位物質(右)のラットリング(p.283)

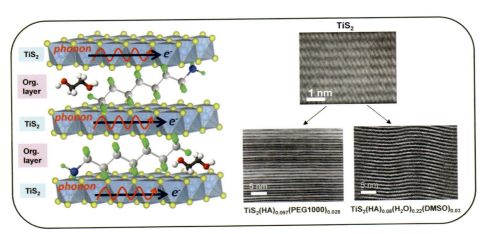

図1　無機・有機ハイブリッド超格子－TiS$_2$/organics の HAADF-STEM 像[1)2)](p.288)
　　　HA：ヘキシルアンモニウム，PEG1000：分子量 1000 のポリエチレングリコール，DMSO：ジメチルスルフォキシド．

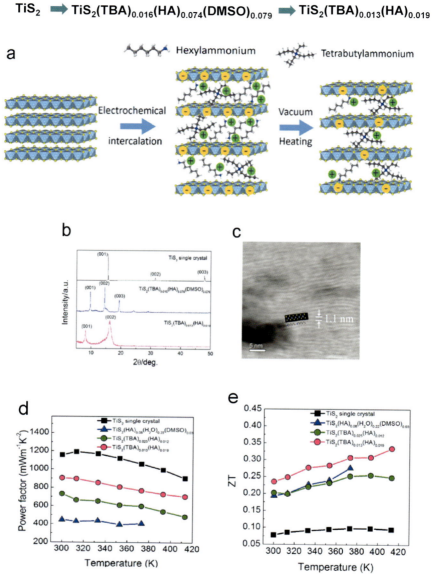

図2 TiS$_2$/organics の熱的インターカレーション法によるキャリア濃度制御[4] (p.289)
(a) TiS$_2$ 単結晶への HA/TBA 分子の電気化学的インターカレーションとその後の真空アニール処理による組成・構造変化
(b) TiS$_2$ 単結晶, TiS$_2$(TBA)$_{0.015}$(HA)$_{0.074}$(DMSO)$_{0.079}$, TiS$_2$(TBA)$_{0.013}$(HA)$_{0.019}$ の XRD パターン
(c) TiS$_2$(TBA)$_{0.013}$(HA)$_{0.019}$ の HAADF-STEM 像
(d) TiS$_2$(TBA)$_{0.025}$(HA)$_{0.012}$, TiS$_2$(TBA)$_{0.013}$(HA)$_{0.019}$ の出力因子 (PF) および(e) ZT の温度依存性:TiS$_2$ 単結晶および TiS$_2$(HA)$_{0.08}$(H$_2$O)$_{0.22}$(DMSO)$_{0.03}$ との比較を示す。

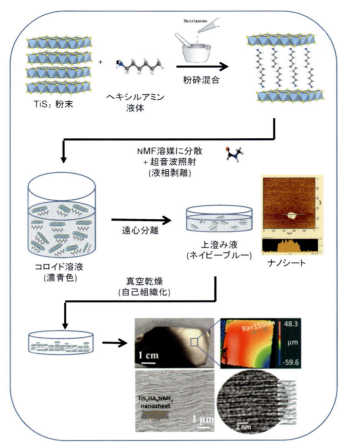

図4 LESA プロセス[19]（p.292）

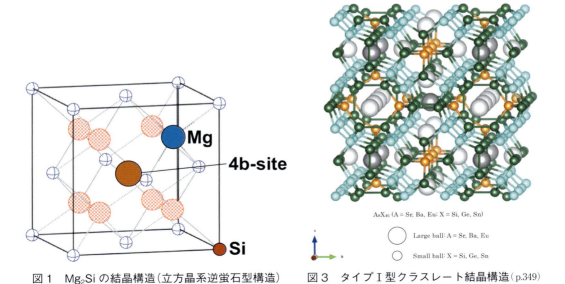

図1 Mg₂Si の結晶構造（立方晶系逆蛍石型構造）（p.347）

図3 タイプI型クラスレート結晶構造（p.349）

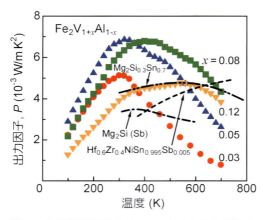

図1 非化学量論組成 Fe$_2$VAl 合金の出力因子の温度依存性(p.359)

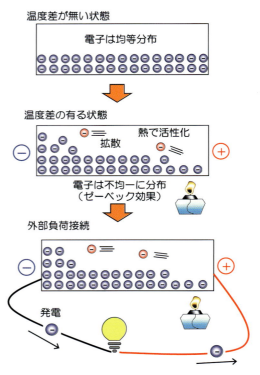

図1 ゼーベック効果を用いる熱電発電の仕組み(p.367)

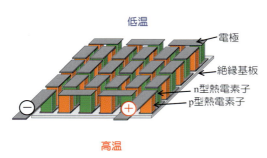

図3 上面を冷却し，絶縁基板側を加熱し発電した場合の熱電モジュールの概略図(p.368)

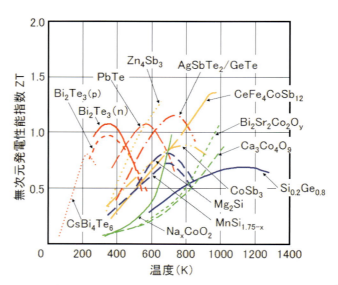

図2 これまでに報告された主な熱電材料の無次元性能指数の温度依存性[3] (p.367)

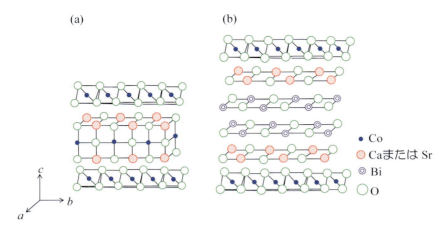

図4 (a) $Ca_3Co_4O_9$ と(b) $Bi_2Sr_2Co_2O_9$ の結晶構造の概略図（p.368）

図13 想定される空冷式熱電発電ユニットの応用例（p.375）

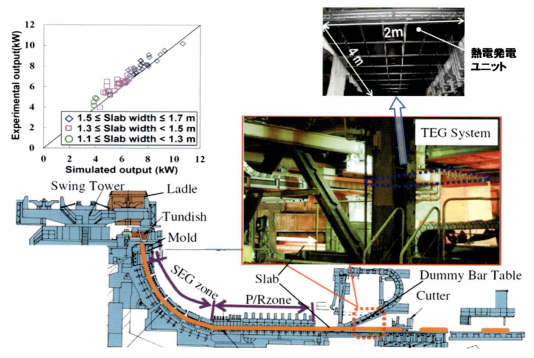

図4 製鉄所の連続鋳造設備におけるふく射排熱を利用した熱電発電実証事例(p.398)

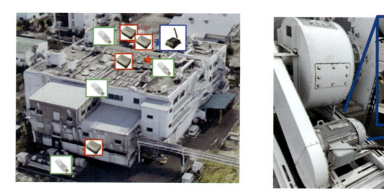

図13 工場内各種設備に設置した「熱電EH無線デバイス」と屋上モーターへの設置の様子(p.402)

監修・執筆者一覧 （敬称略）

【監修者】

舟橋　良次　　国立研究開発法人産業技術総合研究所無機機能材料研究部門機能調和材料グループ
　　　　　　　上級主任研究員

小原　春彦　　国立研究開発法人産業技術総合研究所企画本部　副本部長

【執筆者】(執筆順)

岩室　憲幸　　筑波大学数理物質系　教授

梅沢　仁　　　国立研究開発法人産業技術総合研究所先進パワーエレクトロニクス研究センター

山崎　聡　　　国立研究開発法人産業技術総合研究所先進パワーエレクトロニクス研究センター

小原　春彦　　国立研究開発法人産業技術総合研究所企画本部　副本部長

有井　忠　　　株式会社リガク　熱分析機器事業部

小宅　教文　　東京大学大学院工学系研究科機械工学専攻

児玉　高志　　東京大学大学院工学系研究科機械工学専攻　特任准教授

塩見淳一郎　　東京大学大学院工学系研究科機械工学専攻　教授

八木　貴志　　国立研究開発法人産業技術総合研究所物質計測標準研究部門熱物性標準研究グループ
　　　　　　　主任研究員

森川　淳子　　東京工業大学物質理工学院材料系　教授

村上　義信　　豊橋技術科学大学電気・電子情報工学系　准教授

宮崎　康次　　九州工業大学大学院工学研究院機械知能工学研究系　教授

中村　芳明　　大阪大学大学院基礎工学研究科システム創成専攻　教授

長尾　忠昭　　国立研究開発法人物質・材料研究機構国際ナノアーキテクトニクス研究拠点
　　　　　　　ナノ光制御グループ　グループリーダー

上利　泰幸　　地方独立行政法人大阪産業技術研究所物質・材料研究部奈良先端科学技術大学連携
　　　　　　　研究室　研究フェロー

依田　智　　　国立研究開発法人産業技術総合研究所化学プロセス研究部門階層的構造材料プロセ
　　　　　　　スグループ　研究グループ長

大村　高弘　　和歌山工業高等専門学校知能機械工学科　教授

門倉　貞夫　　株式会社エフ・ティ・エスコーポレーション　代表取締役

桜木　俊一　　静岡理工科大学理工学部機械工学科　教授

能村　貴宏　　北海道大学大学院工学研究院附属エネルギー・マテリアル融合領域研究センターエ
　　　　　　　ネルギーメディア変換材料分野　准教授

染矢　聡　　　国立研究開発法人産業技術総合研究所省エネルギー研究部門熱利用グループ
　　　　　　　産業技術総括調査官

平野　聡　　　国立研究開発法人産業技術総合研究所企画本部総合企画室　総括主幹

久保　和彦　　パナソニック株式会社オートモーティブ＆インダストリアルシステムズ社
　　　　　　　デバイスソリューション事業部技術部

飯室　善文	パナソニック株式会社オートモーティブ＆インダストリアルシステムズ社 デバイスソリューション事業部技術部
水内　　潔	地方独立行政法人大阪産業技術研究所森之宮センター物質・材料研究部 研究フェロー
田中　眞人	新潟大学　名誉教授
島田　誠之	株式会社ジャパンナノコート　代表
近藤　良夫	日本ガイシ株式会社産業プロセス事業部技術部開発グループ加熱開発チーム サブマネージャー
藤井　達也	国立研究開発法人産業技術総合研究所化学プロセス研究部門コンパクトシステムエンジニアリンググループ　主任研究員
川﨑慎一朗	国立研究開発法人産業技術総合研究所化学プロセス研究部門コンパクトシステムエンジニアリンググループ　主任研究員
木伏理沙子	山陽小野田市立山口東京理科大学工学部機械工学科　助教
森　　孝雄	国立研究開発法人物質・材料研究機構国際ナノアーキテクトニクス研究拠点 熱エネルギー変換材料グループ　グループリーダー
野村　政宏	東京大学生産技術研究所マイクロナノ学際研究センター　准教授
李　　哲虎	国立研究開発法人産業技術総合研究所省エネルギー研究部門熱電変換グループ 主任研究員
河本　邦仁	公益財団法人名古屋産業科学研究所
篠原　嘉一	国立研究開発法人物質・材料研究機構エネルギー・環境材料研究拠点 熱電材料グループ　グループリーダー
野々口斐之	奈良先端科学技術大学院大学先端科学技術研究科物質創成科学領域　助教
石田　敬雄	国立研究開発法人産業技術総合研究所イノベーション推進本部総括企画主幹 （兼）地域連携推進部地域連携企画室長
小島　広孝	奈良先端科学技術大学院大学先端科学技術研究科有機固体素子科学研究室　助教
中村　雅一	奈良先端科学技術大学院大学先端科学技術研究科有機固体素子科学研究室　教授
末森　浩司	国立研究開発法人産業技術総合研究所フレキシブルエレクトロニクス研究センター ハイブリッド IoT デバイスチーム　主任研究員
大久保英敏	玉川大学大学院工学研究科機械工学専攻　教授
大橋　俊介	関西大学システム理工学部電気電子情報工学科　教授
飯田　　努	東京理科大学基礎工学部材料工学科　教授
塩尻　大士	東京理科大学基礎工学部材料工学科　助教
阿武　宏明	山陽小野田市立山口東京理科大学工学部電気工学科　教授
三上　祐史	国立研究開発法人産業技術総合研究所無機機能材料研究部門　主任研究員
西野　洋一	名古屋工業大学大学院工学研究科　教授

舟橋　良次	国立研究開発法人産業技術総合研究所無機機能材料研究部門機能調和材料グループ
	上級主任研究員
浦田　友幸	国立研究開発法人産業技術総合研究所無機機能材料研究部門機能調和材料グループ
高木　茂行	東京工科大学工学部電気電子工学科　教授
宮崎　康次	九州工業大学大学院工学研究院機械知能工学研究系　教授
八馬　弘邦	株式会社 KELK　専務取締役事業統括部長
藤本　慎一	株式会社 KELK 熱電発電技術営業部　要素技術開発グループ長
後藤　大輔	株式会社 KELK 熱電発電技術営業部　応用技術開発グループ長

▶ 目 次 ◀

【第1章 エネルギーデバイスのサーマルマネジメント】

第1節 サーマルマネジメント─パワー半導体デバイス技術と課題─（岩室 憲幸）

1. はじめに ……………………………………………………………………………………… 3
2. SIC パワー半導体デバイス …………………………………………………………………… 4
2.1 結晶成長とウェハ加工プロセス …………………………………………………………… 4
2.2 ユニポーラデバイス（SiC-MOSFET）とバイポーラデバイス（SiC-IGBT）………… 4
2.3 SiC-MOSFET ……………………………………………………………………………… 5
2.4 SiC-MOSFET モジュールの実装技術 …………………………………………………… 7

第2節 サーマルデバイスとしてのダイヤモンドパワーデバイス

（梅沢 仁 / 山崎 聡）

1. はじめに ……………………………………………………………………………………… 9
2. 低熱抵抗ダイヤモンドヒートシンク ……………………………………………………… 9
3. 高温動作ダイヤモンドパワーデバイスと応用 …………………………………………… 11
4. おわりに ……………………………………………………………………………………… 12

第3節 未利用熱エネルギーの有効利用とサーマルマネージメントへの期待

（小原 春彦）

1. はじめに ……………………………………………………………………………………… 15
2. エネルギー需給の概要と未利用熱 ………………………………………………………… 15
3. 自動車分野でのサーマルマネージメント ………………………………………………… 16
4. 産業分野でのサーマルマネージメント …………………………………………………… 17
5. 熱の3R ……………………………………………………………………………………… 18
5.1 熱を削減する（Reduce）技術 …………………………………………………………… 18
5.2 時間・空間的に熱の需給を調整する技術（Reuse）…………………………………… 18
5.3 再利用，変換技術（Recycle）…………………………………………………………… 19
5.4 サーマルマネージメント ………………………………………………………………… 20
6. おわりに ……………………………………………………………………………………… 20

【第2章 熱測定技術】

第1節 示差走査熱量計（DSC）

（有井 忠）

1. DSC の原理 ………………………………………………………………………………… 25

1.1　定　義 ……………………………………………………………… 25
1.2　装置の原理と構成 …………………………………………………… 25
2.　DSC 曲線モデル ……………………………………………………… 27
3.　DSC ピーク温度の読み方 …………………………………………… 27
4.　装置の状態確認と較正 ……………………………………………… 28
4.1　装置のベースライン ………………………………………………… 28
4.2　温度の確認および較正 ……………………………………………… 29
5.　DSC 測定条件 ………………………………………………………… 30
5.1　測定温度範囲 ………………………………………………………… 30
5.2　試料量 ………………………………………………………………… 30
5.3　試料のサンプリング ………………………………………………… 30
5.4　基準物質（リファレンス）………………………………………… 30
5.5　試料容器 ……………………………………………………………… 31
5.6　昇温速度 ……………………………………………………………… 32
5.7　測定雰囲気 …………………………………………………………… 34
6.　DSC の応用例 ………………………………………………………… 34
6.1　ポリエチレンテレフタレート（PET）のガラス転移 ………… 34
6.2　ポリエチレンテレフタレート（PET）のエンタルピー緩和 … 34
6.3　熱処理による差 ……………………………………………………… 35
6.4　高分子材料のリサイクル測定（融解・結晶化）………………… 35

第2節　熱重量測定（TG）　　　　　　　　　　　　　　　（有井　　忠）

1.　TG の原理 …………………………………………………………… 38
1.1　定　義 ………………………………………………………………… 38
1.2　装　置 ………………………………………………………………… 38
1.3　動作原理 ……………………………………………………………… 40
2.　装置の校正 …………………………………………………………… 41
2.1　質量校正 ……………………………………………………………… 41
2.2　温度校正 ……………………………………………………………… 41
3.　TG の測定条件と注意事項 ………………………………………… 42
3.1　試料に関するもの …………………………………………………… 42
3.2　試料容器 ……………………………………………………………… 43
3.3　昇温速度 ……………………………………………………………… 43
3.4　測定雰囲気 …………………………………………………………… 44
4.　試料の熱的挙動と TG（-DTA）曲線の変化 …………………… 44
5.　試料制御熱分析 ……………………………………………………… 45
5.1　原　理 ………………………………………………………………… 47
5.2　データの特徴 ………………………………………………………… 47
6.　変化の内容と，より多くの情報を得るために …………………… 49
7.　特殊雰囲気中での測定 ……………………………………………… 49
7.1　湿度制御 TG 測定 …………………………………………………… 49

第3節　ナノスケール熱測定 （小宅　教文 / 児玉　高志 / 塩見淳一郎）

1. はじめに ……………………………………………………………………… 51
2. 光学的手法によるナノスケール熱伝導測定 ……………………………… 51
3. 電気的手法によるナノスケール熱伝導測定 ……………………………… 53
   3.1 自己ジュール加熱法 ……………………………………………………… 54
   3.2 二膜構造型マイクロデバイスを用いた熱伝導率計測法 ……………… 55
   3.3 今後の電気的手法によるナノスケール熱伝導測定について ………… 56

第4節　パルス光加熱サーモリフレクタンス法による薄膜材料の熱物性測定
（八木　貴志）

1. はじめに ……………………………………………………………………… 58
2. 原　理 ………………………………………………………………………… 58
   2.1 サーモリフレクタンス ………………………………………………… 58
   2.2 装置の構成例 …………………………………………………………… 59
   2.3 単一パルス加熱による薄膜の熱拡散 ………………………………… 61
3. パルス光加熱サーモリフレクタンス法による薄膜材料の評価 ………… 62
   3.1 金属単層膜 ……………………………………………………………… 62
   3.2 多層膜と界面熱抵抗 …………………………………………………… 64
   3.3 ナノ構造層の熱物性評価 ……………………………………………… 65
   3.4 測定規格と標準物質 …………………………………………………… 65

第5節　熱イメージング法—ミクロ可視化熱分析・熱物性測定— （森川　淳子）

1. 熱イメージング（Thermal imaging） ……………………………………… 68
2. 赤外線サーモグラフィー（IR Thermography） …………………………… 68
   2.1 各種赤外線センサー …………………………………………………… 68
   2.2 原　理 …………………………………………………………………… 69
   2.3 実際の測定と温度校正の方法 ………………………………………… 70
   2.4 装置の構成 ……………………………………………………………… 71
   2.5 測定の方法論 …………………………………………………………… 72
   2.6 可視化熱画像の例 ……………………………………………………… 72
3. 種々の熱イメージング法 …………………………………………………… 76
   3.1 サーモリフレクタンス法による熱イメージング ……………………… 76
   3.2 走査型プローブ顕微鏡（SPM）による熱イメージング ……………… 77
   3.3 フォトルミネッセンス測定による熱イメージング …………………… 77
4. おわりに ……………………………………………………………………… 77

【第3章　新たな熱制御技術】

第1節　放熱性・絶縁性多機能材料 （村上　義信）

1. はじめに	81
2. 放熱性コンポジット絶縁材料	81
2.1 ベース樹脂の高熱伝導率化	81
2.2 コンポジット化による高熱伝導率化	82
3. おわりに	86

第2節 エネルギー変換と熱物性・界面物性 （宮崎 康次）

1. はじめに	88
2. Bi_2Te_3 と PEDOT：PSS のコンポジット化	88
3. Bi_2Te_3 と PEDOT：PSS 界面の熱抵抗	91
4. おわりに	94

第3節 フォノン・電子輸送制御を可能にする Si ナノ構造開発 （中村 芳明）

1. はじめに	96
2. ナノ構造形成技術と薄膜熱伝導率測定技術	98
2.1 形成技術	98
2.2 薄膜熱伝導率測定技術	98
3. エピタキシャル Si ナノドット連結構造	99
4. Ge ナノドット含有 Si 薄膜	100

第4節 ナノ・マイクロ構造を用いた熱ふく射制御 （長尾 忠昭）

1. 赤外完全吸収体と熱ふく射	103
2. 金属‐絶縁体‐金属（MIM）型完全吸収体	103
3. 高耐熱 MIM 型赤外線エミッター	107
4. 積層共振器構造を持つ赤外線エミッター	109
5. 波長識別型赤外線センサー	115
6. おわりに	117

第5節 進歩するサーマルマネージメント材料開発 ―液晶高分子などで高度化する放熱材料― （上利 泰幸）

1. 放熱材料からサーマルマネージメント材料へ	120
2. 高熱伝導性高分子材料	120
2.1 高分子自身の高熱伝導化	121
2.2 高分子材料の複合化による熱伝導率の向上	121
3. 熱ふく射材	125
4. 遮熱材	126
5. 断熱材	126
6. 蓄熱材	126
7. 応用分野と将来展望	127

【第4章　断熱材と遮熱】

第1節　ナノ構造を利用した高性能断熱材料の開発 （依田　智）

1. はじめに ────────────────────────── 131
2. 断熱材料の概要と性能評価 ─────────────── 131
3. ナノ断熱材料 ─────────────────────── 132
4. シリカエアロゲル ─────────────────── 133
5. キトサンエアロゲル ───────────────── 134
6. ナノ発泡体（ナノセルラー） ─────────── 135
7. 高性能断熱材料のユーザーおよび開発者が留意すべきこと ── 135
8. おわりに ────────────────────────── 136

第2節　断熱材の熱伝導率，熱拡散率の評価技術 （大村　高弘）

1. はじめに ────────────────────────── 137
2. 断熱材の熱伝導率測定方法 ─────────────── 137
2.1　保護熱板法（GHP法） ─────────────── 137
2.2　熱流計法 ───────────────────────── 140
2.3　周期加熱法 ─────────────────────── 140
3. 異なる測定方法の結果に対する相互比較 ─────── 143
4. 新しい断熱性能評価方法 ─────────────── 144
4.1　試験体の厚さ方向の熱伝導率測定方法 ─────── 144
4.2　測定装置 ───────────────────────── 146
4.3　測定例 ────────────────────────── 148
5. 簡易熱伝導率測定方法 ─────────────────── 149
5.1　測定原理 ───────────────────────── 149
5.2　測定装置 ───────────────────────── 149
5.3　装置のエネルギー校正 ─────────────── 150
5.4　測定例 ────────────────────────── 151
5.4.1　発泡スチロールの熱伝導率 ─────────── 151
5.4.2　エアーキャップの熱伝導率 ─────────── 153
6. おわりに ────────────────────────── 153

第3節　反射型透明断熱フィルム （門倉　貞夫）

1. はじめに ────────────────────────── 156
2. 反射型透明断熱フィルムの構成 ─────────── 157
3. 反射型透明断熱フィルム作成技術（MS）と多層膜の性質-1 ── 158
4. 反射型透明断熱フィルム作成技術（NFTS）と多層膜の性質-2 ── 160
5. 透明断熱フィルムの量産技術 ─────────── 161
5.1　量産技術条件 ───────────────────── 161
5.2　MS式マルチチャンバー式ロールコータの例 ─── 162

5.3　MS式プラズマ源による多層膜形成 ······················· 162

5.4　NFTF方式による反射型透明断熱フィルムの量産技術 ············ 163

6.　おわりに ·· 164

【第5章　蓄熱・保熱】

第1節　相変化蓄熱　　　　　　　　　　　　　　　　　（桜木　俊一）

1.　はじめに ·· 169

2.　実験装置とデータ解析手法 ···································· 170

2.1　実験装置 ·· 170

2.2　データ解析手法 ·· 172

3.　実験結果と考察 ·· 172

4.　おわりに ·· 175

第2節　潜熱蓄熱　　　　　　　　　　　　　　　　　　（能村　貴宏）

1.　はじめに ·· 176

2.　原　理 ·· 176

3.　特　徴 ·· 177

4.　潜熱蓄熱材の種類 ·· 178

5.　熱交換器 ·· 179

6.　材料開発技術 ·· 180

6.1　コンポジット化 ·· 180

6.2　カプセル化 ·· 181

7.　おわりに ·· 182

第3節　潜熱蓄熱システムの最適化　　　　　　　　　　（染矢　聡）

1.　はじめに ·· 183

2.　蓄熱容器内流れに関する試験装置・方法 ························ 185

3.　蓄熱容器内の温度速度分布 ···································· 187

4.　蓄熱容器内における対流発生条件 ······························ 189

第4節　過冷却蓄熱　　　　　　　　　　　　　　　　　　（平野　聡）

1.　はじめに ·· 192

2.　過冷却現象 ·· 192

3.　過冷却蓄熱の特徴 ·· 194

3.1　原　理 ·· 194

3.2　熱収支 ·· 194

3.3　発核制御 ·· 196

4.　過冷却利用事例 ·· 198

4.1　携帯型懐炉 ·· 198

4.2 給湯暖房システム 199

5. おわりに 201

第5節　グラファイトシート　　　　　　　　　　　　（久保　和彦／飯室　善文）

1. はじめに 202

2. PGS グラファイトシートの製造方法と構造 202

3. PGS グラファイトシートの特性と熱対策事例 205

4. PGS グラファイトシートの熱抵抗低減への応用 206

5. おわりに 208

【第6章　伝熱と放熱】

第1節　粒子分散型金属系放熱材料の開発の現状　　　　　　　　（水内　潔）

1. はじめに 213

2. 金属系放熱材料の製造方法 214

2.1 溶融金属含浸法 214

2.2 ベルト式高圧成形法 214

2.3 真空ホットプレス法 214

2.4 放電プラズマ焼結法 215

3. 熱伝導率の測定方法 216

3.1 定常法 216

3.2 レーザーフラッシュ法 216

3.3 キセノンフラッシュ法 216

4. 各種粒子分散型金属系放熱材料の熱物性 216

4.1 Al/ ダイヤモンド系放熱材料 217

4.2 Al/SiC 系複合材料 222

4.3 Al/AlN 系複合材料 223

4.4 Al/cBN 系複合材料 223

4.5 Cu/ ダイヤモンド系放熱材料 224

4.6 Ag/ ダイヤモンド系複合材料 228

5. おわりに 230

第2節　マイクロカプセル化相変化物質による放熱利用　　　　　（田中　眞人）

1. はじめに 236

2. 相変化物質のマイクロカプセル化技術の現状 236

2.1 懸濁重合法 236

2.2 界面重縮合反応法 238

2.3 in-situ 重合法 239

3. マイクロカプセル化相変化物質の放熱特性 240

3.1 マイクロカプセル化相変化物質の放熱特性の評価例 240

第3節　薄膜常温放熱コーティング

（島田　誠之）

1. はじめに ―――――――――――――――――――――――――――― 244
2. 放熱コーティングのポイント ――――――――――――――――――― 244
3. 各基材へのコーティング結果 ――――――――――――――――――― 246
4. 放熱コートをした太陽光パネルでのサーモグラフィー温度試験データ及び
   LED 照明での温度試験データ ――――――――――――――――――― 246
4.1 太陽光パネルでの試験 ――――――――――――――――――――― 246
4.2 LED 照明の試験 ――――――――――――――――――――――― 248
5. おわりに ―――――――――――――――――――――――――――― 248

第4節　塗布膜の乾燥技術

（近藤　良夫）

1. はじめに ―――――――――――――――――――――――――――― 249
2. 塗布物（スラリー）――――――――――――――――――――――― 249
3. 乾燥方式の分類 ―――――――――――――――――――――――― 250
4. 乾燥炉と乾燥プロセス概要 ――――――――――――――――――― 250
5. 赤外線について ―――――――――――――――――――――――― 252
6. 近赤外線選択波長制御ヒータ ――――――――――――――――――― 253
7. 波長制御システムの適用性 ――――――――――――――――――― 254
8. おわりに（新たな乾燥プロセス実現に向けて）――――――――――― 255

第5節　高熱伝導率の絶縁性有機無機複合膜の開発

（藤井　達也 / 川﨑慎一朗）

1. はじめに ―――――――――――――――――――――――――――― 257
2. 絶縁性フィラーとの複合化による有機膜の高熱伝導率化 ―――――― 257
3. 高アスペクト比有機修飾結晶をフィラーとした新しい高熱伝導性ポリイミド
   複合膜の開発 ――――――――――――――――――――――――― 258
3.1 高アスペクト比有機修飾フィラーによる熱伝導率向上コンセプト ――― 258
3.2 高アスペクト比有機修飾ベーマイトの開発 ――――――――――――― 258
3.3 高アスペクト比有機修飾ベーマイトを用いた高熱伝導性ポリイミド複合膜の開発
   ――――――――――――――――――――――――――――――― 260
4. おわりに ―――――――――――――――――――――――――――― 262

第6節　パワー半導体デバイスの熱設計

（木伏理沙子）

1. はじめに ―――――――――――――――――――――――――――― 263
2. ロジック用およびパワー半導体デバイスの熱問題 ―――――――――― 263
3. ナノ・マイクロスケールホットスポット ―――――――――――――― 264
4. 熱・電気連成解析 ―――――――――――――――――――――――― 266
5. 印加電圧とホットスポット温度 ――――――――――――――――― 267
6. おわりに ―――――――――――――――――――――――――――― 269

【第7章　熱電デバイス】

第1節　高性能化へ向けた原子構造レベルの材料背景　　　　　　　　（森　　孝雄）

1. 物性的な要請 ……………………………………………………………… 273
2. カゴ状・層状化合物における内包原子 ………………………………… 273
3. 結晶構造の複雑性（基本胞の高原子数） ……………………………… 274
4. 異方性—非調和性 ………………………………………………………… 274
5. 不対電子（lone pair）—非調和性 ……………………………………… 275
6. 二原子鎖（dumbbell） …………………………………………………… 275
7. 対称性由来の効果 ………………………………………………………… 275
8. 構造欠陥 …………………………………………………………………… 276

第2節　フォノンエンジニアリングによるシリコン薄膜熱電材料の高性能化

（野村　政宏）

1. はじめに …………………………………………………………………… 278
2. ナノ構造化を用いたシリコン薄膜熱電材料開発 ……………………… 278
3. おわりに …………………………………………………………………… 281

第3節　ラットリングとローンペアを用いた熱電材料の開発　　　　（李　　哲虎）

1. ラットリングによる熱伝導率の抑制 …………………………………… 282
2. ローンペアによる熱伝導率の抑制 ……………………………………… 283

第4節　無機・有機ハイブリッド超格子熱電変換材料　　　　　　　（河本　邦仁）

1. はじめに …………………………………………………………………… 287
2. TiS_2 系無機・有機ハイブリッド超格子 ……………………………… 287
3. キャリア濃度制御による高 PF 化・高 ZT 化 ………………………… 288
4. 大面積フィルム合成プロセスの開発とプロトタイプ薄膜モジュールの作製 … 291
5. フレキシビリティーを利用したモジュール構造の設計—コイン TEG の例 …… 292
6. おわりに …………………………………………………………………… 294

第5節　車載用高効率熱電変換材料　　　　　　　　　　　　　　　（篠原　嘉一）

1. はじめに …………………………………………………………………… 296
2. 原料価格から見た熱電材料選択 ………………………………………… 297
3. 熱電材料の性能指標 ……………………………………………………… 298
4. 熱電材料の有効最大出力の評価 ………………………………………… 300
5. おわりに …………………………………………………………………… 301

第6節　カーボンナノチューブの分子ドーピング技術　　　　　　　（野々口斐之）

1. はじめに …………………………………………………………………… 303
2. 技術課題 …………………………………………………………………… 303

2.1 構造制御		303
2.2 ドーピング		304
3. ドーピングによる熱電特性制御		305
3.1 分子ドーピングのコンセプト		305
3.2 Ｐ型ドーピング		305
3.3 ｎ型ドーピング		306
4. おわりに		307

第7節　高い熱電変換性能を示す導電性高分子 PEDOT 系材料と　モジュール試作　　　　　　　　　　　　　　　　　（石田　敬雄）

1. はじめに	309
2. PEDOT 系の合成，薄膜化技術	309
3. PEDOT 系熱電材料の性能	311
4. PEDOT 系材料を用いた有機熱電モジュール試作	312
5. おわりに	313

第8節　フレキシブル環境発電を目指した有機熱電材料　　（小島　広孝／中村　雅一）

1. はじめに	315
2. フレキシブル熱電変換デバイス	317
3. 有機系熱電材料の探索研究	319
4. CNT 間のバイオナノ接合における熱・キャリア輸送の独立制御	320
5. 布状熱電変換素子の作製	322
6. おわりに	323

第9節　印刷作製フレキシブル熱電変換素子　　　　　　　　　　　（末森　浩司）

1. はじめに	326
2. ユニレグ型フレキシブル熱電変換素子	328
3. おわりに	332

第10節　熱電発電素子を用いた未利用冷熱エネルギーの有効利用　　（大久保英敏）

1. はじめに	334
2. ゼーベック効果とペルチェ効果	334
3. 熱電発電	334
4. マランゴニ凝縮および沸騰冷却	339
5. おわりに	339

第11節　熱電素子を用いた低温領域での発電特性　　　　　　　（大橋　俊介）

1. はじめに	341
2. 低温領域における無負荷特性	341
3. 低温領域における負荷特性	344
4. 低温領域における熱電素子の内部抵抗	344

第12節　排熱を利用した環境低負荷熱電材料・モジュール・システム
（飯田　努／塩尻　大士／阿武　宏明）

1.　はじめに ———————————————————————————————— 346
2.　シリコン系環境低負荷熱電材料 ——————————————————— 346
2.1　シリサイド Mg_2Si 系材料 ——————————————————————— 346
2.2　クラスレート $Ba_8Al_{16}Si_{30}$ 系材料 ——————————————————— 347
3.　モジュール ————————————————————————————————— 352
3.1　シリサイド Mg_2Si 系材料のモジュール技術 ——————————— 352
3.2　シリサイド Mg_2Si 系材料のモジュール出力特性 ———————— 353
4.　おわりに ———————————————————————————————— 354

第13節　高温排気ガスを利用する熱電変換技術
（三上　祐史／西野　洋一）

1.　はじめに ———————————————————————————————— 357
2.　Fe_2VAl 熱電デバイスの研究開発 ——————————————————— 358
2.1　ホイスラー型 Fe_2VAl 合金 ——————————————————————— 358
2.2　Fe_2VAl 合金の熱電モジュール化技術の開発 —————————— 360
2.3　Fe_2VAl 熱電モジュールの発電性能および耐久性 ——————— 360
3.　高温排気ガスを想定した熱電発電ユニット ————————————— 362
3.1　発電性能の検討 —————————————————————————————— 362
3.2　移動体への熱電発電ユニットの搭載検討 ——————————————— 363
4.　おわりに ———————————————————————————————— 364

第14節　酸化物熱電発電
（舟橋　良次／浦田　友幸）

1.　はじめに ———————————————————————————————— 366
2.　熱電発電と酸化物材料 ——————————————————————————— 366
3.　酸化物熱電モジュール ——————————————————————————— 369
4.　水冷用カスケード熱電モジュール ————————————————— 370
5.　水冷式熱電発電ユニット ————————————————————————— 371
6.　空冷式熱電発電ユニットの開発 —————————————————— 371
7.　空冷式熱電発電の利用 ——————————————————————————— 375
8.　おわりに ———————————————————————————————— 376

第15節　パワーエレクトロニクスと熱電発電
（高木　茂行）

1.　はじめに ———————————————————————————————— 377
2.　熱電素子を使った2タイプの電力源 ——————————————— 378
3.　電子機器用取り出し回路と動作 —————————————————— 379
4.　電力用電源の取り出し回路と動作 ————————————————— 380
4.1　回路の構成と動作 ———————————————————————————— 380
4.2　昇圧チョッパ ————————————————————————————————— 381
4.3　インバータ（DC-AC 変換器）とフィルタ ——————————— 381

5. シミュレーションによる回路動作確認	383
5.1 熱電発電の等価回路	383
5.2 電力取り出し回路	384
5.3 動作波形	385
6. まとめと課題	386

第16節　熱電マイクロジェネレーター　　　　　　　　　（宮崎　康次）

1. はじめに	387
2. Bi$_2$Te$_3$ 薄膜を利用したマイクロジェネレーターの作製	387
3. 自立膜を利用した in-plane 型熱電モジュール作製	390
4. 熱電マイクロジェネレーターの出力向上	391
5. 熱電マイクロジェネレーターの熱設計について	393
6. おわりに	395

第17節　熱電発電モジュールと応用製品　　（八馬　弘邦／藤本　慎一／後藤　大輔）

1. はじめに	396
2. 熱電発電による排熱回収	396
3. 熱電発電自立電源ユニット	398
4. 熱電発電 EH デバイス	400
5. おわりに	403

※本書に記載されている会社名，製品名，サービス名は各社の登録商標または商標です。なお，本書に記載されている製品名，サービス名等には，必ずしも商標表示（®，TM）を付記していません。

第1章

エネルギーデバイスの
サーマルマネジメント

第1節　サーマルマネジメント
―パワー半導体デバイス技術と課題―

筑波大学　岩室　憲幸

1　はじめに

　パワーエレクトロニクス装置の性能向上の一つに，装置の小型・軽量化が挙げられる。パワーエレクトロニクス装置の内部を見てみると，意外にも，部品がなにもない"空間"，さらには冷却フィンや送風ファンに代表される冷却器が装置体積の多くを占めていることが分かる。装置にもよるが，全体の70～80％以上が，この"空間"，つまり空気と冷却器で占められている，ともいわれている。前述した"空間"とは冷却器を冷やすための空気の流れをつくるためのものであり，つまり現在のパワーエレクトロニクス装置は，冷やすために全装置体積のかなりの部分を費やしているのである。これはいうまでもなく，パワー半導体デバイスを冷やすためのものである。図1に冷却体（冷却フィン）に設置されたシリコンIGBTモジュールの断面構造を示す。同図においての設計上重要なパラメーターが，パワー半導体デバイス表面温度T_j（ジャンクション温度）である。このジャンクション温度T_jが，シリコンデバイスの場合，一般的に150～175℃を超えると半導体素子が熱暴走して破壊してしまう可能性が大きいため，絶対にジャンクション温度T_jが上記温度を超えないように設計する必要がある。具体的には，放熱フィンの冷却能力，DCB基板の熱抵抗ならびにシリコンIGBTの発生損失を，ジャンクション温度T_jが150～175℃を超えないように設計していくのである。このようにパワーエレクトロニクス装置の小型・軽量化を実現するには，空間を含めた冷却器の小型化が絶対条件であり，そのために熱発生源であるパワー半導体デバイスの損失を低減する必要がある。そしてこの低損失化を実現する次世代パワー半導体デバイスとして，ワイドバンドギャップ半導体材料を用いたパワー半導体デバイスの登場が期待されているのである。ワイドバンドギャップ半導

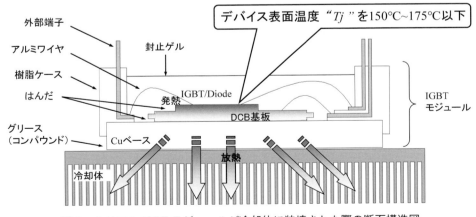

図1　シリコンIGBTモジュールが冷却体に装填された際の断面構造図

第1章　エネルギーデバイスのサーマルマネジメント

体にはいくつかの種類があるが，パワーデバイス向けの材料として注目されているのは，4H-SiC（炭化珪素：以下 SiC と略す），GaN（窒化ガリウム），Ga_2O_3（酸化ガリウム），そして C（ダイヤモンド）であろう。これらの材料は，バンドギャップ Eg，破壊電界強度 Ec がシリコンに比べて桁違いに大きいのが特徴である。その中でも，最近 SiC ならびに GaN がパワーエレクトロニクス製品に搭載されるなど，その実用化が始まっている。本章ではとくに SiC パワー半導体デバイスについて取り上げ，その最新技術や解決すべき課題について述べる。

❷　SiC パワー半導体デバイス

2.1　結晶成長とウェハ加工プロセス

　現在実用化されている SiC 単結晶成長方法は，昇華法である。これはシリコンの場合の融液から結晶を成長させる方法と大きく異なり，粉末 SiC 原料を昇華して（固体から気体，さらにその気体を固体する）単結晶を成長させる。そのためその結晶欠陥の低減や結晶の大口径化が難しく，シリコンパワー半導体デバイス用ウェハでは直径 200 mm が主流で一部 300 mm での生産が進んでいるのに対し，SiC では直径 150 mm 結晶が本格生産されたばかりである。また，一回の結晶成長で得られる結晶体積も SiC はシリコンに比べきわめて小さく，その結果インゴットの長さもシリコンに比べると短い[1]。さらにこのインゴットから SiC ウェハを切り出すにはダイヤモンドワイヤーソーでの加工が必要であるが，SiC は硬質であるため加工に時間がかかり，なおかつ切断部分のロスが多くインゴット 1 本あたりの取れ数が少ない。このことがSiC ウェハのコスト高の大きな要因となっている。昇華法に替わる結晶成長法として溶液法やガス法などが検討されており，また新たなウェハ加工手法であるレーザースライス技術の開発[2]も報告されており，今後の進展が大いに期待される。

2.2　ユニポーラデバイス（SiC-MOSFET）とバイポーラデバイス（SiC-IGBT）

　SiC は最大電界強度 Ec がシリコンより一桁程度大きいために，約 10 分の 1 のベース厚で高耐圧デバイスが作製できる。たとえば 50 μm 程度の厚さのエピ層でも耐圧およそ 5 V でオン電圧約 3 V のユニポーラ系デバイスが期待できる。ここで注意が必要なのは，ワイドバンドギャップ材料は PN 接合の拡散電位差がシリコン（約 0.6 V）に比べきわめて大きいということである。SiC では PN 接合があるだけでおよそ 2.5 V の電圧を印加しないと電流が流れない。つまりオン電圧 2 V 前後の特性を示す 600～1700 V クラスのシリコン IGBT に対し，SiC で同じ IGBT を開発してもシリコン IGBT を凌駕する低オン電圧特性は達成できないことになる。よってシリコンデバイスでは到底達成できないような超高耐圧領域（たとえば耐圧 10 kV 以上）においてのみ PN 接合を使うバイポーラデバイスのメリットが出ることとなる。現在の主流パワーエレクトロニクス装置が耐圧 600 V から 1700 V クラスの素子を使っている状況をみると，SiC パワーデバイスの開発は MOSFET に代表されるユニポーラ素子がメインとなる。ベース厚がシリコンの約 10 分の 1 であることからオン電圧の大幅な低減による導通損失の低減と，ユニポーラ動作によるところのスイッチング損失の低減による高周波化が同時に可能となり，その結果としての装置の小型化が期待される。

— 4 —

2.3 SiC-MOSFET

　SiC-MOSFETは，600Vから1700Vクラス，最近では3300Vクラスで数十アンペア以上の電流導通能力を有する大面積で量産レベルの縦型素子の発表が目立ってきている。しかしながらSiC-MOSFET特有の素子作成プロセスにより，MOS界面移動度の向上ならびにゲート電極周りの長期信頼性の確保が困難であるという課題があった。最近になり，ゲート酸化プロセス技術や表面荒れ低減技術の進歩によりこの長期信頼性は大幅に向上し，その結果SiC-MOSFETも自動車用途に展開されるようになった[3)4)]。今後はより一層の低損失化を目指すため，シリコンMOSFET，IGBTと同様に，プレーナーゲート構造からより微細なセル構造を実現できるトレンチゲート構造へ移行していくと考えられる。しかしながら，SiCを使ってのトレンチMOSFETの実現にはSiCデバイス特有の設計が必要となることが分かってきた。SiCトレンチMOSFETは当然であるがそのすべてがSiCでできているわけではない。ゲート酸化膜であったり，表面電極であったりSiC以外の材料が使われている。これらはシリコンMOSFETやシリコンIGBTで使われているものと同じ材料である。SiCがシリコンに比べ約10倍の破壊電界強度を有することから，高電圧印加時には約10倍の電界強度が印加されるように設計されている。SiCは当然ながらこの高電界に十分耐えることができる。しかしながら，前述のSiC以外の部分，たとえばゲート酸化膜はシリコンデバイスの際に受けていたよりも高い電界強度を受けることなる。ガウスの法則からも分かるように，SiC-MOSFETではゲート酸化膜に印加される電界強度$E_{ox(SiC)}$は最大でおよそ7.5 MV/cmとなり，シリコンの場合の約8倍もの高電界となる。この高電界の印加によりゲート酸化膜の膜特性が劣化することは容易に想像できるであろう。とくにトレンチゲート底部のゲート酸化膜にはその形状の効果も相まってシリコンデバイスでは決して加わらない非常に高い電界が印加されることになる。そしてこの高電界により，ゲート酸化膜破壊が発生する可能性がきわめて高くなったのである。そのため，SiCトレンチMOSFETにおいては，シリコンデバイスでは到底必要のない，図2，図3

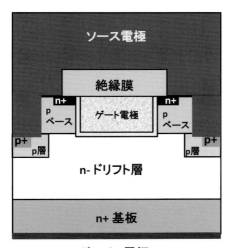

図2　SiCトレンチMOSFET構造例①[5)]

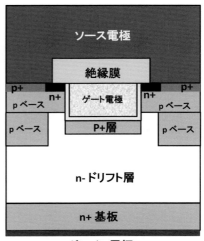

図3　SiCトレンチMOSFET構造例②[6)]

に示すようなトレンチゲート底部，さらにトレンチゲートよりも深い場所にp層を設けることでゲート酸化膜を高電界から保護する必要が生じたのである。そしてこの構造を適用することでゲート酸化膜に印加される電界を小さくすることができ，これによりSiCトレンチMOSFETの実現に成功した[5)6)]。これはSiCトレンチMOSFET特有の設計技術である。このような技術開発の結果，SiCトレンチMOSFETならびにモジュール製品が近年相次いで発表されるようになったのである[7)-9)]。

SiC-MOSFETの進化はますます進んでおり，たとえば前記トレンチMOSFETにSBD（ショットキーバリアダイオード）を内蔵し1チップ化した新構造MOSFETも発表された（**図4参照**）[10)]。この新型素子はMOSFET構造内に寄生しているPiNダイオードではなく，新たに内蔵したSBDをインバータ回路内のフリーホイーリングダイオードとして活用することで，逆回復損失の低減ならびに寄生PiNダイオードVf劣化[11)]防止による信頼性の向上，さらにはインバータ回路内の半導体素子数の低減によるコストダウン実現という，「一石三鳥」を目指したものである。しかしながら，フリーホイーリングダイオードとして動作しているSBDに，たとえば定格電流の数倍もの大電流が流れる場合（大サージ電流）には，寄生のPiNダイオード動作を完全に抑制できない可能性がある。そのため，SBD素子内蔵だけでは前述の寄生PiNダイオードVf劣化対策は十分ではないかもしれない。この対策として，SiC基板とn-ドリフト層の間に高不純物濃度のn型バッファ層を挿入することで基底面転位の存在する領域と正孔－電子再結合領域を分離させ，基底面転位を積層欠陥に成長させない方法が提案されている[12)]。

このように，より低損失で高信頼性特性実現を目指したSiCトレンチMOSFETの開発は今後一層盛んになると思われ，上記課題を解決しながら，次世代自動車だけでなくより高耐圧素子が必要な新幹線をはじめとした新型高速鉄道用途へもその応用範囲は広がっていくと考えられる。

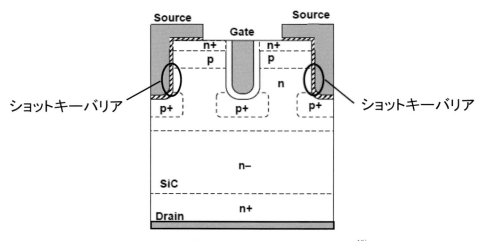

図4　SBD内蔵SiCトレンチMOSFET構造例[10)]

2.4 SiC-MOSFET モジュールの実装技術

図5はこのSiC-MOSFET用に開発されたモジュールの断面構造である[13]。このモジュール内にSiC-MOSFETが実装される。この新型モジュールの注目技術として，ⅰ）銅ピン配線，ⅱ）厚い銅板に接合されたSi_3N_4セラミックス基板の適用，さらにはⅲ）封止材料としてのエポキシ樹脂が挙げられる。とくに封止材料であるエポキシ樹脂は200℃程度まで上昇するSiCデバイスに直接接触するため，高温動作における高信頼性の確保がきわめて重要になる。従来のシリコンIGBTモジュールでは，ワイヤーボンディングとDCB基板上銅パターンによって，チップと各端子間の配線を行っていた。しかし新型モジュール構造ではワイヤーボンディングは使わずに銅ピン，さらにDCB基板の銅パターン配線の代わりにチップ上部に配置されたパワー基板配線によって，チップと各端子間の配線を行っている。これにより，ワイヤボンディングエリアおよび銅パターン面積を50％以上削減することに成功し小型化を実現させている。このモジュール小型化は，高速スイッチング特性の実現にも大きな効果をもたらした。SiC-MOSFETは前述の通りシリコンIGBTに比べ素子単体では高速スイッチングが可能である。しかしながら，この高速スイッチング特性がサージ電圧の増大やノイズ発生をもたらすため，SiC-MOSFETモジュールとして使うにはモジュール内部の配線インダクタンスを低減する必要がある。モジュールの小型化実現により，モジュール内電流経路の短縮化に伴うインダクタンスの低減が図られ，その結果高速スイッチング特性達成に大きな効果が表れることになった。またパワー基板と厚銅板を平行に配置することから，電流経路間の磁界の相互作用でさらにインダクタンスの低減が可能となり，従来に比べ約80％もの低減が図れている。それに加え，熱伝導率の高いSi_3N_4を適用し，DCB基板の両面を厚い銅ブロックとすることで，チップで発熱した熱を素早く横方向に拡散させることが可能となる。これは実質的には放熱面積が増えることになり，これにより熱抵抗の低減が実現できるのである。

シリコンIGBTモジュールの信頼性の指標となるパワーサイクル試験について，その寿命はボンディングの接点と，チップ-DCB基板のはんだ層が熱サイクルによる熱応力で破壊するこ

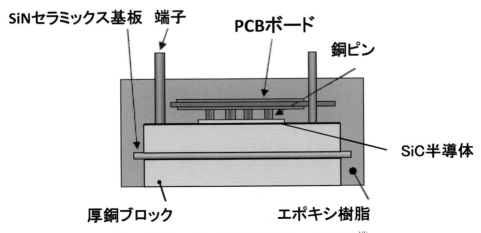

図5　新型 All SiC-MOSFET モジュール断面図[13]

とに制約されることが知られている。そこで SiC-MOSFET 用新型パッケージでは，従来のパワーワイヤーボンディングから銅ピン構造に換えることで，ボンディング接点の弱点を解消している。また従来のゲル封止に替えて，エポキシ樹脂封止を行うことで，銅ピン-チップ-DCB 基板全体を強く拘束することができる。これにより，はんだ層に加わる熱応力を緩和することができ，パワーサイクル寿命を Δ Tj＝150℃で約 10 倍向上することができる。さらに SiC デバイスに直接接触するエポキシ樹脂のガラス転移温度を 200℃以上とすることでより一層の高信頼性を実現している。このように，SiC-MOSFET の特徴である高速スイッチング特性と高温動作可能というポテンシャルを十分に引き出すべくモジュール実装技術の進歩は目覚ましいものがある。たとえばハイブリッド車 PCU 搭載用として，より半導体素子の冷却効率を向上させた両面冷却方式を採用し，かつ並列接続させた SiC デバイスの動作を均一化させた配線技術を適用したモジュールの開発も報告されており[14]，SiC-MOSFET モジュール実装技術は今後ますます進展するものと思われる。

文　献

1) 山本秀和：" 第 3 章，次世代パワー半導体の課題 "，次世代パワー半導体の高性能化とその産業展開，監修 岩室憲幸，シーエムシー出版 (2015).

2) 西野曜子他：「高速 SiC レーザスライシングの加工品質評価」，第 77 回応用物理学会秋季学術講演会 15a-C302-10 (2016).

3) 本田技研工業株式会社ホームページ

4) トヨタ自動車株式会社ホームページ

5) T. Nakamura, et al., "High performance SiC trench devices with ultra-low Ron," in *IEEE IEDM Tech. Dig.*, December 2011, pp.599-601, doi:10.1109/IEDM.2011.613619.

6) T. Kojima, et al., "Self-Aligned Formation of the Trench Bottom Shielding region in 4H-SiC UMOSFETs", Extended Abstracts of the 2015 International Conference on Solid State Devices and Materials, pp.948-949. (2015)

7) ローム株式会社　ホームページ

8) 富士電機株式会社　ホームページ

9) Infineon Technologies AG　ホームページ

10) Y. Kobayashi, et al., "Body PiN diode inactivation with low on-resistance achieved by a 1.2kV-class 4H-SiC SWITCH-MOS," in IEEE IEDM Tech. Digest, December 2017, San Francisco, USA, pp.211-214.

11) J. P. Bergman, et al., "Crystal defects as source of anomalous forward voltage increase of 4H-SiC diodes," *Material Science Forum*, vol.353-356, pp.299-302. (2001)

12) T. Tawara, et al., "Suppression of the Forward Degradation in 4H-SiC PiN Diodes by Employing a Recombination-Enhanced Buffer Layer," *Materials Science Forum*, vol.897, pp.419-422, doi:10.4028/www.scientific.net/MSF.897.419.

13) N. Nashida, et al., "All-SiC power module for photovoltaic power conditioner system," in *Proc. Int. Symp. Power Semiconductors and ICs*, June 2014, pp.342-345, doi:10.1109/ISPSD.2014.6856046.

14) 株式会社日立製作所ホームページ

第2節　サーマルデバイスとしてのダイヤモンドパワーデバイス

国立研究開発法人産業技術総合研究所　梅沢　仁／山崎　聡

1　はじめに

サーマルデバイスとしてのダイヤモンドは特異な性質を有している。熱伝導率が，室温で物質中最も高く，また，高温における耐熱性も優れている。本項目では，他の電子デバイスの放熱のためのヒートシンクとしての利用，高温動作のパワーデバイスの研究について説明する。

表1にダイヤモンドの物性値を他の半導体材料と比較して示した。表より明らかなようにダイヤモンドの熱伝導率の高さが目立つ。一方，ダイヤモンドは5.5 eVのバンドギャップをもっており，真性ダイヤモンドの抵抗率は非常に高い。この高い熱伝導率と高い電気抵抗率は，他材料におけるサーマルマネージメントを必要とする半導体デバイスの基板材料としてのポテンシャルが高いことを示している。ポリダイヤモンドのヒートシンクとしての高いポテンシャルを示した例を紹介する。

2　低熱抵抗ダイヤモンドヒートシンク

図1に，ダイヤモンドの高い熱伝導率を利用したヒートシンクとしての実証に用いたダイレクトボンディングアルミニウム（DBA）の構造を示した[1]。通常は電気的な絶縁層として用いられており，コストや絶縁性からAlNやAl$_2$O$_3$などが用いられている。これらの材料の熱伝導率は，それぞれ150 Wm^{-1}K^{-1}と32 Wm^{-1}K^{-1}であり，ダイヤモンドの1800 Wm^{-1}K^{-1}に比べると小さく，ポリダイヤモンドに置き換えることによりどれくらいのメリットがあるか示された。ダイヤモンドはこの高い熱伝導率に比べ，絶縁層としてのメリットも大きい（>10^{10} Ωcm）。ここで用いられたポリダイヤモンドのサイズは31×17×0.6 mmで，ポリダイヤモンドを構成する粒界の平均粒径は7 μmである。

典型的なパワーデバイスであるIGBTはこれらのヒートシンクの上にマウントされた。放電

表1　各種半導体の物性[7]

		Si	GaAs	4H-SiC	GaN	Ga$_2$O$_3$	ダイヤモンド
バンドギャップ E$_G$[eV]		1.10	1.42	3.20	3.45	4.9	5.50
飽和ドリフト速度（x10^7 cm/s）	電子	1.1	1.0	1.9	2.5	2.0	2.5
	正孔	0.8	—	1.2	—	—	1.0
移動度（cm^2/Vs）	電子	1500	9000	1000	1500	300	4500
	正孔	450	400	120	200	—	3800
絶縁破壊電界（MV/cm）		0.3	0.4	3−5	5	8	10−20
比誘電率		11.9	13.1	9.66	8.9	9.93	5.7
熱伝導率（W/cmK）		1.5	0.46	4.9	1.3	0.23	22

第1章　エネルギーデバイスのサーマルマネジメント

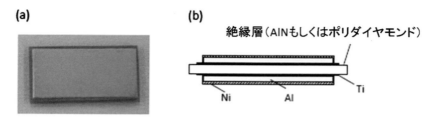

図1　ダイレクトボンディングアルミニウム（DBA）の(a)トップビューと(b)断面図
Copyright 2017 The Japan Society of Applied Physics

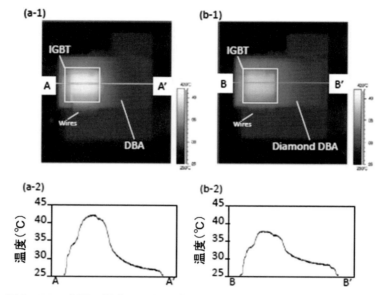

図2　DBA表面の温度。DBAの左側にIGBTが接触している。IGBTのコレクターエミッタ電圧が2V，通電時間10秒，クーラントの温度25℃，クーラントフローは10リットル・秒である
Copyright 2017 The Japan Society of Applied Physics

を避けるために実験系は絶縁液体であるフロリナート（3M Fluorinert FC43）中に浸されている。

　AlNとダイヤモンドを用いたDBA上のIGBTの温度分布を図2に示した。(a-1)ならびに(b-1)に表面の温度分布画像を示し，図中のA-A'およびB-B'のライン上の温度分布をそれぞれ(a-2)および(b-2)に示した。この時のIBGTにかけられたコレクタ・エミッタ間電圧は2V，通電時間10秒，クーラント温度は25℃，クーラントフローは10Ls^{-1}である。また，コレクタ・エミッタ間電流は20A（40W）にセットされている。図2に示されているように，AlNを用いたDBAの場合の上昇温度は最大41℃であり，18℃の温度上昇となっている。一方ダイヤモンドの場合の最大温度は36℃であり，11℃と温度上昇を抑えることができている。一方DBAそのものの温度上昇はダイヤモンドDBAの方が大きく，DBA直下にある銅ベースへの熱拡散が進んでいることが分かる。

— 10 —

第2節　サーマルデバイスとしてのダイヤモンドパワーデバイス

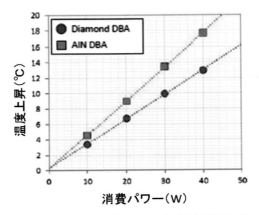

図3　ダイヤモンドDBAおよびAlN-DBAを用いた時のIGBT稼働時の温度上昇
Copyright 2017 The Japan Society of Applied Physics

　また，図3にはコレクター―エミッタ電圧が2Vの場合におけるIBGTの電力消費に対する温度上昇が示されている。電力消費に対して線形に温度上昇が観測され，100 Acm^{-2}動作の場合にはAlN-DBAで110℃，ダイヤモンド-DBAで80℃になると予想され，ダイヤモンドDBAの縦方向および横方向への高い熱拡散の効果がある。
　ここで示されたように，ダイヤモンドのヒートシンクにおける効果は大きく，今回用いた比較的低コストで作製されるポリダイヤモンドのさらなる低コスト化によって実用化が可能となると考えられる。

3　高温動作ダイヤモンドパワーデバイスと応用

　次に，高温動作デバイスとしてのダイヤモンド半導体の可能性を示した例を紹介する。ダイヤモンドは高い絶縁破壊電界[2]から，電力変換用パワーデバイスや高周波高出力通信用デバイスとしての応用が期待されている[3,4]。しかし，SiやGaAs，SiC，GaNなどと比べて比誘電率が低いためにイオン化エネルギーが大きく，ドープした不純物がキャリアを放出しづらい。典型的なp型不純物であるホウ素のキャリア活性化エネルギーは365 meVであり，n型不純物のリンは600 meV程度[5]であるため，室温でのキャリア活性はホウ素においても1%未満であり，キャリア移動度は他材料に比べて高いものの，導電率としては低くなる。ただし高温状態においては，不純物元素がエネルギーを得てイオン化し，キャリアを放出するためにキャリア濃度が高まる。これに対して温度上昇によるキャリア濃度の上昇に対して，格子の散乱による移動度の低下が起こるため，ダイヤモンド半導体の導電率は温度範囲に対して極大値をもち，200～300℃付近において最大となる[6]。この効果を考慮し，パワーデバイス応用における導通損失の指標であるバリガの指標を用いてダイヤモンドおよびSi，SiCを比較したものが図4である[7]。
　図のとおり，ダイヤモンド半導体は高温においてSiCに対する低損失化メリットが得られる。なお，Ruなどの特殊な金属を電極材として選ぶことによって，ダイヤモンド金属半導体

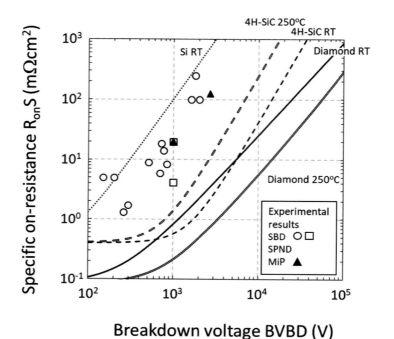

図4　Si, SiC およびダイヤモンドパワーデバイスの導通損失と耐電圧
Reprinted from H. Umezawa, Recent advances in diamond power semiconductor devices. *Mater. Sci. Semicond. Process.*, **78** 147-156.（2018），with permission from Elsevier.

接合は400℃もしくは500℃の環境で劣化しないことが分かっており[8]，高温で動作する半導体素子への応用が期待されている。

　また，ダイヤモンド半導体の用途として近年注目が高まっているのが，過酷事故環境でも残存できる原子力発電所内のエリアモニター用センサーおよび信号増幅素子である[9]。2011年に発生した福島第一原発での過酷事故では原子炉内に設置したエリアモニターが高温や放射線，高湿度，振動により破損する状況に陥った。このため，2011年の事故後にその設計基準が高まり，耐放射線性とともに高温環境での高い信頼性が必要とされている。ダイヤモンドは上記の高い耐熱性とともに，高い耐放射線性が確認されており，とくにRuをゲート電極に用いたトランジスタでは，10 MGyのX線照射でも顕著な劣化がみられていない[10]。

　耐熱性評価結果を図5，図6に示す。

4　おわりに

　ここでは，ダイヤモンドの高温における利用という観点から，ヒートシンクとしての利用，また，高温動作デバイスとしての利用で，報告されている特性を示した。一方で，水素終端面のもつ負性電子親和力や室温動作量子デバイスとしての利用が可能な非常に長いスピン緩和時間，絶縁体から超電導まで変わりえるドーピング特性，間接遷移型半導体にもかかわらず高い発光特性など他半導体ではもちえないユニークな特性を有している[11]。優れた高温特性に加えこれらのユニークな特性を利用した新しい電子デバイスの可能性があり，今後の研究開発の発

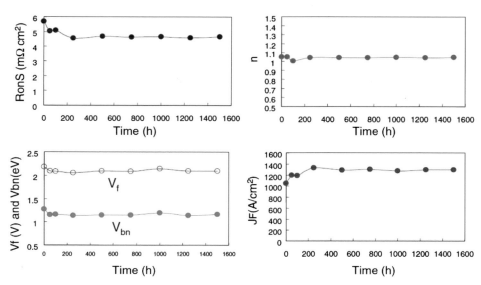

図5 Ru/ダイヤモンドショットキーダイオードの400℃高温環境における耐熱性評価結果
Copyright 2009 The Japan Society of Applied Physics

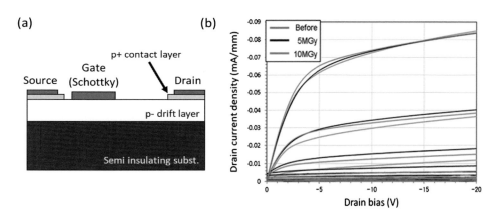

図6 ダイヤモンド電界効果型トランジスタの断面模式図とX線耐性試験結果
© 2017 IEEE. Reprinted, with permission, from H. Umezawa et al., Proc. ISPSD2017, pp. 379-382.

展が期待される。

文　献

1) H. Umezawa, S. Shikata, Y. Kato, Y. Mokuno, A. Seki, H. Suzuki, and T. Bessho,: Characterization of insulated-gate bipolar transistor temperature on insulating, heat-spreading polycrystalline diamond substrate. *Jpn. J. Appl. Phys.*, **56** 011301.(2017)

2) P. Liu, R. Yen, and N. Bloembergen,: Dielectric-Breakdown Threshold, 2-Photon Absorption, and Other Optical Damage Mechanisms in Diamond. *IEEE J. Quantum Electron.*, **14** 574-576.（1978）

3) B. J. Baliga.: Power semiconductor-device figure of merit for high-frequency applications. *IEEE Electron Device Lett.*, **10** 455-457.(1989)

4) E. Johnson, in: 1958 IRE International Convention Record, pp. 27-34.(1965)

5) S. Koizumi, K. Watanabe, M. Hasegawa, and H. Kanda.: Ultraviolet emission from a diamond pn junction. *Science*, **292** 1899-1901.(2001)

6) J. E. Field.: The Properties of Diamond, Academic Press, London, UK, (1979)

7) H. Umezawa.: Recent advances in diamond power semiconductor devices. *Mater. Sci. Semicond. Process.*, **78** 147-156.(2018)

8) K. Ikeda, H. Umezawa, K. Ramanujam, S. Shikata.: Thermally Stable Schottky Barrier Diode by Ru/Diamond. *Appl. Phys. Express*, **2** 011202.(2009)

9) 金子純一, 耐放射線・耐熱材料を用いた放射線計測システムの開発. 応用物理, **84** 614-621.(2015)

10) H. Umezawa, S. Ohmagari, Y. Mokuno, and J. H. Kaneko, in: 2017 29th International Symposium on Power Semiconductor Devices and IC's (ISPSD), pp. 379-382.(2017)

11) S. Yamasaki, E. Gheeraert, and Y. Koide.: *MRS BULLETIN*, **39** 499(2014).

第3節　未利用熱エネルギーの有効利用とサーマルマネージメントへの期待

国立研究開発法人産業技術総合研究所　小原　春彦

１　はじめに

　本書ではおもに電気機器の小型化・高性能化に向けたサーマルマネージメント技術について概説している。処理する情報量が飛躍的に増えているエレクトロニクス分野では，デバイスの高性能化は消費電力の増大につながる。またパワーエレクトロニクスの分野では小型の家電から大型の電力機器まで幅広い分野で効率的な電力変換が求められるようになっている。使用される電力が増えることによって，デバイスから発生する熱量も増え，この熱を制御するエレクトロニクス分野でのサーマルマネージメント技術が重要な課題となっている。

　サーマルマネージメント技術の重要性は自動車分野でも注目されるようになっている。また，1970年代の石油ショック以降，省エネルギー化が進んでこれ以上の省エネルギー化は難しいと考えられている産業分野でも工場でのサーマルマネージメント技術が一次エネルギーの使用量削減に役立ち二酸化炭素排出量の削減に寄与する。我々が使っているエネルギーは最終的には未利用熱として環境中に廃棄されるが，サーマルマネージメント技術によって，廃棄される未利用熱を削減することができる。本節では自動車と産業分野での未利用熱エネルギーの有効活用に向けた技術開発の動向と，期待されるサーマルマネージメント技術について概説する。

２　エネルギー需給の概要と未利用熱

　これまで経済成長と最終エネルギー消費は相関するものと考えられてきた。高度成長期には我が国の国内総生産（GDP）の伸びとともに，最終エネルギー消費も飛躍的に増加したが，1970年代の石油ショックを機に産業分野での省エネルギー化が進むとともに，省エネルギー型の製品が普及し，最終エネルギー消費の増加を抑制しつつ，経済成長を実現してきた。一方で，空調機器や自家用車などが普及し，新しく便利な生活スタイルが広まったことで，家庭部門や運輸部門でのエネルギー消費は大きく伸びている。また産業構造の変化によって，業務部門でのエネルギー消費も増加した[1]。

　より詳しく国内のエネルギー消費の現状を把握するため，一次エネルギーから最終エネルギー消費に至るエネルギーの流れ（エネルギーフロー）を示したものが図1である。石油，天然ガスなどの一次エネルギーは最終エネルギー消費に至るまでに，発電などによって約三割のエネルギーが失われる。さらに最終エネルギー消費において有用なエネルギーとして使われるのはその一部で，やはり多くのエネルギーが熱として有効利用されずに捨てられている。これらの未利用の熱エネルギーは一次エネルギーの約6〜7割と試算されている[2]。

　膨大な未利用の熱エネルギーが環境中に捨てられていることはマクロなエネルギーフローか

— 15 —

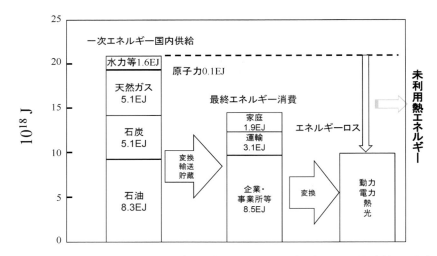

資源エネルギー庁2014年度エネルギー需給実績より作成

図1　日本における一次エネルギー供給から最終消費に至るエネルギーフロー

ら分かるが，そのうち利活用可能なエネルギーがどれほどあるかは詳細な検討が必要となる。

運輸分野では欧州を中心に厳しい自動車の燃費規制が行われており，自動車のエネルギー効率は飛躍的に向上している。国内においてはハイブリッド車など電動化が進んだ自動車の普及により，運輸分野でのエネルギー消費が抑えられているが，未だに多くの熱エネルギーが運輸分野で廃棄されている。運輸分野では優れたサーマルマネージメント技術によって，自動車のエネルギー効率がさらに向上し，未利用熱エネルギーが削減されることが期待される。

産業分野でも検討が行われている。経済産業省，新エネルギー・産業技術総合開発機構（NEDO）は2013年度から「未利用熱エネルギーの革新的活用技術研究開発（以降，未利用熱プロジェクトと略記）」を実施しており，その中で産業分野の排熱実態調査を行ってきた[3]。膨大な数のアンケート調査から浮かび上がってきたのは，省エネルギー化が進んだ日本の産業分野でも未だに膨大な熱エネルギーが廃棄されており，その一部は比較的温度の高い排熱であり，低コストで有効な排熱利用技術が普及すれば再利用が期待できることである。

なお，家庭分野でのエネルギー効率の向上も省エネルギー対策としては重要であるが，家庭分野は利用機器が小型であり，別の視点での検討が必要となる。したがって，本節では自動車分野と産業分野に議論を限定する。

3　自動車分野でのサーマルマネージメント

日本はハイブリッド車を世界に先駆けて普及させた。内燃機関であるエンジンと，電気モーターを併用するハイブリッドシステムにより，優れた燃費を実現することができるが，寒冷地におけるハイブリッド車の燃費，とくに冬季のエンジン始動時などに燃料消費が多いことが課題とされている。

図2はハイブリッド車のエネルギーフローを示したものである[4]。冬季にエンジンが冷えた状態からスタートすると，図2（左）のエネルギーフローが示すように，エンジンの暖気や大き

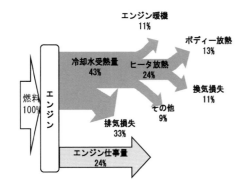
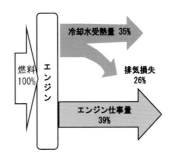

トヨタ エスティマハイブリッド車を例として

図2 ハイブリッド車のエネルギーフロー[4]

な排気損失により，エンジンに投入される燃料のエネルギーに対して，走行に使える仕事量は24％しか取り出せない。一方，暖気後にはエンジンの仕事量は39％と自動車としては優れたエネルギー効率を達成できる。ただし，その場合でも約60％のエネルギーは熱として廃棄されている。

このようなエネルギーフローを示すハイブリッド車の燃費をさらに向上させるためには，冬季のエンジン始動時に足りない熱を確保することが必要となる。さらに暖気後には余った熱を有効活用するなど，走行状態に応じたサーマルマネージメント技術が必要となる。具体的には，熱が余っているときに蓄熱する技術や，排気熱からの効率的な熱回収・輸送技術，熱から電気エネルギーへの変換技術などが必要となる。さらに，これらの技術を自動車の走行状態に合わせて制御する技術が必要である。

4 産業分野でのサーマルマネージメント

産業分野は業種や個々の事業所で熱利用や排熱の状況が異なるので，自動車のように代表的なエネルギーフローを考えることは難しい。未利用熱プロジェクトにける排熱実態調査では，100～199℃の温度帯の排熱，あるいは500℃以上の排熱が一定程度あることが明らかになった[3]。食品，パルプ・紙業などの分野で熱源としてのボイラーの使用が多く，ボイラーからの排熱が未利用熱として廃棄されている。また鉄鋼，非鉄，輸送機械業では500℃以上の熱が利用されずに排出されている。しかし，これらの未利用熱は温度が低い，あるいは工場の中で分散している，など回収し再利用することは技術的，経済的に難しい。そこで，産業分野では単純な熱の回収ではなく，ヒートポンプなどの熱の再利用技術が有効と考えられている。ヒートポンプは廃棄されている温度の低い排熱を利用し，少ない電力を投入して熱源として使うことができる。蒸気を発生させる高温のヒートポンプが実現すると，現在工場で広く使われているボイラーを代替することができ，排熱の削減と大幅な一次エネルギーの削減効果が期待できる。排熱を利用して必要な高温の熱を作り出す，という点でヒートポンプは熱マネージメント

の主要な技術である。

5 熱の3R

　自動車，産業分野でのサーマルマネージメントの重要性を述べてきたが，未利用熱の利用技術を一般的な資源のリサイクル技術としてとらえて分類すると図3のようにいわゆる熱の3R（Reduce, Reuse, Recycle）として考えることができる。

5.1 熱を削減する技術（Reduce）

　未利用熱を削減するには熱需要を減らすことが有効である。もっとも直接的な熱需要の削減は断熱によって可能となる。熱を逃さないようにすれば必要となる熱量も減るので，効果が分かりやすいが，真空断熱がほぼ理想的な断熱技術であることからも分かるように，本質的な技術開発の余地は少ない。一方で，コスト，耐久性，環境性が断熱技術に求められており，新しい断熱技術への期待も大きい。他にも発泡にフロンを使わないノンフロン系断熱材や，ファイバーレスの断熱材の開発が行われているが，これらは地球温暖化，法規制への対策という側面がある。

　遮熱技術も熱需要を減らす効果がある。たとえば，窓から入る太陽の輻射熱を減らすことにより，夏場の空調負荷を減らすことができる。しかし，遮光により可視光まで遮ってしまうと照明にエネルギーが必要となり，かえってエネルギー消費が増えてしまう場合もある。また，冬場は積極的に太陽熱を利用することも考えられる。そこで，波長選択性のある遮光フィルムや，透過性を制御できる調光ガラスなどが開発されている。

5.2 時間・空間的に熱の需給を調整する技術（Reuse）

　前節でハイブリッド自動車のエネルギーフローについて概説したが，冬季の燃費が良くならないのは，エンジンの始動時など必要なときに熱が足りないためである。一方，暖気後には熱は余っており，この時間的な需給のずれが蓄熱によって解消されると燃費の改善が期待でき

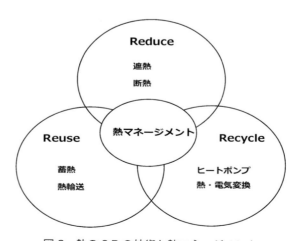

図3　熱の3Rの技術と熱マネージメント

る。また，産業分野では熱が発生している工程と熱を必要としている工程が空間的に離れていることが多く，熱の有効活用が難しいのは効率的で低コストな熱輸送技術が無いためである。このように，時間的，空間的な熱の需給のミスマッチをうめる蓄熱，熱輸送技術はサーマルマネージメントの中でも重要な技術である。

蓄熱に関しては潜熱，顕熱，化学反応を用いた方法が開発されているが，自動車や産業分野での活用は十分に進んでいない。必要とされる高いエネルギー密度，適切な動作温度，長期安定性，コストといった複数の要求性能をクリアする必要があり，開発は容易ではない。一方で，氷蓄熱などの低コストの蓄熱技術は空調用などで普及しているが，より高性能な蓄熱技術は大きな省エネルギー効果が期待できるので，引き続き材料レベルから研究開発を行う必要がある。

熱輸送技術に関しては，輸送する熱量にもよるが，高効率な熱輸送は技術課題が多い。また，長距離の熱輸送は損失も大きくなるので，よほどの必要性が無い限り実現性は乏しい。その中で，自動車内における熱輸送は距離も限定されており，一部のハイブリッド車ではすでに排気管からの熱輸送が行われており，広く普及する可能性は高い。現在，盛んに研究が行われているのは，冷媒が循環するループヒートパイプである。電子機器に使われているヒートパイプに比べて，大きな熱量を輸送することができる。また，すでに一部の自動車で実用化している冷却水を循環させる熱輸送に比べて重量も軽くなるので，近い将来，普及が期待されている。

5.3 再利用，変換技術（Recycle）

排熱が利用されずに捨てられているのは，多くの場合，排熱の温度が低く利用価値が無いからである。温度が低い低品位の熱を少ない電力を用いて温度の高い熱として再利用するヒートポンプが熱の再利用技術として期待されている。日本はヒートポンプ給湯器を世界に先駆けて家庭用に普及させた。高温の熱を発生させるヒートポンプが産業分野でボイラーを代替すると大きな省エネルギー効果が期待できる。ヒートポンプは燃料を燃やすボイラーと比べて，一次エネルギーに換算すると大きな省エネルギー効果がある。しかし，高温の蒸気を発生する高温のヒートポンプは使用する冷媒や圧縮機の開発など技術課題が多い。今後，産業分野では二酸化炭素排出量削減がより強く求められるものと考えられる。ボイラー代替高温ヒートポンプには期待がもたれており，研究開発が進んでいる。

廃棄されている熱エネルギーを電気エネルギーとして変換，回収できると再利用が進む。長く期待されてきたのが熱電変換である。特殊な半導体のゼーベック効果を利用して熱エネルギーを電気エネルギーに変換する熱電変換は可動部がなく，効率が発電のスケールによらないなど優れた性質をもっている。とくに分散した排熱の効率的な利用方法として期待されるが，変換効率が低いことが大きな課題とされてきた。一方，1990年代から新たな熱電変換材料の発見や開発が進んでおり期待が高まっている。

また，機械式の排熱発電もコストが下がれば普及が期待できる。とくにランキンサイクルは地熱発電，温泉発電など再生可能エネルギーの分野で普及しており，産業分野での利用も期待できる。なお，熱エネルギーから電気エネルギーへの変換は，カルノー効率を超えることができないので，温度の低い低品位の熱の利用は基本的に難しい。排熱の温度，量，そして許容さ

第1章　エネルギーデバイスのサーマルマネジメント

れるコストを考慮したシステムの開発が求められている。

5.4　サーマルマネージメント

　ここまで未利用熱の削減に資するさまざまな要素技術について概説してきたが，実際に排熱を有効活用するためにはこれらの要素技術を複数活用してシステムとして制御する，サーマルマネージメント技術が必要である。

　たとえば図2に示した自動車の例を考えてみる。エンジン始動時には排熱はおもに排気管から出てくる。そこで，熱が必要なエンジン，あるいは室内の空調機に熱を移動（熱輸送）させる必要がある。熱マネージメントでは熱輸送は重要な技術となる。また，エンジンの暖気や室内の暖房のための熱需要が減ると，排気管やラジエータからの熱は余ることになる。このような通常走行の状態ではエンジン始動時とは異なる排熱利用，たとえば排熱からの熱電発電を行うことができる。また夏季用に排熱を利用した小型空調機の開発も進んでいる。

　そこで熱の流路の変更や，異なる熱利用技術の活用など，排熱の状態に合わせた熱利用が必要となる。電力の場合には切り替えが容易であるが，熱の場合には状況に応じた熱流の制御は容易ではない。現在，自動車の排気管からの熱回収装置では排気の流路を変えて熱流を制御している。

　産業分野での熱マネージメントは個々の事業所の排熱，熱需要の状況が異なるので，自動車のように汎用の技術を適用することは難しい。さらに，異なる事業所間，あるいは企業間での熱の融通は，期待はもたれているものの容易ではない。とくに熱輸送の距離が長くなると輸送中の熱損失が大きくなるし，インフラ設置のコストも大きくなる。企業の自主的な努力だけでは排熱利用は進まないので，政策的なインセンティブが必要になるが，これに対して国は「エネルギーの使用の合理化等に関する法律（省エネ法）」の改正などにより，産業分野での未利用熱利用を推進している。

　本節では詳述しないが，地域，都市での熱マネージメントは大規模な省エネルギー効果があり期待は大きい。ヨーロッパでは地域での熱供給が進んでいる都市があるが，インフラ整備を伴うために，日本では一部の再開発地域を除き必ずしも地域にわたる熱供給が進んでいるとは言い難い。今後，大幅な二酸化炭素排出量削減に向けて，コジェネレーションや大規模な蓄熱などと組み合わせた地域での熱供給，熱融通の普及が期待されるが，先に概説した熱の3Rの技術は将来十分活用が期待できる。

6　おわりに

　本節では，自動車と産業分野におけるサーマルマネージメント技術の必要性と，未利用熱の削減の可能性について概説した。未利用熱の活用技術は熱の3Rという視点から分類でき，さまざまな要素技術を統合することによって，大きな効果を生む。

　2013年から開始されたNEDOの未利用熱プロジェクトでは自動車分野での熱マネージメントのニーズを契機として研究開発を開始した。後半では産業分野への応用も視野に入れながら研究開発を行っている。また，共通基盤的な研究として，排熱の実態調査も行っている。日本における排熱の大規模な実態調査は1993年度から8年計画で行われた「広域エネルギー利用

ネットワークプロジェクト」(通称 エコ・エネ都市プロジェクト)[5]で2001年にまとめられた調査以来行われていない。とくに，その後の産業構造の変化など，排熱の実態が変わっている可能性があり，最新の排熱実態調査のニーズは高まっている。今回，産業界，さまざまな業界団体の協力のもとで調査事業を行っており，データの分析，集計が終わり次第，調査結果は公表される予定である。

　東日本大震災以降，一次エネルギーに占める化石燃料の割合が高くなり，化石燃料を輸入に頼る日本では経済的に大きな負担となっている。また中長期的には二酸化炭素排出量の増大という大きな課題を抱えている。2015年にはパリで，気候変動枠組条約第21回締約国会議（COP21）が開催され，2020年以降の新しい温暖化対策が議論された。同年，政府は長期エネルギー需給見通しを発表したが[6]，この中で省エネルギー対策については「産業部門，業務部門，家庭部門，運輸部門において，技術的にも可能で現実的な省エネルギー対策として考えられ得る限りのものをそれぞれ積み上げ，2030年度には最終エネルギー消費で5030万kℓ程度の省エネルギーを実施する」と記載され，省エネルギーに対して大きな目標が掲げられている。さらに2050年までに大幅な二酸化炭素排出量削減を目標としてエネルギー戦略が議論されている。長期的なエネルギー戦略の中で，熱マネージメントのような省エネルギー技術は地味ではあるが大きな効果が期待できる。日本はこの分野で優れた技術を有しており，今後世界をリードできる可能性を秘めている。技術の優位性を維持するためにも，今後とも熱の3Rに寄与するさまざまな要素技術とそれらを統合したサーマルマネージメント技術の開発がますます重要になる。

文　献

1)　経済産業省資源エネルギー庁：「平成29年度エネルギーに関する年次報告」(エネルギー白書2018)，国内エネルギー動向 (2018).
2)　平田　賢：省エネルギー論，オーム社(1994).
3)　平野　聡：月刊「省エネルギー」，**67**(11) 18 (2015).
4)　中川　正，坪内正克，鈴木光郎：自動車技術，**61**(7) 49 (2007).
5)　棚澤一郎監修：エコ・エネ都市システム，財団法人省エネルギーセンター(1995).
6)　経済産業省ニュースリリース
　　http://www.meti.go.jp/press/2015/07/20150716004/20150716004.html

熱測定技術

第1節　示差走査熱量計（DSC）

株式会社リガク　有井　忠

■1　DSC の原理

1.1　定　義

　示差走査熱量計（Diffrencial Scaninng Calorimetry：DSC）とは，試料からの熱の出入りに注目した熱分析法であり，「示差」の言葉が示す通り，対称に配した2個の測定部の一方に性質既知の基準試料を，他方に未知の測定試料を用い，両者の示す挙動の差を測定することで，測定感度を高めている[1]。試料を加熱または，冷却したときに試料内に発生する熱エネルギーの変化を比較的微量にて，再現性よく定量的に検出する手法である。
　DSC による熱物性測定は，溶融のような単純な熱による状態変化の反応だけでなく，構造の相転移，結晶化などを把握することを可能とし，高分子材料，有機材料，金属，セラミックなどの物性評価に広く応用されている。

1.2　装置の原理と構成

　原理的に，エネルギー補償型と熱流束型とに方式が分類される。**図1**に両者の原理構成の

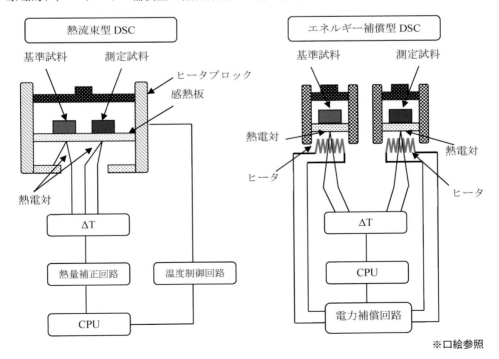

図1　熱流束型 DSC とエネルギー補償型 DSC の原理構成の比較

比較を示す。熱流束型 DSC は，DTA（示差熱分析）から発展してきたもので，DTA を定量することによりエネルギーを測定する方式である。エネルギー補償型 DSC は，基準試料と測定試料の温度差をゼロにするため必要なエネルギーを，試料下部に設置された補償ヒータに流れる電流を検出することにより測定する方式である。

　歴史的には，エネルギー補償型が最初に開発されたが，その後，熱流束型も普及し，現在では，特殊な測定を除き，熱流束型が広く使用されている。

1.2.1　エネルギー補償型 DSC の原理

　エネルギー補償型 DSC においては，測定試料と基準試料の感熱板下部におのおの独立したヒータが置かれている。測定試料と基準試料の温度差（ΔT）が常時ゼロになるように温度制御され，測定試料と基準試料のヒータの出力差が DSC 曲線として記録される。それぞれのヒータによって一定の昇温（あるいは降温）速度で，加熱（あるいは冷却）される過程において，測定試料に熱的変化がない場合，基準試料と測定試料のヒータ出力の差は一定となる（DSC ベースライン）。この時，測定試料に吸熱反応が起こると，基準試料との温度差（ΔT）をゼロにするために測定試料側のヒータにはさらなる電流が投入される。ここで，ヒータの抵抗値は決まっているので，この電流を計測することによりヒータから発生したジュール熱が試料に発生した熱量に相当する。このように，エネルギー補償型 DSC では，測定試料と基準試料のヒータの出力差を計測することで測定試料の反応エネルギーを測定することができる。

1.2.2　熱流束型 DSC の原理

　熱流束型 DSC は基本的には，DTA と同じ信号を検出しており，DTA のエネルギーに対する定量性を向上させるために，装置の構造上の改善および数学的な補正を行ってエネルギーを測定する方式である。電気炉（ヒータブロック）の温度を一定の速度で上昇させていくと，基準試料，測定試料とも同じ速度で上昇する。この時，測定試料に吸熱反応が起こると，反応が起こっている間は測定試料の温度上昇がとまり，基準試料の間に温度差（ΔT）が発生する。この温度差は感熱板（センサー）を通じて流れる熱流により緩和されるが，この間，試料に流入する単位時間当たりの熱量（熱流）は，試料と基準試料の温度差に比例する。したがって，ΔT を時間について積分することにより，反応の熱量を求めることができる。

　実際には，融解などの熱量が既知の物質を数点測定し，次式で計算される装置定数 k を求め，測定値（ΔT の積分値）で割ることにより試料の熱量が算出される。

　　$k = S_{obs}/H_{lit}$　　S_{obs}：ΔT 積分値（単位 μV·s），H_{lit}：文献値 単位 J

装置定数 k は，μV·s/J のディメンジョンをもち，単位熱量あたりの DTA の積分値（ΔT の積分値）を示す。したがって，求める測定試料のエネルギー E は，以下となる。

　　$E = S_{obs}/k$

　温度差 ΔT を検出することは DTA と同様であるが，熱流束 DSC の装置構造上の特徴は，温度差を緩和するための熱流（heat flow）が特定の経路（感熱板）を通過，固体伝導で試料に伝

わるように設計されていることである。このことは，温度差を緩和するための熱流（heat flow）が，温度差のみに依存し，再現性よく伝わることを意味し，装置定数 k の再現性が良好に得られることになる。

実際の装置では，熱流は，温度により輻射や対流による影響を受けるため，熱量既知の複数の試料を測定し，装置定数 k の温度依存性を補正することにより正確な熱量を得ている。

具体的な温度依存性は，温度に対して 2 次の補正式を考え，

$$k = AT^2 + BT + C$$

にて補正するため，最低 3 種類の異なる既知の試料の融解（転移）温度と融解（転移）エネルギーの測定結果を用い，各温度での装置定数 k の計算を行い，2 次の 3 元連立方程式を解くことにより行われる。

$$k_1 = AT_1^2 + BT_1 + C$$
$$k_2 = AT_2^2 + BT_2 + C$$
$$k_3 = AT_3^2 + BT_3 + C$$

たとえば，純金属 In, Sn, Pb を使用した場合，T_1 は 156.6℃，T_2 は 231.9℃，T_3 は 327.5℃ となる。実際の熱流束型の DSC では，温度依存性を考慮した装置定数が装置内に記憶されており，DSC のピークの積分値は，エネルギーの単位（mW）で出力される。

2　DSC 曲線モデル

DSC で一般的に検出される熱挙動について，ピーク形状モデルを図 2 に示す。

なお，DTA のピークと DSC のピークのパターンは原理的に一致するので，同一試料を DTA，DSC で測定した結果が異なる場合は，注意を要する。

3　DSC ピーク温度の読み方

典型的な DSC のピーク温度の読み取り方の例を，図 3 に示す。

図 2　代表的な熱挙動に対応した DSC モデル曲線の例

第2章　熱測定技術

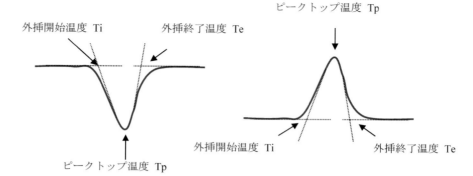

図3　DSCのピーク温度の読み取り方の典型例

3.1 DSC曲線

JIS K7121 プラスチックの転移温度測定方法[2]では，融解による吸熱ピークの場合，Ti は Tim，Tp は Tpm，Te は Tem と表記され，それぞれ，補外融解開始温度，融解ピーク温度，補外融解終了温度と呼ばれる。結晶化による発熱ピークの場合は，Ti は，Tic，Tp は Tpc，Te は Tec と表記され，それぞれ，補外結晶化開始温度，結晶化ピーク温度，補外結晶化終了温度と呼ばれる。ガラス転移の場合，Tig は補外ガラス転移開始温度，Tmg は中間点ガラス転移温度，Teg は補外ガラス転移終了温度と呼ばれる。

3.2 DSCの微分曲線

DSCの時間微分曲線 DDSC を使用することにより DSC 曲線のピークの最大勾配(単位時間当たりの変化量が最大の点)を決定することができ，変曲点などの存在の解析に有効となる(図4)。

4　装置の状態確認と較正

4.1 装置のベースライン

試料の測定を行う前に，基準試料(レファレンス)側，測定試料(サンプル)側両方に同量のア

— 28 —

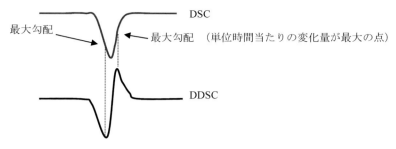

図4　DSCのピーク温度の読み取り方の典型例

ルミナ(α-Al$_2$O$_3$)をセットし，試料測定と同一の測定条件で装置のベースライン（ブランク）を測定する。試料の挙動は，基本的にこのベースラインの上に現れるので，ベースライン測定により装置由来のピークやノイズを確認することができ，試料による微小挙動かどうか判断するためのデータとなる。また，ベースラインが直線と判断できるDSCレンジが，実際の装置の実質的な測定レンジとなる。

高感度で測定を行う場合や，ベースラインが直線にならないような場合には，ベースラインの再現性を確認する。再現性が良好であれば，データ処理により，測定結果から，あらかじめ測定したベースラインデータを差し引くブランク補正を行うこともピークの判定に有効となる。また，目的とする試料の挙動が不可逆的な反応の場合は，同一試料について，初期昇温（1st.RUN）と再昇温（2nd.RUN）を実施し，2nd.RUNをブランクデータとして，1st.RUNのデータから差し引くことによりピークの判定が容易になる。

なお，センサー部分は薄い金属板で構成されているため，力を加えると変形し，ベースラインが悪化したり，温度・エネルギーが変化したりする原因になるので，試料のセットは慎重に行う必要がある。

4.2　温度の確認および較正

高純度金属（In，Sn，Pb，Alなど）の融解を測定し，吸熱ピークの開始温度から装置の温度検定および温度較正を行うことができる。通常は，温度範囲の異なる3種類以上の金属の融解温度の実測データと文献値とを比較し，温度に対して2次曲線で較正し，装置固有の較正ファイルを作成することができる。

日常あるいは定期的な温度の点検確認は，目的とする測定温度範囲に融解温度をもつような金属の融解を測定し，前回の測定結果と違いがあれば，較正ファイルを新規に作成する。なお，測定温度の正確さあるいは較正を行うかどうかについては，測定データをどの程度の正確さで評価するのかにより決定されるため，使用者側で一定の基準を設定する必要がある。同一測定条件による温度の精度（再現性）については，一般的に±0.5℃前後である。

第2章　熱測定技術

5　DSC 測定条件

5.1　測定温度範囲

　一般的な DSC は，物理的な変化をおもな測定対象としているため，試料の分解などにより，多量のガスが発生した場合には，装置のセンサー部分が発生ガスと反応して損傷を受けることがある。したがって，装置を長期間安定して使用するためには，測定温度範囲を試料の分解開始温度より低い温度に設定することが必要である。事前に TG-DTA などで試料の分解温度を確認しておくことも有効である。

5.2　試料量

　試料量は，通常，数 mg～数 10 mg の範囲で選択するが，目的とする挙動のエネルギーの大きさ(吸発熱エネルギーの大小)が，装置のベースライン(ブランク)と比較して，十分大きければ(ピークが明確に見えるならば)，試料内の温度分布を小さくするため，できるだけ少量の試料で測定する。たとえば，同じポリマーでもガラス転移を目的とする場合と融解を目的とする場合では，適切な試料量は異なることがあり，測定目的により選択する必要がある。また，得られる測定結果は，試料量依存性を示し，一般に，試料量が多くなるとピーク感度は上昇するが，ピークは高温側にシフトし，ピーク分解能は低下する。この試料量依存性は，後に述べる昇温速度依存性同様，熱伝導率の低い試料ほど顕著になる。

5.3　試料のサンプリング

　一般的な DSC のセンサーは，試料容器底面に接触するように設置されているので，できるだけ容器底面との接触面積が大きくなるような試料形状が望ましい。ポリマーであれば，ペレットやブロック状のものより，シートあるいはフィルム状の形状が作れると理想的である。ただし，以下に示すような切断や粉砕などの作業の際には，試料に熱が加わることで熱履歴を与えてしまい，試料の状態が変化することもあるので，熱が加わらないように作業をする必要がある。

　以下，具体的なサンプリング例を図 5 に示す。

5.4　基準物質(リファレンス)

　装置の基準試料側に設置する基準物質は，測定温度範囲で融解，転移，分解などの熱的変化のない物質を使用する。一般的には，アルミナ粉末(α-Al$_2$O$_3$)を選択するが，Al，Pt など容器材料に使われる金属のプレートも使用できる。試料が水溶液の場合や溶媒，緩衝液などに溶解されている場合は，水，溶媒，緩衝液を基準物質として使用することもある。試料量が少量の場合，基準物質は空容器を使用してもよい。

　パウダー状の物質を基準物質として使用する場合，保存中に空気中の水分を吸湿していることがあり，その場合には 100℃付近までに発熱ピークが現れる。したがって，長期間保存した基準物質を使用する時は，あらかじめ測定温度範囲の上限まで加熱したものを使用する。

粉末状試料	可能なかぎり容器底面に薄く均一に密着するように詰める。詰めた後、充填密度を上げるため、金属性の棒などで押し付けることも行われる。ただし、医薬品などの有機化合物の場合は、加えられた機械的な力により試料の結晶形や物理的な性質が変化する（メカノケミカル効果）こともあり、注意を要する。

シート状試料	試料容器の内径に合わせた打ち抜きポンチで打ち抜くか、カッターなどで適当な形状に切断する。

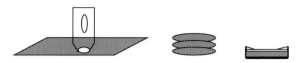

ペレット状試料	容器底面に接触する部分がフラットな面になるように切断する。

ファイバー状試料	丸めて容器に詰めクリンプして底面に密着させる。

液体	マイクロシリンジ、ピペットなどで容器に入れる。この時、試料が底面以外の部分に付着しないように注意する。

図5　試料形状に対するサンプリング例

　基準物質の量は，測定試料の熱容量（比熱容量×重量）と基準物質の熱容量が等しくなるように選択することが望ましい。熱容量に差があると，昇温開始時や昇温速度が変化した時に，熱容量差および昇温速度の大きさに比例したベースラインのシフトが発生し，その間の試料の挙動は，このシフトに重なり，ピークの判定が困難になる。したがって，室温付近の挙動を測定するためには，室温以下（0℃～10℃）に冷却してから，昇温を開始する必要がある（図6）。

5.5　試料容器

　試料容器は，測定温度範囲，試料と容器材料との反応性，目的とする挙動の内容にて選択する。一般的に使用される容器の材質と最高使用温度を表1に示す。

　その他，測定目的により，Cu，Au，Ag，SUS 製なども使用されることがある（図7）。容器材料の熱伝導率の違いにより，ピークがブロードになったり，感度が低下したりすることもあり，条件が満たされるならば，熱伝導率の高い材質の試料容器を選択する。

　容器の形状については，オープン（開放型），クリンプ，シール（密封型）などがあるが，DSCでは，センサーと容器の熱的接触を高めるためクリンプ容器を使用することが一般的である。また，容器底面が平滑でないと，擬似ピークが現れたり，感度が低下することがあるので，センサー部と接触する容器底面の状態にも注意を要する。

　試料が液体や水溶液の場合，あるいは試料中の揮発成分による昇華や蒸発が起こる場合，密封型容器（シール容器）を使用することにより，昇華や蒸発を抑えることができる。これにより，

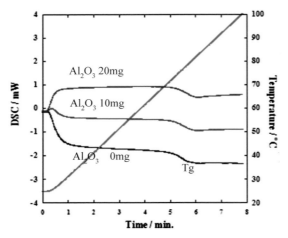

図6 基準物質の試料量の影響

表1 使用される容器の材質と最高使用温度

材質	最高使用温度	形状
Al	500℃	開放, クリンプ, シール
SiO$_2$	1,000℃	開放
Pt	1,500℃	開放
Al$_2$O$_3$	1,500℃	開放

融解などの吸熱挙動と区別することができる。この時は，使用する容器の耐圧（最高使用圧力）に注意する。耐圧を超えると試料や内容物のリークが起こる。測定試料の蒸気圧や分解時の圧力が不明の場合は，事前に，密封容器を使用し，TG-DTA で減量が開始する温度を確認することにより，その試料に対する耐圧温度が分かる。

なお，Al 製容器を使用して水溶液などの試料を測定する場合，Al 表面と水との反応により，擬似的な発熱ピーク（80℃付近）が現れることがあり，容器を使用前に水で煮沸しておくことで防ぐことができる（図8）。

5.6 昇温速度

昇温速度は，一般的には，2℃/min～20℃/min の範囲で選択する。測定結果は昇温速度の依存性をもち，昇温速度が大きくなると，全体の挙動は，高温側にシフトし，ピーク分解能は低下する。ただし，この時は単位時間当たりの変化量は大きくなるので，感度（peak height）は高くなり，微少ピークの検出に有効な場合もある。また，目的とする挙動自体が昇温速度の依存性をもつこともあり，小さい昇温速度で測定を試みる必要がある場合もある。

昇温速度を変えて測定した結果について，外挿開始温度，頂点（ピークトップ）温度，外挿終了温度を比較すると，外挿開始温度のシフト量が最小で，測定条件の影響が最も少ない温度となる。先に述べた試料量依存性もこれと同様の傾向を示す。

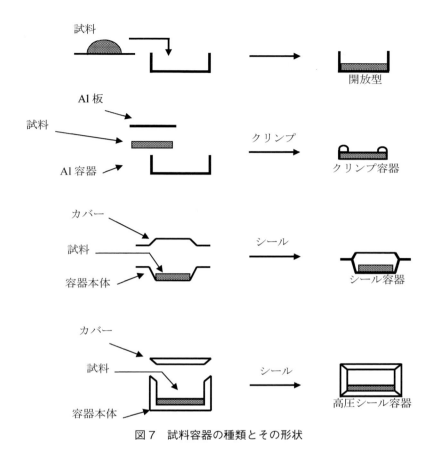

図7　試料容器の種類とその形状

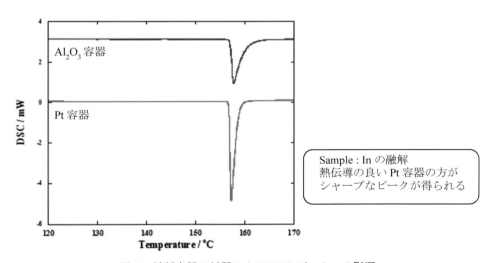

図8　試料容器の材質によるDSCピークへの影響

5.7 測定雰囲気

雰囲気ガスは，測定の目的や内容，装置材料との反応性などを考慮して選択するが，物理的挙動を測定する場合は，空気中の酸素による酸化を防ぐために不活性ガス（N_2，Ar）をフローさせながら，測定することが多い。流量については，通常 10 mL/min〜100 mL/min 程度を用い，測定中は流量を一定にしておく。なお，He など熱伝導率の高いガス中で測定する場合は，ベースライン，温度，エネルギーが変わることがあり，同一雰囲気でのベースライン測定，温度・エネルギー較正が必要となる。

6 DSC の応用例

6.1 ポリエチレンテレフタレート（PET）のガラス転移

アモルファス（非晶質）PET のガラス転移の測定例を図9に示す。通常，ガラス転移はベースラインのシフトとして現れるが，吸熱ピークを伴う場合がある。これはエンタルピー緩和と呼ばれる現象であり，ガラス転移温度を通過する際の冷却速度，ガラス転移温度以下に保持された時間などの熱履歴に依存してピークの大きさが変化する。このようにガラス転移を測定することによって試料の熱履歴を知ることができる。また，ガラス転移温度以上に昇温した試料を再昇温した場合は，吸熱ピークは小さくなるか消失する。したがって，必要であれば，一度ガラス転移温度以上に初期昇温（1st.RUN）し，一定の熱履歴を加えた後，再昇温（2nd.RUN）を行う。

6.2 ポリエチレンテレフタレート（PET）のエンタルピー緩和

100℃から異なる降温速度で冷却した PET を 5℃/min で再昇温した結果を図10に示す。す

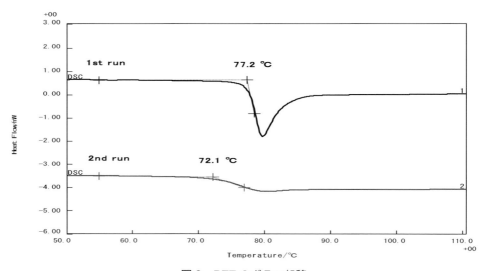

図9　PET のガラス転移

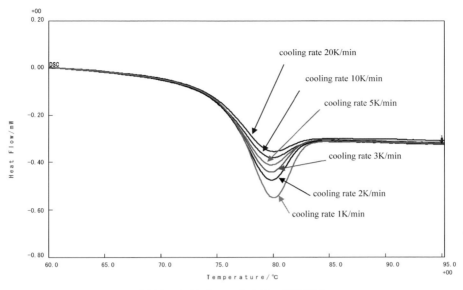

図10 PETのエンタルピー緩和現象

べての結果でエンタルピー緩和による吸熱ピークが確認されるが，冷却条件によってその大きさは異なっている。

エンタルピー緩和による吸熱ピークは降温（冷却）時においてガラス転移温度を通過する速度によって緩和状態が異なり，降温速度が小さいほどエンタルピー緩和ピークは大きくなる。また，ガラス転移以下に保持された時間によっても影響を受け，ガラス転移温度に保持された時間が長いほどエンタルピー緩和の吸熱ピークは大きくなる。

6.3 熱処理による差

銅線の被覆材のDSC測定結果を図11に示す。熱処理を行って成形した試料のDSC測定を行うと，熱処理によるピークが見られる場合がある。この試料の初期昇温（1st.RUN）においては，-47℃付近にガラス転移によるベースラインのシフトが見られた後，50℃付近に吸熱ピークが見られるが，再昇温（2nd.RUN）ではガラス転移によるベースラインのシフトのみが現われ吸熱ピークは見られない。このように熱処理された試料では，1st.RUNで熱処理（熱履歴）による挙動が見られ，一度昇温することによって熱履歴が一定になり，2nd.RUNでは試料の本来の挙動のみが現われる。

6.4 高分子材料のリサイクル測定（融解・結晶化）

枝分かれ構造をもつ直鎖状低密度ポリエチレン（LLDPE）の融解と結晶化を図12に示す。再昇温時（2nd heat）の融解挙動は冷却過程の結晶化の条件に依存するため，初期昇温（1st heat）時の融解ピークとはパターンが異なっている（図13）。

冷却条件が同じであれば2nd heat以降は同一の融解ピーク形状となり，結晶構造が同一であることが分かる。

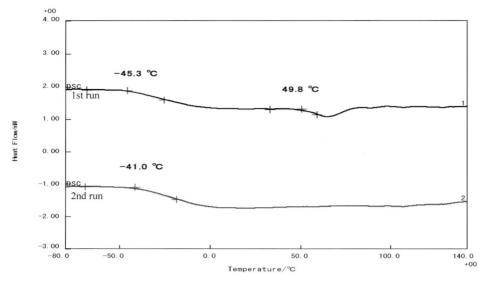

図11　銅線の被覆材の DSC に及ぼす熱処理の影響

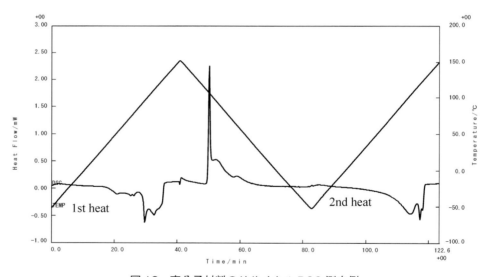

図12　高分子材料のリサイクル DSC 測定例

　次に異なる降温速度で冷却した後，5℃/min で昇温した結果を**図14**に示す。
　昇温過程の測定結果では，降温速度によって融解のピーク温度と形状が僅かに違うことが分かる。このことから LLDPE は降温速度によってできる結晶構造が僅かに異なることが推測される。高分子系の材料では，融解後の冷却条件に依存した結晶構造をもつ場合があるので，冷却条件は注意する必要がある。

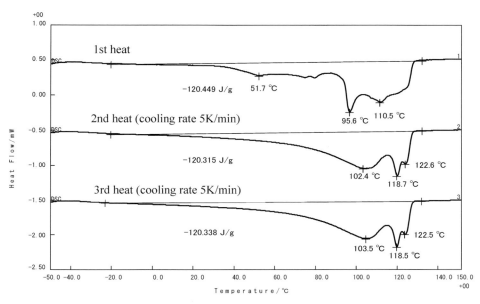

図13　高分子材料のリサイクルDSC測定例

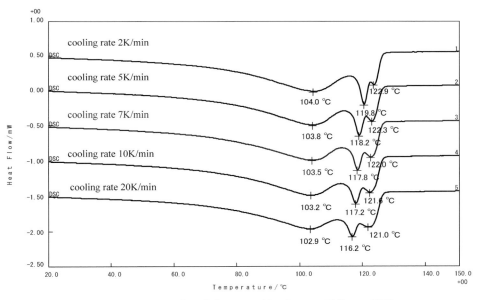

図14　LLDPEの降温速度による融解ピークの形状への影響

文　献

1) 吉田博久, 古賀吉信編：「熱分析第4版」, 講談社(2017).
2) 西本右子：*Netsu Sokutei*, **39**, 22-26 (2012).

第2節　熱重量測定（TG）

株式会社リガク　有井　忠

◢1◣　TG の原理

1.1　定　義

　熱重量測定（thermogravimetry; TG）とは，物質を加熱または冷却したとき，あるいは一定の温度に保持したときの物質の質量変化を温度または時間の関数として測定する技法である。本多幸太郎により考案された本多式熱天秤が，世界における最初の TG 装置であるとされている。質量変化を伴う多様な化学反応や物理変化を定量的に解析する有効な手法であり，種々の目的に用いられている。TG は定量性に優れ，脱水，分解，酸化，還元などの化学変化や蒸発，昇華，吸着などの物理変化を調べる手段として広く利用されている。TG によって測定された物質の質量を，温度（または時間）に対してプロットしたものを熱重量曲線（thermogravimetric curve）または TG 曲線（TG curve）という。TG 曲線の記録方法は，温度または時間を横軸に左から右へ増加するようにとり，質量は質量単位（μg）あるいは質量の変化率（%）を，増量を上向き，減量を下向きにとる。

　TG 測定では，古くから示差熱分析（differential thermal analysis; DTA）との同時測定（TG-DTA）が一般的に行われている。質量変化がどのような現象に基づくかを検討するには，吸発熱情報が同時に得られる TG-DTA が便利である。TG あるいは TG-DTA 測定により得られる情報は，物質の熱安定性の決定，反応経路の同定，化学反応の速度論的解析，成分の定量分析などに用いられる。このため，材料評価，化学プロセス制御，品質管理・検査などの基本的なパラメーターとなり，JIS や日本薬局方の一般試験にも取り入れられ，研究・開発のみならず幅広く用いられる技法の一つである。

1.2　装　置

　TG 装置は，試料の加熱機構といわゆる天秤などの質量測定機構を一体化したものであり，試料の質量を測定する天秤部と試料の温度を測定・制御する温度制御部から構成される。天秤を用いるため「熱天秤」とも呼ばれる。TG 装置には，図1で示されるように，天秤ムーブに対する試料の配置を表現して，上皿式，水平式，下皿式（吊下げ式）の3通りに大別される。それぞれ，試料を加熱することにより生じる質量測定上の問題への対処，精密な試料温度の測定，DTA など他の熱分析装置との複合化などのために種々の工夫がなされている。ここで，皿とは試料容器のことである。天秤の支点は，ナイフ・エッジで描かれているが，現在では各種の支点構造が用いられている。また，試料支持棒が1本または2本の構成（差動，非差動型）があり，以下の方式に分類される。

　下皿式（吊下げ型）は，天秤構造が最も簡単で，天秤ビーム一端の下に細いワイヤで試料を吊

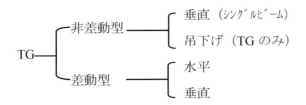

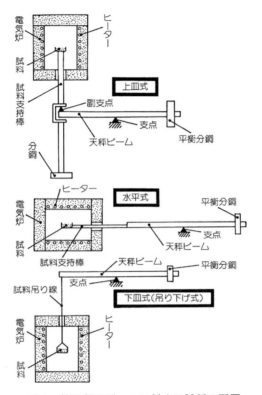

図1　熱天秤のビームに対する試料の配置

下げ，電気炉の中に置くもので，電気炉からの熱や分解ガスが天秤室に影響を与える恐れはあるが，浮力の影響が少なく，微少変化の検出に有効である。上皿式は，下皿(吊下げ)式よりも浮力の影響が大きいが，天秤室に与える電気炉からの熱や分解ガスの影響が少なく，操作性に優れている。天秤機構が複雑になり，天秤の支点にかかる荷重が増加するが，サスペンションの材質や形状の工夫により対処されている。水平式は，浮力とビーム方向への熱による影響誤差に注意を要するが，電気炉からの熱や対流の影響が少なく，操作性に優れている。上皿と水平式においては，実用的には，測定精度を上げるために，浮力と対流の影響ならびに支持棒の熱膨張を相殺した差動型が普及している。これは，測定試料と基準物質とをそれぞれ天秤ビームの両端や2本の天秤ビーム上に乗せ，同一の電気炉内で加熱することで，試料側と基準側の対流と浮力などの影響を相殺するものである。

電気炉には，通常，抵抗加熱炉が使用されるが，赤外線による加熱炉も使われている。試料温度の測定には，多くの場合，熱電対が用いられる。この時，試料と熱電対の位置関係も重要

となる。試料温度の測定は，測定温度範囲に応じて種々の熱電対が用いられるが，下皿式の装置では試料近辺の非接触温度を測定するのに対して，上皿および水平型装置では試料セルの底面あるいは試料セルを設置する感熱板の接触温度を測定する。赤外炉では，数～数10秒で試料を1,000℃の高温まで急速加熱できるので，とくに，一定温度における試料の質量変化の測定に適している。赤外線の直接光による試料色の影響や試料周辺の均熱領域を広く確保するため，試料周辺部に均熱筒などを配置する処置が施されている。

1.3 動作原理

　現在の熱天秤は，自動化された電気天秤と電気炉を中心に構成されている。図2に，一般的なTGの動作原理を示す。試料を容器に収納し，試料温度を測定するための熱電対は試料容器に接触（もしくは隣接）させてある。一般に，下皿式では，熱電対は試料容器に隣接して設置され，上皿と水平式では試料支持棒の端に設置された試料容器を乗せる感熱板に直接溶接されている。試料容器は，電気炉内部の温度分布の少ない場所に設置され，電気炉はプログラム自動温度制御装置によって加熱される。このときの温度制御は，あらかじめ設定したプログラム温度と実測した制御熱電対の温度とを比較し，この偏差を常時ゼロにするようにPID制御する。試料容器は，天秤ビームの一端で支持されており，ビームの他端のスリットの上下移動が天秤の傾きを示す。試料に質量変化が生じると天秤ビームが傾き（スリット移動），光源ランプから光電素子に届く光量の変化が検出される。光電素子からの信号で，天秤制御回路が制御コイルへの電流量を制御してマグネットとの磁力を変化させ，天秤の傾きを戻す。つまり，試料の質量変化が減少（減量）や増加（増量）しても，これに伴う天秤の傾きを打消す方向と大きさの電流が制御コイルに流れるため，天秤は常に平衡状態を保っている。これを零位法と呼んでいる。試料の質量変化は，このときの電流量に比例するため，質量変化を連続的に測定することができる。試料温度の実測値と質量変化量を連続的に同時記録することにより，TG曲線が得られる。

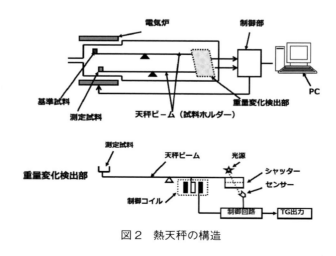

図2　熱天秤の構造

2 装置の校正

2.1 質量校正

正確な TG 曲線を得るには，温度と質量変化を正確に測定することが必要である。零位法天秤のフードバックコイルに流れる電流の大きさと質量変化の関係は，あらかじめ精密に検定されているが，長期間の使用では，若干の狂いも生じることが考えられる。簡単な点検法としては，試料部に基準分銅を加除し，このときの質量変化量と基準分銅の質量を比較する。偏差が認められる場合，TG 装置回路にある調整部を操作して校正する。

加熱時における質量校正は，上述した基準分銅法を用いることができない。このため，熱分解により得られるそれぞれの段階が既知の減量値を示すような基準となる試料を用いて TG 測定を行い，実測値と理論減量値の差が許容範囲にあることを確認する。一例としてシュウ酸カルシウム一水和物（約 1 mg）の測定結果を図 3 に示す。日本薬局方では，このシュウ酸カルシウム一水和物の脱水による減量を基準として質量変化の検定を行う方法が記載されている。この際には，ブランクテストを事前に測定しておく必要がある。とりわけ，装置を長時間使用しなかった場合，分解ガスや試料の吹きこぼれなどによって汚れた箇所を清掃した時，または消耗部品（試料ホルダや保護管など）を交換した際には，ブランクテストによって装置が正常な状態にあるかを確認し，その昇温ドリフト（温度上昇に対する見かけ上の質量変化）の程度を認識しておくことが肝要である。このとき得られるブランクデータは，上述のような装置の稼動状況に依存するが，必要に応じて測定データのブランク補正に用いる。

2.2 温度校正

TG 装置の測温は，直接試料容器に接触した熱電対による方式と，試料近傍に設置された熱電対によって計測する 2 方式がある。DTA との同時測定の場合，ICTAC の温度校正用標準物質や純金属（In, Sn, Pb, Al, Au, Ni など）の融点を測定し，吸熱ピークの外挿開始温度を用いて装置の温度検定ならびに校正を行うことができる。TG 単独装置の場合，試料部に純金属の線材で重りを吊下げて定速昇温下で測定を行い，線材の融解により重りが落下した温度を融点

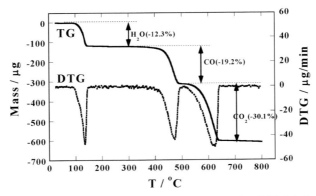

図 3　シュウ酸カルシウム一水和物の TG 曲線と質量減少率

第2章　熱測定技術

として温度校正できる。また，強磁性体を試料として測定を行うとキュリー点（強磁性体が常磁性体に転移する温度）で見かけの質量変化が起こり，このキュリー点を利用した温度校正が可能である。この場合，試料部近傍の電気炉の外側に永久磁石を設置して，簡易的な熱磁気測定とする必要がある。この目的のために，アルメル，ニッケル，および数種類のニッケル-コバルト合金の試料を TG の温度校正用に用いることが新たに提案されている。

❸　TG の測定条件と注意事項

　熱分析は測定条件の選択範囲が広く，結果が測定条件によって影響を受けることが多い。また，データの利用しやすさも測定条件の選択に左右される。また，熱分析において統一された測定条件はない。測定に当たっては，試料の性質と測定目的に応じた工夫を必要とする。測定結果から必要な情報を正しく得るためには，まず TG 測定条件の検討と，最適な条件の決定が必要となる。ここでは，種々の測定条件の諸要素について述べ，それらの基礎的な注意点や，測定条件の選択方法について列挙する。

3.1　試料に関するもの

3.1.1　試料量

　試料量は，試料容器の容量，質量変化の大小に応じて決定するが，装置の感度（ノイズレベル），ベースライン（ドリフト量）と比較して試料の変化量が大きければ試料内の生じる温度分布を小さくするため，できるだけ少量を用いる。試料量が少ない場合，TG 分解能が向上し，有効な情報が得られることが多い。試料量が多い場合には，TG 変化が緩慢となり，分解能が低下するが，微少変化の検出や，組成の不均一な試料の測定に有効となる。一般的な熱挙動は試料量の依存性を示し，試料量の増加に伴い，TG 分解能は低下し，高温側にシフトする。この試料量依存性は，熱伝導の低い試料ほど顕著になる。実際の測定に用いる試料量は，装置の検出感度，ベースラインの安定性，秤量誤差などを考慮して，数 mg〜数 10 mg の範囲で選択する。

3.1.2　試料の形状と詰め方

　試料の粒度，形状，試料容器への詰め方などの違いも測定結果に影響を与えることがあるので，できるだけこれらの条件を一定にして測定する。分解反応を取り扱う場合，試料容器への試料の詰め方（充填密度）によっても，試料と雰囲気ガスとの接触状態や，分解により生成するガスの拡散の状態が変化し，測定結果が影響を受けることがある。

3.1.3　基準物質（TG-DTA の場合）

　基準物質は，測定温度範囲内で熱的な変化のない物質を使用する。一般には，アルミナ粉末（α-Al_2O_3）が使用されるが，Al や Pt などの金属プレートなどを使用することがある。長期間放置したアルミナ粉末は，吸湿していることがある。この場合，昇温中に基準物質からの脱離が起こるので，事前に空焼きを行うなどの防止が必要である。とくに，発生ガス分析（evolved gas analysis; EGA）を併用する場合には，金属プレートがよく用いられる。

— 42 —

3.2 試料容器

試料容器は，測定温度範囲，試料との反応性を勘案して，容器の材質と形状を選択する。代表的な容器の材質には，Al, Pt, Al$_2$O$_3$, SiO$_2$などがあり，測定内容によっては，Cu, Au, SUSなどが使用されることもある。この際，Pt製容器については，触媒として作用する場合があり注意が必要である。TG-DTAでは，容器材料の熱伝導率の違いにより感度が低下することもあり，条件が満たされるのであれば熱伝導率の高い材質を選択すべきである。図4は，現在使用されている典型的な試料容器の形状と寸法である。容器の形状は，開放型，密閉型（シール容器），ピンホール型などがあるが，一般的なTG測定においては，気体生成物の系外への拡散が容易な，開放型セルが用いられる。ピンホール容器では，試料から発生した気体の分圧が制御でき，隣接した分解反応を効果的に分離したい場合などに用いられる。

熱分析の場合，測定後の試料温度は電気炉の余熱のため，若干上昇するので，容器材質の融点ギリギリまでの使用は避けるべきである。

3.3 昇温速度

昇温速度は，典型的には，2～20℃/minの範囲で選択する。昇温速度は，分解能，熱変化の温度，ピークの高さ（TG-DTAの場合）などに影響を与える。分解能は，昇温速度が遅いほどよい。これは，試料内の温度分布が小さくなることと，発生気体が試料から除去されるまでの温度上昇が少ないためである。質量変化の開始温度は試料の性質によって異なるが，昇温速度を大きくすると，全体の質量変化は高温側にシフトし，分解能は低下するが，単位時間当たりの変化量が大きくなり，見かけの感度が向上する。微少な質量変化の検出には，昇温速度を大きくして測定することが有効となる場合もある。また，赤外線加熱炉を使用すると，数100℃/minの高速昇温が可能となり，一定温度でのTG測定では，保持温度に到達するまでの試料の変化を制御することができる。

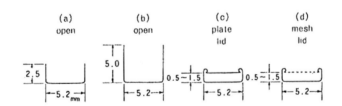

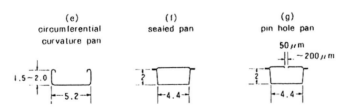

図4　典型的な試料容器の種類とサイズ

第2章　熱測定技術

3.4　測定雰囲気

　TG は，気相の関与する化学反応および物理変化を追跡する手法であるため，雰囲気の設定は，本質的に重要である。測定に応じて，適切な雰囲気の設定が必要となる。測定雰囲気には，雰囲気ガスをフローさせる動的雰囲気とフローさせない静止雰囲気がある。雰囲気ガスをフローさせて測定する目的は，特定の雰囲気下での TG 挙動を観測することと，分解により発生した気体生成物を試料周辺から速やかに除去し，反応を促進させることにある。一般に，静止雰囲気中で分解が起こると，試料周りに分解生成気体が滞留し，雰囲気の組成が変わり，反応は複雑な挙動を示す。再現性のよい正確な TG 曲線を得るためには動的雰囲気にすることが望ましい。

　雰囲気ガスを変えて測定することは，異なった角度から試料の物性を調べるために有効であり，有用な情報が得られる。たとえば，空気中と不活性ガス雰囲気中での測定を比較すると，酸素が関与した挙動であるかどうかの判断ができる。

　雰囲気ガスの種類には，空気，O_2 などの酸化性雰囲気，N_2, Ar, He などの不活性ガス雰囲気，H_2, CO などの還元雰囲気，その他ハロゲン系ガス，水蒸気，真空下などがあげられる。

　測定に際しては，雰囲気ガスと熱電対，試料容器，装置構成部品との反応性，爆発危険性，毒性などに注意する。とくに，試料支持棒（試料ホルダ）上の感熱板は，白金系の貴金属で作られており，CO, H_2, ハロゲン系ガスとの反応性がある。このような反応性ガス雰囲気下での測定においては，測定前後でのベースライン，温度校正測定を行い，雰囲気ガスによる影響有無を確認しておく。測定前後で差が認められるようであれば，測定によって装置が損傷を受けた可能性が考えられる。

　一般的なガス流量は，数 10 ml/min～数 100 ml/min の間で選択し，測定中は常に一定の流量とする。試料の蒸発や分解による減量開始温度は，ガス流量により影響され，流量が大きくなると開始温度は低温側にシフトする。また，雰囲気ガスの種類により，浮力，対流や熱伝導の違いにより見かけの質量変化の量が変化することもある。

　真空下の測定については，急激な気体発生を伴う反応が起こると試料を噴き上げたり，一時的に質量増加を伴う熱分子流（ジェット）効果が認められる。差動型 TG を用いれば，この熱分子流効果を小さくすることができる。

４　試料の熱的挙動と TG（–DTA）曲線の変化

　試料を加熱（冷却）した場合，試料の変化挙動は観測される TG（–DTA）測定により明らかになる。このときに観測される曲線の変化挙動は，試料の熱的挙動の種類によりある程度の分類が可能である。試料変化の内容は，一義的には決められないが，試料の特性や TG 曲線の形，増量か減量かなどを考慮して推測できる。図 5 には，試料の増量，減量を温度関数として描いた典型的な TG 曲線を示す。さらに，TG 曲線を時間で 1 次微分した DTG（derivative TG）曲線も描かれているが，DTG 曲線は，変化の開始点や最大点の検出や，TG 曲線では判別しにくい微少な変化の検出，連続している複数の変化の発見や分離などに役立つ。現在，一般的に使用される TG-DTA による DTA 曲線と組み合わせると，反応の内容はより細かく推測す

— 44 —

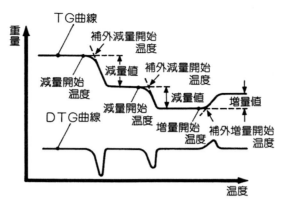

図5　典型的なTG曲線

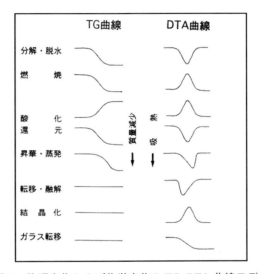

図6　物理変化および化学変化のTG-DTA曲線モデル

ることができる。図6には，種々の物理変化および化学変化に対して得られるTG-DTA曲線の変化挙動のモデルを示す。

　TGにおいて減量が観測される場合，熱分解や還元などの化学変化が考えられる。また，昇華や蒸発においても同様な挙動を示すが，変化の起こる温度範囲やDTAピーク強度が前者に比べて小さい。TGにおける増量は，雰囲気中の酸素や反応気体との化合において見られる。DTAとの同時測定では，TG曲線に変化がなく，DTAのみの変化が見られる場合があり，相転移，融解，結晶化，ガラス転移などの反応が考えられる。

5　試料制御熱分析

　熱分析は，広い温度範囲にわたり試料内に起こる物理的および化学的な変化を比較的短時間に概観できるという大きな特徴をもっている。温度プログラムは，これまで定速昇降温が通例であったが，測定機器の温度応答性が速くなってきたためにさまざまな温度制御が可能となっ

第2章　熱測定技術

ている。

　従来の定速温度制御の考え方を逆転させた方法が提案された。すなわち，あらかじめ設定された温度プログラムに従って温度を変化させた場合のある物理量の変化を記録する従来の熱分析法に対して，物理量の変化速度に関する信号をフィードバックして，あらかじめ設定した物理量の変化速度のプログラムを満たすように随時温度プログラムを変化させる測定である。これは，試料速度制御熱分析（Sample controlled thermal analysis; SCTA）と呼ばれる。一般的には，物理量の変化速度を一定に制御する等速度熱分析（constant rate thermal analysis）法がよく用いられる。従来の熱分析法と比較した概念図を図7に示す。図から分かるように，制御対象と記録計が対称関係になっている。これはいわば逆熱分析であり，1970年以前に提案されているが，現在では市販の多くのTG装置にも装備されるようになり，速度制御TG（sample controlled TG; SCTG）として普及してきた。これらは，DTG信号を制御に用いており，Q-デリバトグラフの流れを汲むものである。変化速度を一定に制御することで，複数の反応が連続して進行する場合の分解能が向上する利点が特徴であるが，変化速度をジャンプさせる制御により，活性化エネルギーを容易に求めるなど，反応解析でも新しい応用が期待されている。

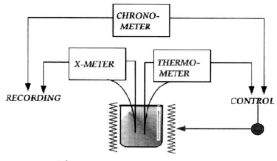

Schematic representation of conventional thermal analysis.

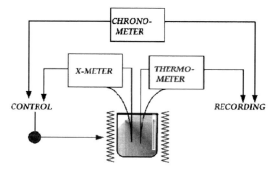

Schematic representation of sample controlled thermal analysis (SCTA)

※口絵参照

図7　従来法（上図）と試料速度制御熱分析（下図）の概念比較

— 46 —

5.1　原　理

　天秤部の基本構成は，従来の TG と同じであるが，加熱炉への出力調整部には，実測温度に加えて DTG 信号を入力する点が異なっている。測定中は温度と DTG の両方の実測信号を用い，あらかじめ設定した温度変化と質量変化速度の制御条件を満足するように，加熱炉への出力信号を随時変化させる。たとえば，多段階の熱分解反応に対して，減量が観測されるまでの温度範囲を等速昇温させ，その後，減量が観測させると一定の減量速度で分解反応を進行させる。SCTG プログラムには，従来の温度プログラム（初めの昇温速度と最高温度）に加えて，目的とする減量速度を入力設定する。測定開始後，SCTG 調整部では，実測温度と DTG 信号をモニターしながら，設定減量速度と実測の DTG の偏差を常時ゼロにするように随時昇温速度を変化させる。測定の最高温度に達するまで無限ルーチンとして制御することにより一連のデータ(時間，温度，質量，質量変化速度)を得ることができる。

5.2　データの特徴

　等速度制御させた SCTG により得られるデータは，反応中にある質量変化速度が一定であることにより，従来の等温あるいは定速昇温下での TG データと比較して，反応による自生反応条件をより厳密に制御したものとなる。すなわち，SCTG では，反応系の発生気体の分圧を一定に保つことができる。また，反応による吸熱や発熱による自己冷却や自己発熱効果による反応系内の温度分布を緩和させることができる。これらの特徴は，熱分析曲線を速度論的および平衡論的観点から解析する場合に非常に重要であり種々の応用が期待されている。

　SCTG では，横軸に測定時間，縦軸に質量変化と質量変化速度を表記し，質量変化が目的の速度関数に従っていることの確認が重要である。慣例的に，横軸を温度として従来の TG との対比を表示することもある。しかしながら，電気炉の熱的な慣性が大きい場合や制御が不適切な場合には，誤った解析結果を与える場合があるので注意を要する。

　上述した説明からも明らかなように，従来の熱分析が試料を一定の速さでいわば無理やり加熱冷却するのに対して，この技法は試料の変化に応じて温度を変える対話型の熱分析ともいえる。いずれにせよ，質量変化が始まると温度上昇は緩やかになり，TG の場合に比べて，連続して起こる反応が何段階かの反応に分離される。このような TG 分解能の向上が SCTG の大きな特徴であるが，温度変化の様子が反応機構の差を端的に反映することも，もう一つの特徴である。**図8**は，不活性ガス雰囲気中での酢酸亜鉛二水和物の熱分解反応について TG とSCTG のデータを横軸温度にて比較した測定例を示す。TG では多段階の複雑な曲線が示されているのに対して，SCTG では反応開始から終了まで温度は一定に保たれる。一定温度での反応の進行は零次反応を意味し，試料が昇華していることを直接反映する。

　また，自己触媒反応や高分子のランダム解裂反応では反応の進行とともに初期に反応が加速されるので，これを補うため温度は下に凸の曲線を描きながら変化する。

　もう一つ SCTG では，TG の問題となる自己冷却や自生雰囲気の影響を抑えることが可能となる。**図9**は，有機金属錯体 $CaCu(CH_3CO_2)_4 \cdot 6H_2O$ の熱分解反応を TG とともに比較した結果を示す。TG と SCTG では，反応途中段階での減量率に違いが現われ，熱分解プロセスは明

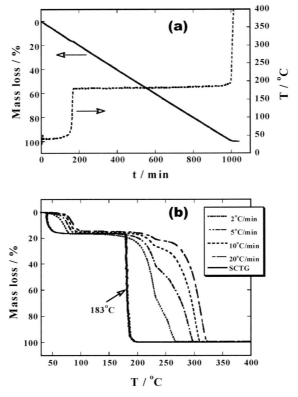

図8 酢酸亜鉛二水和物の熱分解における TG と SCTG の比較例
(a) SCTG 曲線, (b) TG と SCTG の比較

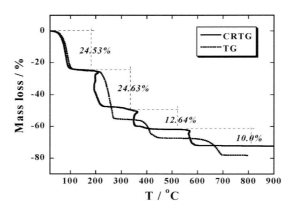

図9 酢酸銅カルシウム六水和物の熱分解における TG と CRTG の比較例

らかに異なっている。TG では分解生成気体による自生雰囲気の影響により中間生成体はさらに還元反応を起こすが，SCTG では自生雰囲気の影響を受けずに熱分解反応を進行させることができる。

ここでは，簡単な例として質量変化を一定に保つ制御方式を挙げたが，制御の方式は他にも提案されているので，利用目的に合わせて選択する。

第2節　熱重量測定（TG）

6　変化の内容と，より多くの情報を得るために

　TG を他の分析手段と組み合わせて，同一試料から同時に多くの情報を得ることは，対象とする物質の化学変化や物理変化の本質を知る上で重要である。

　いくつかの分析手段を組み合わせて，試料を異なった角度から情報を得ることは，反応の解析が容易になり信頼性の高い結果を得ることができる。今日，TG は二つの方法で他の技法と組み合わせて利用させている。一つは同時に二つの技法を加える同時技法（simultaneous measurement）であり，TG-DTA や TG-DSC などである。もう一つは，二つ以上の装置を連結して結合し，同一試料から情報を順次得る併用同時技法（coupled simultaneous techniques）であり，TG-MS，TG-GC-MS，TG-FTIR などがある。とくに，後者はこれまでの熱分析が巨視的な量を扱うのに対して，物質の構造変化を温度変化の下で観測することができるので微視的熱分析とも呼ばれる。従来の熱分析が試料内で"何か変化が起っている"のみを示すのに対して，微視的な熱分析は，試料内で"どのような変化が起こっているのか"を教えてくれる。この意義は非常に大きい。

　このように，熱分析で検出される質量変化や熱量変化の情報に加えて，試料より発生する気体生成物を定性的および定量的に同定する発生気体分析（EGA）の手法を複合的に用いることにより，反応プロセスを解明する上で多くの情報を得ることができる。高分子材料，電子材料などの製造時，使用時の熱安定性の発生気体による評価，高分子材料のリサイクルや焼却時の熱分解反応などの解析は，社会的に重要な技術となっている。

7　特殊雰囲気中での測定

7.1　湿度制御 TG 測定

　上述したように，熱分析測定は一般的に各種ボンベより供給される乾燥したガス雰囲気中で行われることが多いが，物質の動作環境によっては湿度をパラメーターとして熱分析を評価する事が重要となる。とくに，装置に導入するガスの湿度（水蒸気濃度）が高い場合，TG の装置構成を変える必要がある。通常の TG で使用される電気炉の場合，外部環境温度の飽和水蒸気以上では系内で水蒸気が結露してしまい試料部まで目的湿度を保つことができない。

　図10 は，酸化亜鉛（ZnO）を合成する前駆体の一つである亜鉛アセチルアセトナート一水和物（$C_{10}H_{14}O_4Zn \cdot H_2O$）を種々の湿度下で加熱した際の TG の比較である。乾燥ガス中では，脱水，転移，融解，蒸発，分解といった一連の反応が連続かつ重複して起こる。雰囲気中の水蒸気濃度の増加にしたがって，反応は全体的に低温側にシフトし，試料の残存量は増加する。水蒸気ガスとの反応により $C_{10}H_{14}O_4Zn$ の昇華が抑制され ZnO は低温域で生成する。

— 49 —

第2章 熱測定技術

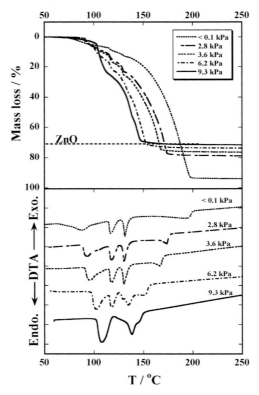

図 10　湿度変化による $C_{10}H_{14}O_4Zn \cdot H_2O$ の熱分解の変化

文　献

1) 日本熱測定学会編:「熱測定・熱分析ハンドブック第2版」, 丸善, (2010).
2) 吉田博久, 古賀吉信編:「熱分析第4版」, 講談社, (2017).
3) 斎藤安俊著:「物質科学のための熱分析の基礎」, 共立出版, (1990).
4) G. M. B. Parkes and E. L. Charsley: Principles of Thermal Analysis and Calorimetry: 2nd Edition, The Royal Society of Chemistry 2016, 232-258.
5) T. Arii and A. Kishi: *Thermochimica Acta*, **400** 175-185 (2003).
6) T. Arii and Y. Masuda: *Thermochimica Acta*, **342** 139-146 (1999).
7) T. Arii and A. Kishi: *J. Therm. Anal. Cal.*, **83** 253-260 (2006).

第3節　ナノスケール熱測定

東京大学　小宅　教文 / 児玉　高志 / 塩見淳一郎

■1　はじめに

　熱エネルギーを適切な時間と空間に移す技術は，排熱利用，熱マネージメント，環境発電などにおいて重要である。システムと材料の開発が一体となったアプローチが必要となる中で，優れた伝熱・断熱，蓄熱，変換性能を有する材料の開発が急務である。固体中の熱伝導性能は最も重要な熱機能の一つであり，伝熱や断熱の効率はもとより，蓄熱における放熱・再生速度や，熱電変換における温度勾配を決定する。熱工学分野では，固体の熱伝導の制御性の向上を目的として，新しい材料や機構の研究が盛んに行われており，とくに，ナノスケール構造の合成，観察，物性評価技術を駆使して，熱伝導の制御性が向上している。たとえば，ナノチューブやグラフェンなどの低次元材料によって高熱伝導材料の幅が広がり，さまざまな用途(放熱フィン，熱スプレッダー，TIM材など)に合わせた複合材の開発が進んでいる。また，ナノ粒子，ナノワイヤー，薄膜，超格子構造などの構造微細化によって熱伝導率を大幅に低減できることが，熱電変換材料や断熱材の開発に活かされている。これらを実践する上で重要なのがナノスケールでの熱伝導を計測する技術である。上記のナノ構造はいずれも汎用的なマクロスケールの定常法や非定常法では計測できず，定常法では空間スケールを，非定常法で時間スケールを微小化した手法が必要となる。これらは大別すると光学的手法と電気的手法に分けられるが，適材適所でさまざまな手法が用いられている。本稿ではその中から実績のあるいくつかの手法について概説する。

■2　光学的手法によるナノスケール熱伝導測定

　サーモリフレクタンス法はレーザーを用いた光学測定であり，原理的に非接触かつ高速に温度応答測定が可能であるため，界面や薄膜の熱輸送測定に適した手法である。その測定法には大きく分けて，試料表面を周期加熱して周波数応答を測定する周期加熱サーモリフレクタンス法(Frequency-domain thermoreflectance；FDTR)[1]と，インパルス加熱して時間応答を測定する時間領域サーモリフレクタンス法(Time-domain thermoreflectance；TDTR)[2)-3)]が存在する。何れの手法も電気測定では困難な超高圧測定や高温測定，導体の熱伝導率測定が可能であり，高い空間分解能で熱物性測定が可能である[4]。一方で，試料表面はレーザーを反射させるために鏡面でなければならず，その測定温度は絶対温度ではなく相対的な温度変化である点には注意が必要である。ここではとくにTDTRに焦点を絞り，その概要について述べる。

　TDTRは超短パルスレーザーとポンプ・プローブ法を用いて試料表面のインパルス応答を測定する手法である。そして，得られたインパルス応答と物理モデルのフィッティングにより界面や薄膜の熱輸送特性が得られる。装置の一般的な構成を**図1(a)**に示す。はじめに，パルスレーザーは試料表面を加熱するポンプ光と温度計測を行うプローブ光に分割される。ポンプ

— 51 —

第2章　熱測定技術

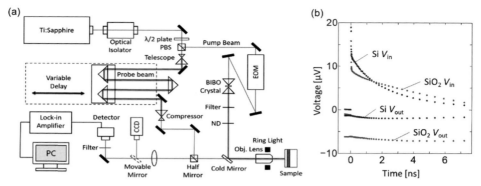

図1　(a) TDTR の構成と(b) Al 80 nm で被覆された Si 基板およびアモルファス SiO₂ 基板の TDTR 測定結果

光は電気光学変調器(EOM)で変調され、非線形結晶で波長変換された後に試料表面を連続的にインパルス加熱する。プローブ光は Variable Delay で延長された光路を通り、その光路長に応じてポンプ光とは異なるタイミングで試料表面に到達する。プローブ光はポンプ光と同様に超短パルスレーザーであるため、プローブ光パルスが試料表面で反射した瞬間の温度をストロボスコープのように観察することができる。一般に TDTR では光路長を 1 m 以上走査して、ピコ秒の時間分解能およびナノ秒の測定範囲で熱緩和波形を測定する。

　TDTR 法を用いて熱輸送の測定を行うためには、試料表面を 100 nm 程度の金属薄膜で被覆する必要がある。これは金属薄膜がレーザー光を熱エネルギーに変換する役割と温度センサーとしての役割を担うためである。試料表面で反射されたプローブ光は試料表面の温度とサーモリフレクタンス係数に比例して強度が変化し、その強度変化はフォトディテクタで電圧として検出される。一般的な金属のサーモリフレクタンス係数は $10^{-5} \sim 10^{-4}$ K^{-1} と非常に小さいため、プローブ光の強度変化はノイズに埋もれてしまう。TDTR ではこの微弱な信号を高感度で測定するために、波長変換によるポンプ光とプローブ光の分離や、ポンプ光の変調が行われる。周波数 f_{mod} Hz で変調されたポンプ光で熱拡散率 α m^2/s の材料を測定した際の熱浸透深さは $\delta = (\alpha/f_{\text{mod}})^{1/2}$ である。一般に TDTR 測定では $f_{\text{mod}} = 1 \sim 10$ MHz が用いられるため、熱浸透深さ $\delta \sim 0.1 \sim 10$ μm 程度の領域の熱応答が測定可能深さである。そのため、測定したい界面や薄膜は試料表面近傍に存在しなくてはならない。

　図1(b)に Si 基板およびアモルファス SiO₂ 基板を Al 薄膜(80 nm)で被覆した試料の TDTR 測定を示す。測定は Ti:Sapphire レーザー(パルス幅 140 fs、繰り返し周波数 80 MHz)を 11 MHz で変調して行われた。変調およびロックインアンプを用いた TDTR 測定では参照周波数に対する実部電圧 V_{in} および虚部電圧 V_{out} が出力される。図において熱伝導率が高い Si は V_{in} の緩和が早く、SiO₂ では緩和が遅い。このように熱緩和に相当する V_{in} や波形振幅 A ($A^2 = V_{\text{in}}^2 + V_{\text{out}}^2$) は直感的に理解しやすい。しかしながら、実際はフィッティングには規格化の必要がない位相遅れ $\phi = \tan^{-1}(V_{\text{out}}/V_{\text{in}})$ や実部および虚部の比 $-V_{\text{in}}/V_{\text{out}}$ がよく用いられる。これらの波形に対して薄膜の熱伝導率や界面熱コンダクタンスを未知数とした物理モデルをフィッティングすることで界面[5]や薄膜およびバルク材料[2]の熱輸送特性が得られる。物理モ

デルやフィッティングの詳細は参考文献[2)5)]で述べられている。

TDTR測定における温度上昇には①各パルスによる瞬間的な温度上昇ΔT_tと②レーザーが照射され続けることによる測定領域の定常的な温度上昇ΔT_sの2種類が存在する。上述の変調およびロックインアンプを用いるとΔT_tのみの測定が可能になる。ΔT_tは1Kから数K程度の変化であり，おもにポンプ光の直径と強度および金属薄膜の反射率で決定される。そのため，試料の熱伝導特性に対して依存性が小さい。一方でΔT_sは金属薄膜や測定対象の薄膜が成膜される下地基板の熱伝導率によって大きく変化し，その値は$\Delta T_s = A_0/(2\kappa \cdot w_0 \cdot \pi^{1/2})$で表される[2)]。ここで$A_0$は吸収されるレーザー強度，$\kappa$は基板の熱伝導率，$w_0$はポンプ光の$1/e^2$半径である。たとえば$A_0 = 2\,\mathrm{mW}$（ポンプ光強度20 mW，反射率90%），$w_0 = 8\,\mathrm{\mu m}$を仮定するとSi基板（$140\,\mathrm{Wm^{-1}K^{-1}}$）では$\Delta T_s \sim 0.5\,\mathrm{K}$であるが，$SiO_2$基板（$1.4\,\mathrm{Wm^{-1}K^{-1}}$）では$\Delta T_s \sim 50\,\mathrm{K}$と非常に大きな値をとる。このように熱伝導率が低いバルク材料やその上に成膜された薄膜を測定する場合にはΔT_sが大きく上昇するため，レーザー強度の調整や測定試料の構造を見直す必要がある。

以上のように，TDTRは薄膜や界面の熱輸送測定を可能にする非常に強力な測定手法である。しかしながら，測定の際には金属薄膜の選定や測定領域の深さ，および測定領域の温度上昇など測定手法の特徴を理解して使用しなければならない。

❸　電気的手法によるナノスケール熱伝導測定

その優れた時間分解能を生かして極薄膜の面外熱伝導率や界面熱コンダクタンスの測定に応用されている光学的手法に対して，試料上に準備された金属細線を発熱源や測温抵抗体として利用して試料の熱伝導率を評価する電気的手法は，バルクからナノスケールまでさまざまな形態の試料の熱伝導率の測定に利用されている。電気的手法は比較的安価で実験環境を構築することが可能であり，また微細加工技術を駆使することで熱源や測温抵抗体のサイズや位置をナノスケールで制御することができるため，優れた空間分解能を有している点も大きな特徴であるといえる。たとえば代表的な電気的手法である3ω法は，金属細線（ホットワイヤ）を試料表面に準備して周波数ωの交流電圧を印可することで自己発熱させ，その電気抵抗の3ω成分を四端子計測することで得られるホットワイヤ温度や発熱量の情報から試料の熱伝導率を決定する手法であり，交流発熱による熱の拡散深度の制御と電気計測機器の優れたフィルタリング技術による測定感度の向上を同時に実現した優れた測定技術である[6)]。3ω法はTDTR法と同様に基板上に準備された薄膜材料の測定におもに利用されており，試料を堆積させた基板材料と試料が含まれない参照デバイス構造を準備して差分計測を行うことで試料の熱伝導率を求める方法が一般的である。また，試料の膜厚に対して線幅が十分に大きい場合にはホットワイヤの熱応答は試料の面外方向の熱伝導によって支配される一方で，線幅が試料の膜厚に比べて小さい場合には試料の面内方向の熱伝導率の寄与が大きくなることを利用して，線幅の異なる複数のホットワイヤを用いた実験結果の違いから解析的に薄膜材料の面内方向と面外方向の熱伝導率を別々に決定する手法[7)]も報告されており，電子線描画によって加工されたナノレベルの線幅のホットワイヤを用いることで，たとえば膜厚50 nm以下の薄膜材料の熱伝導率異方性の測定などへの応用も可能である[8)]。

第2章 熱測定技術

このように電気的手法によるナノスケール熱伝導測定は，時間分解能の面で劣るため光学的手法のように熱の拡散深度をナノレベルで抑制することは困難であるが，熱源の位置や温度の計測部位，熱散逸の制御など熱伝導測定にとって重要な境界条件を満たした適切なデバイスを準備することにより，たとえば膜厚10 nm以下の極薄膜やカーボンナノチューブ，ナノワイヤといった一般的に計測が困難な"単一ナノ構造材料"の熱伝導率を評価する上で非常に有効な測定手法である。これまでにナノスケールのデバイスを利用したさまざまな測定法が提案されているが，周囲への熱散逸を抑制するためにサスペンション構造（支持構造を介して試料や計測系の一部を宙に浮かせた構造）を有したデバイスを利用して真空下で測定を行う点がすべての手法における基本的な特徴である。本稿では代表的なナノスケール熱伝導測定法として広く利用されている自己ジュール加熱法[9)10)]と二膜構造型マイクロデバイスを用いた熱伝導率計測法[11)12)]に関して，それぞれデバイスの模式図を用いながら順に紹介する。

3.1 自己ジュール加熱法

自己ジュール加熱法とは，図2のように電極間に試料のみが橋渡しされた測定デバイスを準備して，環境温度T_0において試料に電圧を加えてジュール加熱により自己発熱させ，その際の試料の電気抵抗$\bar{R}$の変化から理論的な温度分布$T(x)$を推定し，発熱量$p'(=I^2R_0$，Iは電流振幅，R_0は温度T_0の場合の試料の電気抵抗）と平均温度$\bar{T}$から試料の熱伝導率κ_sを解析的に求める手法である。試料が長軸方向に対して均一でありκ_sの位置依存性が無視できるこ

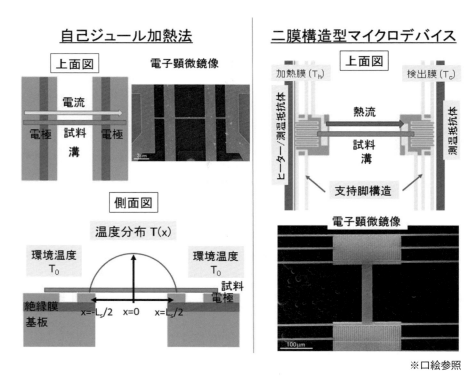

※口絵参照

図2 自己ジュール加熱法（左）と二膜構造型マイクロデバイスを用いた熱伝導率測定法（右）を示した模式図と実際に製作されたデバイスの電子顕微鏡像

とや輻射や対流による熱損失が試料熱伝導に比べて十分に小さいことなどの仮定が成立する場合，κ_s は次の1次元熱伝導方程式で記述される。

$$\kappa_s A_s L_s \frac{d^2T(x)}{dx^2} + p'[1 + \alpha(T(x) - T_0)] = 0 \tag{1}$$

ここで A_s, L_s はそれぞれ試料の断面積と長さ，α は試料の電気抵抗の温度係数である。ここで境界条件として試料の両末端の温度を T_0 とした場合，式(1)より $\bar{R}$ は以下の式で表される。

$$\bar{R} = R_0[(2/mL_s)\tan(mL_s/2)] \tag{2}$$

ここで $m^2 = \alpha p'/(\kappa_s A_s L_s)$ である。この式(2)を実験結果にフィッティングすることで κ_s を求めることができる。この手法は，試料のI-V曲線から κ_s を見積もることができるため測定が容易であること，比較的容易に測定デバイスが製作可能であること，実験結果に試料とデバイスの間の界面熱抵抗が含まれないこと，低熱伝導材料から高熱伝導材料まで幅広い試料の測定が可能であることなどの利点があり，ワイヤ状のナノスケール導電性材料の熱伝導率測定に広く利用されている。しかし一方で，本手法は電気抵抗の変化から正確に温度分布を推定することが困難な半導体材料や電気絶縁体の計測に適用することはできない点に注意する必要があり，この問題を解決するための手段として，たとえば金属膜を試料上に堆積させて測定を行う手法[9]や光計測など別の測定と組み合わせて温度分布を見積もる手法[13]などが提案されている。

3.2 二膜構造型マイクロデバイスを用いた熱伝導率計測法

二膜構造型マイクロデバイスとは，コイル状の金属細線が加工された二つのサスペンション膜構造を有するマイクロデバイスであり，二つの膜の間に試料を橋渡しさせることでナノスケールの試料の熱伝導率を高精度で測定することができる。代表的な測定デバイスは図に示したように，二つのサスペンション膜がそれぞれ4本から6本の支持脚で架橋された対称構造を有しており，それぞれの膜を加熱膜，検出膜として利用して以下の手順で試料の熱伝導率計測を行う。まず加熱膜のコイル状金属細線に電流を流して自己発熱させて温度を上昇させ，その際の温度変化（$\Delta T_h = T_h - T_0$，ここで T_h, T_0 はそれぞれ加熱膜と環境温度）をコイルの電気抵抗変化から計測する。加熱膜上で発生した熱 $P (= (R_m + R_L)I^2$，ここで R_m, R_L はそれぞれコイルと支持脚1本の電気抵抗であり，I は電流振幅）は支持脚構造を介して周辺環境へ排熱されるが，一部は試料を伝わって検出膜の温度を上昇させる。その温度変化（$\Delta T_c = T_c - T_0$，ここで T_c は検出膜の温度）は検出膜上に加工されたコイルの電気抵抗を微弱電流で計測することで検出することができ，加熱膜上の発熱量 P を変化させた際のそれぞれの膜上の温度変化は以下の式で表される。

$$\Delta T_h = \frac{G_L + G_s}{G_L(G_L + 2G_s)} P \tag{3}$$

第2章　熱測定技術

$$\Delta T_{\mathrm{c}} = \frac{G_{\mathrm{s}}}{G_{\mathrm{L}}(G_{\mathrm{L}} + 2G_{\mathrm{s}})} P \tag{4}$$

ここで G_{L}, G_{s} はそれぞれ支持脚構造の熱伝導の総和と試料の熱伝導であり，この理論式を測定結果にデュアルフィッティングすることによって支持脚構造と試料熱伝導をそれぞれ別々に求めることができる。本測定手法を利用する上での前提条件として二つのサスペンション膜を支える支持脚構造の熱伝導が同一である必要があり，またサスペンション膜上で温度分布がなくそれぞれ一定であると仮定して試料両端の温度をコイルの電気抵抗から決定するため，サスペンション膜の面内方向の熱抵抗に比べて熱抵抗が十分に大きい低熱伝導材料の計測にのみ適用可能である点に注意が必要である。また，二つのサスペンション膜と周辺環境の間の温度差 ΔT_{h}, ΔT_{c} や二つの膜間の温度差 $(\Delta T_{\mathrm{h}} - \Delta T_{\mathrm{c}})$ をそれぞれ検出可能な大きさにするために試料の熱伝導に対して支持脚構造の熱伝導を調整して計測感度を高める作業も正確な熱伝導率の測定に不可欠である。本計測手法の特徴として，電極を試料両端に導入することで試料の電気伝導率やゼーベック係数を同時に計測可能であることから熱電変換材料の研究に適していること，二端子の定常計測であるため試料とデバイス間の界面熱抵抗が計測結果に含まれること，カーボンナノチューブやナノワイヤ1本など熱伝導の小さいナノスケールの材料の計測に適している一方で高熱伝導材料の計測には不向きであること（計測可能な試料熱伝導は室温で 0.1 nW/K〜0.1 µW/K 程度）などが挙げられる。

3.3　今後の電気的手法によるナノスケール熱伝導測定について

　本稿で紹介した二つのナノスケール熱伝導率測定法の他に近年では，四本の金属細線の上に試料を橋渡しさせたサスペンション構造を利用して，試料とデバイス構造の間の接触熱抵抗を除去して試料固有の熱伝導のみを計測することができる熱の四端子計測法[14]など画期的な測定手法も発表され，ナノスケールの材料においても信頼性の高い熱伝導率の測定が可能となってきている。しかしながら電気的手法によりナノスケールの熱伝導測定を行う場合，基本的にどの計測手法を採用した場合であってもサスペンション計測デバイスの準備が不可欠であるため，これまでの研究の技術的障壁となっている製作コストの高い計測デバイスの準備や試料を脆く壊れやすいサスペンション計測系へ導入方法などに関しては，今後も研究者の頭を悩ませる課題であるといえる。また，上述したように計測可能な試料熱伝導に制限があるなどおのおのの測定手法においてそれぞれ固有の注意すべきポイントがあり，これらについて十分に配慮せずに測定を行った場合には実験方法の見直しに多大なコストを費やしたり，誤った測定結果の報告に繋がる可能性もある。測定方法について理解を深め，誤差を生み出す要因となるポイントを十分に抑えた上で，適切な設計が施された測定デバイスを準備して実験を行うことがナノスケール熱伝導測定において今後も変わらず重要なポイントであるといえる。

文　献

1)　J. A. Malen, K. Baheti, T. Tong, Y. Zhao, J. A. Hudgings, and A. Majumdar: *J. Heat Transfer*,

133, 081601 (2011).

2) D. G. Cahill, and *Rev. Sci. Instrum.*, **75**, 5119 (2004).

3) T. Oyake, L. Feng, T. Shiga, M. Isogawa, Y. Nakamura, and J. Shiomi: *Phys. Rev. Lett.*, **120**, 045901 (2018).

4) D. G. Cahill, et al.: *Appl. Phys. Rev.*, **1**, 011305 (2014).

5) 小宅教文, 塩見淳一郎：日本機械学会論文集 B 編 79, 804 (2013).

6) D. G. Cahill: *Rev. Sci. Instrum.*, **61**, 802 (1990).

7) J. Lee, Z. Li, J. P. Reifenberg, S. Lee, R. Sinclair, M. Asheghi and K. E. Goodson: *J. Appl. Phys.*, **109**, 084902 (2011).

8) Z. Li, S. Tan, E. Bozorg-Grayeli, T. Kodama, M. Asheghi, G. Delgado, M. Panzer, A. Pokrovsky, D. Wack and K. E. Goodson: *Nano Lett.*, **12**, 3121 (2012).

9) W. Liu and M. Asheghi: *J. Heat Transfer*, **128**, 75 (2006).

10) T. Kodama, A. Jain and K. E. Goodson: *Nano Lett.*, **9**, 2005 (2009).

11) P. Kim, L. Shi, A. Majumdar and P. L. McEuen: *Phys. Rev. Lett.*, **87**, 215502 (2001).

12) T. Kodama, M. Ohnishi, W. Park, T. Shiga, J. Park, T. Shimada, H. Shinohara, J. Shiomi and K. E. Goodson: *Nat. Mater.*, **16**, 892 (2017).

13) K. Yoshino, T. Kato, Y. Saito, J. Shitaba, T. Hanashima, K. Nagano, S. Chiashi and Y. Homma: *ACS omega*, **3**, 4352 (2018).

14) J. Kim, E. Ou, D. P. Sellan and L. Shi: *Rev. Sci. Instrum.*, **86**, 044901 (2015).

第4節　パルス光加熱サーモリフレクタンス法による薄膜材料の熱物性測定

国立研究開発法人産業技術総合研究所　八木　貴志

❶　はじめに

　パルス光加熱サーモリフレクタンス法[1]は，膜厚数 nm の極薄膜から数 µm のコーティング層まで，幅広い薄膜材料に対し，膜厚方向の熱物性値（熱拡散率，熱浸透率，界面熱抵抗等）を測定する方法である。その定量性から，薄膜の熱物性を評価する際に現在もっとも広く用いられている。本名称は日本工業標準規格（JIS）で定められたものであるが，時間分解サーモリフレクタンス法（Time-domain thermoreflectance method）や超高速レーザフラッシュ法と呼ばれるものも基本的には同じ計測技術である。本手法は，薄膜・多層膜試料の片面をピコ秒〜ナノ秒のパルスレーザー光で瞬間的に加熱し，加熱面からの熱拡散に応じた温度変化の様子（温度履歴曲線）を，別の測温パルス光を用いて測定する。このとき，温度変化の検出に，金属の反射率の温度係数を利用することをサーモリフレクタンス法と称する。試料自身や試料上に作製した金属膜の反射率変化を温度検出に用いるので，パルス光の幅やパルス光の照射タイミングの精度に留意すれば，従来の放射温度計や熱電対等では捉えることができない超高速の温度変化測定を非接触で行えることが特徴である。ここで，加熱と測温を同一箇所で行えば加熱面から膜の深さ方向に熱拡散が進む様子が観察でき，加熱と測温の配置を膜厚に対し対向する位置とすれば薄膜層（や界面）を通過する熱拡散が観察できる。サーモリフレクタンス法では，金属の微小な反射率の温度係数（$10^{-4} \sim 10^{-6}\,\mathrm{K}^{-1}$）を用いるため，一般的には温度の変化量や絶対値の評価は困難であるが，熱拡散率（単位は $\mathrm{m^2 s^{-1}}$）を求める場合には，温度の相対的な時間変化が測定できれば算出が可能である。本項では，このパルス光加熱サーモリフレクタンス法の原理，装置，応用例について概説する。

❷　原　理

2.1　サーモリフレクタンス

　ある波長における金属の反射率 R は温度係数（$(1/R)dR/dT$，サーモリフレクタンス係数）を持つため，測温パルス光が薄膜に照射しその反射強度を測定することで，そのときの温度を測定することが可能である。図1に，W，Mo および Cr における分光サーモリフレクタンス係数（ただし任意単位）[2]を示す。サーモリフレクタンス係数はフォトンエネルギーすなわち波長によって，正と負の両方の係数を取りつつ複雑な構造を有する。これらの構造は主に金属のバンド間遷移エネルギーに対応したエネルギーピークが誘電関数に反映されたものである。また Au の場合は 532 nm 近辺に負の大きなサーモリフレクタンス係数を有するが，この場合は Au のプラズマ周波数のピークに対応する。このように物質によってサーモリフレクタンス係

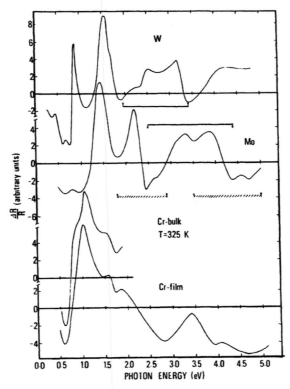

図1　W, Mo, Cr における分光サーモリフレクタンス係数[2]
(ただし縦軸強度は任意単位である)
E. Colavita et al., Physical Revies B, 27, 1983, 4684-4693 (Fig.1)

数の大きさとその波長依存性は異なるが，パルス光加熱サーモリフレクタンス法で測定を行うためには概ね 10^{-4}〜10^{-5} K^{-1} 程度の大きさが必要である．図2に波長 775 nm における各種純金属薄膜について測定されたサーモリフレクタンス係数[3]を示す．ここで横軸は波長 1550 nm における反射率を示しており，加熱パルス光にこの波長を用いた場合，反射率が小さい＝吸収率が大きいほど効率よく加熱が行えることを表す．図2に示した金属中で最もサーモリフレクタンス係数が大きい金属は Al であり，最も係数が小さい Ta と比べると一桁以上の違いがある．パルス光加熱サーモリフレクタンス法の装置を構築する際には，パルスレーザー光の波長の選択は限られているため，このような係数の違いに注意すべきである．

2.2 装置の構成例

パルス光加熱サーモリフレクタンス法の装置の構成には，使用するレーザーの種類，レーザーの照射の配置，サーモリフレクタンス信号の検出方法などによっていくつかのバリエーションが存在するが，大別すると，図3のように，加熱と測温の両方にパルス光を用いるタイプと，加熱にパルス光を用いて測温に連続光を用いるタイプの2種類に分けられる．前者では，測定される温度履歴曲線の時間軸の制御は，加熱と測温のパルス光が試料へ到着する時刻差の調整によって行われるので，フェムト秒オーダーの時間分解能も可能であるが，構成的に

第2章　熱測定技術

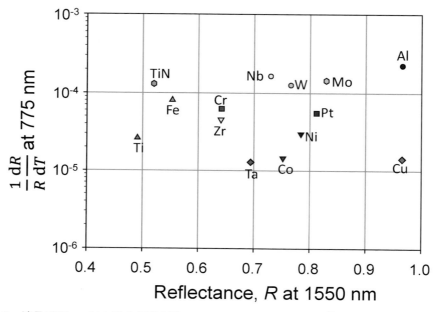

図2　波長775 nmにおける各種金属のサーモリフレクタンス係数[3]（横軸は1550 nmの反射率）

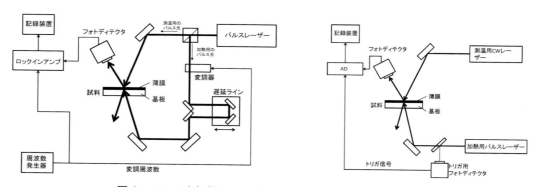

図3　パルス光加熱サーモリフレクタンス法の装置の構成例
左は一台のパルスレーザー光を2つに分割し，加熱と測温の両方をパルス光で行う。
右では，加熱にパルス光を，測温に連続光を用いる。

は大掛かりなものとなる。一方，後者は比較的簡易に構成が可能であるが，時間軸の精度は，フォトディテクタやAD変換回路(オシロスコープでもよい)の周波数帯域によって制限されるため，最高でもナノ秒オーダー程度となる。図4は，加熱と測温の両方にパルス光を用いるタイプにおける実際の装置構成[4)5)]を示す。この場合，加熱と測温の光源は，別個のレーザー装置を用いており，遅延ラインを排している。サーモリフレクタンスの信号は微弱であるため，加熱レーザーにはAOM(音響光変調器)によって低周波の強度変調がかけられ，フォトディテクタからの信号はロックインアンプによって変調周波数に同期したシグナルのみが検出される。このロックインアンプによる信号の解析については文献[6)-8)]を参照されたい。

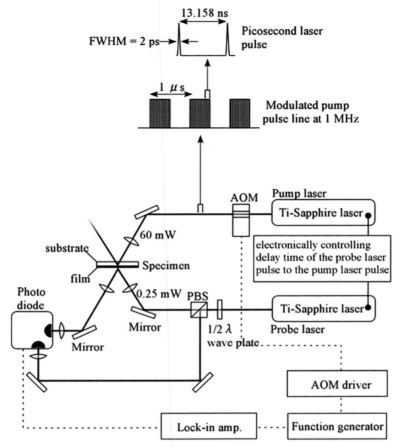

図4　パルス光加熱サーモリフレクタンス法装置の実際の構築例[4)5)]。
この場合加熱と測温の光源は別個のレーザー装置で構成される。
微弱なサーモリフレクタンス信号を検出するためにロックイン検出が用いられる。
T.Yagi et al., J. Vac. Sci. Technol. A 23, (2005)1180-1186 (Fig.2)

2.3　単一パルス加熱による薄膜の熱拡散

　パルス光加熱サーモリフレクタンス法は，薄膜をパルス加熱した後の過渡的な温度変化（温度履歴曲線）を測定するものである。図3左図の装置構成例では，加熱パルス光の照射は，数十MHzの繰返しで行われ，さらにそれよりも低周波の強度変調が重畳するために得られた温度履歴曲線の解析は複雑な解となるが，単純な理解としては薄膜を単一パルスで加熱した際の膜厚方向の一次元的な熱拡散現象が基本である。ここでは薄膜に単一のパルス加熱を行った際の温度履歴について説明する。

　全体にわたって均質かつ当方的な熱拡散率 κ を持ち，膜厚が d の薄膜が透明な半無限遠基板上にある。この基板側から薄膜面（以後，裏面とする）に加熱パルス光を照射する。加熱はデルタ関数的に行われ，その後加熱された裏面側から薄膜の表面方向と基板方向へ1次元的に熱は拡散していく。このとき，照射側と反対位置の薄膜表面における温度履歴[9)]は，式(1)で表わされる。

第2章　熱測定技術

$$T = \frac{2}{(b_{\mathrm{f}} - b_{\mathrm{s}})\sqrt{\pi t}} \sum_{n=0}^{\infty} \left\{ \gamma^n \exp\left(-\frac{(2n+1)^2}{4}\frac{\tau_{\mathrm{f}}}{t}\right) \right\} \tag{1}$$

$$\tau_{\mathrm{f}} = \frac{d^2}{\kappa} \tag{2}$$

$$\gamma = \frac{b_{\mathrm{f}} - b_{\mathrm{s}}}{b_{\mathrm{f}} + b_{\mathrm{s}}} \tag{3}$$

ここで，b_{f} および b_{s} はそれぞれ薄膜と基板の熱浸透率，τ_{f} は薄膜の膜厚方向の熱拡散の特性時間である。次に，薄膜に照射された加熱パルス光が表面から有限の厚さで吸収される影響を考えると，表面ですべての光エネルギーが熱へと変わるのではなく，薄膜の吸収係数 α に依存して薄膜の内部まで光が浸透する。したがって，薄膜内の初期温度は裏面から指数関数的に減少する分布をとる。この光の浸透深さを考慮した温度履歴曲線[10]は式(4)で与えられる。

$$T = \Delta T \alpha d \sum_{n=-\infty}^{\infty} \left\{ \gamma^{|n|} \exp\left(-\frac{(2n-1)^2}{4}\frac{\tau_{\mathrm{f}}}{t}\right) \exp\left(\left(\frac{2n-1}{2}\sqrt{\frac{\tau_{\mathrm{f}}}{t}} + \alpha d\sqrt{\frac{t}{\tau_{\mathrm{f}}}}\right)^2\right) \mathrm{erfc}\left(\frac{2n-1}{2}\sqrt{\frac{\tau_{\mathrm{f}}}{t}} + \alpha d\sqrt{\frac{t}{\tau_{\mathrm{f}}}}\right) \right\} \tag{4}$$

ここで，ΔT は薄膜表面での最大温度上昇である。これらのインパルス加熱初期条件下の1次元熱伝導方程式の解法の詳細や解析解の導出は，参考文献9)を参照されたい。本測定法で得られる温度履歴曲線がバルクの測定法であるフラッシュ法と区別される点として，①加熱初期に薄膜内部の温度分布があること，②熱拡散現象が早いため大気への伝熱損失は無視できる替りに，薄膜と密着する基板への熱浸透を考慮することの2点がある。しかし，初期温度分布が充分無視でき，かつ薄膜が断熱条件に近づけば，上式で与えられる温度履歴曲線はフラッシュ法で得られる関数形状と一致する。薄膜表面を加熱し，加熱した表面の温度履歴についても熱伝導方程式を解くことで得られる。

❸　パルス光加熱サーモリフレクタンス法による薄膜材料の評価

3.1　金属単層膜

　図5は，様々な純金属薄膜をパルス光加熱サーモリフレクタンス法によって測定した温度履歴曲線である。膜厚はおよそ400 nm前後に揃えており，温度上昇の速さが薄膜の熱拡散率におおよそ対応する。ここではAlが最も熱拡散率が高く，Taが最も小さい。図6は実験で得られた熱拡散率を基にバルクの比熱容量値と密度値を用いて熱伝導率に換算し，横軸に電気伝導率を取ってプロットしたものである。バルクと比較して，薄膜の熱伝導率は一般的に小さい値となることが多い。これは，薄膜製造プロセスに起因する結晶欠陥やナノサイズの結晶粒径のために熱キャリア（自由電子やフォノン）の散乱が発生するためである。一方図中の直線は，電気伝導率と熱伝導率が比例関係にあることを示すウィーデマンフランツ則を示した。これを見ると，熱伝導と電気伝導の関係性は薄膜であってもおおよそ保たれていることが分かる。

第4節　パルス光加熱サーモリフレクタンス法による薄膜材料の熱物性測定

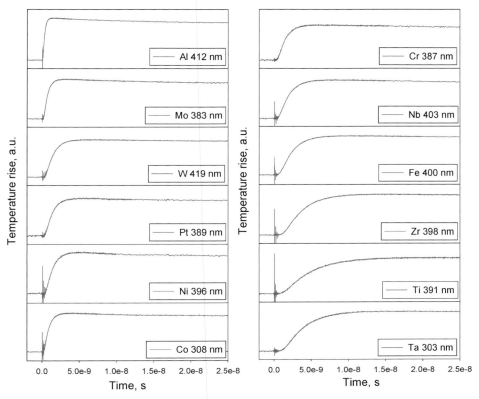

図5　様々な純金属薄膜のパルス光加熱サーモリフレクタンス法による測定結果

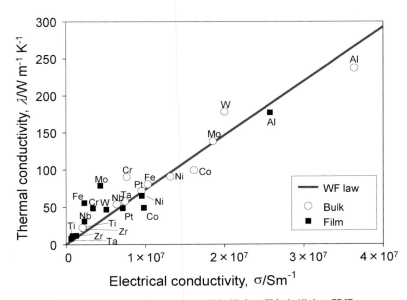

図6　純金属薄膜とバルクの熱伝導率と電気伝導率の関係

3.2 多層膜と界面熱抵抗

パルス光加熱サーモリフレクタンス法は，異種物質界面の熱抵抗の検出や定量的な評価において，優れた手法である。ここでは，金属と酸化物との界面熱抵抗の測定例ついて紹介する。図7のように，上下に同じ膜厚の W 膜に挟まれたアモルファス Al_2O_3 膜を作製[11]し，中間層の Al_2O_3 の膜厚を変えることで正確な W/Al_2O_3 界面の熱抵抗を見積もることができる。W 層の膜厚は 100 nm に固定して，Al_2O_3 層厚を 0～50 nm に調整してサンプルを作製し，パルス光加熱サーモリフレクタンス法で測定した結果を図8に示す。これらの結果から，W 膜の熱拡散率 3.0×10^{-5} m^2s^{-1}，アモルファス Al_2O_3 の熱拡散率 8.1×10^{-7} m^2s^{-1}，W/Al_2O_3 界面の熱抵抗 1.5×10^{-9} m^2KW^{-1} が得られる。

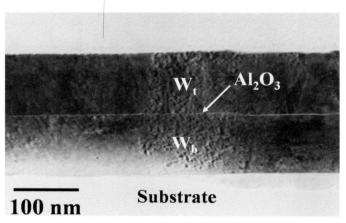

図7　$W/Al_2O_3/W$ の 3 層構造試料の断面 TEM 写真[11]
(Japanese Journal of Applied Physics 52 (2013) 065802　Fig.5)

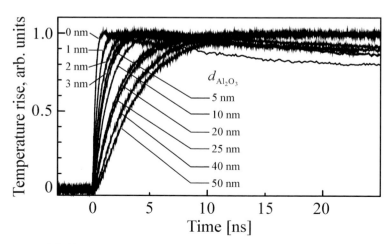

図8　パルス光加熱サーモリフレクタンス法で測定し他 $W/Al_2O_3/W$ の 3 層構造試料[11]
(Japanese Journal of Applied Physics 52 (2013) 065802　Fig.6)

3.3 ナノ構造層の熱物性評価

パルス光加熱サーモリフレクタンス法の応用として，薄膜材料以外にも熱伝導的に均質な材料として取り扱えるものであれば，様々な材料が対象となる。ここでは，ナノフォーム構造体を測定した例を紹介する。図9は，W膜にHeプラズマを照射することで表面のWを発泡させナノフォームを作製したものである[12]。パルス光加熱サーモリフレクタンス法によってこのWナノフォームの熱浸透率を評価した。W膜の両側に半無限遠のガラス基板と半無限遠のナノフォームが存在するとして，ガラス/W界面を加熱して加熱箇所の温度減少を測定した。図10はパルス光加熱サーモリフレクタンス法による測定結果[13]である。比較として，ナノフォーム部分を取り除いたものについても測定を行った。ナノフォームの有り無しで位相の変化量に違いが出ており，その差はナノフォームの熱浸透率分による影響である。別途評価したナノフォームの密度値はバルクの6%であることから，これを基にナノフォーム部の熱伝導率を換算すると3 W m^{-1}K^{-1}であり，バルクWの熱伝導率の3%程度まで減少する。

3.4 測定規格と標準物質

パルス光加熱サーモリフレクタンス法による，薄膜材料の熱拡散率の測定および界面熱抵抗の測定については，日本工業規格が制定されており，ユーザーはこれらの規格を参照して評価を行うことができる。現在制定されている規格は下記2件であり，2018年度に改定がなされた。

JIS R 1689 ファインセラミックス薄膜の熱拡散率の測定方法—パルス光加熱サーモリフレクタンス法

JIS R 1690 ファインセラミックス薄膜と金属薄膜との界面熱抵抗の測定方法

また，測定装置や解析の健全性の確認には，パルス光加熱サーモリフレクタンス法に用いるこ

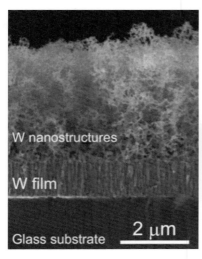
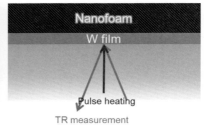

図9　W薄膜上に作製されたWナノフォーム構造[12]（左）とパルス光加熱サーモリフレクタンス法によりナノフォーム裏面からナノフォームの熱浸透率測定を行う模式図（右）

(Results in Physics 6 (2016) 877-878　Fig.1(a))

第2章　熱測定技術

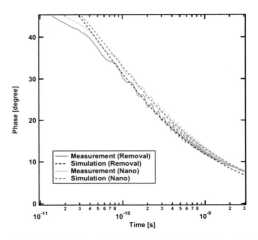

図10　パルス光加熱サーモリフレクタンス法によって測定した
ナノフォーム W/W 膜／ガラス基板試料の測定結果[13]
ナノフォーム W を取り去った測定結果と比較している
（Jpn. J. Appl. Phys. 55, 056203（2016）Fig.4）

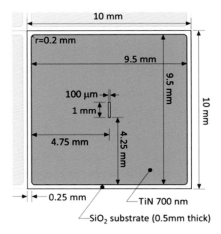

図11　NMIJ RM 1301-a 窒化チタン薄膜の標準物質

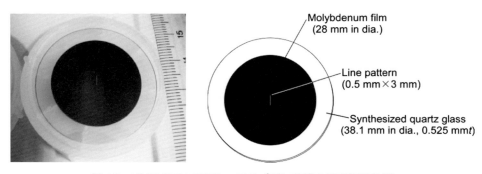

図12　NMIJ CRM 5808-a モリブデン薄膜の認証標準物質

とができる膜厚方向の熱拡散時間が値付けされた窒化チタン薄膜の標準物質（図11）と膜厚方向の熱拡散率が値付けされたモリブデン薄膜の認証標準物質（図12）が国立研究開発法人産業

— 66 —

技術総合研究所計量標準総合センター[14]より頒布されており入手が可能である。参考として，頒布されている標準物質の仕様の抜粋を以下に示す。

番号：	NMIJ RM 1301-a
材料：	窒化チタン（薄膜）／合成石英ガラス（基板）
熱拡散時間：	139.7 ns（$k=2$ における拡張不確かさ 4.9％）
膜厚：	680 nm（膜厚は参考値）
基板形状：	10 mm×10 mm×0.525 mm
使用温度：	室温

番号：	NMIJ CRM 5808-a
材料：	モリブデン（薄膜）／合成石英ガラス（基板）
熱拡散率：	$3.28 \times 10^{-5}\,\mathrm{m^2 s^{-1}}$（$k=2$ における拡張不確かさ 6.2％）
膜厚：	400 nm（公称値）
基板形状：	38.1 mmϕ ×0.525 mm
使用温度：	室温

文 献

1) JIS R 1689 ファインセラミックス薄膜の熱拡散率の測定方法—パルス光加熱サーモリフレクタンス法.

2) E. Colavita et al., Physical Revies B, 27, (1983), 4684-4693.

3) 日本熱物性学会 編, ナノ・マイクロスケール熱物性ハンドブック, (2014), 養賢堂.

4) N. Taketoshi, T. Baba, and A. Ono, Rev. Sci. Instrum., 76, (2005), 094903.

5) T. Yagi et al., J. Vac. Sci. Technol. A 23, (2005), 1180-1186.

6) T. Yagi and K. Kobayashi, "パルス光加熱サーモリフレクタンス法におけるロックイン信号と薄膜の温度との関係(2)", Proc. 35th Jpn. Symp. Thermophys. Prop., (2014), B102.

7) A. J. Schmidt, X. Chen, and G. Chen, "Pulse accumulation, radial heat conduction, and anisotropic thermal conductivity in pump-probe transient thermoreflectance", Rev. Sci. Instrum., 79, (2008), 114902.

8) D. G. Cahill, "Analysis of heat flow in layered structures for time-domain thermoreflectance", Rev. Sci. Instrum., 75, (2004), 5119.

9) 馬場哲也(共著)：光学計測と熱物性：固体熱物性の光学的計測技術, 伝熱工学の進展 第3巻, 2000, 養賢堂, 163-226.

10) N. Taketoshi, T. Baba, and A. Ono, Measurement Science and Technology, 12, 2001, 2064.

11) S. Kawasaki, Y. Yamashita, N. Oka, T. Yagi, J. Jia, N. Taketoshi, T. Baba and Y. Shigesato, Japanese Journal of Applied Physics, 52, 2013, 06580.

12) S. Kajita et al., Results in Physics 6, 2016, 877-878.

13) S. Kajita et al., Japanese Journal of Applied Physics, 55, 2016, 056203.

14) 国立研究開発法人産業技術総合研究所計量標準総合センター
https://www.nmij.jp/service/C/

第5節　熱イメージング法
―ミクロ可視化熱分析・熱物性測定―

東京工業大学　森川　淳子

1　熱イメージング（Thermal imaging）

　熱伝導率・熱拡散率はテンソル量であり，異方的な熱伝導特性を示すことから，デバイス材料開発においても，熱の拡散現象の2次元的な可視化，すなわち熱イメージングは重要である。熱イメージング法には，2次元温度測定（Thermometry）という位置付けと，この温度分布から算出可能な熱伝導率・熱拡散率分布を可視化するという二つの位置付けがある。デバイス開発におけるこれら熱イメージング法の適用例は，近年急速に広まり，方法論の進歩も著しい。従来，熱イメージング法は，赤外線サーモグラフィーを意味することが多かったが，現在，広義には，これに加えて，サーモリフレクタンス法，熱プローブ法，ラマン分光法，蛍光ルミネッセンス法をイメージング法に発展させた方法論も報告されるようになった（**表1**）。測定法により，空間分解能，時定数，温度感度などが異なるため，サーマルデバイスへの適用においてはおのおのの特徴を考慮し，選定する必要がある。

　本稿では，高速応答性，汎用性，市販機器の多様性という点からサーマルデバイスへの応用例の多い赤外線サーモグラフィーによる方法論を中心に概説する。

2　赤外線サーモグラフィー（IR Thermography）

2.1　各種赤外線センサー

　赤外線センサーは，形状から単独素子，リニアアレイ，平面アレイ（Focal Plane Array：FPA）に，測温原理からは熱型（サーモパイルなど）と，バンド電子の遷移を使う量子型に大別される。量子型は，感度と応答性にすぐれ，中赤外線波長に感度をもつ InSb と HgCdTe（MCT）などの赤外線撮像素子が代表例である。**図1**にみられるように，3～5 μm の波長では，D^* で表される感度は InSb（band gap 0.23 eV）が優るが，赤外線分光法など，より幅広い波長範囲を必要とする場合は MCT が用いられる。平均的な1点の温度を高速・高感度に測定するフラッシュ法などの物性測定法では単独素子が，分光法など高感度が必要で素子間のムラを押

表1　熱イメージング法の分類

• Infrared(IR) Thermography	• Passive thermography • Active thermography
• Thermoreflectance (TR) imaging	
• Scanning Probe Microscope	• Scanning thermal microscope (SThM) • Atomic force microscopy with thermal cantilever • Nanophotonic Atomic Force Microscope
• Fluorescence Thermometry	

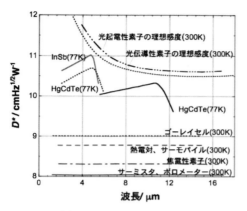 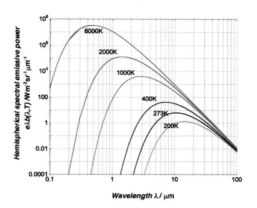

図1　D^*（比検出能力）による各種赤外線素子の感度

$D^* = \frac{S/N \cdot \Delta f^{1/2}}{P \cdot A^{1/2}}$, S：信号, N：雑音, P：入射エネルギー[W/cm^2], A：受光面積, Δf：雑音帯域幅[Hz]

図2　黒体輻射強度の温度，波長依存性

表2　各種赤外線センサーの特徴の例

	量子型	量子型	ボロメータ
detector	InSb	MCT	VOx
spectral range	3-5 μm	3.7-4.8 μm	7.5-13.5 μm
pixel pitch	25 x 25 μm	15 x 15 μm	17 x 17 μm
resokution	640 x 512	640 x 512	640 x 480
Integration time	10 μs	10 μs-7 ms	10-40 ms
full frame rate	1-125 Hz	117 Hz	30 Hz
NEI/NETD	18 mK	20mK	35 - 50 mK

さえた精密な測定が必要とされる場合はリニアアレイが，高速に2次元温度分布を観測する場合は，2次元アレイ（FPA）を用いる。

　図2は，黒体輻射強度の最大値を与える波長の絶対温度によるシフト（ウィーンの遷移則）を示すが，赤外線カメラは波長測定ではなく，受光赤外線エネルギー総量を観測する。

　量子型赤外線センサーは高感度であるが，熱ノイズを軽減させるため液体窒素温度まで素子を冷却する必要がある。一方，熱型センサー（非冷却型素子）は，感度や速度の点で量子型には及ばないとされてきたが，近年の画素の高集積度化により，空間・温度分解能ともに飛躍的に向上している（表2）。

2.2　原　理

　黒体の輻射強度 M_λ は，プランクの法則から波長 λ の関数として，次式のように表される。

$$M_\lambda(T) = \frac{2\pi hc^2}{\lambda^5}\left(e^{\frac{hc}{\lambda kT}} - 1\right)^{-1} \tag{1}$$

ここで，h：プランク定数，c：光速度，k：ボルツマン定数，T：熱力学温度である。プラン

第2章　熱測定技術

ク式の全波長についての積分から求められる次式のシュテファン・ボルツマン則は，輻射強度分布から温度分布への換算の基本となる式である。

$$W = \sigma T^4 \tag{2}$$

W：黒体放射の全エネルギー，　σ：シュテファン・ボルツマン定数。

さらに，キルヒホッフの法則

$$\alpha_\lambda + \rho_\lambda + \tau_\lambda = 1 \ , \quad \varepsilon_\lambda = \alpha_\lambda \tag{3}$$

ρ_λ：反射率，　α_λ：吸収率，　τ_λ：透過率，　λ：波長，　b＝黒体

に従う反射率，輻射率 $\varepsilon_\lambda = \frac{W_\lambda}{W_\lambda}$ を実験的に求め（不透明な物質では $\tau_\lambda = 0$，したがって，$\varepsilon_\lambda = 1 - \rho_\lambda$，一方，半透明物質では $\varepsilon_\lambda = \frac{(1-\rho_\lambda)(1-\tau_\lambda)}{1-\rho_\lambda\tau_\lambda}$），種々の換算法を用いて実際の温度画像を得ることができる。実際には，温度を制御した擬似黒体の測定値を用いて，画素ごとの温度校正を行う。黒体以外の物質では，シュテファン・ボルツマンの式は，

$$W = \varepsilon\sigma T^4 \tag{4}$$

と表される。（ε は物質の輻射率）

　温度解像力は，室温近傍では量子型で約 25 mK 程度，熱型非冷却センサーでは，約 50 mK 程度である。一方，赤外線顕微鏡レンズを用いた場合に，回折限界と空間分解能 r の関係は，レイリーの式により，

$$r = \frac{1.22\lambda}{2NA} \tag{5}$$

（NA：レンズの開口数）

で与えられ，赤外線センサーの感度波長とレンズの開口数によって決まる。

2.3　実際の測定と温度校正の方法

　赤外線カメラで試料を観察するとき，試料からの赤外輻射の放射を測定するのみでなく，実際には，試料からの反射を，大気を通して観察することになり，試料の温度を求める際の温度校正には注意が必要である。

　赤外線センサーの受ける全放射強度 W_{tot} は，

$$W_{tot} = \varepsilon\tau W_{obj} + (1-\varepsilon)\tau W_{refl} + (1-\tau)W_{atm} \tag{6}$$

によって表される。第一項は試料からの放射であり，第二項は試料を介した反射の寄与，第三項は大気からの放射を示す。ただし，ここで，τ は大気の透過率，$1-\varepsilon$ は試料の反射率，$1-\tau$ は大気の輻射率を示し，おのおの試料温度 T_{obj}，反射に寄与する媒体の温度 T_{refl}，大気の温度 T_{atm} とする。赤外線カメラの出力信号 U は，強度 W に比例するので，

— 70 —

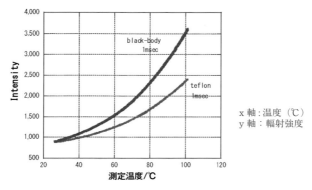

図3 擬似黒体と実際の試料の放射強度の比較例

$$U_{tot} = \varepsilon\tau U_{obj} + (1-\varepsilon)\tau U_{refl} + (1-\tau)U_{atm} \tag{7}$$

である。これにより，

$$U_{obj} = \frac{1}{\varepsilon\tau}U_{tot} - \frac{(1-\varepsilon)}{\varepsilon}U_{refl} - \frac{(1-\tau)}{\varepsilon\tau}U_{atm} \tag{8}$$

と表され，実測の信号強度 U_{tot} に対して，U_{obj} が T_{obj} の黒体の実測強度（電圧）に換算した信号強度，すなわち，試料温度に直接変換可能な信号出力として求められる。

図3に同一の撮影条件で比較した擬似黒体と実際の試料の輻射強度温度依存性を比較して示す。高分子試料の輻射強度は擬似黒体より低く，その温度依存性も異なっている。実際の試料では，式(8)の補正に加えて，試料の化学的組成に分布がある場合（複合材料など）は，さらに試料内の輻射率分布も考慮する必要があり，画素ごとの温度補正が必要である。実際の使用にあたっては，種々の工夫が必要となり，目的に応じて，成書を参考にされたい[1),2)]。さらに，複数波長による画像の同時取得から，温度を直接求める方法論も提案されている。

2.4 装置の構成

赤外線カメラの構成と測定における標準的なシステム図を図4に示す。対物レンズにより，検出器上に集光された試料からの輻射強度は，FPA上の各素子で電気信号に変換された後，ディスプレイに表示される。レンズに関しては，焦点距離，f値，一方，検出器については，センサーの種類（マイクロボロメーター，焦電素子，光電素子，QWIPなど），アレイ形状，画素数，時定数，積分時間，を設定し，フレームレートの最大値が定められる。FPAの画素抜け，および感度ムラについては，データ採取にあたっての感度補正（NUC：non-uniformity correction）を行うことが推奨される。実際の測定感度は，素子のアンプ込みの感度ムラ，ドット抜け，窓材・レンズを通した光量低下，レンズのf値，口径食や周辺光量低下，試料の反射率や輻射率など，光学的な複数の要因によって変化する。光学系を含めたうえでの，疑似黒体板による輻射率強度-温度校正が必要である。赤外線カメラの温度感度の指標には，NETD（Noise equivalent temperature difference）がある。

第2章　熱測定技術

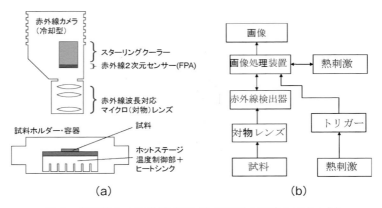

図4　赤外線カメラの構成図(a)と標準的な測定システム(b)

2.5　測定の方法論

　赤外線カメラによる画像取得には，典型的な二つの方法，Passive thermography と Active thermography がある。前者では，物体からの熱輻射を検知し，検査用途などに用いられるのに対して，後者では外部から熱的な刺激を与えることにより生じる物質からの熱輻射の変化を測定する。レーザー，フラッシュランプなどの光源に加えて，電気，力学的なエネルギー源も利用される。

2.5.1　装置群

　量子型の InSb (FPA) を用いて，高倍率赤外線顕微鏡レンズ装着下で試料温度を制御し，温度の昇降温による融解・結晶化過程で生じる潜熱を，画像として観測するミクロスケール熱分析装置(図5(a))，ならびに小型半導体レーザー照射装置，ロックイン画像解析法により外場変調を与えて，境界条件を実験的に実現することで面内の拡散現象を定量的に解析する装置(図5(b))の例を図5に示す。いずれも Active Thermography に位置付けられるが，前者はミクロ可視化熱分析，後者はフォトサーマル効果を利用した熱拡散率測定を実現した例である。
　熱物性分布を反映した，動的な熱画像取得は，バルクサンプルから得られる平均的な熱物性データとは異なる視点を与える可能性がある。熱の拡散は非常に遅く，熱絶縁体で温度変化を動的に観測するには，1 mm^2 以内の視野の観測が好ましい。また，感度波長付近のミクロスケール熱画像の取得のためには，3ミクロン程度の波長でも可視・近赤外で用いられるレンズ群は不透明で転用ができない。そのため赤外波長域の光学系マイクロレンズの設計が必要である。

2.6　可視化熱画像の例

2.6.1　微少熱量計

　量子型赤外線カメラに顕微撮影用光学系を装着し，微小熱量計の温度分布を，ミクロスケールで撮影した例を図6に示す。図中の6点は，別途埋め込んだサーモパイルで，接触式の温度分布測定を行いながら，中央部の熱量計センサーでナノカロリメトリー測定を行うと同時

第5節 熱イメージング法 —ミクロ可視化熱分析・熱物性測定—

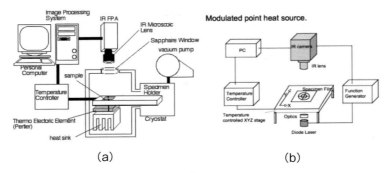

図5 赤外線カメラの構成図[3](a)と標準的な測定システム(b)

図6 微少熱量計の温度分布画像[4]

に，赤外線カメラによる2次元熱画像の取得により，非接触温度分布測定を行うことが可能である。Siのドーピング種を替えることにより配線材の輻射率が変わり，明瞭な画像を捉えることで，外界との対流によるセンサー上の温度変化に与える影響を定量化した例である。

2.6.2 フレキシブル電子基板（ポリイミドプリント配線フィルム）

非冷却型赤外線カメラの可搬性を活かし，疑似高速化の手法を用いて，より高速現象の撮影にも対応可能なポータブル型顕微熱イメージングシステムが開発されている。**図7**は，このシステムにより測定した，実際のフレキシブル電子基板（ポリイミドプリント配線フィルム）の熱拡散率測定，および断熱材内部の熱伝導を可視化した例を示す。図7(A)～(D)では，ポリイミドフィルム/銅箔の界面に，周期的なレーザー照射を加え(A)，熱拡散の面内分布を温度波の位相等高線図で表した結果(B：位相像，C：2次高調波位相像)と，(C)の結果に対する擬似高速化による位相像の高精細化の結果を(D)に示した。周期関数の重畳による精度の向上が明瞭に認められる。図7(E)～(F)は，フィラー入りの発泡ポリスチレンに周期加熱を加えた場合（中心部）の位相像(E)と，擬似高速化(F)による位相像の変化を示す。ノイズが低減し，より鮮明な画像が得られる様子が示されている。さらに，図7(B)～(D)では，界面付近で熱拡散に不整合が生じ，一方，(E)～(F)ではポリスチレンの骨格に沿って熱が伝播する様子も観察される。このように，異種材料間の界面や，複雑なミクロ構造において，熱拡散の微小な変

化を読み取る際に，擬似高速化は有効であることが示されている。

2.6.3 微細加工の熱物性変化の可視化

収束フェムト秒レーザー照射によるミクロスケール微細加工域の熱物性変化を，マイクロ径レーザーを照射した交流スポット加熱（温度波印可）による熱画像として可視化した例を**図8**に示す[6]。75 μm 厚さのポリイミドフィルム内部に，2 μm 毎に約 50 μm の直径エリア内 8 層に収束レーザー光をスキャンして微細加工域を形成した。その内部および外側に照射した温度波の伝播の様子を位相像として捉えた例である。未加工の均一なフィルムの領域では，温度波の伝播は一様で，位相変化も距離に対して直線的に変化する。これに対して，加工域では，ミクロボイドの発生やポリマーフィルムの配向緩和などの構造変化により，位相変化に歪みが生じる。熱拡散率測定のみでなく，ミクロスケール欠陥検出にも適用可能な非破壊検査（NDT）としての位置付けである。

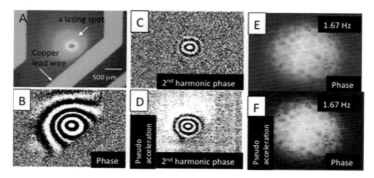

図7 非冷却型 FPA を用いた擬似高速化による，フレキシブル電子基板の熱拡散分布位相図（A〜D，温度波周波数 0.87 Hz）とフィラー入り発泡ポリスチレン（NEOPOL，温度波周波数 1.67 Hz）の温度波画像（E：位相像，F：振幅画像）[5]。

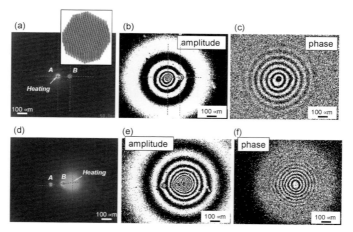

図8 ポリイミド（カプトン）フィルム内の加工域を伝播する温度波位相像[6]

2.6.4 ミクロスケールの異方性熱拡散

　光学系で収束させた微弱な変調レーザー光照射により発生させた温度波の，カーボンクロス表面での伝播をフーリエ変換により振幅像・位相像に変換した結果を図9に示す。
　中心位置の炭素繊維に局所加熱を行うと，温度波の面内方向への伝播が観察されるが，位相像は繊維軸方向にひずんだ分布を示し，分子配向による熱拡散率異方性を示した（図9-1a～c）。繊維軸方向とその垂直方向では4倍の熱拡散率の差が認められた。

2.6.5 複合系の熱拡散

　樹脂中に埋め込んだ直径10ミクロンのカーボンファイバー1本に，変調したレーザーを照射し，熱拡散を観察した例を図10に示す。ファイバーは延伸により，一定の間隔で破断しているが，長軸方向の位相プロファイルは，図10cに示すように，一定の勾配を示した。この勾配は，長軸方向の熱拡散率に対応し，一方，破断箇所の位相の大きな変化は，マトリクス樹脂の熱拡散率とファイバーと樹脂間の熱的界面の情報を含む。ミクロファイバーの熱物性計測に適用可能な事例である。

2.6.6 熱分析（相転移）の解析例

　ここまで，赤外線カメラを用いた温度，熱物性測定，非破壊検査などの事例を挙げてきた。では，赤外線画像から，相転移などの熱の動的現象に対して，さらにどのような熱分析が可能になるのか，以下にその事例を紹介する。

2.6.7 植物細胞の冷凍過程

　植物細胞細中の水の結晶化と融解を，赤外線カメラにより熱画像として捉えた場合の細胞内熱分析の例を，従来型熱補償型示差走査型熱分析（DSC）により測定された結晶化・融解のヒートフロー図（図11(a)）との比較として示す。細胞を0度以下まで降温し凍結すると，結晶化に

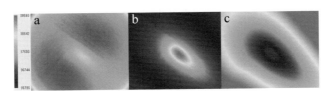

図9　カーボンクロスに照射した変調レーザーの温度画像
　　（a：実画像，b：強度画像，c：位相画像）

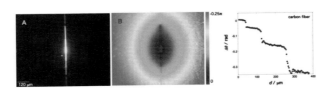

図10　変調レーザースポット照射によるカーボンファイバー1本の
　　　熱拡散（A：実画像，B：位相画像，C：位相プロファイル）

第2章　熱測定技術

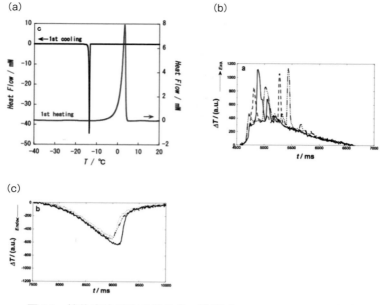

図11　植物表皮細胞の結晶化・融解時のヒートフロー図比較
((a)熱補償型DSC, (b)赤外線カメラ(cooling), (c)heating.[7])

よる潜熱発生とその面内伝播が発熱画像として観測され，その後の昇温過程では，融解による温度変化も観測される。このときの赤外線画像から求めた細胞内の異なる位置の温度変化を図11(b)，(c)に示した。降温による細胞の凍結過程では，細胞内水の結晶化潜熱による5～6℃の温度上昇と，1～2℃ほどの温度上昇の2種類のピーク群が観測された(b)。温度上昇幅の小さいピークは，実際の結晶化によるものではなく，周囲の細胞で発生した潜熱の温度拡散によってもたらされた温度上昇であることが，(c)のピーク位置の重なりから確認され，細胞が連続的に結晶化しない理由の一つと考えられている[3]。

熱画像から求めた熱分析では，面内の温度分布に起因する結晶化の時間分布，および熱拡散が結晶化に及ぼす影響が明瞭に観測され，単一の温度センサーによる熱分析に加えた詳細な情報を得ることができる。このように，ミクロスケール時間分布・空間分布の観測による2次元熱分析への展開が開かれることで，より複雑な系での熱解析が可能となることの意義は大きい。

3　種々の熱イメージング法

3.1　サーモリフレクタンス法による熱イメージング(Thermoreflectance(TR) Imaging)

赤外線カメラによる熱イメージングでは，比較的高速な輻射測定による熱イメージングが可能であり，熱型素子の普及によりその汎用性にも優れるが，空間分解能は，回折限界から2～3μm程度である。より高空間分解能の熱イメージングを実現する方法論の一つが，物質の反射率の温度依存性を利用するサーモリフレクタンス法を可視域CCDにより観測することで

200〜300 μm の空間分解能を実現した熱イメージング法である。金，白金などの純金属の室温付近，可視波長域のサーモリフレクタンス係数はおよそ $10^{-4} \mathrm{K}^{-1}$ とされる。この手法は，電子回路の温度分布のイメージング化に適用されている[8]。

3.2 走査型プローブ顕微鏡（SPM）による熱イメージング

種々の走査型プローブ顕微鏡のなかで，温度検出機能を加えた走査型熱顕微鏡（SThM）は，局所的な温度分布を数十ナノスケールの空分解能でイメージング化することができる。ヒーター内蔵のカンチレバーや，サーモリフレクタンス法との組み合わせなどの手法が提案されている[9]。

3.3 フォトルミネッセンス測定による熱イメージング

フォトルミネッセンスの温度依存性を用いた高空間分解能の温度イメージング法も提案されている。蛍光・リン光サーモグラフィーと呼ばれることもある。直径数ナノメーターのサイズの半導体型ナノ結晶（Q-dot）を用いた実験例も多い。バイオイメージングにおける温度標識に適用できるが，退色などの不安定性を克服する方法が求められる。試料表面に塗布し，感度波長の CCD により観測，画像化される[10]。

4　おわりに

赤外線カメラによるミクロスケールでの熱拡散の観察事例を中心に熱メージング手法のいくつかを紹介した。熱現象は高次構造と観測するスケールの関係が重要であるから，ナノ・ミクロサイズからマクロまで広範囲な観測・測定が必要である。熱の可視化技術の進展には，種々の方法や測定値の精度，および相互比較の議論を深めていくことが必須であり，サーマルデバイスの時代へ向けて，今後その有用性は増していくと考えられる。

文　献

1) Theory and Practice of Infrared Technology for Nondestructive Testing, X. P. V. Maldague, A Wiley-Interscience Publication, JOHN WILEY & SONS, INC., (2001).

2) Field Guide to Infrared Systems, Detectors, and FPAs, Second Edition, A. Daniels, SPIE PRESS BOOK, (2010).

3) T. Hashimoto and J. Morikawa: *Jpn. J. Appl. Phys.*, **42**, L706 (2003).

4) A. Minakov, J. Morikawa, T. Hashimoto, H. Huth and C. Schick: *Meas. Sci. Technol.* **17**, 199 (2006).

5) J. Morikawa, E. Hayakawa and T. Hashimoto: *Advances in Optical Technologies*, **2012**, 484650 (2012).

6) JJ. Morikawa, E. Hayakawa, T. Hashimoto, R. Buividas and S. Juodkazis: *Opt. Exp.*, **19**, 20542-20550 (2011).

7) C. Pradere, J. Morikawa, J. C. Batsale and T. Hashimoto: *Quantitative Infra Red Thermography Journal* **6**, 37 (2009).

8) A. Ziabiri, et al.: *Nature Comminications*, **9**, 255 (2018).

第2章　熱測定技術

9)　A. Dazzi, et al.: *Appl. Spectrosc.*, **66**, 1365 (2012).

10)　Thermometry at the nanoscale, edited by L. Dias Carlos and F. Patacio: The Royal society of Chemistry, (2016).

新たな熱制御技術

第1節　放熱性・絶縁性多機能材料

豊橋技術科学大学　村上　義信

1　はじめに

エレクトロニクスやパワーモジュールなどはコスト低減の要求から小形化・高集積化が進んでおり、それと同時にこれらの機器に使用される放熱性絶縁材料の薄膜化、高耐圧化および高熱伝導性などの特性の向上が求められている[1]。これらの要求に対して、熱伝導性がセラミックスなど比べて低い高分子樹脂の高熱伝導率化[2]や、絶縁性かつ高熱伝導性を示す充填剤と高分子マトリックスからなる放熱性コンポジット絶縁材料の開発などが各所で進められている[3]。本章では許容できる絶縁性と高熱伝導率の両方に着目した放熱性コンポジット材料の絶縁を中心に紹介する。

2　放熱性コンポジット絶縁材料

2.1　ベース樹脂の高熱伝導率化

図1に金城の経験式[4]に基づき評価されたコンポジット絶縁材料の熱伝導率のフィラー充填量依存性[5]を示す。同図に示したように熱伝導率が低いベース樹脂に高熱伝導性フィラーを高充填するよりも(図1(a))、ベース樹脂の熱伝導性を向上させた方が遥かにコンポジット材料の熱伝導性を向上させる効果がある(図1(b))。これらは、ベース樹脂とフィラーの界面における高熱抵抗のためと考えられており、そのため、コンポジット材料の樹脂そのものの熱伝導性を向上させるための研究が実施されている。

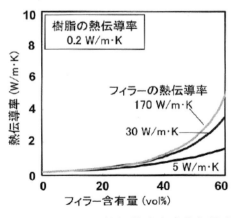 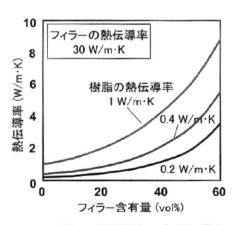

(a) フィラーの熱伝導率を変えた場合　　(b) 樹脂の熱伝導率を変えた場合

図1　コンポジット材料の熱伝導率のフィラー充填量依存性
出典：竹澤吉高，シーエムシー出版，64(2011)，図2

第3章　新たな熱制御技術

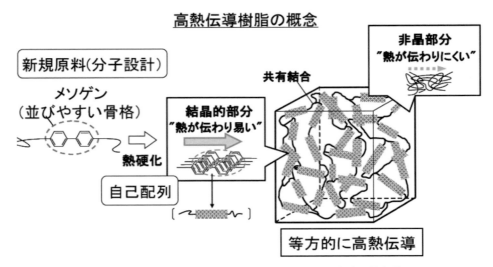

図2　コンポジット材料の熱伝導率のフィラー充填量依存性
出典：竹澤吉高，ネットワークポリマー，31(3)，134-140(2010)，Fig.3

　C. L. Choy らはポリエチレンを30倍程度延伸することにより，熱伝導率を15 W/mK程度まで向上させることができること[6]，D. Hasen らは結晶化度を変化させた場合は多少熱伝導性が向上すること[7]を報告している。赤塚らは，フォノン散乱を抑制するような結晶に近い秩序性のある高次構造をエポキシ樹脂内部に導入することにより，エポキシ樹脂自体の熱伝導性を高めている[8]。図2に高次構造化のコンセプトを示す。剛直で自己配列しやすい骨格のメソゲンを分子内に有するモノマーを用いたエポキシ樹脂を開発し，樹脂単体で約1 W/mK（汎用エポキシ樹脂の約5倍の熱伝導率）の熱伝導率を達成している。

2.2　コンポジット化による高熱伝導率化

　一般的に複合高分子材料の熱伝導率に与える影響因子は①高分子と充填材の熱伝導率，②複合高分子材料中に占める充填材の容積率，③充填材の形状およびサイズ効果，④近接充填材間の温度分布の影響，⑤充填材の分散状態，⑥高分子と充填材の界面効果，⑦充填材の配向度，⑧充填材間の界面の効果とされている[8]。図1に示したように高熱伝導性の無機フィラーを樹脂に高充填するとコンポジット材料の熱伝導性は向上するものの，その場合は粘度が高くなり作業性が著しく失われることから，熱伝導率に異方性がある六方晶窒化ホウ素（hBN）などの無機フィラーを配向させて熱伝導性を向上させる試みがあり，絶縁性や熱伝導性を付与しないコンポジット材料においてもさまざまな方法でフィラーを配向させること検討されている。

　小迫らは，エポキシ／アルミナコンポジット材料の硬化過程中に電圧を印加した場合の熱伝導率と絶縁破壊の強さを調査[9]している。図3では，1次粒径7 nmのナノアルミナを2 vol%（n+），粒径7 μm，厚さ0.1 mmの板状マイクロ粒子を7 vol%（μPS），および粒径10 μmの球状マイクロ粒子を28 vol%印加し，材料硬化中に交流電界（60 Hz，1 kVrms/mm，3時間）を印加したn+μPS-E試料の絶縁破壊の強さはμS試料（粒径10 μmの球状マイクロ粒子を35 vol%，電界印加なし）のそれに比べほぼ同等であり，n+μPS-E試料の熱伝導率はμS試料

第1節　放熱性・絶縁性多機能材料

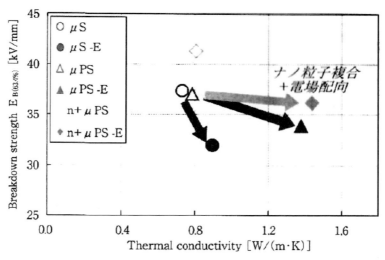

図3　コンポジット材料の熱伝導率のフィラー充填量依存性
出典：福島邦彦, S&T出版, 28(2013), 図4

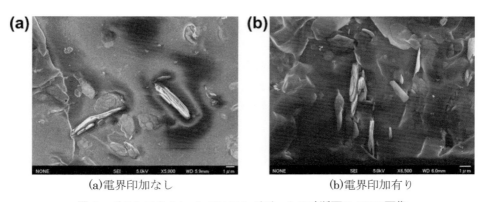

(a)電界印加なし　　　　　　　　　　　(b)電界印加有り

図4　ポリシロキサン/h-BN コンポジットの破断面の SEM 画像
(a)電界印加なし　(b)電界印加有り
出典：Hong-Baek Cho, et al.: Composites Science and Technology, 70, 1685(2011), Fig.8

のそれの約2倍に向上している。これは絶縁破壊の強さの低下を抑えつつ，熱伝導率の向上が可能であることを意味する。n+μPS-E 試料においてはナノアルミナ粒子が絶縁破壊の強さの向上に，マイクロ板状粒子は電界配向制御による熱伝導率の向上に，およびマイクロ球状粒子は混合物の動粘抑制に寄与したためと考察している。

H. B. Cho らはナノサイズ h-BN(直径：10-20 μm，厚さ：2-10 nm)を 10 vol%添加したポリシロキサン/h-BN コンポジットにナノ秒パルスを印加することにより h-BN の配向を制御できることを報告している。図4にポリシロキサン/h-BN コンポジットの破断面の SEM 画像を示す。ナノ秒パルス電界を印加することにより，h-BN が電界方向に配向していることが分かる。また，X線解析から低い直流電界を印加した試料および電界を印加していない試料においては，h-BN の(002)面からの回折ピークが顕著ピークが顕著であるのに対し，ナノ秒パルス電界中で配向処理をしながら硬化させた試料においては，(100)面からの回折ピークが増加

することを確認している。これらはナノ秒パルス電界印加は配向制御に有効であることを意味していると考えられている。さらに，同一研究グループは，電界の代りに磁界による配向制御も可能であることを報告[11]している。

村上らは任意の形状・形態のコンポジット材料を作成することができる静電吸着法を用いて放熱性コンポジット絶縁材料の開発[12]を行っている。図5(a)に示したように主粒子（粒径が大きな粒子：h-BNなど）と吸着粒子（粒径が小さい粒子：PMMAなどの熱可塑性高分子）の表面電位を相反するように高分子電解質などで調整し，両粒子を静電相互作用により静電吸着させコンポジット粒子をまず作製した後，それらコンポジット粒子をホットプレスにより任意形状・形態のコンポジット材料を作製することができる。図5(b)に示したように，このコンポジット粒子が存在する水溶液を治具に滴下し，遠心分離機を用いて試料の厚さ方向に対して平行にコンポジット粒子を配向させ，さらに機械的圧力によってさらにBN粒子を配向させることにより，h-BNの長手方向（高熱電伝導率方向）が試料の厚さ方向と一致する材料（hBP4-CMV試料）を作製している。図6にhBNの配向方向を制御した各試料の直流絶縁破壊の強さおよび熱伝導率を示す。直流絶縁破壊の強さはhBP4-NV（コンポジット粒子を単に沈殿させ，ホットプレスした）試料，hBP4-CMV（遠心力と機械的圧力を印加した後，h-BNの長手方向と試料の厚さ方向が垂直となるように制御した）試料，hBP4-CP（図5(b)において機械的圧力を印加していない）試料およびhBP4-CMP試料の順に小さくなり，熱伝導率は逆にその順に大きくなった．hBP4-CMP試料においては電気的弱点となるPMMA/h-BN界面が電界（試料厚さ）方向に対して垂直になる確率が増加したため絶縁破壊の強さは低下し，熱伝導率が高いh-BNの長手方向が試料厚さ方向に対して平行になる確率が高いため熱伝導率が増加したと考察している。

三村らは，h-BNの凝集体を用いることでコンポジット材料の高熱伝導化ができる[13]ことを報告している。h-BNの凝集体を用いることにより，h-BNの熱伝導率の異方性がなくなり，かつ粒径も大きくなることから高熱伝導化が期待できる。図7にエポキシ/凝集h-BNコン

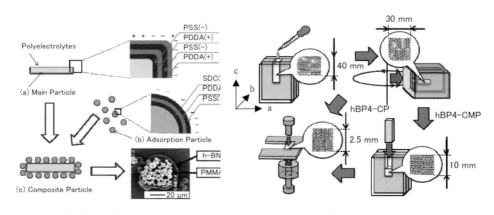

(a)静電吸着法の概略図　　　　(b)h-BNの配向方法

※口絵参照

図5　静電吸着法とh-BNを配向させたコンポジットの作製方法
出典：村上義信，電気学会論文誌A，137(4)，203(2017)，Fig.1, Fig.2(c)

第1節　放熱性・絶縁性多機能材料

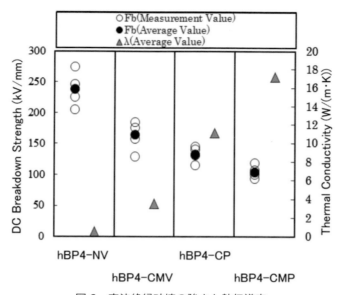

図6　直流絶縁破壊の強さと熱伝導率
出典：村上義信，電気学会論文誌A，137(4)，205(2017)，Fig.5

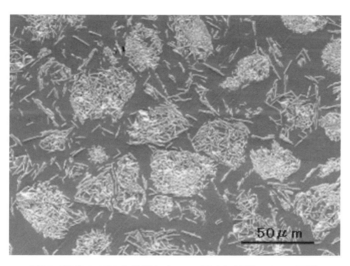

図7　凝集h-BNを使用したコンポ時と材料のSEM画像
出典：三村研史，ネットワークポリマー，35(2)，79(2014)，Fig.7

ポジットの走査型電子顕微鏡(SEM)画像，図8にエポキシ/凝集h-BNコンポジットの絶縁破壊の強さおよび熱伝導率を示す。図8に示したように絶縁破壊の強さは凝集の有無および添加量に関わらずほぼ一定となった。一方，図8に示したように凝集h-BNを用いたコンポジット材料の熱伝導率は鱗片状BNを用いたそれより高くなった。これは，熱伝導率の異方性を示すBN粒子の配向を制御することによって低充填量で熱伝導率を大きく向上させることができ，アルミナなどのセラミック材料に匹敵する熱伝導率を有し成形性が容易な放熱性コンポジット絶縁縁材料を得る技術になると考察している。

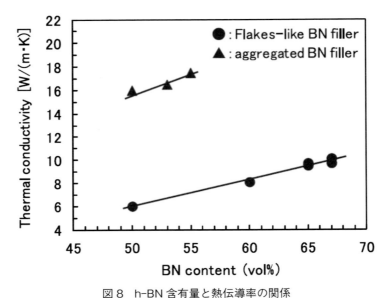

図8　h-BN含有量と熱伝導率の関係
出典：三村研史，ネットワークポリマー，35(2)，79(2014)，Fig.11

3　おわりに

　上記したようにエレクトロニクスやパワーモジュールなどはコスト低減の要求から小形化・高集積化が進んでおり，それと同時にこれらの機器に使用される放熱性絶縁材料の薄膜化，高耐圧化および高熱伝導性などの特性の向上が求められている。本稿で紹介したBN粒子を電界，熱伝導率測定方向(厚さ)方向に配向させた試料は高放熱性および高絶縁性の材料としての目安値[14]，100 kV/mm以上の絶縁破壊強度および10 W/mK以上の熱伝導率を達成する材料も現れている。放熱性コンポジット絶縁材料はさまざまな機器で必須であり，要求特性もかなり異なるため，本節で紹介した手法のみならずさまざまな方法・材料による放熱性コンポジット絶縁材料の今後の開発が大いに期待される。

文　献

1) 竹澤吉高：高熱伝導性コンポジット材料，シーエムシー出版，1-2(2011).
2) 赤塚正樹，他：「放熱性に優れた高次構造制御エポキシ樹脂の開発」，電気学会論文誌A，**123**(7)，687-692(2003).
3) X. Yunsheng, D. D. L. Chung, and M. Cathleen: "Thermally conducting aluminum nitride polymer-matrix composites", Composites Part A, **32**(12), 1749-1757 (2001).
4) 金成克彦：「複合系の熱伝導率　充てん剤を配合した高分子材料を中心に」，高分子，**26**(8)，557-561(1977).
5) 竹澤吉高：高熱伝導性コンポジット材料，シーエムシー出版，64(2011).
6) C. L. Choy, et al.: "Model calculation of the thermal conductivity of polymer crystals", *J. Polymer Science Polymer Physics Edition.*, **23**, 1495-1504(1985).

7) D. Hansen, et al.: "Thermal conductivity of Polyethylene: the effect of crystal size, density and orientation on the thermal conductivity", *Polymer Engineering and Science*, **12**, 204-208(1972).

8) 竹澤吉高 :「自己配列によって高次構造を制御した高熱伝導エポキシ樹脂」, ネットワークポリマー, **31**(3), 134-140(2010).

9) 福島邦彦 :「フィラーの配向制御技術」, S&T 出版, 25-29(2013).

10) Hong-Baek Cho, et al.: "Facile preparation of a polysiloxane-based hybrid composite with highly-oriented boron nitride nanosheets and an unmodified surface", *Composites Science and Technology*, **70**, 1681-1686(2011).

11) Hong-Baek Cho, et al.: "Facile orientation of unmodified BN nanosheets in polysiloxane/BN composite film using a high magnetic field", *Journal of Material Science*, **46**, 2318-2323(2011).

12) 村上義信 :「鱗片状窒化ホウ素の配向が静電吸着法で作製したポリメタクリル酸メチル / 窒化ホウ素コンポジット電気絶縁材料の電気特性および熱的特性に与える影響」, 電気学会論文誌 A, **137**(4), 202-207(2017).

13) 三村研史 :「高熱伝導複合材料」, ネットワークポリマー, **35**(2), 76-83(2014).

14) Zengbin Wang, et al., "Development of Epoxy/BN Composites with High Thermal Conductivity and Sufficient Dielectric Breakdown Strength Part I -Sample Preparations and Thermal Conductivity", *IEEE Transactions on Dielectrics and Electrical Insulation*, **18**(6), 1963-1972 (2011).

第2節　エネルギー変換と熱物性・界面物性

九州工業大学　宮崎　康次

1　はじめに

　熱が直接関わるエネルギー変換技術の一つに熱電変換[1]が挙げられることはいうまでもない。熱電変換によって発電されるエネルギーは材料物性を用いて概算でき，無次元性能指数 ZT（$Z = \sigma S^2 / \lambda$，σ：導電度 S/m，S：ゼーベック係数 V/K，λ：熱伝導率 W/（m・K），T：作動温度（高温部と低温部の平均温度）K）によって示される。詳細は熱電関連のハンドブック[1]に詳しいが，ZT が高いほど高い効率 $\eta_{\max}$ で発電でき，以下の式で示される。

$$\eta_{\max} = \frac{T_h - T_c}{T_h} \frac{m_{opt} - 1}{m_{opt} + \dfrac{T_c}{T_h}} \tag{1}$$

$$m_{opt} = \sqrt{1 + \frac{1}{2} Z\left(T_h + T_c\right)}, \quad Z = \frac{\sigma S^2}{\lambda} \tag{2}$$

　T_h は高温部，T_c は低温部の温度 K を示す。したがって，熱物性の観点からみれば，熱伝導率 λ が低いほど ZT が高くなり熱電変換の効率が高まるため，熱伝導率の低い材料探索もしくはナノ構造化による低熱伝導率化が進められてきた[2]。近年，有機材料と無機材料の複合化で熱伝導率を2桁程度下げる研究も発表[3]され，界面の大きな熱抵抗が指摘されている。熱電変換には，特性だけでなくフレキシブル性や低コスト化など，さらなる付加価値が求められており，その研究を通して明らかになってきた界面物性について紹介する。

2　Bi$_2$Te$_3$ と PEDOT：PSS のコンポジット化

　古くから多孔体の低い熱伝導率は良く知られており[4]，熱伝導率低減手法として多孔体の利用を考えた。直径がマイクロメートルオーダーの Bi$_2$Te$_3$ 粉末を直径 100 nm 以下の微粒子にまで湿式粉砕した後，アルミナ粗面に塗布して熱処理することでポーラス Bi$_2$Te$_3$ 薄膜を生成することを試みた。図1に示すように非常に細かいポーラス構造を得ることができ，見かけの熱伝導率を構造で大幅に低減することができた[5]が（**図2**），導電度が大幅に低下し，熱電変換に利用できない薄膜が生成された。アニールすること（図2横軸：アニール温度）で微粒子を成長させ，微粒子間の接触を高めて導電度の一定の改善は達成されたが，無次元性能指数 ZT は 0.16（at 300 K）程度で改善につながらなかった。低い導電度はランダムな多孔構造に起因すると考えられたため[6]，ポーラス構造間隙に導電性材料を充填することで導電度向上を考えた。

　Bi$_2$Te$_3$ 微粒子を水に溶かした際に導電性高分子 PEDOT:PSS を同時に溶かす手法を着想した[7]。PEDOT:PSS は印刷できる電極として利用される一般的な材料である上，比較的高い p

第2節　エネルギー変換と熱物性・界面物性

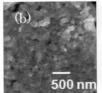 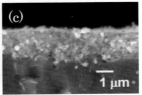

(a)薄膜全体　(b)表面 SEM 像　(c)断面 SEM 像

図1　Bi₂Te₃ ナノ粒子ポーラス薄膜
(a)薄膜全体　(b)表面 SEM 像　(c)断面 SEM 像

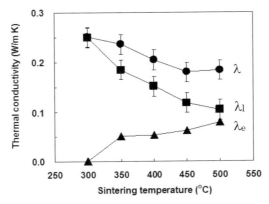

図2　ナノ粒子 Bi₂Te₃ 薄膜の熱伝導率
λ：熱伝導率，λ_e：電子熱伝導率
λ_l：格子熱伝導率

型熱電特性も示されており[8]，混合物として最適であると考えた。さらに印刷後の熱電塗布膜と基板との密着性を高めるため，ポリアクリル酸を溶液に加え PEDOT:PSS 水分散液をインクとした。エポキシ樹脂を加えることで微粒子間の結合を高めて熱電塗布膜の特性が高められることが報告されており[9,10]，同様の効果を狙った。生成したインク状有機-無機ハイブリッド熱電材料をポリエチレンテレフタレート(PET)基板上にスピンコート法により塗布し，アルゴン雰囲気下150℃で10分間乾燥して熱電塗布膜を生成した(**図3**)。ポリアクリル酸を加えたことで微粒子間の密着性が改善され，複数回折り曲げても熱電薄膜にクラックや剥離は生じなかった。薄膜断面の走査型電子顕微鏡写真を図3(b)に示す。$Bi_{0.4}Te_{3.0}Sb_{1.6}$ 微粒子周辺の空隙に導電性材料が充填されて導電度が高まり，400〜600 S/cm 程度の導電度が得られた。

横軸に $Bi_{0.4}Te_{3.0}Sb_{1.6}$ 体積分率，縦軸に見かけの熱電特性をプロットしたグラフを**図4**に示す。体積分率 x はインク生成時の $Bi_{0.4}Te_{3.0}Sb_{1.6}$ 仕込み量から計算している。$x=0$ は PEDOT:PSS 単体，$x=1$ で $Bi_{0.4}Te_{3.0}Sb_{1.6}$ 単体の薄膜がもつ熱電特性を示すことになり，図中の2本の

第3章　新たな熱制御技術

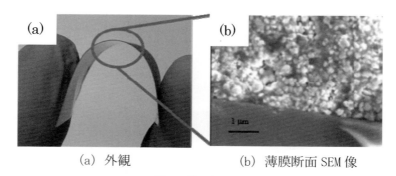

(a) 外観　　　　　　(b) 薄膜断面SEM像

図3　熱電塗布膜
(a)外観　(b)薄膜断面SEM像

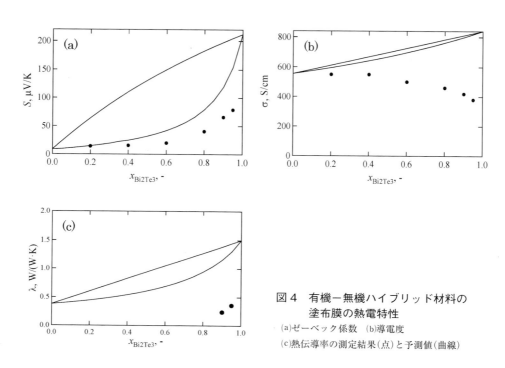

図4　有機－無機ハイブリッド材料の
　　　塗布膜の熱電特性
(a)ゼーベック係数　(b)導電度
(c)熱伝導率の測定結果(点)と予測値(曲線)

曲線は2種類の材料が直列接続もしくは並列接続したときに得られる値でともに直列接続モデルが下限を示している[9]。導電度と熱伝導率は同様の式で計算される。
・直列結合モデル

$$S = \frac{S_1 x/\lambda_1}{(x/\lambda_1)+((1-x)/\lambda_2)} + \frac{S_2(1-x)/\lambda_2}{(x/\lambda_1)+((1-x)/\lambda_2)} \tag{3}$$

$$\sigma = \frac{\sigma_1 \sigma_2}{\sigma_2 x + \sigma_1 (1-x)} \tag{4}$$

第2節　エネルギー変換と熱物性・界面物性

・並列結合モデル

$$S = \frac{S_1\sigma_1 x + S_2\sigma_2(1-x)}{\sigma_1 x + \sigma_2(1-x)} \tag{5}$$

$$\sigma = \sigma_1 x + \sigma_2(1-x) \tag{6}$$

　下付き文字1と2は，コンポジットを構成する材料を示す。1を$Bi_{0.4}Te_{3.0}Sb_{1.6}$，2をPEDOT:PSSとすると図4に示す曲線となる。予測値に用いたPEDOT:PSSのゼーベック係数11 μV/K，導電度550 S/cm，熱伝導率0.38 W/(m·K)は，PEDOT:PSSにアクリル酸とグリセリンを添加して生成したPEDOT:PSS薄膜単体で測定された熱電特性を利用している。$x=1$には$Bi_{0.4}Te_{3.0}Sb_{1.6}$単体焼結体の報告値[11]を使い，ゼーベック係数212 μV/K，導電度840 S/cm，熱伝導率1.5 W/(m·K)を仮定している。このような混合物の見かけの物性値は直列モデルと並列モデルの中間にあるものと予測されるが，測定値はすべてで下限より低かった。ゼーベック係数は直列結合モデルでおおよそ説明できた一方で導電度と熱伝導率といった輸送係数については$Bi_{0.4}Te_{3.0}Sb_{1.6}$の量が増えるほど予測値からかけ離れていく傾向がみられた。同様の傾向は他研究グループでも確認されている[9]。輸送係数に実験と予測との乖離がみられたので，有機－無機界面が電子・熱輸送の障壁となっていると想定した。現状，塗布膜の熱電特性は，ゼーベック係数79 μV/K，導電度380 S/cm，熱伝導率0.36 W/(m·K)で室温300 KにおけるZT＝0.20が最高である。PEDOT:PSSを使わない$Bi_{0.4}Te_{3.0}Sb_{1.6}$微粒子単体のポーラス薄膜では導電度がせいぜい100 S/cm程度であったこと，熱伝導率の低減が導電度の低下よりも大きかったことから狙い通り導電性高分子の導入でZTを改善できた。

3　Bi_2Te_3 と PEDOT：PSS 界面の熱抵抗

　Bi_2Te_3とPEDOT:PSSコンポジットの熱伝導率は，従来の単純モデルで説明できず，先に述べたように界面における熱抵抗による効果が大きいと考えた。定常状態の熱伝導では熱流束q W/m²は，フーリエの式より温度差ΔTと材料の長さLで決まる温度勾配に比例し，その比例定数が熱伝導率λ W/(m·K)となる。

$$q = -\lambda\frac{\partial T}{\partial x} = \lambda\frac{\Delta T}{L} = \frac{\lambda}{L}\times\Delta T \tag{7}$$

したがって，単位面積あたりの熱抵抗R(m²·K)/WはL/λとなる。**図5**に模式図を示すが材料1と材料2の界面に不連続な温度ジャンプがあれば，その温度ジャンプは界面熱抵抗$R_{1-2}(=\Delta T/q)$に起因する。この熱抵抗は二つの材料が接する界面が完全であったとしても，それぞれの材料特性の違いから現れ得るもので，とくに界面熱抵抗と呼ばれ，DMMモデルやAMMモデルなどで定性的に理解される[11]他，機械学習を併用した研究も進められている[12]。熱伝導における熱抵抗は式(5)に示すように材料の長さLに比例するため，薄膜の熱抵抗(熱伝導率)の厚さ依存性を測定し，膜厚0の値を外挿して実験結果より得れば，界面熱抵抗を求めることができる(**図6**)[13]。薄膜の熱伝導率測定には3ω法[14]を用いた。

— 91 —

第3章　新たな熱制御技術

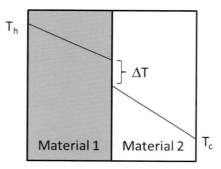

図5　温度分布と界面熱抵抗の概略

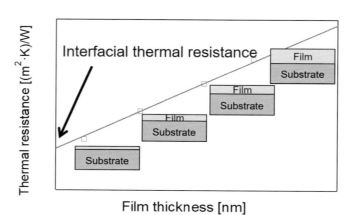

図6　薄膜の熱抵抗概略図

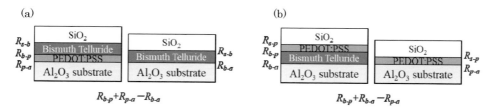

図7　Bi_2Te_3とPEDOT:PSS薄膜界面の概略図
（R_{b-p}：Bi_2Te_3-PEDOT:PSS界面抵抗，R_{p-a}：PEDOT:PSS-Al_2O_3界面熱抵抗，R_{b-a}：Bi_2Te_3-Al_2O_3界面熱抵抗）

　Bi_2Te_3とPEDOT:PSSの界面抵抗を測定する際，基板となるAl_2O_3と熱電薄膜との界面抵抗，3ω法による熱伝導率測定のために電気的絶縁を取るためのSiO_2膜と熱電薄膜との熱抵抗が入り，それらを全熱抵抗から差し引く必要があるため，**図7**のようにPEDOT:PSSとBi_2Te_3の積層順を変更し，それぞれの膜厚を変えて測定した。図7(a)に示すようにPEDOT:PSS薄膜の膜厚を変えて，Bi_2Te_3蒸着膜との熱抵抗の差をとると$R_{b-p}+R_{p-a}-R_{b-a}$という界面熱抵抗（R_{b-p}：Bi_2Te_3-PEDOT:PSS界面抵抗，R_{p-a}：PEDOT:PSS-Al_2O_3界面熱抵抗，R_{b-a}：Bi_2Te_3-Al_2O_3界面熱抵抗）が得られる。一方で図7(b)に示すようにBi_2Te_3薄膜の膜厚を変えて，PEDOT:PSS蒸着膜との熱抵抗の差をとると$R_{b-p}+R_{b-a}-R_{p-a}$という界面熱抵抗が得られる。こ

れら二つの結果を足し合わせると，目的とするBi_2Te_3とPEDOT:PSSの界面熱抵抗R_{b-p}が求められる。Bi_2Te_3成膜方法としてはアークプラズマ蒸着法を用い[15]，成膜後，触針型膜厚計により膜厚を測定した。PEDOT:PSS薄膜は水に溶かしたのちスピンコーターで製膜し，ホットプレートで乾燥させ生成した。図8に積層薄膜の断面SEM画像を示す。全体的に薄膜同士よく密着しており，薄膜間に間隙は観察されなかった。

3ω法測定の結果の一例として図7(b)のBi_2Te_3の膜厚を変えて熱抵抗を測定した結果を図9に示す。図中Referenceとする結果が，Bi_2Te_3の膜厚を0としたときの結果であり，Bi_2Te_3の膜厚を100 nm, 330 nm, 550 nmと代えたときの結果がそれぞれ印の違いでプロットされている。横軸が印加交流電圧の周波数，縦軸が薄膜表面の温度上昇を示しており，直線の傾きから基板であるAl_2O_3の熱伝導率，温度上昇の違いからBi_2Te_3薄膜に起因する熱抵抗を計算できる。したがって，曲線の傾きが若干異なるのは，基板であるAl_2O_3の熱伝導率が23〜24 W/(m・K)とサンプルごとに少し異なっていることが反映されていると考えている。測定された熱抵抗と膜厚が図10(b)にプロットされている。

図7(a)のようにPEDOT:PSSの膜厚を変えた測定結果を図10(a)，図7(b)のようにBi_2Te_3の膜厚を変えて測定した結果を図10(b)に示す。図10(a)より，測定対象の熱伝導率が膜厚に依存せず一定と仮定すると，熱抵抗は膜厚に比例するため膜厚0の熱抵抗が界面熱抵抗R_{b-p}＋R_{p-a}－R_{b-a}となり$1.9×10^{-7}$ $(m^2・K)/W$が得られた。直線の傾きからPEDOT:PSSの熱伝導率は

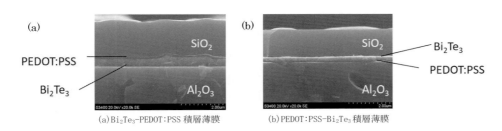

(a) Bi_2Te_3-PEDOT:PSS 積層薄膜　　(b) PEDOT:PSS-Bi_2Te_3 積層薄膜

図8　積層薄膜の断面SEM像
(a) Bi_2Te_3-PEDOT:PSS 積層薄膜　(b) PEDOT:PSS-Bi_2Te_3 積層薄膜

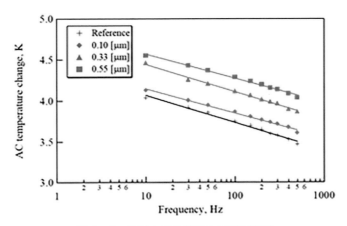

図9　3ω法における温度上昇測定結果

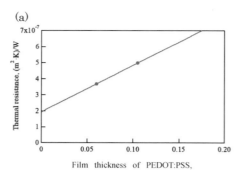 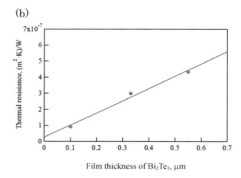

図10 Bi$_2$Te$_3$-PEDOT:PSS 積層薄膜の熱抵抗測定結果
(a) PEDOT:PSS の膜厚を変えて測定した熱抵抗測定結果 (b) Bi$_2$Te$_3$ の膜厚を変えて測定した熱抵抗測定結果

0.34 W/(m·K) と妥当な値であった。図9(b)からは，Bi$_2$Te$_3$ の熱伝導率が 1.3 W/(m·K)，y 切片から得られる界面熱抵抗は $R_{b-p}+R_{b-a}-R_{p-a}$ は $2.6×10^{-8}$(m^2·K)/W であった。これらの結果より Bi$_2$Te$_3$ と PEDOT:PSS の界面熱抵抗 R_{b-p} は $1.1×10^{-7}$(m^2·K)/W であり，界面のもつ熱抵抗としてはかなり大きいことが分かった。同様の手法で Bi$_2$Te$_3$ とポリイミドの界面熱抵抗についても測定したが，$2.45×10^{-7}$(m^2·K)/W であった。その際 Al$_2$O$_3$ とポリイミド界面の熱抵抗も測定できたが $8.0×10^{-7}$(m^2·K)/W であった。一方で無機材料−無機材料界面である SiO$_2$ 膜とシリコン基板間の界面熱抵抗は 10^{-8}〜10^{-9}(m^2·K)/W[14]，有機材料−有機材料界面であるグラフェンと PMMA 間の界面熱抵抗は $2×10^{-8}$(m^2·K)/W[16] と報告されている。このように有機−無機材料界面の界面熱抵抗が無機−無機材料界面や有機−有機材料界面のもつ界面熱抵抗より1桁程度大きなこともみえてきた。有機−無機界面である銅フタロシアニンと銀の界面熱抵抗である $7.8±1.6×10^{-8}$(m^2·K)/W[17] と比較すると2〜3倍程度の値であり，性質のまったく異なる有機材料と無機材料によって大きな熱抵抗が生じていると考察される。一方でもし有機−無機界面が空隙を有するような場合であれば，10^{-5}(m^2·K)/W オーダーであることも報告されており[18]，本測定結果は，有機−無機の材料自体が有する界面熱抵抗を測定できているものと考えている。

Bi$_2$Te$_3$ と PEDOT:PSS コンポジット膜の熱伝導率を改めて考察すると，微粒子直径から単位長さ辺りにどれだけの数の界面があるかを考慮でき，その界面抵抗を加えて熱伝導率を見積もると 0.3 W/(m·K) 程度となり，古典的な混合物の熱伝導率予測式では説明できなかった塗布薄膜の熱伝導率を説明することができた。有機−無機材料の界面熱抵抗が熱電材料の設計に寄与できる可能性もすでに指摘されている[3]が，さらなる特性向上に向けて，電子輸送の界面抵抗も測定して，熱をカットし電子を通過させる界面の考察も深めたい。これにより塗布できるコンポジットのさらなる熱電特性の改善が可能になると考えている。

4 おわりに

熱電材料のZT向上について熱輸送の観点からアプローチし，熱伝導率低減を目指してきた。その過程でコンポジットの熱伝導率が単純モデルで説明できないことから，熱の界面物性に着目して考察した。現状，有機材料と無機材料の大きな特性の違いによって，見かけ上間隙

のない完全な界面であっても，$10^{-7}(\mathrm{m}^2 \cdot \mathrm{K})/\mathrm{W}$ オーダーの比較的大きな界面熱抵抗が得られ
たと考察している。定量的に界面熱抵抗を予測するにはさらなる現象理解が必須であり，分子
動力学法など分子レベルでの界面熱輸送現象へのアプローチが必須となっている。有機材料，
無機材料ともに導電性の高い材料であったため，界面の電子輸送に与える影響は，熱の輸送と
比較すれば小さかったものと考えているが，まったく測定が追いついておらず電気的な界面抵
抗の測定も今後の課題となっている。熱輸送同様にミクロな視点に基づいた数値解析によるア
プローチは重要と考えている。このように，さらなる ZT 向上に向けて界面のもつ物性を明ら
かにするための課題はまだ多く残されている。

文　献

1) 梶川武信監修：熱電変換技術ハンドブック, NTS（2008）.

2) 塩見淳一郎ら：フォノンエンジニアリング, NTS（2017）.

3) W. L. Ong, et al.: *Nature Mater.*, **12**, 410（2013）.

4) 日本熱物性学会編：新編熱物性ハンドブック, 養賢堂, 25（2008）.

5) M. Takashiri, et al.: *J. Alloys and Compd.*, **462**, 351（2008）.

6) B. J. Last, et al.: *Phys. Rev. Lett.*, **27**, 1719（1971）.

7) K. Kato, et al.: *J. Electronic Mater.*, **42**(7), 1313（2013）.

8) G-H. Kim, et al.: *Nature Mater.*, **12**, 719（2013）.

9) D. Madan, et al.: *ACS Appl. Mater. Inter.*, **4**, 6117（2012）.

10) B. Zhang, et al.: *ACS Appl. Mater. Inter.*, **2**(11), 3170（2010）.

11) T. S. Oh, et al.: *Scripta Materialia*, **42**, 849（2000）.

12) G. Chen: Nanoscale Energy Transport and Conversion, Oxford（2005）.

13) T. Zhan, et al.: *Sci. Rep.*, **7**, 7109（2017）.

14) J. H. Kim, et al.: *J. Appl. Phys.*, **86**, 3959（1999）.

15) D. G. Cahill, *Rev. Sci. Inst.*, **61**, 802（1990）.

16) M. Uchino, et al.: *J. Electronic Mater.*, **42**(7), 1814（2013）.

17) Z. Fan, *Carbon*, **81**, 396（2015）.

18) Y. Jin, et al.: *J. Appl. Phys.*, **112**, 093503（2012）.

19) K. Pietrak, et al.: *J. Power Tech.*, **94**, 270（2014）.

第3節　フォノン・電子輸送制御を可能にする Si ナノ構造開発

大阪大学　中村　芳明

1　はじめに

　高度情報社会のさらなる発展，低炭素社会実現に向けて，電子・光デバイスを発展させるだけではなく，さまざまなサーマルデバイスの開発が必要とされている。従来のサーマルマネジメント技術として放熱・断熱，蓄熱，熱電変換があるが，これを回路素子・電子デバイスのアナロジーで考えると，抵抗器，コンデンサ，電池などとして考えることができる(図1)。それに加え，トランジスタ，スイッチ，ダイオードに相当する新しいサーマルデバイスの開発が期待されている[1)-3)]。たとえばカーボンナノチューブを用いた熱ダイオード特性の観察[3)]，熱トランジスタの理論的実証[1)]が報告されている。こうした新しいデバイスの開発や既存のサーマルマネジメント材料の高性能化を目指すにあたり，ナノ材料・構造を用いた試みが注目を浴びている。グラフェンの高熱伝導率[4)]や，熱電材料開発における Si ナノワイヤの低熱伝導率化[5)6)]はナノ材料・構造への期待を高めた代表的な例といえる。目的の特性・デバイスによって，ナノ構造を用いた機能発現・性能向上の機構は異なるが，サーマルマネジメント分野における発展・新しい展開をナノ材料・構造が切り開くものと期待されている。熱流と電流という異なる現象を制御する必要のある熱電変換について考えると，ナノ構造の導入は，材料自由度に新たに構造自由度を付加して物性の制御性を向上させるという位置づけで，その有望性を捉えることができる。本章では，ナノ構造材料中の熱と電気の伝導の物理を考え，熱電変換において重要となる熱・電気伝導の同時制御を可能にするナノ構造について紹介していく。

　熱電変換においては，電気は通しやすく，熱はこもりやすい材料が必要である。ナノ構造を導入することで，構造界面で熱を運ぶフォノンの散乱が促進され，その結果，熱伝導率が低減することが知られている(図2)[7)-9)]。微結晶から成るナノ構造化バルクやナノコンポジット材料などでは，粒界でフォノンが散乱され，熱伝導率が低減する。その一方，キャリアも粒界散乱を受けて移動度が低下しうる[10)11)]。ナノワイヤのアレイを用いた場合，隙間のため電流量が

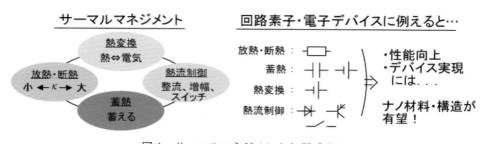

図1　サーマルマネジメントとデバイス

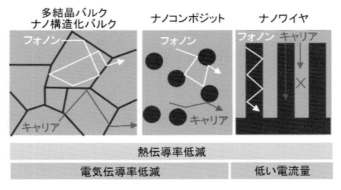

図2　さまざまなナノ構造を含む材料

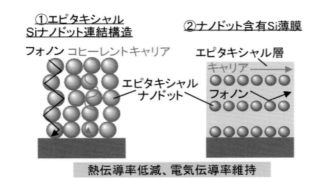

図3　低熱伝導率・高電気伝導率を可能にするナノ構造の提案[12)-15)]

低減する。これらから分かるように熱伝導率を下げると同時に，電気伝導率を高い値で維持することが重要となってくる。

　筆者は，この目的のために図3に示すように，キャリアの波動関数のコヒーレンスに注目した。結晶方位を揃えたナノ構造材料中で，粒界をまたいでコヒーレントなキャリアの波動関数が形成できれば，フォノンは界面で散乱し，キャリアはバルクに近い伝導をすることが期待できる。筆者はこの概念に基づいたナノ構造を二つ提案している。一つは，結晶方位をそろえて極小ナノドットを連結した構造である。もう一つは，極小ナノドットのフォノン散乱体とキャリア伝導層を，結晶方位をそろえて併せもった構造である。後者は，二つの構造を用いて二物性（熱伝導率，電気伝導率）を制御しようという戦略である。材料として，ユビキタス元素であり成熟したプロセス技術が利用可能であるSiに，結晶方位制御として，エピタキシャル成長法に注目した。そこで，①エピタキシャルSiナノドット連結構造，②比較的高い移動度をもつSiをキャリア伝導層として，Siと相性の良いGeナノドットをフォノン散乱体として併せもったGeナノドット含有Si薄膜を目標のナノ構造と定め，本ナノ構造を開発することを試みた。ここでは，極小ナノドットをエピタキシャル成長して図3のナノ構造を形成する技術とその熱電特性の測定結果について紹介する[12)-15)]。

第3章 新たな熱制御技術

2 ナノ構造形成技術と薄膜熱伝導率測定技術

2.1 形成技術

Si基板上のGe系エピタキシャル量子ドット(ナノドット)としては，Stranski-Krastanov成長を用いたものが有名であるが，極小化，高密度化の実現が難しい。そこで筆者は，極小・高密度ナノドットをエピタキシャル成長可能にする極薄Si酸化膜技術に注目した[16)-20)]。Siの清浄表面を減圧下(10^{-3}〜10^{-5}Pa程度)，低温(300〜600℃程度)で熱酸化すると，超極薄のSi酸化膜を形成することができる。その極薄Si酸化膜にSiやGeを蒸着すると，$SiO_2 + Si \rightarrow 2SiO\uparrow$，$SiO_2 + Ge \rightarrow SiO\uparrow + GeO\uparrow$の反応から，酸化膜にナノ開口が形成され，その後，さらに蒸着したSiやGe原子がナノ開口にトラップされて，そこを成長核としてナノドットが形成する(図4(a))。ここでナノドットは，ナノ開口を通して下層と接し，エピタキシャル関係をもって成長している(図4(b))。

Siナノドット連結構造形成のためには，Si清浄表面上に極薄Si酸化膜を形成し，Siを分子線エピタキシー法(MBE)によって5-42原子層蒸着して(基板温度550℃)，Siナノドットを形成する。この極薄Si酸化膜とSiナノドット形成プロセスを繰り返すことで，この構造を作製する[12)]。Geナノドット含有Si薄膜形成のためには，極薄Si酸化膜上にGeをMBEによって7-20原子層蒸着してGeナノドットを形成し(基板温度500℃)，その後400℃でSiを蒸着してSi層を形成し，再び極薄Si酸化膜を形成する。この形成プロセスを繰り返すことでGeナノドット含有Si薄膜を作製する[13)14)]。電気特性，ゼーベック係数測定は，Pのイオン注入を行い，活性化アニールを施した後に行っている。

2.2 薄膜熱伝導率測定技術

薄膜の熱伝導率測定法として，3ω法，time domain thermoreflectance(TDTR)法，2ω法などがある。3ω法は金属細線を薄膜試料上に形成する必要がある。また，TDTR法では，高価なパルスレーザーなどの装置が必要である。筆者は，ナノ構造薄膜の熱伝導率評価法として，金属薄膜を形成することで容易に測定できる2ω法に注目した。ここではその技術について述べる。2ω法では，金属薄膜に交流加熱電流を流し，その金属薄膜のサーモリフレクタンス

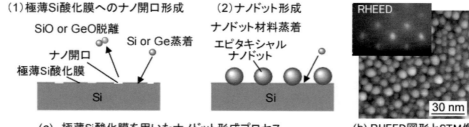

図4 (a)ナノドット形成プロセス (b)Geナノドットの高速反射電子回折(RHEED)図形と走査トンネル顕微鏡(STM)像

第3節 フォノン・電子輸送制御を可能にするSiナノ構造開発

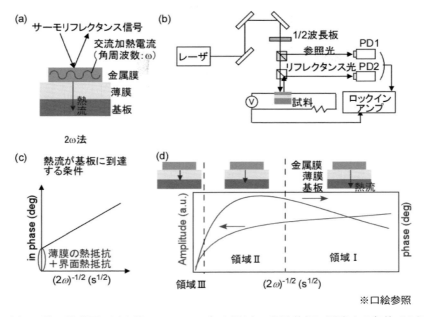

図5 (a)2ω法の模式図, (b)実験セットアップ, (c)従来の熱流基板に到達する条件での測定, (d)いろいろな熱流条件に対応する拡張2ω法[21]

(TR)を測定して，熱伝導率を抽出するものである（図5(a)，(b)）。通常，金属薄膜から，熱流が薄膜を通り過ごして基板まで到達した場合，図5(c)に示すようなTRのin phase振幅を得ることができ，薄膜の熱抵抗を抽出することができる。ここで，金属薄膜／測定対象薄膜の界面熱抵抗が含まれるのでその扱いに気をつける必要がある[12)13)]。測定対象薄膜の熱抵抗によって，熱流の到達状況は変わる。熱伝導方程式を解くことで，TR信号は，一般に，図5(d)のような振る舞いをすることがわかっており，筆者は，すべての熱流状況でも熱伝導率が取得できる拡張した2ω法を開発している[21)]。

3 エピタキシャルSiナノドット連結構造

2.1項の技術を用いて形成したエピタキシャルSiナノドット連結構造の断面透過電子顕微鏡像を図6(a)に示す。Siのナノドットが連結して形成していることが分かる。高速フーリエ変換解析を行うと，これらのナノドットはエピタキシャル成長していることが確認できる[12)]。図6(b)に2ω法を用いて測定した熱伝導率を示す。3nm程度のサイズのSiナノドット連結構造（connected Si NDs）がアモルファスの熱伝導率よりも低い値を示すことが分かる[12)15)]。このアモルファスリミットを超えた熱伝導率低減は興味深い。この3nmのナノドットの緩和時間を計算した結果（図6(c)），長波長のフォノン領域（小さいフォノン角周波数）において，緩和時間が，π/（フォノン角周波数）よりも小さくなることが分かった[22)]。この結果は，最小の平均自由工程がフォノン波長の半分であるというCahill-Pohl理論[23)]を超えて，平均自由工程が短くなっていることを意味する。つまり，本Siナノドット連結構造においては，フォノンが究極に閉じ込められていることを示している。

— 99 —

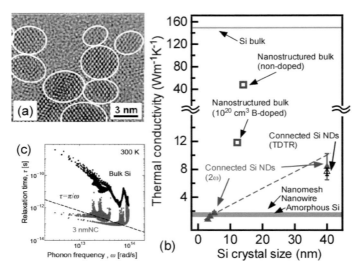

図6　エピタキシャル Si ナノドット連結構造（Connected Si NDs）の断面透過電子顕微鏡像[12] (a)と熱伝導率[15](b)，緩和時間の見積もり結果[22](c)
Nanostructured bulk[10], nanomesh[24], nanowire[5], Amorphous Si の値も示している。

4　Ge ナノドット含有 Si 薄膜

2.1 項の技術を用いて作製した Ge ナノドット含有 Si 薄膜構造の断面透過電子顕微鏡像を図7(a)に示す。界面近傍をよくみると Ge ナノドットが形成していることが分かり（図7(b)），詳細な解析の結果，積層欠陥（SF）はあるものの図3に示すようなナノドット含有薄膜になっていることが確認できる。この薄膜の熱伝導率を 2ω 法で測定した結果，少ない組成の Ge で SiGe 混晶系材料に比べ熱伝導率が低減していることが分かる（図7(c)）。一周期構造あたりの熱抵抗（TRC）が Ge ナノドットサイズに依存することから，Ge ナノドットが熱抵抗を決定している要因であることが分かる（図7(d)）。この依存性は，散乱体を含む媒質中の波動の散乱確率（光ではレイリー散乱，ミー散乱の確率）の散乱体サイズ依存性と類似している[13)15]。この依存性の起源として他にもいくつか考えられるため，熱伝導率低減（熱抵抗増大）のメカニズムを決定するには，より詳細な検討が必要である。これらの現象は，ナノ構造中の特異なフォノンの振る舞いとして捉えることができるため興味深い。また，イオン注入を行うことで，熱伝導率がどのように変化するかを調べた（図7(e)）[25]。ドーピング量を増やすことでさらなる熱伝導率の低減に成功した。これは，ナノドットとドーパントによって効率的に散乱されるフォノンが異なるため，ドーパントを加えることで散乱されるフォノンが増えたためと考えられる。このナノドット含有薄膜の電気伝導率測定を行った結果（図7(f)），電子移動度はバルク Si よりは低いものの，エピタキシャル Si 薄膜と比べてほぼ落ちていないことが分かる[14]。これは，Ge ナノドット /Si 界面において，電子透過をそれほど妨げないエネルギーバンド構造になっているためと解釈することができる。したがって，熱伝導率低減は，ナノドットとドーパントの導入により，電気伝導率維持は，界面のバンドエンジニアリングにより，達成されていることを意味している。これは，ナノ構造を用いることで熱流と電流の独立制御が実現可能であることを示唆している。

第3節　フォノン・電子輸送制御を可能にするSiナノ構造開発

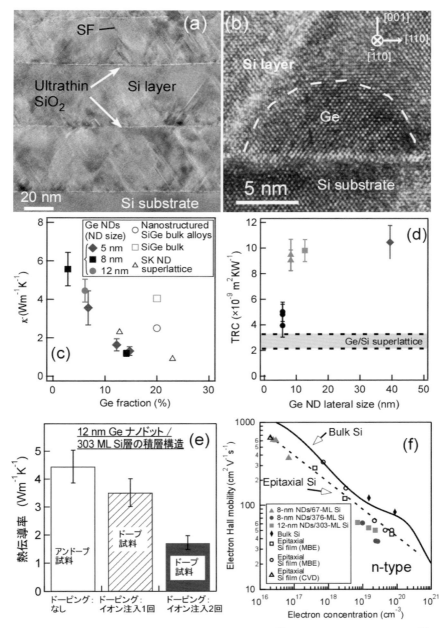

図7　Geナノドット含有Si薄膜の断面透過顕微鏡像[13](a)，その界面近傍の拡大像[13](b)，熱伝導率[15](c)とTRC[13](d)，ナノドット含有薄膜へのドーピングによる熱伝導率低減効果[25](e)，電子移動度[14](f)
Si薄膜の値(MBE薄膜[26][27]，CVD薄膜[28])も示している。

文　献

1) P. Ben-Abdallah and S. Biehs: *Phys. Rev. Lett.*, **112**, 044301 (2014).
2) R. Zheng, J. Gao, J. Wang and G. Chen: *Nat. Commun.*, **2**, 289 (2011).
3) C. W. Chang, D. Okawa, A. Majumdar and A. Zettl: *Science*, **314**, 1121 (2006).

4) A. A. Balandin, S. Ghosh, W. Bao, I. Calizo, D. Teweldebrhan, F. Miao and C. N. Lau: *Nano Lett.*, **8**, 902 (2008).

5) A. I. Hochbaum, R.Chen, R. D. Delgado, W. Liang, E. C. Garnett, M. Najarian, A. Majumdar and P. Yang: *Nature*, **451**, 163 (2008).

6) A. I. Boukai, Y. Bunimovich, J. Tahir-Kheli, J. Yu, W. A. Goddard III and J. R. Heath: *Nature*, **451**, 168 (2008).

7) M. S. Dresselhaus, G. Chen, M. Y. Tang, R. Yang, H. Lee, D. Wang, Z. Ren, J. Fleurial and P. Gogna: *Adv. Mater.*, **19**, 1043 (2007).

8) G. H. Zhu, Y. C. Lan, X. W. Wang, G. Joshi, D. Z. Wang, J. Yang , D. Vashaee, H. Guilbert, A. Pillitteri, M. S. Dresselhaus, G. Chen and Z. F. Ren: *Phys. Rev. Lett.*, **102**, 196803 (2009).

9) K. Biswas, J. He, I. D. Blum, C. Wu, T. P. Hogan, D. N. Seidman, V. P. Dravid and M. G. Kanatzidis: *Nature*, **489**, 414 (2012).

10) S. K. Bux, R. G. Blair, P. K. Gogna, H. Lee, G. Chen, M. S. Dresselhaus, R. B. Kaner and J. Fleurial: *Adv. Funct. Mater.*, **19**, 2445 (2009).

11) G. Joshi, H. Lee, Y. Lan, X. Wang, G. Zhu, D. Wang, R. W. Gould, D. C. Cuff, M. Y. Tang, M. S. Dresselhaus, G. Chen and Z. Ren: *Nano Lett.*, **8**, 4670 (2008).

12) Y. Nakamura, M. Isogawa, T. Ueda, S. Yamasaka, H. Matsui, J. Kikkawa, S. Ikeuchi, T. Oyake, T. Hori, J. Shiomi and A. Sakai: *Nano Energy*, **12**, 845 (2015).

13) S. Yamasaka, Y. Nakamura, T. Ueda, S. Takeuchi and A. Sakai: *Sci. Rep.*, **5**, 14490 (2015).

14) S. Yamasaka, K. Watanabe, S. Sakane, S. Takeuchi, A. Sakai, K. Sawano and Y. Nakamura: *Sci. Rep.*, **6**, 22838 (2016).

15) Y. Nakamura: *Sci. Technol. Adv. Mater.*, **19**, 31 (2018).

16) A. A. Shklyaev and M. Ichikawa: *Phys. Rev. B*, **65**, 045307 (2001).

17) Y. Nakamura, K. Watanabe, Y. Fukuzawa and M. Ichikawa: *Appl. Phys. Lett.* **87**, 133119 (2005).

18) Y. Nakamura, A. Masada and M. Ichikawa: *Appl. Phys. Lett.*, **91**, 013109 (2007).

19) Y. Nakamura, S. Amari, N. Naruse, Y. Mera, K. Maeda and M. Ichikawa: *Crystal Growth Des.* **8**, 3019 (2008).

20) Y. Nakamura, A. Murayama, R. Watanabe, T. Iyoda and M. Ichikawa: *Nanotechnology* **21**, 095305 (2010).

21) R. Okuhata, K. Watanabe, S. Ikeuchi, A. Ishida and Y. Nakamura: *J. Electron. Mater.*, **46**, 3089 (2017).

22) T. Oyake, L. Feng, T. Shiga, M. Isogawa, Y. Nakamura and J. Shiomi: *Phys. Rev. Lett.* **120**, 045901 (2018).

23) D. G. Cahill, S. K. Watson and R. O. Pohl: *Phys. Rev. B*, **46**, 6131 (1992).

24) J. K. Yu, S. Mitrovic, D. Tham, J. Varghese and J. R. Heath: *Nat. Nanotechnol.*, **5**, 718 (2010).

25) 中村芳明, 谷口達彦, 寺田吏：表面と真空, in press.

26) K. D. Hobart, D. J. Godbey and P. E. Thompson: *Appl. Phys. Lett.*, **61**, 76 (1992).

27) H. J. Gossmann, F. C. Unterwald and H. S. Luftman: *J. Appl. Phys.*, **73**, 8237 (1993).

28) S. J. DeBoer, V. L. Dalal, G. Chumanov and R. Bartels: *Appl. Phys. Lett.*, **66**, 2528 (1995).

第4節　ナノ・マイクロ構造を用いた熱ふく射制御

国立研究開発法人物質・材料研究機構　長尾　忠昭

１　赤外完全吸収体と熱ふく射（Perfect absorbers for radiative heat transfer）

　誘電体や金属ナノ構造のサイズや幾何形状を適切に設計することにより，所望のスペクトル形状をもった熱ふく射や，望みの共鳴周波数をもった赤外線吸収特性を実現させることができる。特に吸収率が100％をもつ材料を完全吸収体といい，狭帯域な完全吸収体については波長を制御できる赤外線ヒーターや波長識別型の赤外線センサーなどに応用できるため，近年注目されている[1)-3)]。本稿では，局在表面プラズモンや１次元積層構造を利用した完全吸収構造の設計と製作，応用例を紹介する。これら赤外線サーマルデバイスは，近年の微細加工技術の高精細化と大面積化が進み，可能性が広がりつつある[4)5)]。また材料についても，安価・高性能で，高温でも使用可能な材料が開拓されつつあり，化合半導体を用いた固体素子に対して相補的な，より安価で大面積な赤外線センサーや光源が可能となりつつある。

　図１に２種類の代表的な完全吸収体を示す。一つは，金属−絶縁体−金属 MIM 型メタマテリアル構造であり，有限サイズの板状構造を絶縁体で隔てた金属平板ミラーの上に配置したものである。電磁場が入射し，局在表面プラズモン共鳴により板状構造が強く分極すると，その分極に対して，下側のミラーに内に鏡像が生じて反対方向の分極が生じる。これにより，絶縁層に強い電磁場が生じ，入射した電磁波のエネルギーは構造内に閉じ込められる。もう一つの構造は，非対称 Fabry-Perot あるいは Giers-Tournois 型共振器と呼ばれる積層型共振器構造である。これは，半透明の金属薄膜と厚い金属ミラーとの間に絶縁体共振器構造を設けたものであり，共振器層の厚さで共鳴波長が決まり，赤外光はこの中で多重反射する。金属層で光が反射する際に損失が生じるため，多重反射の過程で光が完全に吸収される。完全吸収構造はこの２例に限らないが，ここでは，これらの構造の設計，製造法を紹介し，どのように応用されるかをみてみることにする。

２　金属−絶縁体−金属（MIM）型完全吸収体（Metal-insulator metal perfect absorbers）

　図２は Al を用いた MIM メタマテリアル完全吸収体の製造方法と，ディスク直径と周期に対する共鳴波長の依存性を示す[6)]。図２(a)は，この構造の製作プロセスを示している。まずスパッタ法で Al-Al$_2$O$_3$-Al の３層構造を Si ウエハ上に成膜する。その後，ポリスチレン球を水面に浮かべ，左記３層構造を蒸着したウエハを水に入れてすくい取り，稠密なポリスチレン（PS）球の単層膜を作る。この PS 球を酸素プラズマを用いた反応性ドライエッチングで削り，サイズを調整する。この調整された PS 球を今度はマスクとして用い，BCl$_3$/Cl$_2$ を用いた反応性イオンエッチングにより最外 Al 層を削り，ディスク構造を作製する。このプロセスにより

— 103 —

第3章　新たな熱制御技術

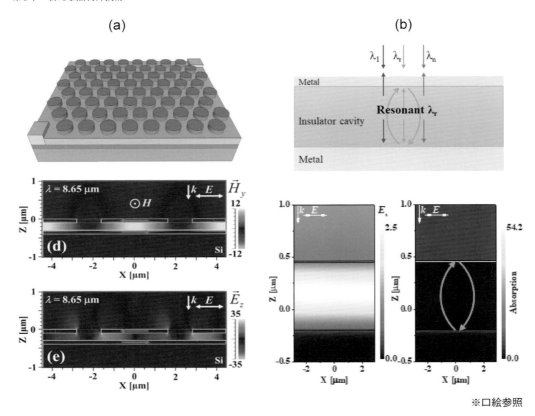

図1　(a)金属-絶縁体-金属(MIM)構造を用いた完全吸収構造の例。上側は構造の模式図。下側は電磁場計算による磁場 H_y と電場 E_z の強度。(b)積層型 Gires-Torunois 共振器構造(非対称 Fabry-Perot 共振器構造)を用いた完全吸収構造の例。上側は構造の模式図。下側は，電磁場計算による電場強度と吸収強度の結果

※口絵参照

高精度なディスクアレイを数センチメートル四方の範囲に亘って簡単に造形できる。図2(b)(c)にこの完全吸収構造の吸収スペクトルの構造パラメータに対する依存性を示した。図中のM2モードはディスクの局在表面プラズモンとその鏡像に関わるモードである。このため，M2モードはディスクの直径と共に大きくシフトするが，ディスクの周期にはほとんど依存しない。また，M1モードはディスクの周期に由来する回折格子とプラズモンポラリトンとの混成モードであり，ディスクの直径には依存せず周期や光の入射角度に伴い変化する。図3(b)は入射光の偏光に対する吸収率の依存性を垂直入射の条件で計算したものである。この構造では，光の偏光の方向が変化しても吸収特性には影響がないことが分かる。一方図3(c)(d)は光の入射角度に対する吸収率の依存性を示したものである。M2モードは局在プラズモン的なモードであり，表面法線方向からの入射角度が変化してもほとんど共鳴波長が変化しないが，M1モードは回折格子的な性質を反映して，光の入射角度が変化するとその吸収波長もシフトしていく。(c)が電磁場シミュレーションの計算結果，(d)が実験結果であるが，両者がよく一致していることが分かる。M2モードは波長の角度依存性が小さいため，指向性の必要のない人感センサーや加熱ヒーターへの応用に適している。特に，加熱対象がシート状であるようなロール

第4節　ナノ・マイクロ構造を用いた熱ふく射制御

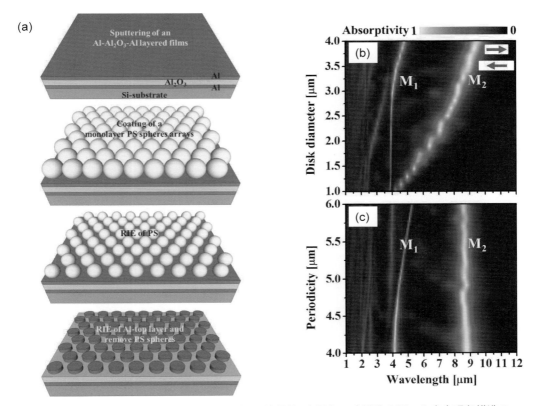

図2　(a)ナノ球リソグラフィーによる，金属-絶縁体-金属(MIM)構造を用いた完全吸収構造の製作方法。(b)ディスクの大きさに対する吸収スペクトルの依存性。(c)周期に対する吸収スペクトルの依存性

ツーロールの乾燥炉応用などにおいては，広い角度にわたってふく射波長が変化しないことが波長制御加熱に求められ，本構造はこのような用途に適しているといえる。

図4は上記 $Al-Al_2O_3-Al$ の3層構造によるメタマテリアル完全吸収体を加熱した場合の実験結果を示したものである[6]。図4(a)で示すように，波長制御部分の構造は上記と同じ構造を用いているが，加熱デバイスとして使用する際には，ボトムのミラー層に電極を設け，通電して加熱するためのシート状金属抵抗として用いている。図4(b)は電磁場計算によるこの構造の吸収スペクトルである。四つの異なったディスクサイズについての計算結果であり，2.1 μm (S3a)，2.5 μm (S3b)，2.9 μm (S3c)，3.3 μm (S3d)のディスク半径をもつ MIM 構造に対する計算結果である。ディスクの大きさが増すにつれて，周波数がシフトすることが分かる。この計算に用いた構造パラメータをもつ各完全吸収構造を実際に作製し，反射赤外吸収分光により測定した結果を図4(c)に示す。計算と実験とを比較すると，共鳴波長の位置は一致し，反射もほとんどゼロに近い，つまり狙った波長においてほぼ完全な吸収が実現していることが分かる。スペクトルの形状や吸収線の線幅も一致しており，電磁場シミュレーションどおりの性能が実現している。通常アルミニウムは可視帯域で損失が大きいために，プラズモン材料としてはあまり使用されない。しかし，中赤外帯域においては，狭帯域な完全吸収構造を実現可能で

第3章 新たな熱制御技術

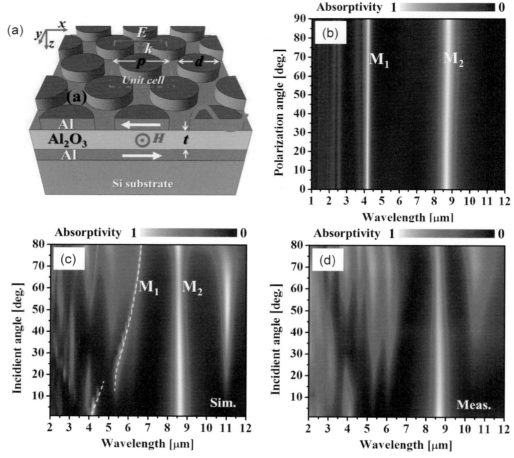

図3 (a)金属−絶縁体−金属(MIM)構造を用いたディスク型完全吸収構造の模式図。(b)光の偏光角度に対する，吸収スペクトルの依存性の計算結果。(c)光の入射角度に対する，吸収スペクトルの依存性の計算結果。破線は M1 モード。(d)光の入射角度に対する，吸収スペクトルの依存性の実験結果

あり，中赤外吸収材料としては，金や銀と同様に有用である。図4(d)はこの構造を通電過熱し，熱ふく射スペクトルを実際に測定した結果である[6]。熱平衡条件においては，熱ふく射における Kirchhoff の法則が成り立ち，吸収率は放射率に等しくなる(透過率が0の条件下で)。実際，観測された放射スペクトルのピーク位置は上記の吸収スペクトルのピーク位置と一致しており，この法則が成り立っていることが確認できる。実験では7から9μm近辺のM2モードの強度が非常に高く，4μm近傍のM1モードの放射が低いが，これはプランクの黒体ふく射を考慮すると理解できる。この実験ではアルミニウム構造を用いたため，加熱温度を250℃に制限していた。このため，4μm近傍の波長では7〜9μmの波長に比べてプランクふく射の強度も小さい(図の破線)。エミッターの放射は，その放射率とプランクふく射の積で決まるため，4μmのふく射も小さくなる。このように，温度と放射率を適切に選ぶことで，図4(d)のような狭帯域かつシングルバンドな熱ふく射を実現することができる。

— 106 —

第4節 ナノ・マイクロ構造を用いた熱ふく射制御

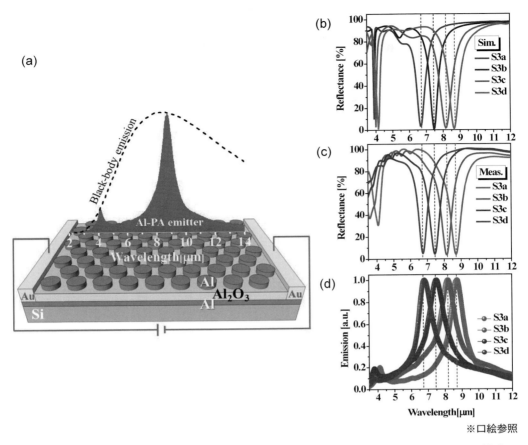

図4 (a) Al-アルミナ-Al構造によるディスク型MIM構造を用いた赤外線エミッターの模式図。(b)四つの異なったディスクサイズをもったMIM構造に対する反射スペクトルのシミュレーション結果。(c)反射スペクトルの実験結果。(d)エミッターを加熱し測定した熱ふく射スペクトル

3 高耐熱MIM型赤外線エミッター(Infrared MIM emitter for high-temperature operation)

　より高い強度のふく射を実現するためには，高温での動作が必要であるが，高温で動作させることにより，近赤外帯域の発光強度の割合を増加させることができる。このような高強度かつ，近赤外帯域にも拡張しうる光源の実現には，高耐熱なプラズモン材料が必要である。ここでは，高融点金属であるMoを用いたMIMエミッターの試作例を示す。高融点金属としてWやTaが挙げられるが，筆者らの経験から，Taは真空中で安定で光学的性質も良いが，大気中では酸化しやすいため，大気中のヒーター応用には向かない。また，Wも，高温大気中で酸化が起こり，真空中でも酸化物との接合部の剥離が容易に起こるという点で，MIM型のエミッター材料には不向きである。その点で，Moも大気中で酸化は進むが，真空動作の場合，WやTaに比べて酸化物との剥離が起きにくいメリットがある。そこで，Moを用いたMIM型エミッターを開発した[7)-10)]。図5はその設計と試作の結果である。図2で示したナノ球リソ

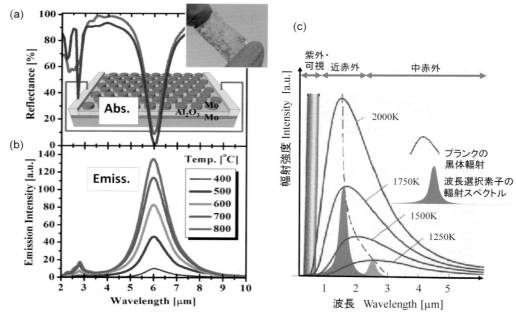

図5 (a)上側は，Al-アルミナ-Al構造によるディスク型MIM構造を用いた赤外線エミッターの模式図とそのスペクトル(ディップの深い青が理論，ディップの浅い赤が実験)。下側は，温度を800℃まで変化させた場合のふく射スペクトル。(c)温度を変化させた際のプランクの黒体ふく射スペクトル。高温になるにつれて，ふく射スペクトルのピーク波長が短波長にシフトする

グラフィー法でディスク構造を製作した。図5(a)は吸収スペクトルの計算結果(青)と，試作されたMIM完全吸収構造の実験による反射吸収スペクトルである。図5(b)は加熱実験におけるふく射スペクトルの測定結果である。圧力10^{-6}Pa台以下の真空中で400℃から800℃まで加熱を行い，スペクトルを計測しながら，加熱・冷却のサイクルを繰り返した。その結果，800℃程度まではスペクトル形状の再現性は高いことを確認し，また，最高1,000℃までの高温加熱が可能であることも確認した。1,000℃以上の高温では用いたSi下地の変形と共に，Mo構造に変化が起き始めた。このため，1,000℃より高温ではエミッターの材料と共に基板材料にも，より高耐温な材料が必要である。図5(c)で示すように，動作温度が1,000℃を超えると，プランクの黒体ふく射のピークは波長3μmより短くなるため，1,000℃以上の高耐熱型のエミッターは近赤外帯域のエミッターとして，より適していることが分かる。

次の例として，金属材料の代わりに非金属プラズモン材料である金属窒化物を用いた製作例を示す。図6は金属にTiN，絶縁層にAl_2O_3を用いて製作したMIMエミッターである。グラフの上側の吸収スペクトルに対して，反対の向きをもつふく射スペクトルが得られており，Alを用いた製作例と同様に，高効率吸収体による赤外線エミッターが実現できていることが分かる。この結果は，高耐熱な金属性セラミック材料を用いても波長選択型エミッターが可能であることを示している。この実験では，簡易セットアップを用いたため，大気中400℃までの動作確認であるが，TiNだけでなく，TiCでも同様の結果が得られており，貴金属やベースメタルよりも高温動作なエミッターが可能である。続いて，導電性の金属酸化物であるインジ

第4節　ナノ・マイクロ構造を用いた熱ふく射制御

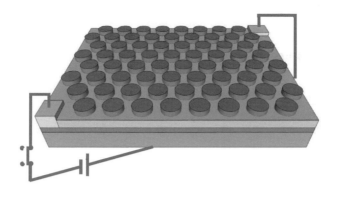

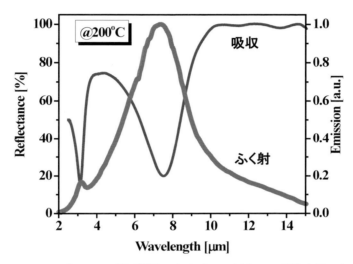

図6　上側は，TiN-アルミナ-TiN積層構造によるディスク型MIM構造を用いた赤外線エミッターの模式図。下側は，室温で計測した反射スペクトルと，温度を200℃で測定した場合のふく射スペクトル

ウム酸化錫を用いてMIM構造を製作した例を図7に示す。図2で示したナノ球リソグラフィー法でディスク構造を製作し，3種類のディスクサイズをもつデバイスを製作した。上記Al構造の結果と同じく，中赤外帯域の6〜9 μmにM2モードによる強い吸収が認められ，その波長は，ディスクの大きさと共に増える。このエミッターは大気に触れる部分に酸化物を使用しているため，大気中での動作を問題なく行えて安定性も高い。このように，今後は耐熱セラミック，合金などを系統的に探索し開拓していくことで，より高性能で高強度な赤外線エミッターが実現していくと考えている[11]。

4　積層共振器構造をもつ赤外線エミッター（Infrared emitters with layered resonator structures）

さて，以上では，MIM型の完全吸収構造による赤外線エミッターを紹介したが，積層構造をもち，より波長分解能の高い構造についても紹介する。このような構造はFabry-Perotあるいは，Gires-Tournois干渉器と呼ばれる共振器構造を応用したものであり，共振器となる

第3章 新たな熱制御技術

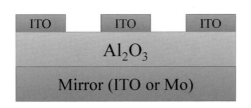

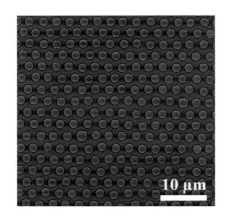

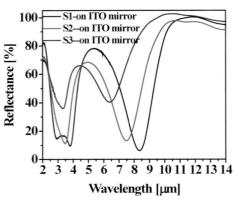

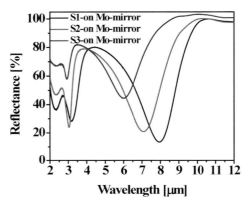

図7 左側はITO-アルミナ-ITO（またはMo）による積層構造によるMIM完全吸収構造の模式図とSEM写真。右側は，その反射スペクトル。右上は，ボトムITO型。遮熱窓材応用に適する。左下はボトムMo型。エミッター用途に適する

絶縁体構造を二枚の反射鏡で挟んだものである[12]。このうち，一枚の反射鏡が半透明である場合，Gires-Tournois型と呼ばれ，その動作機構を図8(a)に，3種類の構造の例を図8(b)-(d)に示す。(b)は上部ミラーなしの大気-絶縁体界面と金属ミラーによる簡単な共振器構造，(c)は金属半透明ミラーを絶縁体界面-金属ミラー構造の上に配置したもの，(d)は分布反射器（Distributed Bragg Reflector：DBR）と呼ばれる一次元フォトニック構造を，絶縁体-金属ミラー上に配置した構造である。図8(a)はこの構造内部における光の反射の様子を図示したものである。入射した光が1の部分の半透明ミラーを通って2の絶縁体共振器の内部に入り，3の金属ミラーで全反射される。その後，光の共鳴波長において多重反射が生じ，その過程で下部の金属ミラーのOhmic lossにより，共振器の内部で光は徐々に減衰していく。このように共鳴条件で発生する多重反射と金属-絶縁体界面での損失により完全吸収が発生する。しかし，金属ミラー界面での損失が大きすぎると波長選択性が悪くなる。たとえば，(b)のように1の部分が半透明金属層の場合，半透明の条件を満たすためには膜厚を数nmレベルにまで薄くする必要がある。しかし，このような極薄膜の場合，表面粗さが大きく結晶性も悪いため，1-2

第4節　ナノ・マイクロ構造を用いた熱ふく射制御

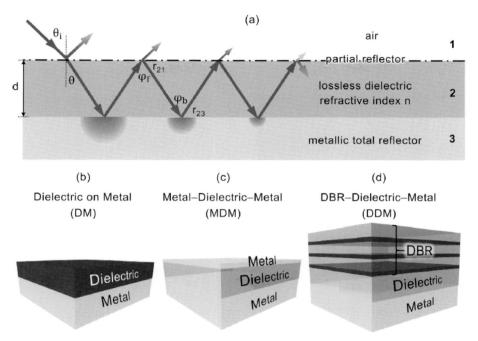

図8　(a) Gires-Torunois 共振器構造による完全吸収構造の模式図。(b)大気-絶縁体-金属ミラーの構造。(c)半透明金属ミラー-絶縁体-金属ミラーの構造。(d)分布反射器(DBR)-絶縁体-金属ミラーの構造

界面での透過や反射における損失や散乱が大きく，理想的な平坦膜よりも波長幅が広がり，吸収率も下がる問題がある。一方，(d)のDBR構造の場合には，フォトニックバンドギャップの中に共鳴波長がくるように設計されており，1-2界面での反射の際の損失もほとんどなく，格段にシャープな波長選択特性が得られる。しかし，膜質が悪く層数が大きいと，DBR内部でも損失が生じて，理想デバイスでは本来生じない吸収が発生し，波長選択性や完全吸収が損なわれる。つまり，膜の平坦性・結晶性などの品質は，波長選択性と吸収特性を決める大変重要な要素である。

続いて絶縁体共振器層の性質と吸収の角度依存性について述べる。図8(c)の構造を例にとり，絶縁体層の屈折率の大きい場合と，小さい場合との比較を行う。図9(a)のように屈折率 n_H が大きい場合，表面垂直方向からずれた方向で入射した光は，表面垂直方向に引き戻されるように，大きく屈折して進行する。一方で，図9(b)のように屈折率 n_L が小さい場合，表面垂直方向からずれた方向で入射した光は屈折が小さいため，あまり折れ曲がれず，表面垂直方向から離れるように進行する。つまり，屈折率の大きい絶縁体共振器層を用いる構造は，光の入射角度の変化に対して共鳴波長があまり変化せずに済み，逆に屈折率の小さい絶縁体共振器層をもつ構造は入射角度と共に大きく共鳴波長が変化してしまう。このような例を図9(c)(d)に示す。これらの構造は，Au薄膜を上下のミラー層に，(c)Siと(d)アルミナを絶縁体共振器層に用いた構造であり，その電磁場シミュレーションの結果を示す。垂直入射の方向で2.1 µmと2.3 µm付近に完全吸収を示すが，その角度依存性は大きく異なる。(c)で示した，高い屈折率 ($n_H=3.4$) を有するSiを共振器層にもつ場合は，ほとんど入射角度の依存性がないことが分か

第3章　新たな熱制御技術

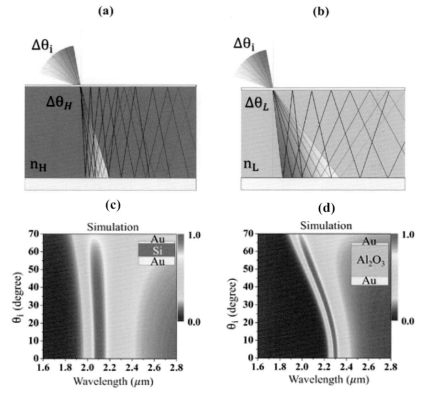

図9　半透明金属ミラー-絶縁体-金属ミラーの3層構造における入射角度依存性。(a)絶縁体層の屈折率が大きい場合の模式図。(b)絶縁体層の屈折率が小さい場合の模式図。(c)絶縁体層の屈折率が大きい場合の吸収スペクトルの入射角度依存性。(d)絶縁体層の屈折率が小さい場合の吸収スペクトルの角度依存性

る。一方で，屈折率（$n_L = 1.77$）のアルミナ層を共振器層に用いた場合は，入射角度と共に，共鳴周波数が大きく変化してしまう。熱ふく射における Kirchhoff の法則によると，これらの完全吸収構造は，それぞれの共鳴波長で放射率1をもつ放射体となり，上と同じふく射の角度依存性をもつ赤外線エミッターとなる。赤外線エミッター(c)の場合は，広い放射角度にわたって一定波長の熱ふく射が可能であるため，ヒーターエレメントとして適している。一方で，(b)の構造は放射角度に応じて放射赤外線の波長が変化してしまうため，大面積の加熱ヒーターとしてはあまり適さない。

　図10に，典型的な赤外線エミッターのふく射スペクトル計測のためのシステム(a)とその計測結果(b)の図を示す。真空中で加熱された赤外線エミッターからのふく射を，大気中の気体による吸収を受けることなく，赤外透過窓を通して分光器である FTIR 装置に導き，スペクトルを計測する。赤外透過窓の窓材は KBr や ZnSe などの結晶を用いる場合が多い。エミッターの加熱は，金属-絶縁体-金属構造の下側のミラー層を利用して通電加熱を行った。図9(d)で説明したエミッターの熱ふく射スペクトルを吸収スペクトルと共に示す。Kirchhoff の法則から予想されるように，吸収スペクトルをほぼ上下逆にしたスペクトルが得られている。また，通電加熱の電流量を増すに従って，ふく射強度が増すことが分かる。

第4節 ナノ・マイクロ構造を用いた熱ふく射制御

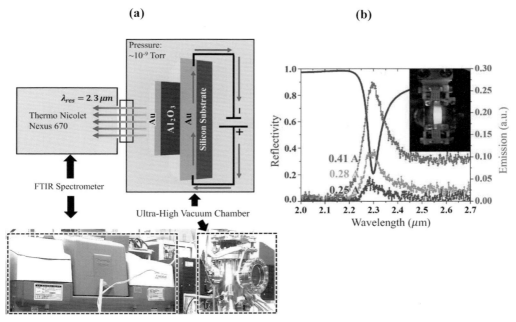

図10 (a)エミッターの熱ふく射スペクトル計測の模式図と計測システムの写真。(b)半透明金属ミラー−絶縁体−金属ミラーの3層構造における反射スペクトルとふく射スペクトル。右上は，真空で加熱中の写真

図11は上記のGires-Tournois積層型のエミッターの製作例を示した図である。材料はSi，SiO$_2$，Auであり，(a)(b)が3層タイプ，(c)(d)が上部半透明ミラーをDBRで置換したフォトニック構造タイプである。(a)(b)の3層タイプは上側の半透明金属ミラー層の表面粗さが大きく，半値幅が数値計算の結果よりも広がっている。一方，(c)(d)のフォトニック構造タイプでは，積層精度が高く，材料自身の欠陥なども少なく，非常に狭帯域な完全吸収のスペクトルを示し，波長半値幅が30 nmを切る値を示す。**図12**はITOを用いた積層型吸収体とエミッターの図である。(a)はボトムミラー層にMoを用いており，5〜6 µmの基本波がほぼ完全な吸収を示し，2.2 µm近傍の倍波が92%程度の高い吸収を示す。この構造は図7の構造と同様に，300℃程度であれば，大気中での加熱ヒーターとして安定動作し，ふく射の指向性が確保しにくい大面積の加熱加工に好適な赤外線光源となる。ITO膜は希釈水素ガス雰囲気中におけるフォーミングガスアニールにより物性が変化する。この例でも200℃，400℃，600℃とアニール条件が変わると共に，エミッターのスペクトルも変化する。図12(b)のスペクトルは，ITO-アルミナ-ITOの3層構造における透過スペクトルである。可視帯域で高い透過率をもち，逆に赤外帯域では低い透過率となり，熱ふく射を遮蔽する特性があることが分かる。近赤外-中赤外帯域の透過率はフォーミングガスアニールなどによりITOの物性を変化させることで調整も可能である。このような特徴は可視光を透過し，赤外光を遮断する遮熱窓材として好適である。この例のようなふく射光源や遮熱コーティングにはITOだけでなく，酸化タングステンやAlやGaをドープしたZnOなどの透明導電性酸化物，ワイドギャップな金属窒化物や炭化物も適用可能である。

— 113 —

第3章 新たな熱制御技術

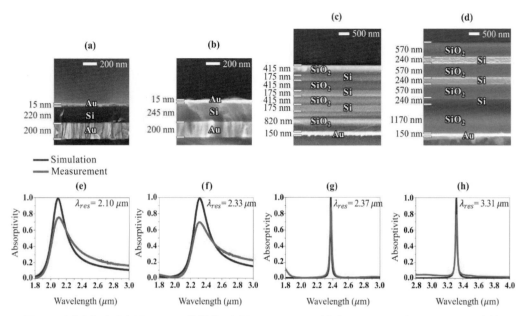

図11 (a)(b)半透明金属ミラー−絶縁体−金属ミラーの3層構造における吸収スペクトル。(青)理論と(赤)実験。(c)(d)DBR-絶縁層-金属ミラー層の構造における吸収スペクトル

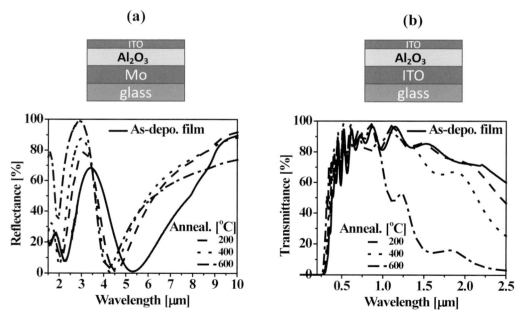

図12 ITOを最外層に用いた波長選択型吸収構造。(a)ボトムMo型。エミッター用途に適する(b)ボトムITO型。遮熱用途に適する

❺　波長識別型赤外線センサー（Wavelength-selective infrared sensors）

　近年，病院や住宅の環境計測や見守りセンサー，生産ラインの品質管理，住宅の熱漏れや太陽電池パネルの点検，車載環境センサーなどにおいて，赤外線センサーのニーズが高まっている[13]。人感センサーには数百円程度のローエンド単素子が，サーモグラフィーには十万円以上のハイエンドな赤外線画像素子が用いられる。現行で市販されている人感センサーやサーモグラフィーには波長識別機能はなく，波長で積分された熱ふく射の総和を計測している。人感センサーなどのように，人の有無を判別するような場合にはこれで特に問題ないが，サーモグラフィーのように温度を計測する場合には，注意が必要である。同じ温度の黒体に対する放射強度の比率，つまり，物体の熱ふく射のしやすさの指標である放射率 ε は，観測対象を構成する材料そのものだけでなく，表面のナノスケール，マイクロスケール構造や，吸着層や酸化層などの表面性状に大きく左右される。ふく射の強度だけでなく，スペクトルにもその違いが反映される[14]。たとえば，アルミニウムやニッケルなどの金属で光沢をもつ表面は放射率 ε が低く，$\varepsilon = 0.2$-0.3 程度であるが，高温環境や腐食などで表面の酸化が進むと $\varepsilon = 0.4$-$0,9$ 程度にまで増加する。表面の微細構造変化によっても，有効的な ε の値が大きく変化する。上述のエミッター構造は，人工的な表面ナノ構造を設計することにより，これを意図的に制御したものともいえる[1]-[10]。この問題に対しては，放射温度計の2色温度計測などが古くから用いられており，電気炉内の高温材料などの温度精度の向上に有効である。したがって，多波長でふく射強度を測定することは放射率 ε についての情報を得ることでもあり，温度精度を高めるための重要な技術となる。ここでは，赤外線受光素子に波長識別機能を組み込んだオンチップ型の多波長赤外線センサーの開発例について示す。

　図13 は典型的な熱型赤外線受光素子の構造である。熱型赤外線素子とは赤外線を熱に変えて，発生した熱を電気シグナルとして検知するタイプの受光素子である。多くの場合，図の左側のようなメンブレン構造により断熱を高め，感度を高める工夫がなされる。波長選択素子としてはMIM完全吸収構造のディスクアレイ型やホールアレイ型，回折格子型などが挙げられる。また，熱検知素子部分には焦電体や，ボロメーター，熱電素子を用いる。図13の上側に，MIM構造のディスクアレイ型の波長選択素子を用い，高配向性のZnO焦電体薄膜と組み合わせたデバイスの例を示す[10][15]。ZnO膜は，Pt(111)膜の上に製膜することでC軸が表面垂直方向にそろった高配向膜となり，焦電特性がランダム配向な多結晶に比べて良くなる。この例の場合では，製作したデバイスは，図4などの場合と同じく波長幅 1 μm 程度の分光感度を示し，設計どおりの波長分解能が得られている。また，**図14** にはホールアレイ型の受光素子の例を示す。この構造のメリットは，上部のホールアレイ構造を電極として併用可能なため，ZnO焦電体をPt電極との間に挟み込め，熱損失を低減しつつ，光熱変換で生じた熱を効率よく焦電信号に変換することができる。その結果，分光感度がディスク構造デバイスに比べて一桁以上向上できる。

　上記の製作例では，Siウエハ上に直接製作したが，熱絶縁性を高めたメンブレン構造を用いる例も示す。**図15** の左側にそのようなメンブレン構造をもつ受光素子を示した。図15の右側に示したプロセスのように，Si_3N_4 をメンブレンの上にPt(111)層（下側電極），ZnO層，

第3章 新たな熱制御技術

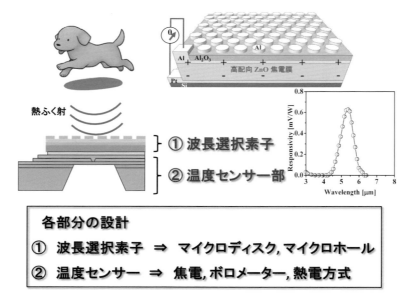

図13 波長識別型赤外線センサーの動作方式と開発の例。製作したマイクロディスクアレイ型のデバイスの模式図と分光感度のスペクトル計測の例

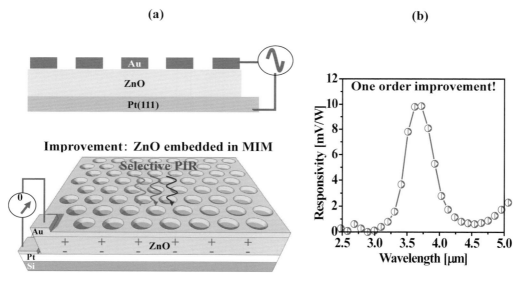

図14 製作したマイクロホールアレイ型の波長識別型赤外線センサーの模式図。マイクロホールアレイ型の分光感度のスペクトルの測定結果

Al層（上側電極）と重ねて成膜し，さらにその上にAl層とアルミナ層を2層成膜し，その後，電子ビーム描画とAl蒸着を経てリフトオフによりAlディスク構造を最上部に製作し，MIM構造とする。このZnO焦電体とMIM構造のハイブリッド構造を作り込んだ後に，裏面のSi_3N_4膜にドライエッチングを施し四角い穴を空ける。そして，その穴を通してKOH水溶液に浸してSiを化学エッチングにより除去し，メンブレン構造とする。さらに，このメンブレ

第4節　ナノ・マイクロ構造を用いた熱ふく射制御

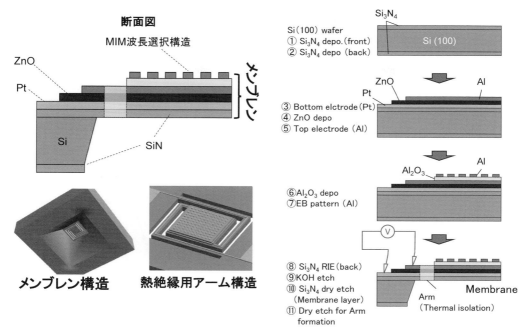

図15　メンブレン構造を用いた波長識別型赤外線センサーの(a)模式図と(b)製作プロセス

ン構造に裏面から一部分にドライエッチングを施し，アーム構造で検知素子を支持する構造とすることで，熱絶縁性を高める。図16に，このようなメンブレン構造を適用し，4波長素子を製作したデバイスの試作例を示す。図16(a)は4波長分のメンブレンデバイスチップを製作途中で裏面から見た顕微鏡写真である。一つのデバイスは300 μm四方の大きさである。(b)は，MIM波長選択構造を上部から見たSEM画像である。このような波長選択素子のディスク直径を変化させて，四つの異なる波長選択素子を製作し，(c)に示すような4波長タイプのマルチバンド赤外線センサーを開発した。四つの波長は，大気中の水や二酸化炭素による吸収の少ない「大気の窓（3〜5 μm，8〜12 μm）」の波長領域の4波長（3.7 μm，4.3 μm，4.7 μm，5.5 μm）を選んだ。この4波長マイクロ赤外センサーのスペクトルを図16(d)に示す。各素子が，波長幅0.5〜1.1 μmの狭帯域な分光感度を示し，中心波長もほぼ設計に近い値となっていることが分かる。

6　おわりに

ナノ・マイクロ構造を用いた，赤外線完全吸収構造の動作機構と電磁場設計について，二つの例を用いながら説明し，その応用例として，波長制御型赤外線エミッターと波長識別型赤外線センサーを紹介した。熱ふく射には物質固有の原子振動や電子励起の特徴が反映される。このため，波長分別しながらふく射加熱を行うことにより，対象物の物性に合わせた新しい乾燥法や反応プロセスの方法論が確立できると考えられる。また，熱ふく射を波長識別しながら計測することで，観測対象物の状態や材料に関する情報が非接触で得られ，赤外線センシングにおける情報量が飛躍的に増加する。本稿で紹介したように，熱ふく射の波長制御とその利用に

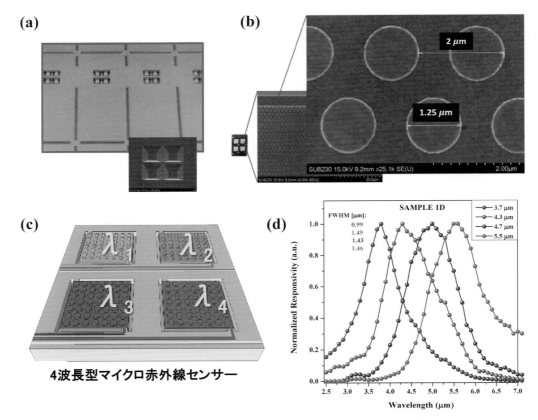

図16 4波長型赤外線マイクロセンサーの試作結果。(a) 4波長素子のメンブレン構造部分の写真。(b) マイクロ素子上のディスクアレイのSEM写真。(c) 4波長マイクロ赤外線センサーの模式図。(c) 4波長マイクロ赤外線センサーの分光感度のスペクトルの測定結果

は，ナノスケールの熱現象に対する理解とナノデバイス製作技術が重要な位置を占める。ここで紹介した例のような，ナノテクノロジーを活用したサーマルデバイス技術やその応用法がさらに発展することで，材料や表面性状に左右されない真温度センシング，IoTデバイスや生産技術の可能性が広がり，新たな研究・産業シーズが生まれることを期待したい。

文　献

1) X. Liu, T. Tyler, T. Starr, A. F. Starr, N. M. Jokerst and W. J. Padilla: *Phys. Rev. Lett.*, **107**, 045901 (2011).
2) K. Chen, R. Adato and H. Altug: *ACS Nano*, **6**, 7998 (2012).
3) 長尾忠昭, T. D. Dao, K. Chen, 石井智: 光学, **44** (2), 74 (2015).
4) H. W. Deckman and J. H. Dunsmuir: *Applied Physics Letters*, **41**, 377 (1982).
5) Zilong Wu, Kai Chen, Ryan Menz, Tadaaki Nagao, and Yuebing Zheng: *RSC Nanoscale*, **7**, 20391-20396 (2015).
6) T. D. Dao, K. Chen, S. Ishii, M. Kitajima and T. Nagao: *ACS Photonics*, **2**, 964 (2015); 日本国特許第6380899号.

7) T. Yokoyama, T. D. Dao, K. Chen, S. Ishii, R. P. Sugavaneshwar, M. Kitajima and T. Nagao: *Adv. Opt. Mat*, **4** (12), 1987 (2016).

8) 横山喬大 ほか, 表面科学, **8**, 380-385 (2016).

9) 長尾 忠昭, ダオ デュイ タン, チェン カイ, 石井 智, 横山 喬大: 化学工業, **68** (4), 295-301 (2017).

10) T. D. Dao, S. Ishii, T. Yokoyama, T. Sawada, S. L. Shinde, K. Chen, Y. Wada, T. Nabatame and T. Nagao: *ACS Photonics*, **3** (7), pp.1271-1278 (2015).

11) M-H. Chiu, J-H. Li and T. Nagao, *Micromachines*, **10** (1), 73 (2019).

12) I. Celanovic, D. Perreault, and J. Kassakian: *Phys. Rev. B*, **72**, 075127 (2005).

13) 木股雅章: 応用物理, **87** (9), 648 (2018).

14) D. K. Edwards, K. E. Nelson, R. D. Rouddick and J. T. Gier: "Basic Studies on the Use and Controll of Solar Energy," Technical Report 60-93, The University of California, Los Angeles, (1960).

15) A. T. Doan, T. D. Dao, T. Yokoyama, S. Ishii, T. Nabatame and T. Nagao: *Micromachines*, to be published.

第5節 進歩するサーマルマネージメント材料開発
―液晶高分子などで高度化する放熱材料―

地方独立行政法人大阪産業技術研究所 上利 泰幸

■1 放熱材料からサーマルマネージメント材料へ

　高分子の熱伝導率は金属やセラミックに比べ，一般的に非常に低い（$0.15～0.3$ W/m・K）。そのため元来，高分子は気体を複合し，断熱材として種々の分野で利用されてきたが，20年ぐらい前から，エレクトロニクス分野を中心に放熱性を向上させるため，成形性に優れる高分子材料の高熱伝導化が望まれるようになった。最近ではノート型パソコンやスマートフォンのように，さらに高集積化し高出力になっている基板が，ますます小型化する機器に搭載され，放熱性の問題がさらにクローズアップされるようになってきた。特に，環境・エネルギー問題が深刻化する中，電気・ハイブリッド車などの次世代自動車の普及などの再生可能エネルギーの利用をはじめ，家電・産業機器の効率化によって，2050年には全世界の二酸化排出量の70％の削減が目指されている。その約50％の分野でパワーデバイスが活躍することが期待されている。そして地球温暖化の原因である二酸化炭素削減を目指し，2030年には2013年よりも26％の二酸化炭素の削減が望まれ，「エネルギー・環境イノベーション戦略」が2016年の3月に策定された。そこで，SiC基板のパワーデバイスが利用され始めているが，それを推進するために用いる高分子材料の高放熱化が望まれている。さらに次世代自動車では，余分な熱エネルギーがないため，冬場の燃費が非常に悪くなり，熱の効率的な利用が望まれている。またスマートシティなどを目指す建築材料分野では，窓や壁，屋根の遮熱や断熱また，壁の蓄熱などで，屋内でも魔法瓶風呂などで，省エネルギーを深化した熱効率化のための熱制御（サーマルマネージメント）をさらに進めようとしている。そのため，放熱問題が進化してサーマルマネージメント材料へと拡大する中，高熱伝導性高分子材料だけでなく，熱ふく射材，遮熱材，断熱材，蓄熱材などの利用も，強く期待されるようになってきた[1]。

　ここでは，放熱材料を中心に，遮熱材，断熱材，蓄熱材などの他のサーマルマネージメント材料についても解説する。

■2 高熱伝導性高分子材料

　熱伝導率が小さい高分子は断熱材として種々の分野で利用されてきたが，最近，エレクトロニクス分野を中心に放熱性を向上させるため，成形性に優れる高分子材料の高熱伝導化が望まれるようになった[2]。そのため，高熱伝導性フィラーを複合することで，高分子材料を高熱伝導化することが行われている[3]。すなわち，金属やセラミックとの合せ面や電子部品の取り付け部の接触熱抵抗を低く抑えるために，熱伝導性グリスや熱伝導性接着剤，熱伝導シートなどの開発が行われた。導熱グリスは熱交換器などの金属部品の繋ぎ目に用いて熱伝導を助け，熱伝導性接着剤は冷却フィンと本体の金属を繋ぐ接着に用いられ，また熱伝導性シートはパワー

トランジスタと基板との間に挟み，放熱を促進する分野に利用されてきた。複合高分子材料の熱伝導率の向上のためには，高分子自身の熱伝導率の向上と，複合化の工夫による方法があるが，ここでは分けて説明する。

2.1 高分子自身の高熱伝導化

高分子中の熱伝導には電子伝導とフォノン伝導[4]がある。電子を伝播体として移動することを利用する電子伝導では，電気伝導性の大きな銅や銀などが熱伝導率も非常に大きい。そのため電気伝導性高分子の高熱伝導性が期待され，ポリアセチレンも高い熱伝導率（7.5 W/m・K）をもつと報告されているが，研究はあまり進んでいない。しかしフォノン伝導では，熱が流れるとき移動するフォノンが散乱しにくい，電気絶縁性の液晶性高分子の開発が進んできた。そこで高熱伝導な液晶性高分子の開発の現状について説明する。

種々の分子構造をもつ液晶高分子に磁場をかけて配向し，測定した熱伝導率を**図 1**に示す[5]。化学構造によって多少異なるが，ほぼ同じような値となり，それよりも配向度の影響が非常に大きく，配向度 1 では，2.5 W/m・K までの熱伝導率を示す。また，吉原らは，スメクチック構造をもつが，流動方向と垂直な方向に配向する液晶生高分子を開発し，射出成形時に製品の厚み方向に大きな熱伝導率を得ることに成功している[6]。

竹澤らは，ビフェニル型およびツインメソゲン型エポキシ樹脂を硬化剤で硬化，熱伝導率を作製し，異方性がなく高熱伝導であることを報告して注目を浴びた[7]。

2.2 高分子材料の複合化による熱伝導率の向上

2.2.1 影響因子を踏まえた高熱伝導化方法

複合材料の熱伝導率に与える影響因子について**表 1**（左欄）に示す。古くから考えられてきた影響因子は 1～4 までであり，複合状態が均一であれば同一であると仮定されていた。そのた

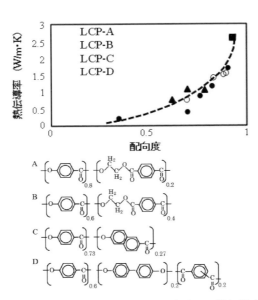

図 1　種々の配向時の各種液晶性高分子の熱伝導率

第3章　新たな熱制御技術

表1　各種の影響因子とそれに対応した高熱伝導化の方法

	影響因子	高熱伝導化の方法
1	高分子とフィラーの熱伝導率	(a)フィラーの熱伝導率の増大
2	複合高分子材料中に占めるフィラーの容積率	
3	フィラーの形状およびサイズの効果	(b)ファイバー状および板状のフィラーの使用 (c)フィラーの粒度分布の工夫
4	近接フィラー間の温度分布の影響	
5	フィラーの分散状態	(d)フィラーの連続体形成量の増大 (e)フィラーを連続相に
6	高分子とフィラーの界面の効果	
7	フィラーの配向度	(b)ファイバー状および板状のフィラーの使用
8	フィラー間の界面の効果	(f)フィラーの接触面を増大し，完全な連続相に (g)フィラー間に，他の高熱伝導性材料でつなぐ

め，単に高熱伝導性フィラーを複合した高分子材料の熱伝導率は，Bruggemann の式などで説明でき，フィラーの熱伝導率の効果は小さく，樹脂の熱伝導率の効果のほうが大きいとして，高熱伝導な液晶性エポキシ樹脂の研究も多く行われているが，筆者らはさらに高熱伝導化に向けて研究し，5～8 の因子が高熱伝導化に大きく影響を及ぼすことを見出した。特に影響因子 8 が最重要であり，樹脂とフィラーの集合体が効果的な共連続相を形成するとき，熱伝導率は非常に大きく，フィラーの熱伝導率の効果が大きく発現することが分かった。これらの中で高熱伝導化の方法を表1(右欄)に示し，近年，見出された成果について述べた。

2.2.2　筆者らが開発した改善方法

(i)充填材の連続体形成量をさらに増大するために充填材を連続相に

　分散状態の違いによって粒子の連続体形成(パーコレーション)の状態に差が生まれ，有効熱伝導率を大きく改善できることが知られている。分散状態を改善し，パーコレーション濃度を小さくしても，高熱伝導化に限界があった。そこでBN ナノ粒子／フェノール樹脂系複合高分子材料について，充填材を含む相における充填量をより大きくできるハニカム構造(図2)を形成させ，高熱伝導化を行った[8]。ハニカム構造が形成されている 50 vol％以下の高充填領域では，通常分散の 2 倍の熱伝導率を得ることができた。

(ii)フィラーの接触面を増大し，完全な連続相に

　高熱伝導性フィラーを複合した高分子材料では，熱伝導はおもに，フィラーを通って起こると考えられる。そこで，低融点合金を用い，フィラーを繋ぎ高熱伝導化を目指した(図3)[8]。まず，従来の熱伝導性高分子材料の多くで用いられた形態，すなわち種々の高熱伝導フィラーを用い PPS に高充填したが，その熱伝導率は，最高でも 2.6 W/m・K であった。また，そのときの充填量は 50 vol％であり，高粘度で射出成形に適さないと考えられる。しかし，1.5 W/m・K の組成に低融点合金を複合化すると，熱伝導率が 13.9 W/m・K と高くなり，さらに低融点合金，熱伝導性フィラーを増量すると，熱伝導率が 28.5 W/m・K とさらに飛躍的に高くなることが分かった。また，この複合高分子材料ではフィラーが少ないため，たやすく射出成形をすることができる。このように，低融点合金がネットワーク構造をとり，熱伝導の経路を築き，高熱伝導率を得ることができることが分かった[9]。

— 122 —

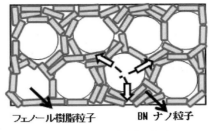

図2 ハニカム構造の概念

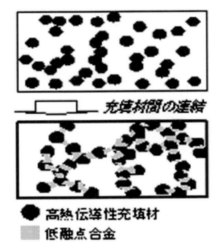

図3 充填材間の繋ぎの強化による複合材料の高熱伝導化の概念

　最近ではフィラー同士の接触を確実にする方法として，銀ナノ粒子の100～300℃での融着を利用した開発が数多く行われている。これは金属ナノ粒子表面の低融点化を利用した技術である。すなわち，銀ナノ粒子の融着で共連続構造となり，高熱伝導化が得られ，60 W/m・K以上の熱伝導率となる例もある。

(iii) ダブルパーコレーションの利用

　2種類の高分子を用いたブレンドにおいて，どちらかに熱伝導性フィラーを偏析させ，ブレンド系を二重海島構造としたとき，パーコレーションを起こす熱伝導性フィラー量を小さくすることができる。これをダブルパーコレーションと呼ぶが，AlN粉をポリアミドに偏析させたポリアミド／ポリエチレンブレンド(50/50)系で，その熱伝導率がポリアミド系の熱伝導率3割増になったと報告されている。

(iv) 多種の粒子の利用

　最近，多種類の熱伝導性フィラーを用いた高熱伝導性高分子材料の開発が行われている。カーボンファイバーか黒鉛粉を充填した系に，さらに0.5 wt%のカーボンナノチューブを用いた場合に，飛躍的に大きな熱伝導率を得る，大きな相乗効果も報告されている。たとえば，黒鉛粉充填系に少量のカーボンナノファイバーをうまく配置することによって，35容量%で2

第3章　新たな熱制御技術

倍以上の熱伝導率を得ることができる(図4)。

(v) 複合液晶性高分子材料の熱伝導率

　液晶性高分子の熱伝導率は一般的に1 W/m・K以下なので，一般的な応用分野で必要とされる熱伝導率を単独では得ることができない場合が多い。そのため最近では，高熱伝導性フィラーを複合化した液晶性高分子材料の熱伝導率の研究が，徐々に増えてきた。そこで，それらの現状と相乗効果について紹介する。

　竹澤らは，複合樹脂中のアルミナ粒子に液晶性高分子が配向することで，スメクチック液晶が成長し，複合エポキシ樹脂の熱伝導率が増大することを見出している[10]。そして，その配向現象はアルミナ表面では起こるが，窒化アルミ粒子表面では発現することを偏光顕微鏡観察によって確認している。これらが，相乗効果の最初の報告である。

　一方，30 vol%以上のデータを用いて，Bruggemanモデルの適用したときの液晶性高分子の熱伝導率は，真の熱伝導率の約2倍となり，相乗効果があると考えられた[11]。これは，MgO粉間に存在する液晶相が，繋ぐ役目をして，相乗効果が発現したとしている(図5)。

　筆者らも，h-BN粒子を複合液晶性エポキシ樹脂について検討した[12]。そして算出した液晶

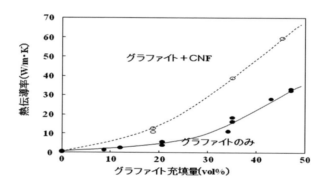

図4　カーボンナノファイバーを少量配置した(CNF)黒鉛粉
　　　（グラファイト）複合フェノール樹脂の熱伝導率

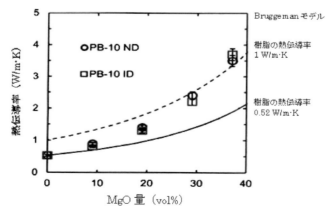

図5　MgO粉複合液晶性高分子材料の熱伝導率
　　　（○：試料厚み方向，□：試料面方向）

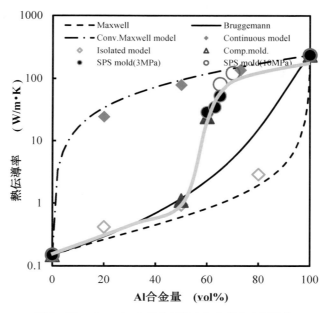

図6 種々のAl/PPS複合材料の熱伝導率の対数値

性エポキシ樹脂の"みかけの熱伝導率"が測定値の3倍となり，大きな相乗効果を示した。
(vi) 共連続構造をもつAl/PPS複合材料の熱伝導率
　PP粉とAl粉を混合した紛体を金属材料の成形でよく用いられるSPS成形によって成形した。このとき，高電流が流れるため，PPS粉が融解するとともに，Al粉同士も融着する。そのため，ある充填領域以上では，Al相が連続相となり，共連続構造が形成される。この複合材料の熱伝導率の対数値をAlの容量分率に対してプロットするとS字カーブを示す(図6)。すなわち，電気伝導率と同様な挙動を示し，複合材料の熱伝導率向上のために，フィラー同士の接触熱抵抗の低減が最も重要な因子であることが分かった。

3　熱ふく射材

　近年，対流現象を利用できない場合も多くなり，熱伝導だけでなく熱ふく射の利用も期待されている。しかし，熱ふく射材は製品表面に位置し，通常は黒色であり意匠性に問題になる場合も多い。そこで，最近，黒色以外の熱ふく射材の開発が行われるようになった。
　まず黒色コーティング材から用いられていたが，意匠性や導電性の問題によりセラミックを用いる白色コーティング材も今世紀に入ってから利用されるようになってきた。現在は，白色が主流であり，さまざまな電子回路や電子部品に多用されている。また，これらの熱ふく射率はどれも0.9以上であり，測定方法による差も大きく，どれも大差がないと考えられている。これらのコーティング材では白色のフィラーが分散されているが，発生する赤外光は含まれるフィラーからふく射されるため，熱ふく射率はフィラーの性能によって種々異なり注意が要る。最近では，表面上に網目状の導体(マイクロキャビティ)を形成させ，特定波長領域だけをふく射率を向上させるシステムも開発されている[13]。

第3章　新たな熱制御技術

表2　各種の熱遮蔽コーティングやフィルムの原理と透明性

熱遮蔽のタイプ	遮蔽の原理	透明性
①金属膜	プラズモン反射	不透明
②白色（界面反射）	無機フィラーと樹脂との屈折率差	不透明
③黒色（界面反射）	反射フィラーと樹脂との屈折率差	不透明
④金属薄膜	アルミなどの金属のCVD薄膜	半透明（近赤外領域は反射）
⑤プラスチックの超多層	200層以上の屈折率の異なるフィルムを交互積層	透明（近赤外領域は反射）
⑥プラスチック／金属薄膜の多層	プラスチック／金属薄膜層の多層化	透明（近赤外領域は反射）
⑦熱吸収	放熱フィラーを添加	透明

4　遮熱材

　近年，夏場の冷房の効率化のために，太陽光の熱を遮る遮熱コーティングやフィルムの開発が進歩を続けている。遮熱コーティングやフィルムとして，5種類がある（**表2**）。

　太陽光に多い近赤外光が家屋内などに入り室内の温度を上昇させるのを防ぐことを目指し，種々の遮熱材が開発されてきた。また黒色反射コーティング材も開発されている。

　最近，屈折率が異なる2種類の高分子フィルムを交互に200層以上積層することで，界面反射を増大させるだけでなく，その反射波を干渉させることで，近赤外領域だけの大きな反射を引き出すことに成功している。さらに，ふく射率が大きいナノフィラーを均一分散させたコーティング材をガラス面に塗布することで透光性と熱遮蔽性を両立させている。

5　断熱材

　高分子は断熱材として利用されてきたが，最近，冷蔵庫の高性能化や，建物の熱効率向上，次世代自動車の熱エネルギー利用の効率化など，省エネルギー化の進展でより必要とされるようになった。そのため，空気並みの熱伝導率を達成できたが，ある一定の限界があった。しかし最近，さらに小さい熱伝導率をもつ断熱材が超断熱材として開発された。

　まず，ガラス繊維チップを互いの接触面をなるべく小さく配置して入れたアルミ箔袋の空気を抜き，空気よりも小さい熱伝導率が得られたと説明している。さらに，中空のシリカ粒子の熱伝導率は0.003 W/m・Kであり，それを利用したシートやアルミ箔袋は，超断熱材として利用が期待される。ここでは，基材同士の接触面を減らして熱伝導を抑制し，シリカと空気との屈折率差で赤外線反射を増大することで超断熱材を得ることに成功している。このように，シリカマイクロジェルを活用して，超断熱材が開発されている。

6　蓄熱材

　一時的に熱を貯ることのできる蓄熱材は，熱における電池の役割を果たす。それらは，顕熱利用，潜熱利用，化学反応利用の3種類に分類できる。また熱電素子は，電気に変換して電池の中にエネルギーを貯られるので，広義の蓄熱材といえる。ここで，顕熱利用蓄熱材料では材料の熱容量を利用するため，貯められるエネルギー量が小さく，金属，コンクリート，セラミッ

— 126 —

クスなど低価格のものが多い。また潜熱利用蓄熱材料では材料の融解熱・蒸発熱を利用するため，貯められるエネルギー量が比較的大きく，ワックスやポリエチレン，水和物，溶融塩などの材料が多い。さらに，化学反応利用蓄熱材料では，化合物の反応熱を利用するため貯められるエネルギー量が最も大きいが[14]，装置が非常に複雑となり，高価になりやすい。そのため蓄熱材として，室温付近（−30℃〜150℃）に変換温度があり，熱交換が容易で蓄熱時と放熱時の温度が近いことが望まれる。また耐久性に優れ安全なもの，さらに大量に用いるため廃棄が容易なものが求められる。

7 応用分野と将来展望

急激に発展してきた高熱伝導性高分子材料への期待に，高熱伝導化の技術はある程度，応えてはいるが，最近では，これまでの熱伝導だけでなく遮熱（熱反射，熱吸収）や放熱（熱ふく射），さらに断熱や対流も活用し，総合的に熱制御（サーマルマネージメント）（図7）を運用することがますます重要になっている。そのため，さらにブレークスルーする方法が求められている。また，これからの開発のキーワードとしては，熱ふく射まで含めた総合的な放熱性の向上や断熱・遮熱・蓄熱の利用と熱電素子の開発と総合的評価を含めた評価方法の信頼性を図ることも重要である。さらに，熱制御が発展し，他の熱特性（耐熱性や熱膨張性）などの他の特性を含めた，さらに広義の"高分子材料の熱的機能化"の増大が進んでいくものと期待される。

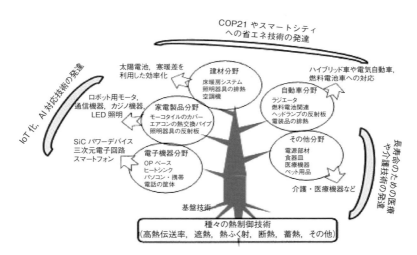

図7　サーマルマネージメント材料が期待される分野

文　献

1) 上利泰幸：機能材料, **36**, (8), 3 (2016).
2) 上利泰幸：高分子, **35**, 889 (2006).
3) D. M. Bigg: *Polym. Eng. Sci.*, **19**, 1188 (1977).
4) 和田八三久："高分子の固体物性"，培風館 244 (1971).
5) 岡本敏, 松見泰夫, 斎藤慎太郎, 宮越亮, 近藤剛司：住友化学技報, **2011-1**, 18 (2011).

第3章　新たな熱制御技術

6) S. Yoshihara, T. Ezaki, M. Nakamura, J. Watanabe and K. Matsumoto: *Macromol. Chem. Phys.*, 2213 (2011).

7) M. Akatsuka, Y. Takezawa: *J. Appl. Polym. Sci.*, **89**, 2464 (2003).

8) 上利泰幸, 平野寛, 門多丈治, 長谷川喜一：ネットワークポリマー, **32**, 10 (2011).

9) 上利泰幸, 紙屋畑恒雄：日経エレクトロニクス, 12 月 16 日号, 127 (2002).

10) 吉田優香, 田中慎吾, 竹澤由高：第 61 回高分子学会年会, 3406 (2012).

11) S. Yoshihara, M. Tokita, T. Ezaki, M. Nakamura, M. Sakaguchi, K. Matsumoto and J. Watanabe: *J. Appl. Polym. Sci.*, **131**, 39896 (2014).

12) A. Okada, J. Kadota, H. Hirano, T. Fujiwara, J. Inagaki, Y. Yada and Y. Agari: *IPC2014*, 5P-G5-107a (2014).

13) 平島大輔, 亀谷雄樹, 花村克悟：第 27 回日本熱物性シンポジウム, 154 (2007).

14) 加藤之貴：機能材料, **36**, (8), 16 (2016).

第4章

断熱材と遮熱

第1節 ナノ構造を利用した高性能断熱材料の開発

国立研究開発法人産業技術総合研究所 依田 智

1 はじめに

　最近の熱マネジメント技術の開発動向を踏まえて，熱の移動を抑制する断熱材料への関心も高くなっている。ガラスウールや発泡ポリマー，真空断熱材などの断熱材料はすでに広く社会に普及しているが，それらの材料では満たされない特質や性能をもつ断熱材料が求められるようになってきた。本章では新たな断熱材料の代表例として，ナノ構造を利用した高性能断熱材を取り上げ，その原理や代表的な材料，研究開発の状況を概説する。

2 断熱材料の概要と性能評価

　断熱材料は，使用される温度と形態（硬質（成形体），軟質，充填または塗布）によって大きく分類することができる。使用する温度によって使える材料が異なり，また求められる断熱性能や特質が異なる。市場としては室温近傍で使われる住宅や建材の用途が大部分を占め，省エネルギーの点でもその高性能化は重要な課題である。一方，きわめて安価な汎用の断熱材が広く使われているため，価格の高い高性能断熱材の普及には社会的なハードルがある。

　断熱材料の性能の比較には熱伝導率が多く用いられる。面積 A（m^2），厚さ L（m）の平板を考え，両面の温度をそれぞれ T_1，T_2 とすると，熱伝導で通過する熱量 Q（W）は下記の式で表される。

$$Q = A \cdot \lambda \frac{T_1 - T_2}{L} \tag{1}$$

　比例定数 λ が熱伝導率で，単位は（W/（m・K））である。熱伝導率 λ は材料に固有の物理定数で，温度に依存して変化する。多孔体や真空断熱材のような複合材には定義上熱伝導率を適用することはできないが，全体を一体的な材料としてみなした場合の"見かけの"熱伝導率が広く用いられている。おもな断熱材料の室温近傍（298 K）における熱伝導率の比較を**図1**に示す[1)2)]。

　"高性能"の定義はないが，同じ温度における静止空気の熱伝導率より小さいことが一つの基準になる。

　断熱材料の熱伝導率の評価は JIS1412-1 および JIS1412-2[3)] で定義されており，保護熱板法（GHP 法）または熱流束計（HFM 法）が用いられる。最近，試料サイズの制約の少なさから熱線プローブを用いる方法で熱伝導率を示している材料があるが，適用には慎重を期す必要がある。

　実際の断熱性能は熱伝導率の大小ではなく，断熱材の厚みを加味した熱抵抗の値が問題となる。式(1)において熱伝導率 λ が小さくても，厚さ L が小さければ得られる熱抵抗は少ない。

— 131 —

第4章　断熱材と遮熱

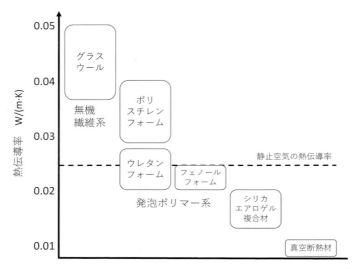

図1　各種断熱材料の室温（298 K）近傍における熱伝導率の比較（参考文献[1)2)]などより構成）

3　ナノ断熱材料

　断熱材料には一般に多孔体が用いられる。多孔体の熱伝達は，①固体部分の伝導伝熱，②空隙にある気体（空気）の伝導伝熱，③空隙にある気体（空気）の対流伝熱，④固体間の放射伝熱の総和となる（**図2**）。室温近辺の固体の伝導電熱①の寄与が圧倒的に大きいため，高性能断熱材料ではまず高い空隙率をもった材料であることが前提となり，その上で②③④の抑制が課題となる。

　現在知られている断熱材料のうち，最も断熱性能が高いのは真空断熱材である。真空断熱材は多孔質の材料の周囲を皮膜で多い，内部を真空にした構造とすることで，②③による伝熱を無くしており，これを上回る性能の断熱材料はまず考えられない。一方，真空断熱材は，切断や穴あけといった加工が不可能で，また柔軟性がないことから，適用できる用途が限られる。発泡ポリマー系で，熱伝導率の低い発泡ガスを用いて②を抑制することで低い熱伝導率を得ている材料もあるが，気泡内のガスが拡散して失われるにつれ性能が劣化する，という欠点がある。とくに薄い材料の場合が顕著で，ある程度の厚みが必要である。

　ナノ断熱材料は，真空を用いず，ナノレベルの微細構造によって熱伝導を抑制するタイプの断熱材料である。多孔体の空隙が，空気中の主要な気体分子の平均自由行程（窒素の場合298 Kで68 nm）に匹敵するサイズになると，気体の分子は空隙の内壁と衝突しながら拡散（Knudsen拡散）するようになる。これにより，気体分子相互の衝突機会が減少し，気体分子の移動や衝突による②③の伝熱が大幅に減少する。この効果は構造が破壊されない限り持続するため，発泡ポリマーのような経時劣化の問題もない。数10 nmの細孔を集積した低密度の仮想的なバルク材料をナノ断熱材料（Nano Insulation Material, NIM）[4)]と呼ぶことが多い。高い空隙率で固体部分が少ない多孔体であれば，①の寄与は大きくないので，さまざまな材料でNIMを構築できる可能性がある。バルク材料シリカ，ポリマー，有機物など，さまざまな材料での研究がこれまで行われてきた。ただしKnudsen拡散が生じるようなレベルの小さな空

第1節 ナノ構造を利用した高性能断熱材料の開発

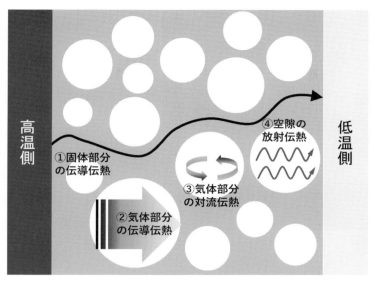

図2 多孔体の熱伝達（概念図）

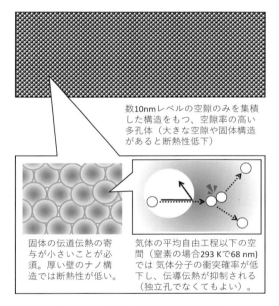

図3 ナノ断熱材料（NIM）の概念

間の構造のみで（大きな空間や固体部分が入らないように）実用サイズの材料を作成するのは簡単ではない。40 nmの空隙を集積して4 cm角の材料を作ることは，直径40 mmのピンポン玉を隙間なく縦横100万個並べて40 km角の壁を作る作業に相当する（**図3**）。

4 シリカエアロゲル

エアロゲル（Aerogel）は多孔質，低密度の固体ゲルで，一般にサブミクロン以下の大きさの

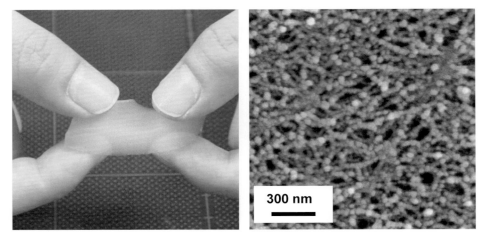

図4　シリカエアロゲルの外観と微細構造

空孔をもつ材料を指す。シリカエアロゲルはシリカ（SiO_2）のエアロゲルで，きわめて高い空隙率（95％〜）のものが容易に作成可能であり，ナノ断熱材料として最も多く研究されてきた。**図4**にシリカエアロゲルの外観と微細構造を示す。比較的熱伝導率の小さいシリカによる微細な骨格構造により①が，数10 nmの細孔構造により②③が抑制され，真空を用いないで高い断熱性が得られる。

光透過性を併せもつことから，窓用の断熱材料として期待されたものの，機械的な強度が著しく小さく，柔軟性をもたないため，モノリス状の材料としては発展しなかった。現在は不織布に微粒子として担持された複合材として，また充填用，ポリマーなどのフィラー用途の微粒子として上市されている。価格の高さから広く普及するには至っていないが，欧州を中心に徐々に利用が広がっている。

おもな開発課題としては低コスト化と柔軟性の付与があげられる。シリカエアロゲルは作成に超臨界乾燥[5]と呼ばれる高圧プロセスを利用し，設備のイニシャルコストが高いため，これが高価格の原因とみなされ，常圧下の乾燥で作成する方法が研究されている[6]。一方，超臨界乾燥プロセスの技術的な完成度は高く，既存の高圧設備の利用，転用も容易であることから，必ずしも不利にならない，という意見も多い。現状ではいずれの方法でも広く普及するレベルの価格になっておらず，方法を問わず低コスト化を進めていく必要がある。筆者の研究所でもシリカ微粒子の剥落の少ない，高い柔軟性をもつシリカアロゲルとポリマー発泡体の複合材を開発し，量産化，実用化に向けた検討を進めている[7]。

5　キトサンエアロゲル

シリカエアロゲルの状況を踏まえて，柔軟性のあるバイオポリマーのナノファイバーによって高い空隙率と微細な細孔構造をもつエアロゲルを作成し，光透過性のある断熱材に展開使用する試みが行われている[8]。筆者らはカニやエビの殻の成分であるキトサンにより，高い断熱性と柔軟性，光透過性を合わせもつキトサンエアロゲルの作成に成功した[9]。**図5**にキトサンエアロゲルの写真を示す。キトサンエアロゲルは吸湿性をもち，これによる構造の変化が大き

図5 キトサンエアロゲルの外観および柔軟性
(Adapted with permission from Reference[9]. Copyright(2015) American Chemical Society)

な問題であったが，骨格を疎水化して水をはじく技術を開発し，実用化に向けた大きなハードルをクリアした[10]。熱伝導率はシリカエアロゲルと同等以上の0.015 W/(m・K)(298 K)を示している[11]。

キトサンエアロゲルは透明性と高い断熱性に加え，柔軟性，軽量性を併せもつことから，真空断熱窓の問題点（柔軟性がない，重い，割れた場合の危険性）を回避できる。資源として海産品の廃棄物の再利用で賄うことが可能であること，環境への負荷が少なく安全性が高いことなど，未来の断熱材料として優れた性質を多くもっており，今後の発展が期待できる。

6 ナノ発泡体（ナノセルラー）

発泡ポリマーは断熱材料としてもすでに広く使われているが，その気泡径は一般に数10 μm程度である。もしこの気泡径を数10 nmにすることができれば，ナノ断熱材料として，高い断熱性や光透過性をもたせることが期待できる。このようなポリマーはナノセルラーと呼ばれ，その実現に向けて世界中の多くのグループで研究開発が行われている[12]。

数10 nmレベルの発泡径と高い空隙率（現状の発泡ポリマー系断熱材料で95～99％以上）の両立が非常に難しいこと，サイズが少し大きくなるとポリマーの内外でも均一な発泡が難しくなること，など，技術的なハードルは高く，実用サイズでの製造プロセスはまだ確立されていない。もし，低価格で生産性に優れたナノ発泡体の製造法が確立されれば，その社会的インパクトはきわめて大きいと期待される。筆者の研究所でも，ナノ発泡ポリマーの実現に向けた発泡構造形成過程の検討など，基礎基盤技術の開発を進めている。

7 高性能断熱材料のユーザーおよび開発者が留意すべきこと

筆者の研究所では，最近，塗るだけで断熱効果を発揮する塗料，貼るだけで断熱効果を発揮するフィルムなどの導入の是非やその効果，開発についての相談を受けることが多くなっている。前述の式(1)をみていただければ分かる通り，断熱の効果（熱抵抗）は熱伝導率と材料の厚さの積になる。数10から数100 μmといった薄い塗膜やフィルムでは，真空断熱材レベルの熱伝導率を想定しても，得られる温度差が小さいことは容易に計算していただけると思う。

また，前述のように，多孔体の熱伝達に最も大きく寄与するのは固体の熱伝導であり，真空無しで高性能断熱材料レベルの熱伝導率を得るためには極めて高い空隙率が必須となる。シリ

第4章　断熱材と遮熱

カエアロゲルや発泡ポリマーを想定していただければ分かるとおり，きわめて高い空隙率をもつ材料の機械的強度は非常に小さくなるはずであり，それが薄い皮膜となった場合，十分な強度が出るはずがないことは容易に想定できる。

　さらに，断熱性が高くかつ薄い試料の熱伝導率測定には問題が多い。最近ようやく真空断熱パネル（VIP）の評価法がJISに追加された。薄い試料の熱伝導率の評価では厚さtの正確な測定と平滑性，JIS法においては熱板との密着性など，測定に影響に大きな影響を及ぼすパラメーターが多く，正確な測定は難しいのが現状である。塗膜やフィルムの形状で，ことさらに低い熱伝導率を強調するような材料には注意すべきである。

8　おわりに

　ナノ構造を利用した断熱材料について，その概要と開発状況について述べた。断熱材料の開発においては，真空断熱材を性能面で上回ることは理論的に考えにくいため，柔軟性や加工性，性能の持続性，さらには光透過性，軽量性といった特性と断熱性の両立が課題となる。ナノ断熱材料の開発と実用化は，高性能断熱材の適用範囲を大きく広げ，省エネルギーに貢献できるものと期待できる。

　他方，とくに一項を割いて解説したように，最近の科学的根拠に乏しい"断熱"材料の跳 梁 跋 扈が，真っ当な断熱材料の開発の阻害要因となっている状況を憂慮している。今後，同様の危機感を共有している研究者・技術者と協力して対応を進めていきたいと考えている。

文　献

1)　国土交通省：住宅エコポイントの概要について，(2)エコリフォーム　B　外壁・屋根・天井又は床の断熱改修 別添3　(2014).

2)　経済産業省：平成29年度省エネルギー政策立案のための調査事業 建材トップランナー制度における硬質ウレタンフォーム断熱材（ボード品）の追加に関する調査報告書(2018).

3)　日本工業規格 JIS A 1412-1：1999 熱絶縁材の熱抵抗及び 熱伝導率の測定方法−第1部　保護熱板法（GHP法）および第2部 熱流計法（HFM法）.

4)　B. P. Jelle, et. al.: *J. Building Phys.*, **34**, 99 (2010).

5)　化学工学会超臨界流体部会編：超臨界流体を用いる合成と加工第4編　超臨界流体を溶媒とした加工技術第1章　エアロゲル，p.203 シーエムシー出版(2017).

6)　金森主祥，中西和樹：化学と工業，**70**, 107 (2017).

7)　産総研プレスリリース2014年10月27日，URL：http://www.aist.go.jp/aist_j/press_release/pr2014/pr20141027_2/pr20141027_2.html

8)　Y. Kobayashi, et. al.: *Angew. Chem. Int. Ed.*, **53**, 10394 (2014).

9)　S. Takeshita and S. Yoda: *Chem. Mater.*, **27**, 7569 (2015).

10)　S. Takeshita and S. Yoda: *Nanoscale*, **9**, 12311 (2017).

11)　S. Takeshita and S. Yoda: *Ind. Eng. Chem. Res.*, **57**, 10421 (2018).

12)　S. Costeux: *J. Appl. Polym. Sci.*, **131**, 41293 (2014).

第2節　断熱材の熱伝導率，熱拡散率の評価技術

和歌山工業高等専門学校　大村　高弘

■1　はじめに

　新材料の開発にはさまざまな産業分野から大きな期待が寄せられており，非常に注目度が高い。しかしながら，その材料の物性値を評価する技術も，当然のことながら非常に重要な技術である。なぜならば，より正確に，再現性良く測定することが，材料開発の方向性や可能性を示すからであり，さらに，新材料の性能が向上すれば，それに伴い測定精度も向上しなければならず，大きな責任を担っているためである。したがって，近年のさまざまな材料開発は，緻密な測定の積み重ねに支えられているといっても過言ではなく，さらなる測定能力の向上が期待されている。

　断熱材開発の現場についても同様である。真空断熱材やナノ粒子断熱材などの熱伝導率は，従来の断熱材のそれに比べて一桁以上小さくなっており，このような小さな値を如何にして測定するかということが，熱伝導率測定の大きな課題の一つになっている。そのため，材料の研究開発とともに，さまざまな研究が進められている[1)-4)]。本章では，従来の熱伝導率測定方法の紹介に加え，その測定精度向上のための最新の研究や，非常に簡便な方法だが測定精度が従来とほとんど変わらないという新しい測定方法について紹介する。さらに，意外に測定例が少ない，生活の身近で使用されている断熱材の熱伝導率などについても紹介する。

■2　断熱材の熱伝導率測定方法

　熱伝導率の測定方法はさまざまであるが，断熱材の場合はおもに定常法が用いられ，中でも保護熱板法[5)]や熱流計法[6)]などは，ISO や ASTM，JIS などで標準的な測定方法として位置付けられている。また，最近では，非定常法の一つである周期加熱法が，$-170 \sim 1500℃$ の温度範囲で断熱材の熱伝導率測定に有効であることが示されている[7)-9)]。

2.1　保護熱板法（GHP 法）

　保護熱板法（Guarded Hot Plate method；GHP 法）は，世界中で最も頻繁に利用されている測定方法であり，断熱材の熱伝導率測定のよりどころとなっている。

（1）測定原理

　GHP 法[5)]による測定では，厚さ d の平板状の試験体に対し，その厚さ方向に一次元定常熱流を実現させ，そのときの熱量 $Q[\mathrm{W}]$ と熱流面積 $S[\mathrm{m}^2]$，試験体の両表面間の温度差 $\Delta\theta[℃]$ から，熱伝導率 $\lambda[\mathrm{W/(m \cdot K)}]$ を次式より求める方法である。

$$\lambda = \frac{Q \cdot d}{\Delta\theta \cdot S} \tag{1}$$

— 137 —

図1にGHP法の概要を示す。GHP法では，試験体を加熱板と冷却熱板の間に挟み，温度差をつけて測定するが，この加熱板は主熱板と保護熱板からなり，保護熱板は，熱的絶縁を目的としたギャップを挟んで，主熱板を取り囲む構造になっている。この両者の温度が常に等しくなるように保護熱板の温度を制御することで，熱が試験体の側面方向に流れないようにし，試験体の厚さ方向への一次元定常熱流を実現している。

また，図2に示すように，GHP法には試験体一枚方式と二枚方式があり，一枚方式では試験体を一枚用意し，主熱板を挟んで試験体を設置する側の反対側に熱が流れないように，逆流防止用断熱材と逆流防止用熱板を設けている。図2(a)に一枚方式の模式図を示す。図中の矢印は熱流方向を示す。逆流防止用熱板の温度を主熱板と同温度になるように制御することで，主熱板で発生したすべての熱が，試験体を通過して冷却熱板に吸収されるとしている。

一方，図2(b)に示すように，二枚方式では同質同厚の試験体を二枚用意し，それらで主熱板を挟むように設置する。熱は主熱板で発生し，二分されてそれぞれの試験体を通過して冷却熱板に吸収される[3]。

(2) 測定誤差低減方法

GHP法の測定誤差低減方法に関する研究[10]について紹介する。

主熱板で発生した熱量Qは，試験体の厚さ方向(冷却熱板へ向かう方向)に流れる熱量Q_tと，試験体の側面側へ流れる熱量Q_{loss}の和であると仮定する。すなわち，

$$Q = Q_t + Q_{loss} \tag{2}$$

とおく。このとき，試験体の厚さ方向における熱伝導率をλ_t，厚さをd，熱流通過面積をS，試験体の主熱板側表面中央の温度をθ_h，冷却熱板側の表面中央の温度をθ_cとすると，

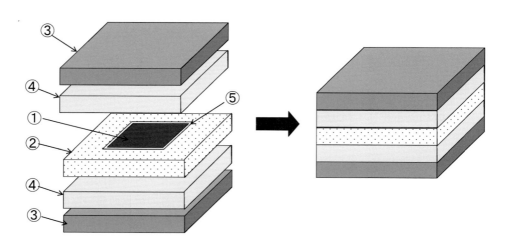

①主熱板、②保護熱板、③冷却熱板、④試験体、⑤ギャップ

図1　保護熱板法（GHP法）の模式図（二枚方式）[11]

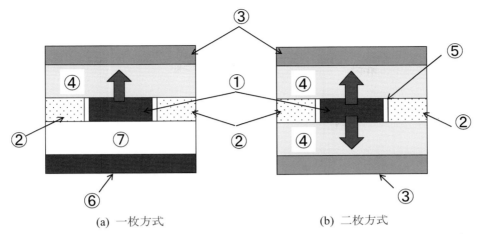

(a) 一枚方式　　　(b) 二枚方式
①主熱板、②保護熱板、③冷却熱板、④試験体、⑤ギャップ、⑥逆流防止用熱板、⑦逆流防止用断熱材

図2　保護熱板法（GHP法）の断面図[11]

$$Q_t = \lambda_t \frac{\theta_h - \theta_c}{d} S \tag{3}$$

となる．また，面内方向への温度勾配を$\Delta\theta_{loss}$とすると，試験体側面側への熱量Q_{loss}は，

$$Q_{loss} = H \cdot \Delta\theta_{loss} \tag{4}$$

と表される．ここで，Hは面内方向の熱コンダクタンスを表す係数である．

一方，熱伝導率λ（実測値）は，次式を使って得られる．

$$Q = \lambda \frac{\theta_h - \theta_c}{d} S \tag{5}$$

したがって，式(3)～(5)を式(2)に代入すると，

$$\lambda = \lambda_t + \frac{H \cdot d}{S} \frac{\Delta\theta_{loss}}{\theta_h - \theta_c} \tag{6}$$

を得る．さらに，

$$a = \frac{H \cdot d}{S} \tag{7}$$

$$\Theta = \frac{\Delta\theta_{loss}}{\theta_h - \theta_c} \tag{8}$$

とおくと，式(6)は，

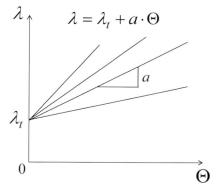

図3 熱伝導率λと無次元温度Θの関係と厚さ方向の熱伝導率 λ_t

$$\lambda = \lambda_t + a \cdot \Theta \tag{9}$$

となる。したがって，横軸を無次元温度Θ，縦軸を測定した熱伝導率λにとって，Θに対するλをプロットすれば直線関係が得られ，その直線の切片が試験体の厚さ方向の熱伝導率 λ_t となる。そのイメージを図3に示す。Θを変化させるには，周囲ヒータの設定温度を変えて $\Delta \theta_{loss}$ を変化させるか，試験体の温度差 $\theta_h - \theta_c$ を変えることで可能である。また，ここでは熱コンダクタンス H，すなわち式(7)で表される係数 a をどのように決定するかを定めていない。そのため，試験体内のどこの面の温度分布（$\Delta \theta_{loss}$）をとっても式(9)は成立し，切片 λ_t は常に同じ値になる（図3）。したがって，まずはΘをどの平面内におけるものとするかを任意に決定し，そこでのΘに対する熱伝導率測定を繰り返して式(9)を導けば，試験体の厚さ方向の熱伝導率 λ_t を得ることができる。実際の測定では，冷却熱板と試験体の接触面に複数の熱電対を中心から適当な間隔で設置し，得られた温度分布を，中心を原点とする位置の2次関数あるいは3次関数で近似する。その関数の積分平均と面内中心温度との差を $\Delta \theta_{loss}$ としている[10]。

2.2 熱流計法

熱流計法[6]は，熱流計により試験体を通過する熱流量を測定して熱伝導率を求める方法である。図4に示すように，熱流計と試験体を重ね，高温側ヒータと低温側ヒータで所定の平均温度と温度差 $\Delta \theta$ を与え定常状態にする。次に，試験体を通過する熱量 Q を熱流計で測定し，式(1)を使って熱伝導率を求める。一般的に，熱流計は熱抵抗の安定している薄い板状の材料を基板とし，その板の熱流方向に対する両面間にサーモパイルを配し，両面間の温度差に応じたサーモパイルの熱起電力から，熱流を測定する計器である。熱流計は，熱伝導率既知の標準物質を使って校正されるのが一般的である[11]。

2.3 周期加熱法

周期加熱法は，非定常法による熱拡散率測定方法の一つである。以下に，測定原理と測定上の注意点を述べる。

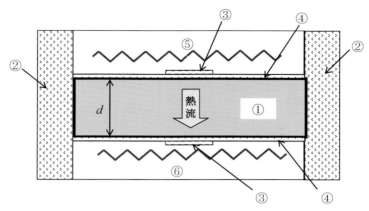

①試験体、②断熱材、③熱流計、④銅板(黒色塗装)、⑤高温側ヒータ、⑥低温側ヒータ

図4 熱流計法の模式図[11]

(1) 測定原理

ここでは，x軸方向への1次元熱流を仮定し，**図5**に示すように試験体の厚さ方向にx軸をとる。試験体の厚さをdとし，原点に試験体の放熱面，$x=d$に試験体加熱面があるとする。原点では温度が常に一定に保持され，$x=d$で温度は周期的変化(温度波)$\sin(\omega_t + \zeta)$をしていると仮定する。また，図中の矢印は熱流方向を示しており，ωは角振動数[s^{-1}]，tは時間[s]，ζは任意の位相[rad]である。この条件の下で一次元の熱伝導方程式を解くと，$x=d$と任意の点$x=x_m$における温度波の振幅比$A(=\theta_1/\theta_0)$と位相差ϕが次式のように求まる。

$$A = \left|\frac{\sinh kx_m(1+i)}{\sinh kd(1+i)}\right| = \left\{\frac{\cosh 2kx_m - \cos 2kx_m}{\cosh 2kd - \cos 2kd}\right\}^{1/2} \tag{10}$$

$$\phi = \arg\left\{\frac{\sinh kx_m(1+i)}{\sinh kd(1+i)}\right\} \tag{11}$$

$$k = \sqrt{\frac{\omega}{2\kappa}} \tag{12}$$

ここで，κは熱拡散率[m^2/s]，iは虚数単位であり，ωはfを周期[s]として次式で定義される[12]。

$$\omega = 2\pi/f \tag{13}$$

加熱面の温度波と試験体内部の任意の位置x_mにおける温度波を比較し，その振幅比あるいは位相差を測定することで，熱拡散率を求めることができる。すなわち，測定した振幅比Aを式(10)に代入することでkを求め，その値を式(12)に代入して熱拡散率κ[m^2/s]を得る。同様に，位相差ϕ[rad]を式(11)に代入して得たkと式(12)から熱拡散率κが求まる。さらに熱伝導率λは，別途測定した密度ρ[kg/m^3]と比熱c[J/(kg·K)]を次式に代入することで求まる。

第4章 断熱材と遮熱

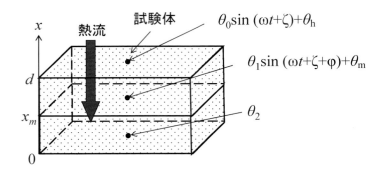

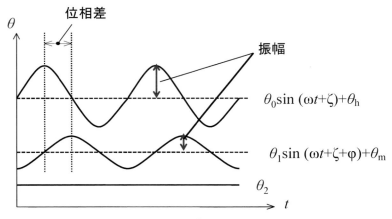

図5 周期加熱法の原理[11], θ_h と θ_m は任意の温度

$$\lambda = \rho c \kappa \tag{14}$$

　この測定方法で直接得られるのは熱拡散率であるため，熱伝導率に換算するためには別途，比熱の測定が必要であり，定常法の測定に比べ手間がかかるという欠点がある。しかしながら，位相差を使った測定では温度波の時間的なズレのみを測定するため，試験体や加熱板などからの熱損失の影響を受け難くなり，真空下や高温といった厳しい環境下でも比較的簡単に測定できるという利点がある[7)-9)13)]。

(2) 測定上の注意点

　周期加熱法を実施する際は，以下の点に注意して頂きたい。

① 加熱面における周期的温度変化は，必ず時間に対する三角関数であること。そもそも，本測定では，試験体の片面の温度が，時間に対して三角関数的に変化するとして熱伝導方程式が解かれ，その解を使っている。したがって実際の測定でも，この条件を満足する必要がある。できるだけ任意波形発生器などを用いて，三角関数的な温度変化を加えることが望ましい。歪な温度波を加熱面で発生させると，試験体を伝播中にその波形が大きく変化し，測定誤差になる。

② 冷却面で温度波が消滅するように，冷却面の温度を制御する。熱伝導方程式を解く際，冷却面の温度を一定としている。試験体の途中で温度波が消滅したり，冷却面の温度が

周期的に変化したりしているのでは，測定原理に反していることになる。この問題を避けるため，適切な周期で温度変化させることが重要となる。そこで，試験体の厚さや物性値に併せて，以下の式を使って周期を決定することができる。試験体の厚さを d，かさ密度を ρ，比熱を c，熱伝導率を λ とすると，周期 $f\,[\mathrm{s}]$ は，

$$f = \frac{\pi \rho c}{\lambda} d^2 \tag{15}$$

となる[14]。ただし，厳密に温度波の周期を，式(15)により得られた値にする必要はなく，30分や1時間といった大雑把な値で構わない。今までの測定経験から，かさ密度が $100\,\mathrm{kg/m^3}$ 程度，比熱が $2000\,\mathrm{J/(kg\cdot K)}$ 程度，厚さが $20\,\mathrm{mm}$ 程度の試験体（断熱材）を二枚重ねて測定する場合，その熱伝導率が $0.03{\sim}0.2\,\mathrm{W/(m\cdot K)}$ 程度であれば，ほぼ周期は1時間で測定が可能である。念のため一度は，周期を45分から90分程度の範囲で変えて測定し，得られる結果に差が出ないことを確認した方が良い。

③ 加熱面における温度波の振幅は $2\,^\circ\mathrm{C} \sim 3\,^\circ\mathrm{C}$ 程度で，大きな振幅をかけないことが望ましい。あまり大きな温度振幅をかけると，試験体以外の部分（周囲を取り巻く空気や雰囲気炉など）の温度が周期的に変化してしまい，その周期的温度変化が，試験体内部を伝播する温度波と干渉し，測定誤差となってしまう。

④ 温度波は，試験体内部を一次元方向に伝播すること。試験体内部のどの面においても一様に温度変化していることが重要であり，面内に温度分布があってはならない。一般的なセラミックスヒータでは，コイル状の熱線がヒータ面積に応じて埋め込まれているが，熱線の本数が異常に少ない場合は，温度波が熱線を軸として放射状に伝播する可能性がある。その場合，試験体内部で各熱線からの温度波が干渉し，測定誤差を大きくしてしまう可能性がある。ただし，試験体の中央付近と側面付近では，必ず温度差が生じるため，45分から90分程度の範囲で周期を変えて測定し，得られる結果に差が出ないことを確認した方が良い。もし，周期に依存して熱拡散率あるいは熱伝導率が変化した場合は，熱線が密に埋め込まれていないことが原因である可能性がある。

❸　異なる測定方法の結果に対する相互比較

　断熱材の熱伝導率を測定するための代表的な方法を紹介したが，これら測定方法により得られた熱伝導率は，互いに約 $\pm 10\%$ の範囲で一致することが示されている。その測定例を以下に示す。

　図6に，大気圧下および真空下におけるGHP法と周期加熱法による測定結果の比較を示す。試験体として使用したアルミナ系繊維質断熱材の嵩密度は $205\,\mathrm{kg/m^3}$ である。GHP法による測定（一枚方式）では厚さ約 $15\,\mathrm{mm}$ の試験体1枚を使用し，周期加熱法の際には，さらに同質・同形の試験体をもう一枚重ねて測定した。記号□，△は，大気圧下におけるGHP法および周期加熱法による測定結果をそれぞれ示し，記号■，▲は，真空下におけるGHP法および周期加熱法による測定結果をそれぞれ示している。また，実線はGHP法による結果に対して2次式で最小自乗近似した結果であり，破線はその近似結果に対する $\pm 10\%$ の範囲を示している。

— 143 —

第4章　断熱材と遮熱

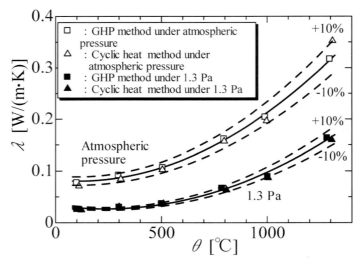

図6　保護熱板法（GHP法）と周期加熱法の測定例[7]
（アルミナ系繊維質断熱材 205 kg/m³）

大気圧下における両者の測定結果は，約1300℃でほぼ10％，その他の温度では数〜5％程度で一致し，真空下においては全温度域（100〜1300℃）で，±10％以内で一致している[7]。

4　新しい断熱性能評価方法

先にも述べたように，GHP法では試験体の高温面側と接触するヒータを主熱板と保護熱板に分離する構造をとることで，試験体内部の特定の部分における温度勾配を均一にしているが，その結果，構造や温度制御が複雑となっている。そのため，非常に高価な装置となり，測定技術普及の障壁となっていると考えられる。また，熱流計法では熱流計のエネルギー校正を必要とし，そのための熱伝導率既知の標準板が重要な存在となっている。国際的に使用されている断熱材の標準板としては，NIST（National Institute of Standard Technology：米国標準技術研究所）のグラスウール断熱材があるが，使用温度範囲は100℃未満である。そのため，熱流計法を使用できる温度範囲は非常に狭く，高温度領域の熱伝導率測定には適用できていないのが実状である。また，周期加熱法では温度を周期的に変化させるための任意波形発生器と直流電源が必要であり，非常に高価な装置となってしまう。さらに，非定常法のため直接得られるのは熱拡散率であり，熱伝導率に換算するには比熱を測定しなければならないという手間がある。そこで近年，試験体内部に不均一な温度勾配の部分が存在するような温度場でも測定可能な方法の研究[15]がなされるようになった。この方法は定常法の部類に入り，試験体の厚さ方向の熱伝導率を推定する方法である。非常に単純な構造で，安価に測定装置を自作することができるというメリットがあり，以下に紹介する。

4.1　試験体の厚さ方向の熱伝導率測定方法

この測定方法は，図7に示すように試験体をヒータで上下から挟み，定常状態において試験体の厚さ方向の熱伝導率を推定するものである。直接，測定する値は熱伝導率ではなく，熱

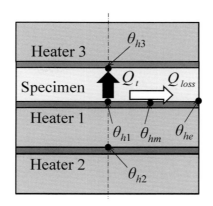

図7 測定原理の概念図

伝導率と同じ単位をもった係数であり,この係数を使って,試験体の熱伝導率,正確には厚さ方向の熱伝導率を推定する方法である[15]。

図7に示すヒータ1とヒータ2の温度が等しくなる($\theta_{h1} = \theta_{h2}$)ようにヒータ2の温度を制御すると,ヒータ1で発生した熱量Qがすべて試験体内に流入すると仮定できる。さらに,その熱量Qが,試験体の厚さ方向(低温側へ向かう方向)に流れる熱量Q_tと,試験体内部で厚さ方向以外の方向へ放散する熱量Q_{loss}の和になっていると仮定すれば,

$$Q = Q_t + Q_{loss} \tag{16}$$

と表すことができる。

また,試験体の厚さ方向を通過する熱量Q_tに対しては,フーリエの法則が適用できると仮定すれば,

$$Q_t = \lambda_t \frac{\Delta \theta}{d} S \tag{17}$$

を得る。ここで,dは試験体の厚さ[m],Q_tは試験体を厚さ方向に通過する熱量[W],Sは熱流通過面積[m^2],$\Delta \theta$は試験体の温度差($= \theta_{h1} - \theta_{h3}$)[℃],$\lambda_t$は試験体の厚さ方向の熱伝導率[W/(m・K)]である。

一方,ヒータ1から試験体へ流入する熱量Qについては,Qがフーリエの法則と同じ形の式で表されるものとして,温度勾配$\Delta \theta / d$と熱流面積Sに対して比例すると仮定し,その係数をλ_cとすれば,

$$Q = \lambda_c \frac{\Delta \theta}{d} S \tag{18}$$

と表すことができる。ここで,λ_cの単位は[W/(m・K)]である。

さらに熱損失Q_{loss}は,面内方向に生じる代表温度差を$\Delta \theta_{loss}$とすれば,面内方向の熱コンダクタンスHとの積で表され,

第4章　断熱材と遮熱

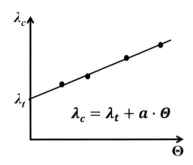

図8　係数 λ_c と無次元温度 Θ の関係と厚さ方向の熱伝導率 λ_t

$$Q_{loss} = H \cdot \Delta \theta_{loss} \tag{19}$$

となる。式(16)に式(17)から式(19)を代入することで，

$$\lambda_c = \lambda_t + a \cdot \Theta \tag{20}$$

を得る。ここで，係数 a を式(21)のようにおき，また，試験体の厚さ方向の温度差に対する面内方向の代表温度差との比を式(22)に示す Θ（無次元温度）で表した。

$$a = \frac{H \cdot d}{S} \tag{21}$$

$$\Theta = \frac{\Delta \theta_{loss}}{\Delta \theta} \tag{22}$$

　式(20)より，無次元温度 Θ と係数 λ_c は直線的な関係をもつことが分かる。本測定方法では，試験体上下の温度差 $\Delta \theta$ を複数回変化させて式(18)に示す係数 λ_c を測定し，そのときの試験体表面の温度分布から $\Delta \theta_{loss}$ を求めて無次元温度 Θ を導き，横軸に無次元温度 Θ，縦軸に式(18)の係数 λ_c をプロットして近似直線を描く。その直線の切片が，試験体の厚さ方向の熱伝導率 λ_t となる。図8にデータをプロットしたイメージを示す。この測定方法では，熱損失が最も大きいと考えられる面内の温度分布を測定することが好ましく，本研究では図7に示すヒータ1と試験体との接触面の温度分布を測定している。

4.2　測定装置

　図9に，測定系の模式図を示す。装置は，試験体の片面を加熱するヒータ1とその温度を制御する温度コントローラー1，試験体のもう一方の片面を加熱するヒータ3とその温度を制御する温度コントローラー3，ヒータ1で発生した熱エネルギーが試験体に対して反対の方向（本装置では下方向）へ流れないようにするためのヒータ2とその温度を制御するための温度コントローラー2，ヒータ1の出力電圧を読み取るデジタルマルチメーター，試験体の各部の温度を記録するデータロガーから構成されている。

第2節　断熱材の熱伝導率，熱拡散率の評価技術

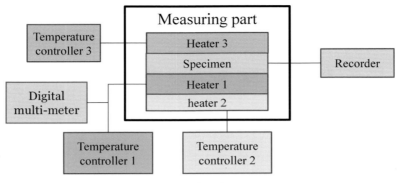

図9　熱伝導率測定システム

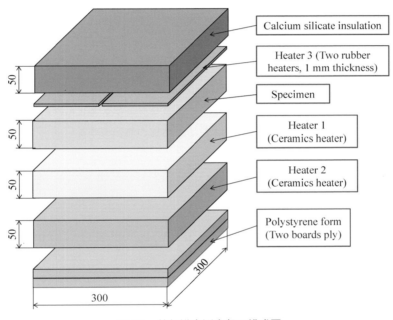

図10　熱伝導率測定部の模式図

　図10に，測定部の模式図を示す。図に示す通り，二つのヒータを重ね，その上に試験体と三つ目のヒータを重ねるだけの構造であり，周囲に囲いはなく，室内に曝されている状態である。ヒータ1とヒータ2は同じセラミックスヒータであり，内部に埋め込まれた熱線と断熱部分を含めた厚さは約50 mmである。ヒータ3は，50〜180℃の温度範囲で測定する場合は，厚さ約1 mmのラバーヒータを2枚並べて設置し，その上に厚さ約50 mmのケイ酸カルシウム保温材を重ねた構造とした。また，100〜400℃の温度範囲ではヒータ1やヒータ2と同じセラミックスヒータを用いた。ヒータ2の下側には，厚さ約20 mmのポリスチレンフォームを2枚重ねて設置した。試験体のサイズは約300×300 mm，熱伝導率測定可能な厚さ範囲は約10〜50 mmである。

— 147 —

4.3 測定例

(1) セラミックファイバー断熱材

図11に，セラミックファイバー断熱材(かさ密度128 kg/m³)の熱伝導率測定結果を示す。使用したヒータ3は，ラバーヒータである。三角印は標準板で装置を校正したタイプの測定方法により得た結果[16]であり，丸印が本測定方法による結果である。また，実線はセラミックファイバー断熱材の熱伝導率推定式としてすでに提案されている次式[3]を使って描かれた結果であり，破線は実線に対する±10%の値を示している。

$$\lambda = A\rho + \frac{B}{\rho}T^3 + (C \cdot T + D) \cdot \lambda_{air} \tag{23}$$

ここで，$A = 1.1 \times 10^{-5}$ [W·m²/(K·kg)]，$B = 1.3 \times 10^{-8}$ [W·kg/(m⁴·K⁴)]，$C = -4.4 \times 10^{-5}$ [K⁻¹]，$D = 1.4$ [-]，$\rho = 128$ kg/m³，λ_{air} は静止空気の熱伝導率である。図11より，3者は±10%以内で一致していることが分かる。

(2) ナノ粒子断熱材

図12に，ナノ粒子断熱材(かさ密度528 kg/m³)の熱伝導率測定結果を示す。丸印はヒータ3がラバーヒータの場合であり，三角印はヒータ3がセラミックスヒータの場合である。さらに，実線はフュームドアルミナを用いたナノ粒子断熱材の熱伝導率推定式としてすでに提案されている次式[1)2)]を使って描かれた結果である。

$$\lambda = A\rho + \frac{B}{\rho}T^3 + \lambda_g \tag{24}$$

ここで，$A = 4.4 \times 10^{-5}$ [W·m²/(K·kg)]，$B = 1.8 \times 10^{-9}$ [W·kg/(m⁴·K⁴)]，$\lambda_g = 0.0131$ [W/(m·K)]，$\rho = 528$ kg/m³ であり，破線は実線に対する±10%を示している。図12より，3者が±10%以内で一致していることが分かる。

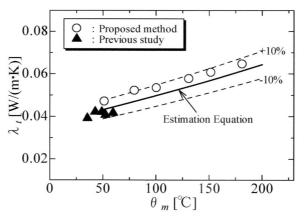

図11　セラミックファイバー断熱材の熱伝導率

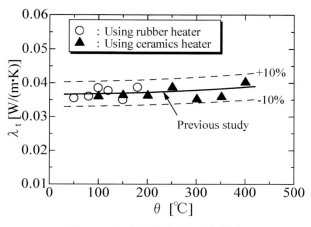

図12 ナノ粒子断熱材の熱伝導率

　図11および図12から，本測定方法により約50～400℃の温度範囲で安定して測定できていることが分かる。

5　簡易熱伝導率測定方法

　ここでは，試験体をヒータの上に重ねるだけの簡単な構造の装置に対し，標準物質を使ってエネルギー校正を施して熱伝導率を測定する方法[17]を紹介する。また，この方法を使って測定した身近な断熱材の熱伝導率を示す。

5.1　測定原理

　本装置は，試験体の片面をヒータで加熱し，もう一方の面を室内放冷することで温度差をつけ，フーリエの法則から熱伝導率を求めるものである。試験体を通過する熱量，試験体にかかる温度差，熱流通過面積（試験体の面積）から，次式に示すフーリエの法則を使って熱伝導率 λ を求める。

$$\lambda = \frac{Q_t}{S}\frac{d}{\Delta\theta} \tag{25}$$

ここで，d は試験体の厚さ[m]，Q_t は試験体を通過する熱量[W]，S は熱流通過面積[m^2]，$\Delta\theta$ は試験体にかかる温度差[℃]である。
　本装置では，試験体内部を通過する熱量 Q_t を得るために，熱伝導率が既知の標準物質を使って，試験体以外の部分，すなわち装置周縁から放散される熱損失 Q_{loss} を求め，エネルギー校正を施している。

5.2　測定装置

　装置は測定部，計測部，温度制御部からなり，測定部の模式図を**図13**に示す。試験体のサイズは300 mm×300 mm，厚さの範囲は5～50 mmである。図13に示すように，各部の温度

第4章　断熱材と遮熱

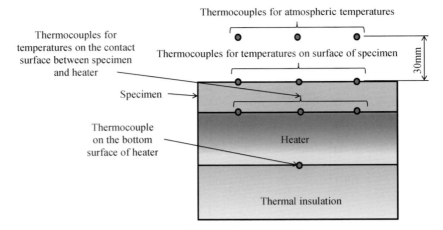

図13　測定装置の断面模式図

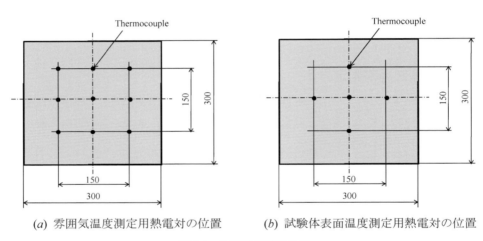

(a) 雰囲気温度測定用熱電対の位置　　(b) 試験体表面温度測定用熱電対の位置

図14　熱電対の設置位置

を測定するための熱電対を装置の上部から下部に向かって順に，空気中（雰囲気），試験体表面，試験体とヒータとの接触面，ヒータ下部にそれぞれ配置した。

雰囲気温度測定では，図14(a)に示すように75 mm間隔で九つの熱電対を，試験体表面から約30 mmの高さに熱電対の測温部が来るようにワイヤーに固定した。測温部には，空気の温度を正確に測定するために約10 mm×10 mmのアルミ粘着テープを貼り付けた。その他の面には，図14(b)に示すように面の中央から，十字状に75 mm間隔で五つの熱電対を配置した。なお，試験体表面温度測定の際には，熱電対の測温部に，切り出したポリスチレンフォーム（約20 mm×20 mm，厚さ3〜5 mm）をかぶせ，その上からテープで試験体表面に固定した。

5.3　装置のエネルギー校正

本測定装置では，ヒータで発生した熱量 Q は試験体内部へ流れる熱量 Q_t と，他の部位を伝

わって放散される熱量（熱損失）Q_{loss} の二つに別れると仮定した。すなわち，

$$Q = Q_t + Q_{loss} \tag{26}$$

とし，試験体を通過する熱量 Q_t を得るために，標準板を使って装置のエネルギー校正を実施した。

エネルギー校正には，ポリスチレンフォーム（商品名スタイロフォーム）を標準板として使用した。2枚のポリスチレンフォーム（No1：303 mm×302 mm 厚さ 19.7 mm，No2：303 mm×304 mm 厚さ 19.7 mm）の熱伝導率を，（一財）建材試験センターの保護熱板法（GHP法，2枚法）に基づく熱伝導率測定装置により測定し，その値を標準値としてエネルギー校正を行った。（一財）建材試験センターの GHP 法による測定で得られた試験体の平均温度に対する熱伝導率の近似式は，

$$\lambda = 0.0341 + 1.65 \times 10^{-4} \theta \tag{27}$$

であった。ここで，θ は試験体の平均温度［℃］である。なお，熱伝導率を算出する際に使用した熱電対は，図14（b）に示す熱電対のうち中央部分に配置されたものである。

5.4 測定例

ここでは，発泡スチロールとエアーキャップの測定例を示す。表1に，発泡スチロールとエアーキャップの質量，寸法，かさ密度などを示す。ここで，発泡スチロールは3種類の厚さの成形体をそれぞれ用意したが，エアーキャップについては，直径約10 mm，高さ約3〜4 mm の空気を封じた込めた円柱状のセルが約1 mm の間隔で配置されているシートを，3枚重ね，5枚重ね，7枚重ねにすることで厚さを変えて測定した。

5.4.1 発泡スチロールの熱伝導率

図15に発泡スチロールの熱伝導率測定結果を示す。ここで，横軸の θ は試験体の平均温度，縦軸の λ は熱伝導率を表している。また，○印は試験体の厚さ 9.79 mm，△印は厚さ 19.51 mm，□印は厚さ 28.85 mm，●印は厚さ 9.79 mm の試験体を2枚重ねにして測定した結果をそれぞれ表している。

表1　試験体

	質量 [g]	縦 [mm]	横 [mm]	厚さ [mm]	Bulk density [kg/m³]
発泡スチロール	9.43	300	300	9.79	10.7
	17.75	300	300	19.51	10.1
	27.49	300	300	28.85	10.6
エアーキャップ	12.0	300	300	9.95	13.5
	20.1	300	300	16.59	13.5
	28.1	300	300	23.23	13.4

第4章　断熱材と遮熱

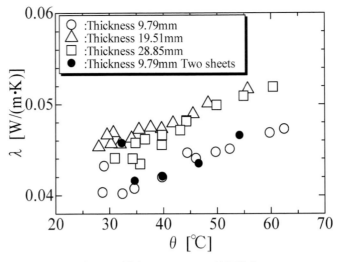

図15　発泡スチロールの熱伝導率

　図15より，温度範囲25～65℃で，熱伝導率が0.04～0.054 W/(m・K)の範囲でほぼ線型に変化していくのが分かる。また，どの試験体についても，40℃以下で測定のバラツキが大きくなっていることが分かる。

　さらに，厚さの薄い試験体の熱伝導率（○印）が，他の二つの結果に対して約10％低い値となっていることも分かった。確認のため，厚さ9.79 mmの薄い試験体を2枚重ねて測定を実施した（●印）。2枚重ねの結果は，試験体1枚の結果とほぼ一致し，装置固有の誤差によるものではなく，試験体自身がもつ原因により熱伝導率が他の二つに対して小さくなったことが明らかとなった。

　そこで，厚さの異なる各試験体の熱伝導率を固体，ふく射，気体に寄与する熱伝導率に分離し，熱移動の様子から内部構造の違いを検討した。この分離方法は，断熱材の熱伝導率が式(28)で表されるものと仮定し，さらに，試験体内に存在する気体の熱伝導率を静止空気のそれに等しいと仮定して分離する方法である[3]。

$$\lambda = A\rho + \frac{B}{\rho}T^3 + \lambda_g \tag{28}$$

ここで，λ_gは静止空気の熱伝導率であり，係数Aは固体伝熱に寄与する係数，係数Bはふく射伝熱に寄与する係数である。

　本検討では，測定バラツキの少ない40℃以上の測定結果を使って，試験体の平均温度（絶対温度T）の3乗と熱伝導率（気体の熱伝導率を除いた値：$\lambda - \lambda_g$）との直線関係を導いた。その結果を図16に示す。次に，その直線の切片と傾き，かさ密度を使って係数AとBをそれぞれ求めた。その結果を表2に示す。

　表2から，ふく射伝熱に寄与する係数Bは厚さによる影響がほとんど無いが，固体伝熱に寄与する係数Aについては，試験体の厚さが最も薄い9.79 mmの値が，その他の値に比べて

— 152 —

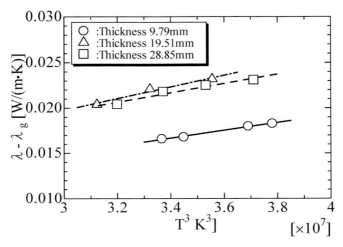

図16 測定平均温度（絶対温度T）の3乗に対する発泡スチロールの熱伝導率λから空気の熱伝導率λ_gを差し引いた値の関係

表2 発泡スチロールの厚さと係数 A, B

Coefficient	Thickness [mm]		
	9.79	19.51	28.85
A	1.5×10^{-4}	4.6×10^{-4}	4.3×10^{-4}
B	4.7×10^{-9}	6.5×10^{-9}	5.3×10^{-9}

40％以下になっていることが分かった．したがって，最も薄い試験体の熱伝導率が，他の試験体のそれに比べて10％程度小さな値になったのは，内部の固体部分における構造の違いによるものと予想される．

5.4.2 エアーキャップの熱伝導率

図17にエアーキャップの熱伝導率測定結果を示す．ここで，横軸のθは試験体の平均温度，縦軸のλは熱伝導率を表しており，○印は試験体の厚さ9.95 mm，△印は厚さ16.59 mm，□印は厚さ23.23 mm の測定結果である．

エアーキャップの熱伝導率は，試験体の平均温度とともに大きくなるが，厚さが厚くなるにつれて大きくなっていくことも分かった．

6 おわりに

近年の断熱材の性能向上には，非常に著しいものがある．現在，その評価を従来の測定方法（測定装置）に基づいて実施しているが，測定精度が十分であるかが大きな問題となっている．真空断熱材の低熱伝導率のレベルを正確に評価できるのか，500℃以上の高温度領域における測定精度を如何にして確保するのかなど，断熱材の熱伝導率測定には多くの課題がある．これらの解決策の一つとして，近年，異なる測定方法による結果比較が注目されるようになった．

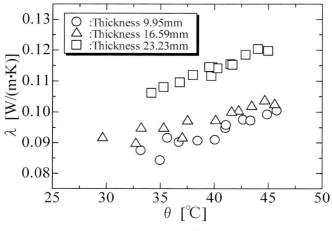

図17　エアーキャップの熱伝導率

　その一例が，周期加熱法を国際標準規格として ISO に提案する企画（高温度領域を対象）である。これは，経済産業省の委託により，一般財団法人建材試験センターが中心となり，大学や民間企業と協力して推進しているプロジェクトである[18)-20)]。日本発の測定技術を国際標準規格にし，すでに国際標準規格となっている GHP 法と比較することで，断熱材の熱伝導率測定精度を世界的規模の範囲で向上させようとする試みである。今後，さらなる省エネ対策が要求されてくるものと思われるが，それに伴う断熱材性能向上に併せて，評価技術のさらなる発展も必須であり，多くの研究開発者がこの課題に取り組んでいただけることに期待する。

文　献

1) 大村高弘, 阿部勇, 伊藤泰男, 佐藤和好, 阿部浩也, 内藤牧男 :「ナノ粒子／繊維複合粒子による多孔質材料の作製とその特性評価」, 粉体工学会誌, **46**, (6), pp. 461-466, (2009).
2) 大村高弘, 伊藤泰男, 阿部勇美, 阿部浩也, 内藤牧男 :「ナノ粒子／繊維複合粒子による高温断熱材料の作製とその特性評価」, 粉体工学会誌, **46**, (11), pp. 806-812, (2009).
3) 大村高弘 :「断熱材の物性評価」, 平田幸久編:『断熱材／遮熱材の開発と応用および評価・試験法』, 株式会社 R&D 支援センター, pp. 11-40. (2012).
4) J. G. Hust and D. R. Smith: "Round-Robin Measurements of the Apparent Thermal Conductivity of Two Refractory Insulation Materials Using High-Temperature Guarded-Hot-Plate Apparatus", *National Bureau of Standards Department of Commerce*, NBSR 88-3087, pp. 1-27. (1988).
5) JIS A 1412-1.
6) JIS A 1412-2.
7) 大村高弘 :「異なる測定方法による断熱材の熱伝導率比較」, 熱物性, **21**, (2), pp. 86-96. (2007).
8) T. Ohmura: "Study on comparison of thermal conductivities of thermal insulations using different measurement methods in wide range of temperature", *Proceedings of the 7th ASME-JSME Thermal Engineering Conference and the ASME Summer Heat Transfer Conference（7th AJTEC-SHTC07 Symposium）*, Paper No. HT2007-32746. (2007).

9) T. Ohmura, M. Tsuboi, M. Onodera and T. Tomimura: "Thermal Conductivity Measurement of Thermal Insulation under High Temperature", *ICAS 2004 24th International Congress of the Aeronautical sciences*, ICAS 2004-8.9.R (paper No. 249). (2004).

10) T. Ohmura: "Measurement error reduction method for thermal conductivity of thermal insulation using the GHP method", *Proceedings of the 3th International Forum on Heat Transfer*, November 13-15, 2012, Nagasaki Brick Hall, Nagasaki, Japan. Paper No. 043.

11) 熱伝導率・熱拡散率の制御と測定評価方法, サイエンス & テクノロジー㈱, pp.348-356. (2009).

12) H. S. Carslaw and J. C. Jaeger: "Conduction of Heat in Solids", Oxford University Press, pp. 105-109. (1959).

13) T. Ohmura, M. Tsuboi, M. Onodera and T. Tomimura: "Thermal conductivity measurement of thermal insulation in vacuum under high temperature conditions", *Proceeding of the 1st International Forum on Heat Transfer*, pp.1 89-190 (Paper No. GS4-13). (2004).

14) 大村高弘, 富村寿夫:周期加熱法による低嵩密度繊維質断熱材の熱伝導率測定に関する研究, 九州大学大学院総合理工学報告, **24**(3) pp. 313-317 (2002).

15) 大村 高弘, Tseng-Wen Lian, 近藤光, 早坂良, 内藤牧男:不均一温度場における熱伝導率測定方法, 熱物性 **31** (4) (通巻 117 号) pp. 166-173 (2017).

16) 峯良太, 中村優介, 井上諒, 辻直希, 大村高弘:熱伝導率および熱伝達率の同時測定装置の開発, 第 53 回日本伝熱シンポジウム講演論文集, SP119 (1599) (2016).

17) 小幡尚希, 太田眞一郎, 武輪育磨, 土山直哉, 藤原龍太郎, 中村優介, 大村高弘:身近な断熱材の熱伝導率特性, 第 37 回 日本熱物性シンポジウム (B311) pp. 264-266 (2016).

18) 経済産業省委託:平成 26 年度省エネルギー等国際標準開発, 「高温環境下での熱拡散率測定方法 (周期加熱法)に関する国際標準化成果報告書」, 一般財団法人建材試験センター (2015).

19) 経済産業省委託:平成 27 年度省エネルギー等国際標準開発, 「高温環境下での熱拡散率測定方法 (周期加熱法)に関する国際標準化成果報告書」, 一般財団法人建材試験センター (2016).

20) 経済産業省委託:平成 28 年度省エネルギー等国際標準開発, 「高温環境下での熱拡散率測定方法 (周期加熱法)に関する国際標準化成果報告書」, 一般財団法人建材試験センター (2017).

第3節　反射型透明断熱フィルム

株式会社エフ・ティ・エス　コーポレーション　門倉　貞夫

■1　はじめに

　密着性に優れた薄膜形成や薄膜の組成制御が容易に，しかも大量生産できるマグネトロン式スパッタ PVD の出現(1974)により，磁気・光の記録分野，半導体分野，ディスプレイ分野といった IT 革命推進やエネルギー分野にスパッタプラズマ技術は欠かせないインフラとなっている。

　PVD プラズマ成膜では，蒸発源(ターゲット表面)と基板表面とが対向するため，薄膜組織はガス圧や基板表面の温度やバイアス電圧といったスパッタ条件で大きく変化する。また，スパッタガス圧と材料融点と基板温度に関して材料の種類に関係なく，Thornton model と呼ばれる一様なモフォロジーを示す[1]。この Thornton model に示される微細組織では，初期層を含めて粒界に空孔といった結晶格子配列を不連続な状態にする格子欠陥を多数含む事が指摘され，薄膜内部に残留する格子欠陥のため高性能薄膜を安定に高速形成できない懸念がある。とくに，多層膜構造を必要とする反射型透明断熱フィルムに代表される大量生産プロセスでは大型のマルチチャンバー，冷却ドラムの周囲に配置する大型 MS カソードさらにフィルム搬送系を組み合わせた真空装置[2]を必要とするため量産技術としての信頼性，保全性，作業性についての複雑かつ精緻な技術開発によりマルチチャンバー式の大型装置が実用化されているが高額な設備投資が必要である。

　1977 年東京工業大学電子物理工学科の直江・星らにより対向ターゲット式スパッタ FTS 法[3]が提唱された。この FTS 装置で形成した薄膜のモフォロジーは PVD 方式でありながら Thornton model と異なり，粒界欠陥の無い緻密な構造の膜が形成できることを筆者らは明らかにした[4]。FTS 法では，1)ターゲット面同士を向かい合わせ，ターゲット間に挟まれた空間に高密度プラズマを拘束し MS のプラズマ拘束に遜色のない高真空・低電圧放電によりスパッタ粒子発生を実現するとともに，2)プラズマ空間への磁場の形成によりプラズマを拘束することで堆積基板表面をプラズマ衝撃から分離できる，といったスパッタプラズマの制御を可能にする原理的特長がある。筆者らはこのプラズマ発生と拘束の技術を進化させると共にコンパクトで操作性に優れた新対向ターゲット式スパッタ(NFTS)プラズマ源を開発した[5]。この NFTS は，スパッタプラズマを発生・拘束する空間を箱型空間に実現した新技術であり，プラズマ源として取り扱いが容易で再現性と信頼性に優れた構造と技術を商品化した。すなわち，従来のターゲット面と基板表面との間にプラズマ発生するスパッタ法の欠点を克服するとともに高真空スパッタを可能にすることにより，薄膜粒界に格子欠陥の発生しにくい緻密な超薄膜形成を再現性良く実現することができる。また，スパッタプラズマを箱型空間に効率よく閉じ込めることにより，冷却ロールを使用することなくプラスチックフィルムに代表される低温基板に高速で成膜する技術を実現することが可能になると期待される。本節では反射型透明断熱

フィルムの構成と量産技術の観点からMSとNFTSの典型的な技術例について述べる。

2　反射型透明断熱フィルムの構成

透明断熱フィルムとは可視光領域の電磁波（380〜780 nm）を透過して熱線と呼ばれる近赤外線波長領域（780〜2100 nm）の電磁波を透過しない（反射）機能性フィルムであり，建物窓や車窓といった窓ガラスを介して室内や車内への太陽光エネルギーの入射を遮断し，外気が室内からガラスを通して逃げるのを防ぐ省エネフィルムとして注目されている。

1970年代後半にMITのDr. Fanがスパッタ技術によりガラス/TiO_2/Ag/TiO_2という構成で70％程度の可視光を透過し熱線を反射する機能を報告している[6]。その後，反射型透明断熱フィルムの実用化開発が日本，米国を中心に加速した。その結果，帝人株式会社では1980年代からPETフィルムに透明酸化層/Ag合金層/透明酸化層から構成される透明断熱フィルムの量産化を目指して研究開発を実施した。帝人株式会社ではレフテル（商品名）として商品化に成功し，現在に至っている[7]。米国ではサウスウォールテクノロジーズ社が1980年代にPETフィルムにInO_xの透明酸化層/Ag層/透明酸化層/Ag層/透明酸化層/Ag層/透明酸化層の7層から構成される反射型透明断熱フィルムを商品化して，現在に至っている[8]。図1に典型的な市販反射型透明断熱フィルム製品A，Bおよび筆者らの開発サンプルCの分光特性例を示す。可視光領域の透過が高く，近赤外線領域での反射が高く，かつ，多層膜の構成と薄膜の特性により色調を調整することができる。

商品化に成功している反射型透明断熱フィルムでは，多層膜を構成している金属の自由電子のふるまいを利用することにある。透明膜としてAg合金系が使用される理由としては，透明酸化層との組み合わせによって高い可視光透過率と熱線を反射することにより太陽光などの熱線を遮断する省エネルギー機能性フィルムが実現できるからである。たとえばAg金属を構成する自由電子のプラズマ周波数は紫外域にあり，このプラズマ周波数より低い（長波長域）可視光域から赤外にかけて高い反射率を示し，いわゆる金属光沢を示す。とくに，Agの屈折率が可視光領域において他の材料に比べてきわめて小さい値を有し，膜中での吸収が少ない特長を

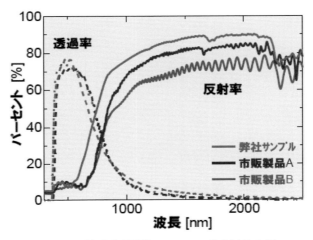

図1　反射型透明断熱フィルムの分光特性の例

利用している[9]。このため，自由電子密度が高くかつ可視光領域での吸収率が3～5%程度と低いAg薄膜が透明断熱フィルムを構成する金属膜として最適な材料といえる。セラミックス透明導電膜では電子密度が金属の場合と比較して2桁程度低いため可視光領域は透過しても熱線遮断として必要な近赤外線領域からの熱線を反射する機能はAg系薄膜と比べると劣り，かつ量産を安価にすることが材料価格および生産性の観点からAg系薄膜による構成と比較してメリットが少ないため反射型透明断熱フィルムとしての商品化が実現していない。

❸　反射型透明断熱フィルム作成技術(MS)と多層膜の性質-1

　Agは化学的に安定性が低く，多層積膜に塩化物イオンなどを含む異物が付着するとAgが凝集して反射性能の欠陥が生じることがある[10]。
　このため，Agの導電性が劣化せず反射性能を維持できる範囲でAgの凝集や反応性を抑制することに効果のあるAu, Pd, Cu, Ndといった2元合金あるいは3元合金を用いる材料の検討も重要である[11]。
　Ag薄膜を透明酸化層でサンドウィッチする反射型透明断熱フィルムの場合には，Ag薄膜の表層に直接酸化層を形成する際に活性な酸素がAg表面層と反応してAgOを形成し，Ag層における自由電子を減らす結果，界面での吸収が増加して熱線の反射性能が低下する懸念がある。この課題の解決方法としてAg層を数オングストローム程度の島状構造レベルのNiやTiなどの超薄膜で覆うことによりAg層の特性劣化を抑制する技術も提案されている[12]。
　図2には，7層構造からなる市販反射型透明断熱フィルムAの断面を透過電顕像(TEM)で観察した例を示している。本サンプルはPETフィルムに最初の30～35 nm膜厚の透明酸化層を形成した後，第2層として10～15 nm膜厚のAg層，第3層として65～70 nm膜厚の透明

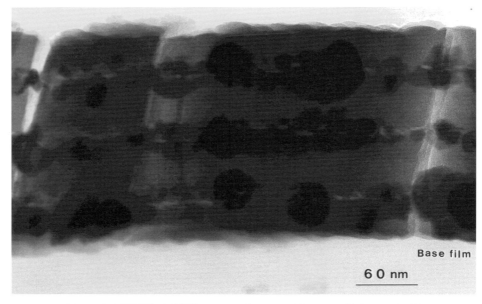

図2　市販反射型透明断熱フィルム製品Aの断面TEM像(黒Ag合金)
(TCO/Ag/TCO/Ag/TCO/Ag/TCO)

酸化層，第4層の10～15 nm 膜厚の Ag 層，第5層として65～70 nm 膜厚の透明酸化層，第6層の10～15 nm 膜厚の Ag 層，第7層として30～35 nm 膜厚の透明酸化層を形成した構造となっている。TEM で断面観察する場合には，数10 nm 程度の薄い切片に試料を加工する必要があるため断面層の破断域(白い割目)が図2に観察され，残留応力の影響も Ag 層の凝集に関与している様子が伺える。3層の Ag 層についてはいずれの層についても10 nm 程度の帯状の白い領域とその左右の領域を含めて20～40 nm 程度の黒い粒径が点在している。これらの凝集物の組成は Ag であることから，図2に示した試料では透明酸化層でサンドウィッチされた Ag 層が長期間に渡って周囲の酸素や塩素などと反応して凝集した状態を示しているといえる。

分光測定をした結果，熱線領域での反射性能が低下し透過率が上がっていることから図2に示すような構造変化が生じる場合には透明断熱フィルムとしての省エネ効果が劣化していることになる。

図3には，5層構造からなる市販透明断熱フィルムサンプル B の断面を透過電顕像(TEM)で観察した他の例を示している。このサンプルでは PET フィルムであるベースフィルムと Ag 層(黒い層)との間の層は PET フィルム基板と同様な有機層で形成されており，有機金属環化合物を変成した透明有機層からなる最初の30～35 nm 膜厚の透明酸化層を形成した後，第2層として15～20 nm 膜厚の Ag 層，第3層として65～70 nm 膜厚の透明酸化層，第4層の15 nm 膜厚の Ag 層の上に第5層として40 nm 膜厚程度の透明酸化層，さらに表面保護層と思われる有機層を形成した透明断熱フィルムとなっている。TEM で断面観察する場合には，図2と同様に約10 nm 程度の薄い切片に試料を加工する必要があるため断面層の破断域(黒い層)が図3に観察され，図2と同様に Ag 層の凝集の様子が伺える。断面 TEM 像に観察され

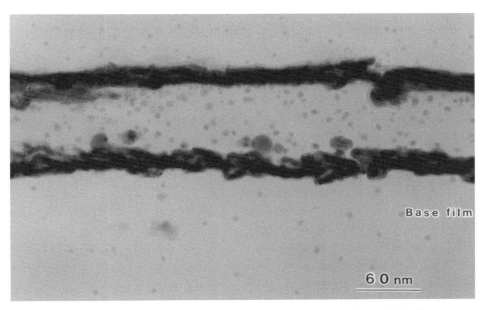

図3 市販反射型透明断熱フィルム製品 B の断面 TEM 像(黒 Ag 合金層)
(誘電体層/Ag/誘電体層/Ag/誘電体層)

第4章　断熱材と遮熱

る微粒子は連続層の Ag 層から分離した空間や Ag 層界面に隣接して 20 nm 程度の粒径が点在しているが，Ag 層の不連続性や Ag 粒子の凝集が透明断熱フィルムとしての特性を劣化させる原因になる。

　図3に示した市販反射型透明断熱フィルム B の分光特性を調べた結果から熱線領域での反射性能が低下しており，Ag 層の金属層としての自由電子密度が低下した状態になっていると考察される。

　図2や図3に見られる Ag 薄膜層が凝集して反射性能が劣化する原因としては，MS のように基板とターゲットとの空間で Ag 原子を発生させるプラズマ製膜技術では 100 eV 以上の高いエネルギーを有する反跳アルゴンやターゲットを構成している原子が飛散する際に発生する数 100 eV の高いエネルギー電子が Ag の堆積原子層に衝突する結果，超薄膜状態の数 nm 程度の厚みの縞状構造を乱してしまうため均一な構造の薄膜が形成されにくい。この結果，透明断熱フィルムを形成した直後の Ag 層が連続層となり初期の光学特性が良好でも Ag 層や Ag 層を挟んで形成した透明酸化層に内在する応力（原子配列を決める格子の方位や粒界における格子欠陥が復元しようとして働く力）が大気中にサンプルを放置したり，たとえばガラス窓に使用したりして長期間が経過すると，大気中のガスが透明断熱フィルムを構成している薄膜層の欠陥部に侵入して Ag 層領域に至り凝集が生じることになる。

　透明酸化層を形成するプロセスではプラズマ中に酸素が必要である。MS 方式では酸素は負イオンになるため高い運動エネルギーをもったまま Ag 層表面に衝突するため欠陥の多い多層薄膜になりやすい。このため Ni や Ti の超薄膜で Ag 層を覆って後透明酸化層を形成するといったプロセスが考えられる。すなわち，NiO_x，TiO_x といった保護層により透明酸化層形成での反応性ガスによる Ag 層の劣化を抑制するとともに，大気開放による長期間での緩和現象でも Ag 層の凝集を抑制する効果を得ることができる。

■4　反射型透明断熱フィルム作成技術（NFTS）と多層膜の性質-2

　図4には5層構造からなる筆者らが試作した反射型透明断熱フィルムで試作後サンプル C を2年以上室内に放置したのちの試料断面を透過電顕像（TEM）で観察した例を示している。

　図4のサンプルは PET フィルムに最初に 30 nm 膜厚の透明酸化層を形成した後，第2層として 8 nm 膜厚の Ag 層，第3層として 50 nm 膜厚の透明酸化層，第4層の 8 nm 膜厚の Ag 層，第5層として 26 nm 膜厚の透明酸化層を形成した反射型透明断熱フィルムとなっている。TEM 断面観察するための約 10 nm 程度の薄い切片に試料を加工する際，図2および図3では容易に機械方式で割断面を得ることができたが，図4の場合には透明酸化層と Ag 金属層とが PET フィルム界面と離れず伸びてしまい機械方式での割断面は得られなかった。このため，イオンミリング式で割断面観察用の試料を得た。

　図4の Ag 層は透明酸化層で均一な厚みの層でサンドウィッチされており，Ag 層が凝縮することで TEM 像に多層膜界面が乱れるといった形跡は見当たらない。同時に作成したサンプルをその後1年以上放置した後に TEM 観察した結果でも多層膜界面が乱れるといった形跡は見当たらないことが判明している。

— 160 —

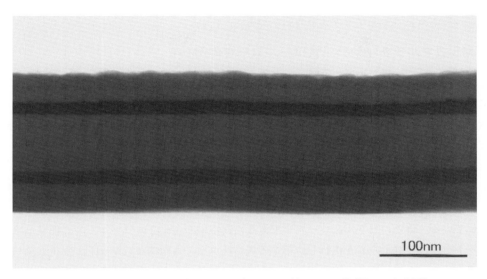

図4　市販反射型透明断熱フィルム製品Cの断面TEM像（黒Ag合金層）
（誘電体層/Ag/誘電体層/Ag/誘電体層）

5 透明断熱フィルムの量産技術

5.1 量産技術条件

透明断熱フィルムの量産技術としては，次の条件を満たす必要がある。

1) 多層膜としてAg合金といった酸化しやすいターゲットの酸化を抑制したプラズマ源と酸素ガスを必要とする透明酸化層を安定生産できるリアクティブプラズマ源の組み合わせを真空槽内に設けたスパッタ冷却ロールの外周空間に沿って交互に配列した機構であること。

2) 窓ガラスへの応用を想定するため，1000～2000 mm 幅で 1000～3000 m 長の PET フィルムロールを真空槽内に設置して走行方向を変えられるフィルム搬送機構を設け，スパッタ冷却ロールに密着させて安定走行できるサーボ技術を設けること。

3) フィルム搬送では幅方向に張力の斑が生じると張力の斑に応じたスジ状の皺が発生しやすく，真空状態での摩擦によるスベリによる皺解消が難しいため，とくに搬送機構では多数の搬送ロール間での平行度，ロール外周寸法公差といった大型ロールの精密機械加工精度が必要である。

4) スパッタ粒子は周囲に飛散しやすいため量産機ではコンタミによる真空槽内部の汚れ，とくにスパッタ冷却ロールの外縁部で PET フィルム端部の周辺にはコンタミが付着しやすい。製品の信頼性を高めるためには装置内部のクリーニングを含む保全性・作業性の容易さがきわめて重要である。

5) 大気中で生産される PET フィルムロールを真空槽内に放置して真空排気するとフィルム表面に付着している空気層が抜け出てフィルムロールが変形し，安定なフィルム搬送ができなくなるといった問題に対して，大気中と真空中での PET フィルムロールの扱いが安

定にできるシステムを構築する必要がある。

5.2 MS式マルチチャンバー式ロールコータの例

透明断熱フィルムを含む光学系フィルムの量産装置としてVON ARDENNE ANLAGENTEKNIK GMBHより商品名FOSA1250が発表されている[2]（**図5**）。

FOSA1250では6室に分離した真空室からなっており，フィルムを通過させる隙間を除いては真空室の機能に対応した排気系を設けたシステムとなっている。

FOSA1250では巻き出し室から巻取り室へフィルムは一方向に走行する機構になっており，フィルム走行の安定性およびクリーニング性を確保するために巻き出ロールからフィルム搬送経路に沿って40本以上のガイドロールが2冷却スパッタロールを介して巻取りロールまで配置されている。第1の巻き出しロールを配置した真空室から第2のフィルムの処理室へは微小スリットを設けてフィルムが走行し，第3のスパッタ室にも同様なスリット・ガイドロールを介してフィルムが走行する。第3のスパッタ室から製品にマークを設けるための第4の室にもスリットを介してフィルムが送られ，第4の室からスリットを介して第5の巻取りロールを設置した真空室にてフィルムの巻き取りが行われる。FOSA1250では，スパッタロールの外周に沿った空間に5組のマグネトロンプラズマ源，2ロールなので10組のマグネトロンプラズマ源が第3のスパッタ室の側壁に片持ち方式で装着され，各10組のマグネトロンプラズマ源毎に独立した真空排気がなされる構造である。

排気についてはロールフィルムを扱う第1，第5および第2の真空室はルーツポンプを使用しており比較的低い真空度としている。また，容積の大きなスパッタ室については油拡散ポンプで中真空程度に排気し，各10組のマグネトロンプラズマ源毎にはスパッタ条件毎に適合するためにターボ分子ポンプで排気する仕組みとなっている。また，第4室もターボ分子ポンプで排気している。

5.3 MSプラズマ源による多層膜形成

スパッタ冷却ロールの周囲に配置しているプラズマ源を同時にスパッタすることでAg薄膜

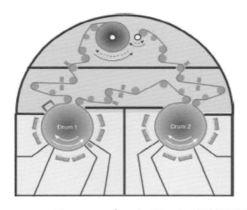 

図5　MSプラズマ源による反射型透明断熱フィルム装置（FOSA1250）の例

および透明酸化層から構成される多層膜を製造するためには，隣接するプラズマ源のスパッタ条件を独立に調節する必要がある。

FOSA1250では隣接するプラズマ源のガス分離は1：100程度になされており，透明酸化層を形成するリアクテイブスパッタに用いる酸素ガスの影響は隣接するAg薄膜を形成するArガスへ混じってAg層の酸化による反射性能の劣化は生じないレベルが期待される。

FOSA1250で開示されたスパッタプラズマ源のように，スパッタ室に配置した複数ターゲット表面への異なるガス種やスパッタガス圧を独立して調整できる場合には，多層膜界面での反応性による特性劣化は回避できる。

5.4 NFTS方式による反射型透明断熱フィルムの量産技術

図6にNFTS方式による量産装置モデルの概略図を示す。

巻き出し室と巻き取り室の中間部はフィルム搬送空間部に箱型構造のNFTSプラズマ源をシリーズに配置する接続空間となっている。

1) クライオポンプによる排気を巻き出し室と巻き取り室に設けることにより，スパッタ室には別の排気をする必要はなく箱型プラズマ源ごとにスパッタガスを導入することでAg合金と透明酸化層を同時にスパッタ製膜することができる。スパッタプラズマ源の特長である堆積表面原子層にはMSに不可欠なプラズマ衝撃を回避する機能により，Ag系薄膜界面に透明酸化層を直接形成しても均質な薄膜の状態が乱れることが生じない。

2) MS方式では冷却ロールを用いるのが必須であるが，NFTSでは透明断熱フィルムの製造には冷却ロールを使用しなくても熱によるフィルム変形や残留応力によるフィルム変形の問題が生じにくいため，ガイドロールを多数使用することなく安定なフィルム搬送が可能となる。

3) なお，堆積基板表面へ流入する熱流についてはNFTSでは投入スパッタ電力により加熱される周辺からの輻射熱であるため，冷却ロールを使用することなくフィルム表面のH_2O分子を急速トラップするコールドトラップパネルをフィルム基板の上部空間に配

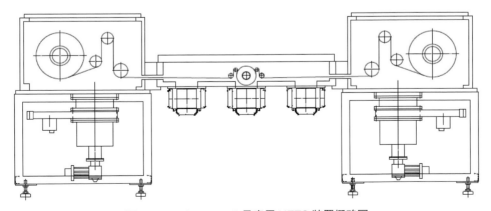

図6 ロール to ロール量産用 NFTS 装置概略図

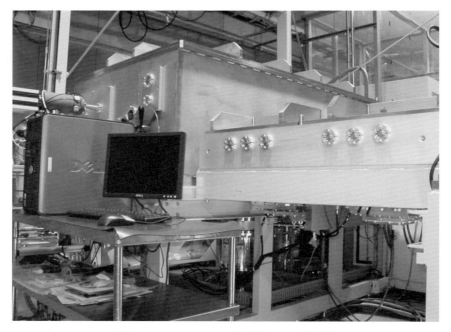

図7 ロール to ロール量産用 NFTS 装置例

置することで，フィルムを介して放射する熱線を緩和することによりフィルム冷却用大型ドラムを使用する必要はない。

4) **図7**のように3組のNFTSプラズマを用いた装置の場合には，往復することにより5層構造が形成できる。また，6組のNFTSプラズマを用いた装置の場合には1パスで5層構造の透明断熱フィルムを製造できる。

NFTSプラズマ源を大型装置組み込んだシステムとして商品化するに至っていないため市場が拡大する時代には，MS式マルチチャンバー式ロールコータによる反射型透明断熱フィルムをNFTSプラズマ源に置換することで信頼性に優れた製品が上市されると期待している。

6　おわりに

多層膜構造からなる反射型透明断熱フィルムについてMS法とNFTS法による現状の製品例および実際のプロセスについて紹介した。MS法による技術については永い歴史とシステム技術の成熟により大型で複雑な機構を必要とするが，量産装置の実現により実用に耐える製品が上市されるに至っている。

MS法の欠点であるプラズマ衝撃による基板加熱と薄膜粒界の欠陥生成を克服したNFTS法による大型装置の開発により，大量生産可能な装置技術プロセスについて述べた。今回報告したNFTSプラズマ源のシステムでは，堆積基板表面への熱流の抑制と活性化されている酸化物原子層とAg合金系の原子とが反応することなく界面を分離して均質な多層膜を大量生産できることを紹介した。本大型装置技術と反射型透明断熱フィルム量産化技術開発では平成14，15年度課題対応新技術研究開発事業（中小企業事業団の委託）および平成17，18年度産業

技術実用化開発事業費補助事業（NEDO），平成24年受注型中小製造業強化支援事業助成（東京都）を受けて現在に至っていることを付記し深謝する。

文　献

1) John. A. Thornton: *J. Vac. Sci. Technol.* A4(6), pp.3059-3065 (1986).

2) F. Milde, J. Bruckner, C. Deus, M. Kammer and H. Neumann: Proceedings of the 4th ICCG (2002).

3) Y. Hoshi, M. Naoe and S. Yamanaka: *Jpn. J. Appl. Phys.*, **16**, 1715 (1977).

4) S. Kadokura and M. Naoe: *Mat. Res. Soc. Symp. Proc.* **239**, pp.653-658 (1992).

5) USP6, 156, 172, 特許第 3807684 号

6) USP4337990

7) K. Chiba, S. Sobajima and T. Yatabe: *Solar Energy Materials*, **8**. 371 (1983).

8) 特許第 2901676 号

9) 吉田貞史：応用物理，**41**(4), p.324 (1972).

10) T. E. Graedel: *J. Electrochem. Soc.* **139** 1963 (1992).

11) 島田幸一，小池勝彦，福田伸：*J. Vac. Soc. Jpn.*, **46**(3), 214 (2003).

12) USP3682528

第5章

蓄熱・保熱

第1節　相変化蓄熱

静岡理工科大学　桜木　俊一

概要：太陽熱や深夜の余剰電力を利用した蓄熱システムは，現在，一般家庭や産業界で広く利用されており，その代表的製品としてヒートポンプシステムと組み合わせたエコキュートや電気温水器などがある。この場合の蓄熱方法としては，水道水を直接加熱し貯湯槽に貯め込む方式が一般的である。しかし，この方式は水の顕熱領域での蓄熱であるため，貯湯槽の容積に依存して蓄熱量が決定される。そこで筆者は，限られた蓄熱槽容積の範囲で蓄熱エネルギー量をさらに拡大させる方法として，相変化型蓄熱材を利用した潜熱蓄熱システムの検討を行った。本節では，酢酸ナトリウムを主成分とした相変化型蓄熱材[1]を用いた小型蓄熱システムの実験結果を紹介する。結果として，本蓄熱システムは従来の顕熱型蓄熱方式と比べて2～3倍程度の容積エネルギー密度を達成できることが確認された[2]。

1　はじめに

　本研究では，相変化型蓄熱材を用いた高エネルギー密度蓄熱システムの実現可能性を検討した。従来の貯湯方式と比べ容積当たりの蓄熱エネルギー量をどの程度まで増大できるかが重要な評価指標となる。図1に相変化型蓄熱槽のシステム概念図を示す。熱電併給型ソーラーパネルなどの熱源で，循環する熱媒流体に集熱された熱エネルギーを蓄熱槽内に設置された蓄熱材に吸収させる。図2は，このときの蓄熱槽内の温度変化の状態を模式的に表したものであ

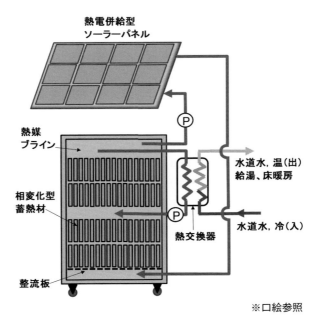

図1　蓄熱システム概念図

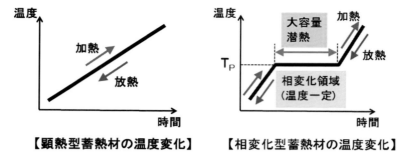

図2　蓄熱材の違いによる温度特性

る。貯湯槽方式では顕熱状態での温度変化であるため槽内温度は時間とともに単純増加・減少していくが，相変化型蓄熱材を設置した場合は，蓄熱材が相変化温度 T_P に達した場合，相変化が始まり潜熱として大量の熱エネルギーの吸収・放出が起こる。この潜熱吸収・放出は相変化が終了するまで続く。今回の実験に使用した酢酸ナトリウム3水和塩（$CH_3COONa \cdot 3H_2O$）の場合，相変化温度 T_P は58℃で，58℃以下の場合は固体となり，58℃以上で液体となる。相変化温度 T_P 前後の温度領域では固体または液体での顕熱移動となる。また，蓄熱材が相変化状態にあるときは一定の発熱温度で多量の熱エネルギーの吸収・放出が起こるため，長時間にわたりほぼ一定温度の熱供給ができ，蓄熱槽として非常に使い勝手が良いものとなる。

❷　実験装置とデータ解析手法

2.1　実験装置

　図3に本研究で使用した実験計測システムの概略図を示す。主要構成機器は，蓄熱材としての酢酸ナトリウムを内蔵した蓄熱槽と熱供給源の電気ヒータ（4 kW）および放熱時の熱消費量を模擬した熱交換器から構成されている。また，ポンプおよび各種バルブ類により，熱移動経路の形成と切り替えを行っている。蓄熱槽を循環する熱媒流体は冬季の凍結を避けるために，一般的にはプロピレングリコールやエチレングリコールの水溶液が使われるが，本実験では水を使用した。蓄熱槽の入口温度 T_1 と出口温度 T_2 および熱交換器の入口温度 T_3 と出口温度 T_4 は熱電対により測定される。蓄熱槽に熱を貯める場合は，太陽熱や深夜電力を模擬するヒータで水を加熱し蓄熱槽に供給することにより蓄熱材に熱の吸収を行わせる（図中，加熱モード）。一方，蓄熱材に蓄えられた熱エネルギーを利用する場合は，蓄熱槽から送り出された高温水を熱交換器に供給しさまざまな熱負荷に対して利用される（図中，放熱モード）。
　蓄熱槽に装填される蓄熱材はレトルト食品などの包装材として利用されているアルミパウチの形態となっている（図4）。今回の実験では，内容量100グラムの蓄熱材パウチ95個をプラスチック製かご容器に充填し，蓄熱材モジュールとして蓄熱槽内に設置する方式とした（図5）。蓄熱槽のサイズは内容積 0.062 m³（480 mm×310 mm×420 mm（高さ））であり，蓄熱材の総容積は 0.0063 m³ である。したがって，蓄熱材の充填率（＝蓄熱材総容積／蓄熱槽内容積）は 10.1％ となる。

第1節　相変化蓄熱

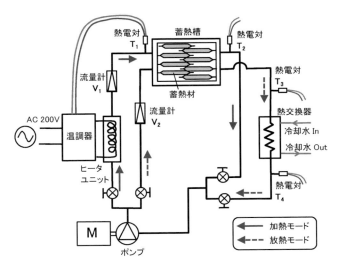

図3　実験装置と計測システム

充填部寸法
125mm×80mm×（厚さ約10mm）
内容量　100グラム

※口絵参照

図4　蓄熱材パウチ

※口絵参照

図5　蓄熱材モジュール

表1　蓄熱材（酢酸ナトリウム3水和塩）の物性値

潜　熱	融　点	比熱（液体）	比熱（固体）
220 kJ/kg	58℃	2.7 kJ/(kgK)	4.0 kJ/(kgK)
密度（液体）	密度（固体）	熱伝導率（液体）	熱伝導率（固体）
1.43 g/cm^3	1.50 g/cm^3	0.41 W/(mK)	0.65 W/(mK)

　蓄熱槽への水の出入りは，蓄熱材モジュールの設置位置よりも上部と下部に設けられた出入り口より行われる。これにより，蓄熱材の間隙の上下方向に水流が生じ熱交換が行われる。
　表1に本実験に使用した蓄熱材の物性値を示す。

2.2 データ解析手法

加熱モードでヒータから水に加えられる熱エネルギー入力 Q_H と総加熱エネルギー W_H は次式で表される。

$$Q_H = V_1 \rho C (T_1 - T_2) \quad [W] \tag{1}$$

$$W_H = \int_{t_0}^{t} Q_H \, dt \quad [J] \tag{2}$$

一方,放熱モードで熱交換器に与えられる放熱出力 Q_C と総放熱エネルギー W_C は次式で表される。

$$Q_C = V_2 \rho C (T_3 - T_4) \quad [W] \tag{3}$$

$$W_C = \int_{t_0}^{t} Q_C \, dt \quad [J] \tag{4}$$

ここで,$V_{1,2}$:流量(m^3/s),ρ:流体密度(kg/m^3),C:流体比熱($J/(kgK)$),$T_{1\sim4}$:流体温度(K)。

3 実験結果と考察

図6は,加熱ヒータON状態(加熱モード)での蓄熱槽入口水温 T_1 の時間変化を表したもので,蓄熱材モジュールを挿入した場合と入れなかった場合(単なる温水容器として使用)の温度変化を表している。水温が72℃を超えると温調器によりヒータスイッチをOFFにしている。図中で,蓄熱材を挿入した場合は水温 T_1 が55℃付近から,温度上昇勾配がわずかに緩やかになっており,蓄熱材の相変化(融解)による熱吸収が起こっていることが推察される。

図7は,ほぼ72℃で蓄熱槽に貯められた熱を取り出し利用する放熱モード運転で,熱交換器に供給する温度 T_3 を表したものである。熱交換器の負荷となる冷却水は水道水を使用し,

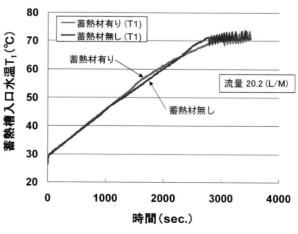

図6 蓄熱槽入口水温(加熱モード)

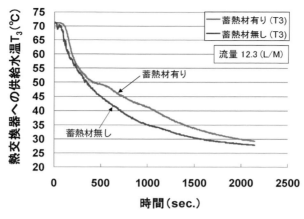

図7 熱交換器への供給水温(放熱モード)

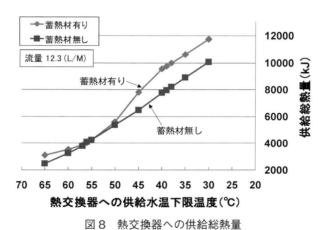

図8 熱交換器への供給総熱量

流量と水温は一定とした。この場合も，水温50℃付近で温度の下降勾配が緩やかになっており，蓄熱材の相変化(凝固)による放熱が進行している様子がうかがえる。

図8は，放熱モードで熱交換器に供給された総エネルギー量を表したもので，初期温度(約72℃)から供給温度T_3までの温度降下に対応して供給された総熱エネルギー量を表し，式(4)に従って計算されたものである。同図より，蓄熱材を有する場合は，55℃付近から潜熱放出による供給エネルギー量の増加が確認される。

図9は，図8中の2本のグラフ線の差を表したもので，蓄熱槽に蓄熱材を装填した場合と水のみを満たした場合の供給総エネルギー量の差を表している。図中で，温度勾配が正の値をとる領域(約55℃〜40℃)が，蓄熱材が相変化状態にある温度領域といえる。この温度領域で蓄熱材の最表面から固化が始まり，中心部に向かって固化が進展していく。したがって，蓄熱材の厚みに依存してこの温度領域の幅が決定される。また，同図より，蓄熱材モジュールの総発熱量は1800(kJ)と考えられ，この値は理論発熱量220(kJ/kg)の86％となる。これより，蓄熱材の充填率を実用的な50％程度まで引き上げたとすると，潜熱発熱量は約9000(kJ)とな

— 173 —

第5章 蓄熱・保熱

り顕熱蓄熱量と合わせると，単純貯湯槽の2～3倍の蓄積エネルギー量となる。

図10は，式(3)により計算された熱交換器に供給される瞬時の熱出力である。この場合も，蓄熱材有りの場合，約55℃～40℃の温度範囲で出力下降勾配が多少緩やかになっており潜熱

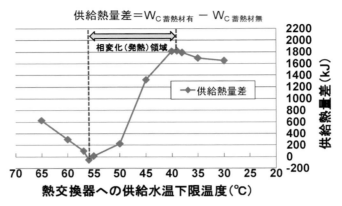

図9　熱交換器への供給熱量差

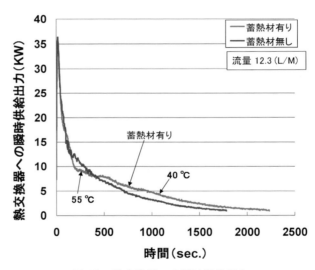

図10　熱交換器への瞬時供給出力

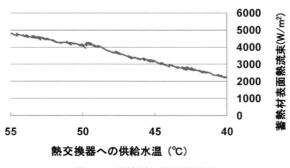

図11　蓄熱材の表面熱流束

— 174 —

放出状態がみて取れる。

図11に，蓄熱材パウチの表面から放出される熱流束（W/m²）を示す。これは式(3)により計算される瞬時出力を蓄熱材パウチの総表面積で除し，供給温度の関数として表示したものである。この蓄熱材の表面熱流束は5000～2000（W/m²）程度で，温度低下により表面から形成される固相の厚みの増加とともにほぼ直線的に減少する。

４ おわりに

酢酸ナトリウム３水和塩（$CH_3COONa \cdot 3H_2O$）を主成分とする相変化型蓄熱材を用いた蓄熱システムの動作特性に関する実験的研究を実施し，以下の結論を得た。

（1） 本蓄熱材は，58℃付近に相変化温度を有し，理論潜熱量220（kJ/kg）の86％程度の熱放出量を確認した。

（2） 相変化時の蓄熱材表面の熱流束値は，最大で5000（W/m²）程度であることが判明した。この値は，蓄熱材の温度降下により表面から形成される固相の厚みの増加とともにほぼ直線的に減少する。

（3） 蓄熱槽内の蓄熱材充填率を50％程度まで増加させると，単純貯湯槽と比較して2～3倍程度，容積エネルギー密度の増大が可能である。

文　献

1） 稲葉英男ほか："水和塩の過冷却状態を利用した潜熱蓄熱に関する研究：第1報，酢酸ナトリウム３水和塩の過冷却状態を含む物性の評価"日本機械学会論文集B編，58 (553)，pp.204-212 (1992).

2） 新村純矢, 井村翔多, 桜木俊一："相変化型蓄熱材を用いた蓄熱システム"平成26年度日本技術士会中部本部修習技術者研究業績発表会講演論文集, 第2巻, pp.9-12 (2015).

第2節　潜熱蓄熱

北海道大学　能村　貴宏

◼ 1　はじめに

　物質の相変化時（おもに固液）の潜熱を利用する潜熱蓄熱法は，相変化温度近傍において高密度に蓄熱できる点で魅力的である。パラフィンなどの有機物質から金属・合金材料までさまざまな物質が潜熱蓄熱材料として使用可能であり，材料や作動温度域の選択性に大きな自由度がある。また，他の材料とのコンポジット化やカプセル化による性能改善や機能性改善が期待できる。本稿では潜熱蓄熱技術を概説する。

◼ 2　原　理

　図1は，液相変化を利用した潜熱蓄熱材の温度と積算蓄熱容量の関係を示す。ここで，想定した潜熱蓄熱材の比熱は一定と仮定した。蓄熱時は融点以上の温度をもつ熱源を利用し蓄熱する。蓄熱開始前（放熱終了時）の蓄熱材は固体であり，その顕熱を利用して蓄熱するため，蓄熱量は温度に比例する。温度が融点に達すると蓄熱材は固体から液体へ相変化し，融解潜熱により蓄熱量はステップ状に増大する。ここで純物質を仮定して自由度 $F=C-P+2$（C：成分の数，P：相の数）を考えると，相変化中は $C=1$，$P=2$（固相，液相）なので，$F=1$ となり，相変化中の温度は圧力を決めれば一定となる。すなわち，相変化温度一定での蓄熱が可能である。潜熱分の容量を超えて融点以上の熱を入力すると，すべてが液相となり，$P=1$ となるため再び温度が上昇する。固液相変化を利用する潜熱蓄熱においては，一般的には融点以上の液相状態で蓄熱状態を保持する。放熱過程は蓄熱過程と対称で，液相顕熱，液体から固相への相

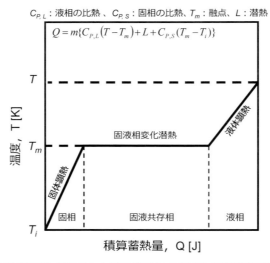

図1　固液相変化を利用した潜熱蓄熱材の温度と積算蓄熱容量の関係

変化時の凝固潜熱，および固体顕熱を回収する。とくに固液相変化の凝固潜熱回収時には蓄熱材温度が凝固点一定温度で維持されるため，恒温熱源としての利用が可能となる。

潜熱蓄熱における積算蓄熱量は式(1)で示すことができる(ここで，m：蓄熱材の重量[kg]，$C_{P,L}$：液体比熱[kJ kg^{-1}K^{-1}]，$C_{P,S}$：固体比熱[kJ kg^{-1} K^{-1}]，T_m：融点[K]，L：潜熱[kJ kg^{-1}])。

$$Q = m\{C_{P,L}(T - T_m) + L + C_{P,S}(T_m - T_i)\} \tag{1}$$

潜熱蓄熱材を融点以上の液相で保持し，その後冷却(放熱)した時，理想的には凝固点に達した後その温度ですぐさま液相から固相への相変化が起き，潜熱を放出する。しかし，実際はそうならない場合が多い。すなわち，凝固点に達しさらに冷却(放熱)した後も，凝固せず，凝固点以下のある温度まで冷却した時に，突然結晶化し，その凝固潜熱を放熱する。この現象を過冷却といい，精密な熱制御を求められる場合には避けるべき現象であり，その低減が潜熱蓄熱分野の研究対象の一つとなっている。

3 特　徴

先述のとおり，潜熱蓄熱は相変化潜熱(おもに固液)を利用するのみのきわめてシンプルな原理で蓄放熱できる。この原理から他の蓄熱材料(顕熱蓄熱材料や化学蓄熱材料)と比べておもに三つの優位性が得られる。

① 高密度に蓄熱可能(おもに顕熱蓄熱に比べて)

潜熱蓄熱では，物質の相変化潜熱を利用して蓄熱するので，顕熱蓄熱などと比べると高密度に蓄熱が可能であり，蓄熱槽容積をコンパクトにできる。図1に示すとおり，相変化温度近傍の狭い温度範囲で操業させるプロセスほど，蓄熱密度増大の効果は大きくなる。

② 相変化温度一定での熱源または熱溜として利用可能

相変化時に温度が一定となる系では，潜熱蓄熱材を相変化温度一定での熱源または熱溜として利用可能である。よって，間欠的に発生する産業排熱や太陽熱などの熱源を恒温熱源に変換可能である。また，熱制御技術への応用を考えると，一定温度の熱溜として機能し，機器の過度な昇温や冷却を防止することができる。

③ 繰り返し使用可能

潜熱蓄熱は，化学変化を伴わず物質の可逆的な相変態のみを用いるため，理想的には，半永久的に繰り返し使用可能である。

上記3点が潜熱蓄熱技術の最大のアドバンテージである。この他にも，潜熱蓄熱は顕熱蓄熱と同様に物質の入出力を伴わず熱の入出力のみでパッシブに蓄放熱可能なため，化学蓄熱に比べて蓄熱放熱原理が単純であり，応用分野が広いことも特徴として挙げられる。たとえば，実用化の進んでいる低温領域のPCMは建材[1]，衣類[2]，熱輸送媒体[3][4]，熱交換器など多様な用途が開発されている。すなわち，蓄熱熱交換器以外の用途にも展開が期待されている。

— 177 —

第5章　蓄熱・保熱

４　潜熱蓄熱材の種類

　表1は代表的な潜熱蓄熱材料の主要物性[5]の例を示す。有機材料，無機材料共にさまざまな材料が潜熱蓄熱材としての利用が提案されている。一方，潜熱蓄熱のみをメインターゲットととして開発されている物質は多くはなく，すでに存在する物質が潜熱蓄熱材として利用可能かどうかがポイントとなる。潜熱蓄熱材として求められる特性の例を以下に列挙する。すべてを満たすことが望ましいが，目的に応じて特性を総合的に判断する必要がある。純物質だけではなく，混合物とすることで相変化温度を調整するなど，各種特性を改善できることも多い。

・利用分野に適した相変化温度
・大きな潜熱
・大きな比熱
・高い密度
・低い体積膨張 / 収縮率（とくに相変化時）

表1　主要潜熱蓄熱材の種類と物性[5]

分類		パラフィン	脂肪酸	糖アルコール
蓄熱温度		〜約100℃	〜約100℃	〜約200℃
代表的PCMまたはPCM候補		n-オクタデカン（T_m：28.2℃）n-エイコサン（T_m：36.4℃）	ミリスチン酸（T_m：57℃）ステアリン酸（T_m：71℃）	スレイトール（T_m：94℃）エリスリトール（T_m：118℃）マンニトール（T_m：169℃）
主要特性	潜熱量	例）n-エイコサン：247 J g^{-1}	例）ステアリン酸：203 J g^{-1}	例）エリスリトール：340 J g^{-1}
	熱伝導率	<1 W m^{-1} K^{-1} 例）n-エイコサン：0.34 W m^{-1} K^{-1}	<1 W m^{-1} K^{-1} 例）ステアリン酸：0.33 W m^{-1} K^{-1}	<1 W m^{-1} K^{-1} 例）エリスリトール：0.73 W m^{-1} K^{-1}
	融解時体積膨張率	10%程度	10%程度	10%程度 例）エリスリトール：16.5%

分類		水和塩	溶融塩	金属・合金
蓄熱温度		〜約200℃	約200℃〜	約200℃〜
代表的PCMまたはPCM候補		$CH_3COONa \cdot 3H_2O$（T_m：58℃）$MgCl_2 \cdot 6H_2O$（T_m：116-118℃）	$NaNO_3$（T_m：307℃）NaCl（T_m：800℃）	Al-Si（T_m：577℃）Al（T_m：660℃）Cu（T_m：1083℃）
主要特性	潜熱量	例）$MgCl_2 \cdot 6H_2O$：172 J g^{-1}	例）$NaNO_3$：182 J g^{-1}	例）Al：397 J g^{-1}
	熱伝導率	<約2 W m^{-1} K^{-1} 例）$MgCl_2 \cdot 6H_2O$：2.1 W m^{-1} K^{-1}	<約2 W m^{-1} K^{-1} 例）$NaNO_3$：0.56 W m^{-1} K^{-1}	<500 W m^{-1} K^{-1} 例）Al：237 W m^{-1} K^{-1}
	融解時体積膨張率	5%前後 例）$MgCl_2 \cdot 6H_2O$：4.7%	〜30% 例）$NaNO_3$：10.7%	5%前後 例）Al：7.54%

— 178 —

・低い蒸気圧
・過冷度が小(または過冷しない)
・化学的に安定
・低腐食性(蓄熱槽や伝熱管材料に対して)
・高い耐久性(繰り返し蓄放熱時)
・毒性・環境汚染性が小
・安価

　表1に示すように，有機系潜熱蓄熱材料のターゲットは200℃以下，とくに100℃以下の利用分野である。この温度域で相変化するパラフィン，脂肪酸，糖アルコール類などが代表的である。無機系潜熱蓄熱材では，低温域をターゲットとした水和塩，中高温域をターゲットとした溶融塩，さらに最近では金属，合金の適用も数多く報告されている[6)-8)]。利用する相変態としては，固液相変態が最有力であるが，固固変態を利用した蓄熱材[7)]も幅広い温度で提案されている。固固変態は一般的に，潜熱量が固液相変態よりも小さいが，液体とならないため，ハンドリングや化学的安定性の点での優位性が期待できる。

5　熱交換器(最近では，境膜剥ぎ取り型なども提案，または潜熱と顕熱のハイブリッド型)

　図2は潜熱蓄熱熱交換器の分類である。潜熱蓄熱熱交換器はシェル・チューブ型，カプセル充填層型，および直接接触型の三種に分類される(なお，流動層型も存在するが，熱輸送が主となる場合が多い)。

　シェル・チューブ型とカプセル充填層型は潜熱蓄熱材と熱媒体が伝熱壁を介して熱交換する間接接触型熱交換器である。シェル・チューブ型は熱交換器設計が比較的容易で，かつ圧力損失の少ない蓄熱槽構造を実現可能なため，熱媒体として高圧水，高圧水蒸気を利用可能な点でもメリットがある。カプセル充填層型は，潜熱蓄熱材をコア，他の構造材をシェルとする蓄熱カプセルを充填した熱交換器で，カプセルの個数，形およびサイズの調整で容易に伝熱性能や通気性の改善が可能である。また，蓄熱材をカプセルに封入するため，蓄熱材が液相状態にお

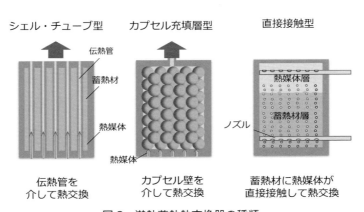

図2　潜熱蓄熱熱交換器の種類

いてもあたかも固体としてハンドリングできるため，安全性や保守性に優れる。

　直接接触型は，基本的には蓄熱槽内に熱媒体を噴出させるノズルだけが設置されたシンプルな蓄熱槽構造で，蓄放熱時には熱媒体を蓄熱材中に噴出させて，蓄熱材と熱媒体が直接接触して熱交換する。熱媒体が蓄熱材中を液滴（またはガス）として分散して熱交換するため，伝熱面積が飛躍的に増大するので，高速熱交換が期待できる。また，基本的には蓄熱槽と出入口ノズルだけの単純構造なので，蓄熱材の充填密度は高い。また，蓄熱材よりも比重がはるかに大きい伝熱管を必要としないため，蓄熱槽全体を軽量化でき，熱輸送用途への展開も実現されている。一方，蓄熱材と熱媒体は化学的に不混和である必要がある。この条件を満たす組み合わせはきわめて限定的である。また，熱交換性能の低下を招く熱媒体の偏流が起こりやすいことも指摘されている。なお，カプセル充填層型では，固固変態を利用する場合や，他の材料とコンポジット化することでカプセル壁がない潜熱蓄熱粒子を充填する場合もあり，これらは直接接触型の一種として分類することができる。

6　材料開発技術

6.1　コンポジット化

　表1に示したとおり，有機物，および金属・合金系以外の無機系潜熱蓄熱材（水和塩，溶融塩など）は熱伝導率が低く，蓄熱材の熱伝導律速のため，熱交換速度，熱応答性の高いシステムを設計することが難しい。また，固液相変化を利用する潜熱蓄熱材は液相状態で蓄熱状態を維持するため，固体顕熱蓄熱技術（たとえば，蓄熱ハニカム，チェッカー煉瓦など）のように，構造体そのものの形状をフィックスし，伝熱面積を拡大することは困難である。

　そこで，潜熱蓄熱システム全体の熱交換速度，熱応答性を高める方法として，潜熱蓄熱材の高熱伝導化が重要である。図3は，潜熱蓄熱材の高熱伝導化方法とその概要を示す。潜熱蓄熱材の高熱伝導化法として，炭素材料や金属などの高熱伝導性材料と蓄熱材の複合体の開発があり，プレス成型法，含浸法が広く報告されている。

　プレス成型法では，フィラー粉末と蓄熱材粉末を混合し，その混合体をダイスの中に充填し，室温付近での冷間または蓄熱材の融点近傍での熱間で圧縮成形し，切り出しなどの加工後，製

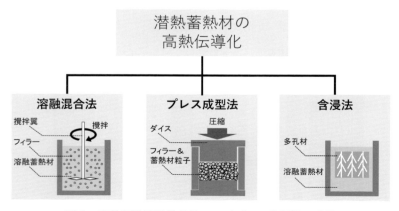

図3　高熱伝導性潜熱蓄熱コンポジット作製法の分類

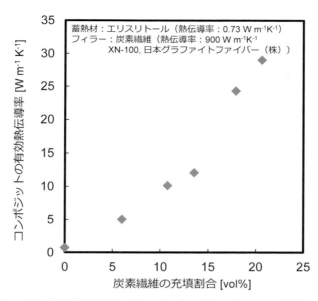

図4 エリスリトールに炭素繊維を添加しホットプレス法によりコンポジット化した時の炭素繊維添加割合と複合体の有効熱伝導率(引用文献[9]を元に作図)

品を得る。炭素繊維などの繊維材料をフィラーとして使用した際，プレス過程で圧縮方向と垂直な方向に，フィラーが配向するため，繊維の水平方向と軸方向に熱伝導異方性をもつ炭素繊維材料などの，繊維方向への高熱伝導性を最大限に発揮した複合体開発が可能となる。**図4**はエリスリトールに炭素繊維を添加し，ホットプレス法によりコンポジット化した時の炭素繊維添加割合と複合体の有効熱伝導率の関係[9]を示す。炭素繊維を添加することで，有効熱伝導率は著しく向上する。一方，フィラーの添加量と蓄熱密度はトレードオフの関係にあるため，必要最小のフィラー添加量で高熱伝導性を実現することが重要である。

含浸法は，溶融した蓄熱材中へ高気孔率かつ高熱伝導率の多孔体を浸漬させ，細孔内へ蓄熱材を含浸担持させて，複合体を作製する方法である。多孔質金属材料[10]や炭素系多孔質材料[11]への含浸に関する報告例がある。

6.2 カプセル化

固液相変化を伴う潜熱蓄熱技術は蓄熱時に固液相変化を伴うため，蓄熱状態における液体蓄熱材漏出防止のためのカプセル化技術が開発されている。また，カプセル化は潜熱蓄熱システムにさらに3つの利点をもたらす。すなわち，1)伝熱面積の増大，2)シェルにより蓄熱材と外環境との接触を遮断可能，および3)カプセル化により蓄熱材が液相状態においても固体と同様にハンドリングが可能となる。マクロカプセル(mm～cm)，マイクロカプセル(μmオーダー)，およびナノカプセル(nmオーダー)といった開発が報告されており，低温領域においては商品化されている事例もある。マイクロカプセルやナノカプセルは熱媒体(液体や気体)と複合化することで，高い熱容量をもつ熱輸送媒体としての利用も期待されている。

潜熱蓄熱カプセルの開発は100℃以下の低温領域における報告が主であったが，近年高温領域(300℃以上)でも作動可能なカプセルの開発も進んでおり，潜熱蓄熱技術の応用分野のさら

第5章 蓄熱・保熱

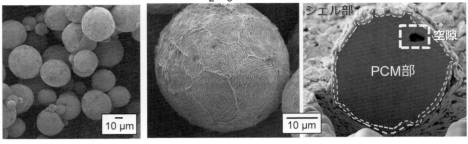

図5 Al-Si マイクロ粒子への化成処理と熱・酸化処理で作成した PCM マイクロカプセルの SEM 画像と概要。コア（PCM）-シェル（Al_2O_3）型の構造が達成された。
（引用文献[6]を編集して掲載。）

なる拡大が期待されている。図5 はシェル部が Al_2O_3 とコア部が Al-Si 系合金潜熱蓄熱材（融点577℃）で構成されたマイクロカプセルである[6]。コア部に空隙をもち，固液相変化時の体積膨張分を吸収できる構造を実現することで，セラミックスシェルを使った潜熱蓄熱カプセルを達成している。

7 おわりに

本稿では潜熱蓄熱技術を概説した。潜熱蓄熱技術は，そのシンプルな蓄放熱原理から，低温領域から高温領域まで蓄熱用途に限らず幅広い応用が期待されている。

文献

1) L. Cabeza, et al.: *Renewable and Sustainable Energy Reviews*, **15**, 1675-1695 (2011).
2) Y. Shin, et al.: *Journal of Applied Polymer Science*, **96**, (2005).
3) T. Toyoda, et al.: *Chemistry Letters*, Vol. 43, No. 6, 820-821 (2014).
4) P. Zhang, et al.: *Renewable & sustainable energy review*, **14**, 598-614 (2010).
5) 日本熱物性学会編：新編熱物性ハンドブック，養賢堂 (2008)
6) T. Nomura, C. Zhu, N. Sheng, G. Saito, and T. Akiyama.: *Scientific Reports*. **5** 9117. (2015)
7) K. Nishioka, N. Suura, K. Ohno, T. Maeda, and M. Shimizu.: Development of Fe Base Phase Change Materials for High Temperature Using Solid-Solid Transformation, *ISIJ International*, **50** 1240-1244. (2010)
8) J. Sun, R. Zhang, Z. Liu, and G. Lu.: Thermal reliability test of Al-34% Mg-6% Zn alloy as latent heat storage material and corrosion of metal with respect to thermal cycling, *Energy Conversion and Management*, **48** 619-624. (2007)
9) T. Nomura, K. Tabuchi, C. Zhu, N. Sheng, and T. Akiyama: "High thermal conductivity phase change composite with percolating carbon fiber network" *Applied Energy*, **154** 678-685. (2015)
10) T. Oya, T. Nomura, N. Okinaka, and T. Akiyama.: "Phase change composite based on porous nickel and erythritol" *Applied Thermal Engineering*, **40** 373-377. (2012)
11) X. Py, R. Olives, and S. Mauran.: "Paraffin/porous-graphite-matrix composite as a high and constant power thermal storage material. Vol. 44, 2727-2737

第3節　潜熱蓄熱システムの最適化

国立研究開発法人産業技術総合研究所　染矢　聡

■1　はじめに

　日本の実質 GDP はオイルショック以降 2.4 倍と成長しているが，最終エネルギー消費の増加は平均 1.2 倍，運輸・家庭・業務・産業部門でそれぞれ 1.7，2.0，2.4，0.8 倍となっており，省エネ化が進んでいる。しかし，将来のエネルギーをすべて再生可能エネルギーに転換することは現実的ではなく，2030 年度の温室効果ガスの排出を 2013 年度の水準から 26％削減するというパリ協定の目標を達成するには，エネルギー効率をオイルショック直後同様に大幅削減する必要がある。これには，最終エネルギー消費の 45％を締める産業部門でのさらなる省エネ，EV 化が進む運輸部門での省エネのみでなく，最終エネルギー消費の 32％を占め，かつ，他の部門に比べて省エネが進んでいない業務・家庭部門での省エネも重要である。業務・家庭部門でのエネルギー消費の 60％は熱としての利用であり，火力等の発電所では 60％ほどのエネルギーを廃熱などにより失っていることから，省エネ促進，CO_2 排出量削減には，熱の有効活用がきわめて重要である。一方，排熱の発生と熱需要との間にはしばしば時間的・空間的なギャップが存在する。そのため熱の有効活用には蓄熱が不可欠である。

　本稿ではこのうち潜熱蓄熱システムに着目する。潜熱蓄熱は物質が相転移をする際に吸収・放出される熱を用いる蓄熱であり，たとえば氷を用いた冷熱の貯蔵・輸送技術が多く研究されている。中高温用としては溶融塩や金属などが用いられ，室温用の蓄熱媒体としては水和物やパラフィンなどが用いられる。このような潜熱蓄熱に用いられる蓄熱媒体はとくに相変化物質（Phase Change Material：PCM）と呼ばれており，PCM には融解潜熱の大きい物質が選択される。潜熱蓄熱は安定した温度域の熱を取り出すことができる反面，性能が物性に依存するため，用途に適した蓄熱材とシステムの最適化が必要である。

　潜熱蓄熱に用いられる PCM には大きく分けて有機系，無機系，共融系の 3 種類が挙げられる[1]（**図 1**，**図 2**）。有機系の PCM はパラフィン系と非パラフィン系に分類され，非パラフィン系には脂肪酸やグリコール類が含まれる。有機系の利点としては，高い融解潜熱，過冷却が起きないこと，化学的に不活性であることが挙げられるが，欠点として可燃性があることや比較的大きな体積変化を伴うことが挙げられる。無機系の PCM としては塩水和物系と金属類がある。塩水和物は酢酸ナトリウム三水和物や硫酸ナトリウム十水和物などが用いられており，体積変化が小さいことや蓄熱密度が高いことが利点であるが，大きな過冷却を示す物質や腐食性をもつものもある。金属類ではアルミニウムの合金などが用いられており，体積当たりの融解潜熱が非常に高く，熱伝導性も良好であるが，重量当たりの蓄熱量が少ない。金属類の PCM は融点が他の PCM と比較して非常に高いので高温用として用いられる。共融系の潜熱蓄熱材には有機系や無機系の共融混合物が用いられる。

　高温度から低温度までさまざまな PCM があるが，その中でも家庭用の暖房や給湯システム

— 183 —

第5章 蓄熱・保熱

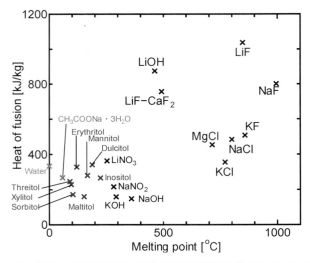

図1 中高温域の潜熱蓄熱材の融点と融解潜熱（文献1）を参考に作成）

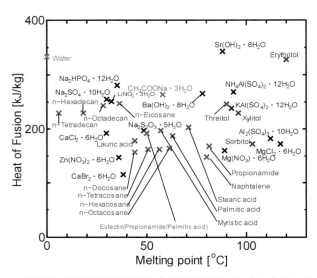

図2 低温域の潜熱蓄熱材の融点と融解潜熱（文献1）を参考に作成）

に適用できる物質は限られている。家庭用に用いるには，蓄熱量が大きいことの他，人体への影響，安全性が重要である。この条件を満たす潜熱蓄熱材に，糖鎖アルコールの他，エコカイロや食品添加剤として知られる酢酸ナトリウム三水和物（CH_3COONa-$3H_2O$，融解潜熱 264 kJ/kg-K）がある。酢酸ナトリウム－水系の相図を図3に示す[2]。酢酸ナトリウム三水和物は水との質量割合が 60.3 wt% であり融点は $T_m = 58℃$ である。水の割合を増加させることで任意の融点温度に調製して使用可能である。また，条件によっては無水酢酸ナトリウムが生成される。

酢酸ナトリウム三水和物に関しては熱物性に関する調査の他，システムとして用いる際の問題を解決するための研究も多い。酢酸ナトリウム三水和物は大きな過冷却を示す物質としても

― 184 ―

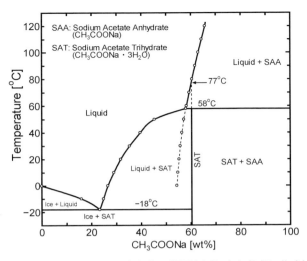

図3　酢酸ナトリウム三水和物の相図（文献2)を参考に作成）

知られており，その対策として過冷却を起こりにくくする核生成剤の研究[3)4)]や核生成を電気的に制御する研究[5)]，超音波を用いた酢酸ナトリウム三水和物の結晶化に関する研究[6)]，部分的に溶かした酢酸ナトリウム三水和物の相変化特性に関する研究[7)]などが行われている。また，酢酸ナトリウム三水和物を含め，PCM の中には熱伝導性に優れていない物質が存在することから，熱交換性能の向上を図るため，PCM 容器内の熱伝達に関する研究[8)]や PCM 容器にフィンを取り付けることによる影響の調査[9)10)]などが行われている。本稿では，熱の流入出の制御など蓄熱システムの最適化に不可欠な，PCM 容器内流れの温度速度分布計測例について紹介する。

2　蓄熱容器内流れに関する試験装置・方法

本研究では酢酸ナトリウム三水和物の相変化時の挙動を観察するために，図4に示す蓄熱容器（W30×H60×D10 mm）を作成した。容器の右側壁がアルミ製の伝熱面，その他は比較的熱伝導の悪いガラスとベークライト樹脂製である。核生成制御は蓄熱容器右側の容器底部に設置したパイプから種結晶を投入して行った。蓄熱容器に PCM 溶液を充填して恒温槽内に置き，アルミ伝熱面近傍に設置したＴ型熱電対を参照しながら，試験開始前の初期状態の溶液温度制御を行った。本稿の例で使用した溶液の濃度と融点 Tm はそれぞれ 45 wt%（Tm＝38℃），50 wt%（Tm＝54℃），55 wt%（Tm＝57℃）であり過冷却度（ΔT_c）を 1～15℃ の範囲で変化させ，結晶成長速度，相変化時の対流発生の有無，相変化時の蓄熱容器内の温度速度分布の評価を行った。例として図5に濃度 55 wt%，過冷却度 10℃（核生成後 20 s）の成長中の結晶の写真を示す。核生成位置から針状の結晶が放射状に成長することが分かる。針状結晶の結晶成長速度は針の先端位置の移動量を読み取ることで測定できる。過冷却度 5℃ 以下の条件では結晶成長が非常に遅く，結晶が細く脆い。過冷却度 10, 15℃ などでは凝固潜熱が生じても周囲の流体が融点以下の温度を保つため，折れることなく針状に長く伸びる。過冷却度が大きくなるほど，あるいは溶液の濃度が高くなるほど，結晶成長速度が大きくなる。また，過冷却度

第5章 蓄熱・保熱

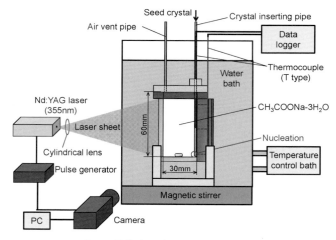

図4 蓄熱容器内の熱流動評価装置

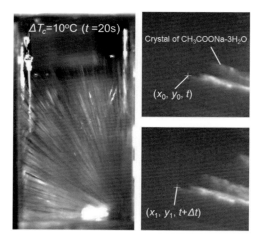

図5 針状結晶の様子と結晶成長速度

が大きいほど針状結晶間の距離が小さく密に成長する。

　結晶成長時の蓄熱容器内対流の速度分布は，PIV(Particle Image Velocimetry)により解析できる。PIV解析では，微小時間間隔で撮影した2画像中の粒子像の移動量から流体の速度を算出する。予備実験によって各実験条件における対流速度のオーダーを事前に見積もり，PIV解析に適した時間間隔で2画像を取得する。潜熱蓄熱材に不純物であるトレーサー粒子を混入すると，これが過冷却や結晶の核生成に影響を与えることが危惧される。ここではイオン交換樹脂のようにイオンに影響を与えることがない通常の樹脂性で，直径15μmの粒子を用いて蓄熱容器内対流を評価したが，粒子添加による核生成，過冷却への影響はまったくみられなかった。速度分布と同時に温度分布を測定するため，TSParticle法[11)12)]を用いる。PIV用の粒子を，感温性の燐光分子であるユーロピウム錯体(EuTTA；$C_{24}H_{12}EuF_9O_6S_3 \cdot 3H_2O$, 95％, Formula Weight：869.54, Acros Organics)のエタノール溶液に含浸，電気炉で焼結すること

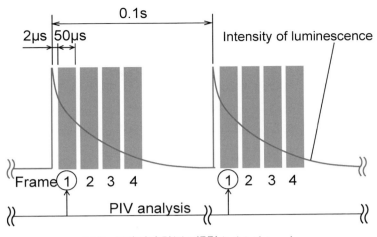

図6 温度速度計測の撮影タイムチャート

により，感温性粒子を作成する。ユーロピウム錯体の燐光は，温度が低いほど明るく長く光るため，燐光発光強度やその減衰定数を温度の関数として事前に較正して温度計測に利用できる。この粒子を紫外線パルスレーザー（355 nm, 6 mJ）のシート光で励起し，燐光を高速度カメラ（384×748 pixels at 20000 fps, 12 bits, Photron, FASTCAM SA1.1）で撮影する。図6に温度速度計測の撮影タイムチャートを示す。0.1秒の間隔で2回レーザーを発振し，燐光粒子を励起した場合の例であり，速度計測には①で示す各励起の2μs後の明るい燐光粒子画像を用い，温度計測には露光時間500μs（20000 fps）で燐光の減衰を連続的に捕らえた画像（1〜4）を用いる。速度は粒子の移動距離から求め，温度は連続撮影した4枚の画像の明るさの変化から燐光の減衰定数，温度を求める。本稿の例では速度計測の不確かさは73μm/s，温度計測の不確かさは0.35℃，温度計測の空間分解能は約0.3 mmであった。

3 蓄熱容器内の温度速度分布

図7にPCM溶液が凝固する過程での蓄熱容器内の速度分布，温度分布を可視化計測した例を示した。図は溶液濃度が45 wt%，過冷却度が$\Delta T_c = 10℃$の場合の例である。0〜100秒まで20秒間隔で測定結果を示した。また，図7中に示したA，Bの点における速度，温度を時系列に抽出し，図8にまとめた。温度分布が示すとおり初めの20秒は蓄熱容器底面付近でゆっくりと結晶が成長するが，発核点近傍から上昇する循環流はこの段階から発達している。その後，徐々に結晶が成長し，40秒の時点では循環流が二つに分かれ，60秒では容器下部の循環流はほとんどなくなる。このとき温度分布から，容器底面近傍，発核点近傍で結晶成長が進んでいることが分かる。

80〜100秒では，速い循環流は容器上方の領域に限られるものの，容器下部でも針状結晶の間に流入する流れ（容器中央近傍の斜め右向きの流れ）が存在するなど，結晶の成長には対流が大きく寄与している。図8からも同様に，50秒まではA，B点での上向き速度は安定しているが60秒前後から急に大きな速度変動が現れ，約100秒の時点でほぼ0になったことが分かる。60秒でBでの上向き速度が小さくなったのは，容器右下での結晶成長に伴い，容器上方

第5章 蓄熱・保熱

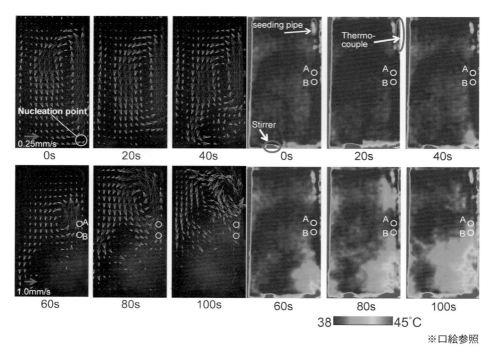

図7 温度速度分布の時系列計測例（濃度45 wt%, 過冷却度 $\Delta T_c = 10°C$）

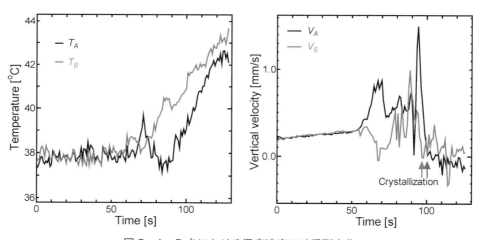

図8 A, B点における温度速度の時系列変化

の循環渦の下部がBに達し，左から右へPCM溶液が流入する流れとなったためである。その後，80〜100秒で一時的に速度が大きくなっているのは，熱い結晶塊がA, B点に近くなり，より熱く高速な上向きの対流が通過したためである。A, B点での温度は，凝固前(〜80秒)はPCM溶液の対流により概ね初期温度の38℃で変わらず，結晶成長が進むと徐々に温度が上がり，図3に示す凝固点温度になることが分かる。

第3節　潜熱蓄熱システムの最適化

4　蓄熱容器内における対流発生条件

　蓄熱容器内の対流は，PCM溶液濃度や過冷却度によって大きく異なる。PCM物質を十分に供給できる高濃度条件で，また，結晶成長に伴う熱を冷まして凝固点以下の温度を安定的に維持しやすい大きな過冷却条件で結晶成長速度が速い。そのため高濃度で過冷却度が大きいほど，液相の温度と急速な結晶成長に伴う潜熱による温度差から，浮力対流の流束が速いのではないかと思われる。しかし，過冷却度10℃と15℃の場合の浮力対流の平均速度を比べると，10℃の場合により速い結果となった。**図9**に過冷却度10℃と15℃の場合の時間平均速度分布を示した。過冷却度と上昇流の平均速度との関係では，ある程度の過冷却度までは潜熱による浮力対流の影響が顕著だが，過冷却度が大きくなると潜熱に起因した浮力対流が弱まり，上昇流の平均速度が遅くなる。浮力対流の影響について，PCM溶液濃度と過冷却度ごとにまとめた結果を**図10**に示す。図中×の領域は結晶成長速度が非常に遅く撮影時間内に浮力対流を検出できなかった領域，△の領域は結晶成長とそれに伴う浮力対流が顕在化した領域を示す。○の領域は，結晶成長速度は速いものの液相中の速度が小さく，浮力対流をほぼ検出できなかった領域である。

　このようにいくつかの異なる挙動がみられるのは結晶成長速度の影響である。つまり，過冷却度の大きい条件においては結晶成長速度が大きいため，潜熱による浮力対流が発生・発達するよりも速く全体が凝固したためと考えられる。各過冷却条件において，酢酸ナトリウムの濃度の高い50 wt％，55 wt％の場合，結晶成長速度がより速くなる。そのため，濃度が高いほど低い過冷却度で，対流の発生・発達より早く全体が凝固し，○で示した領域が現れるものと考えられる。図10中に実線および点線で示した各領域の境界は，容器形状やサイズによって

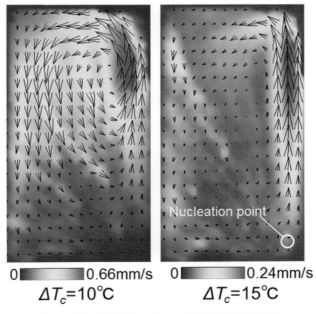

図9　過冷却度の違いによる対流速度分布の差異

第5章　蓄熱・保熱

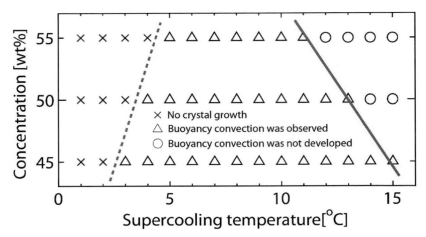

図 10　過冷却度，濃度による蓄熱容器内の対流発生の有無

も大きく変化すると考えられるためさらなる検討が必要であるが，濃度や過冷却温度によって蓄熱容器内の対流挙動が変化し，外部への熱供給に影響を与える。蓄熱システムの最適化，そのため設計シミュレーションを適切に行うには，蓄熱容器内の流れを本稿の例のように計測評価し，適切な制御につなげることが重要である。

文　献
1) 架谷昌伸, 神沢敦, 飯田嘉宏, 神本正行, 亀山秀雄："蓄熱技術-理論とその応用-第Ⅱ編-「潜熱蓄熱，化学蓄熱」第1版," 信山社サイテック, 68-82 (2001).
2) W. F. Green: "The "Melting-point" of hydrated Sodium Acetate: Solubility Curves," *Journal of Physical Chemistry*, **12**(9), 655-660 (1908).
3) B. M. L Garay Ramirez, C. Glorieux and E. San Martin Martinez: "Tuning of Thermal Properties of Sodium Acetate Trihydrate by Blending with Polymer and Silver Nanoparticles," *Applied Thermal Engineering*, **62**(2), 838-844 (2014).
4) Peng Hu, Da-Jie Lu, Xiang-Yu Fan, Xi Zhou and Ze-Shao Chen: "Phase Change Performance of Sodium Acetate Trihydrate with AIN Nanoparticles and CMC," *Solar Energy Materials & Solar Cells*, **95**(9), 2645-2649 (2011).
5) T. Munakata and S. Nagata: "Electrical Initiation of Solidification and Preservation of Supercooled State for Sodium Acetate Trihydrate," Washington DC, USA, Proceedings of 14th International Heat Transfer Conference, **7**, 383-388 (2010).
6) U. N. Hatkar and P. R. Gogate: "Ultrasound Assisted Cooling Crystallization of Sodium Acetate," *Industrial & Engineering Chemistry Research*, **51**(39), 12901-12909 (2012).
7) Xing Jin, M. A. Medina, X. Zhang and S. Zhang: "Phase-Change Characteristic Analysis of Partially Melted Sodium Acetate Trihydrate Using DSC," *International Journal of Thermophysics*, **35**(1), 45-52 (2014).
8) W. Zhao, S. Neti and A. Oztekin: "Heat Transfer Analysis of Encapsulated Phase Change Material," *Applied Thermal Engineering*, **50**(1), 143-151 (2013).
9) M. Medrano, M. O. Yilmaz, M. Nogués, I. Martorell, J. Roca and L. F. Cabeza: "Experimental Evaluation of Commercial Heat Exchangers for Use as PCM Thermal Storage Systems,"

Applied Energy, **86**(10), 2047-2055 (2009).

10) A. Castell, C. Solé, M. Medrano, J. Roca, L. F. Cabeza and D. García: "Natural Convection Heat Transfer Coefficients in Phase Change Material (PCM) modules with external vertical fins," *Applied Thermal Engineering*, **28**(13), 1676-1686 (2008).

11) S. Someya, S. Yoshida, Y. Li and K. Okamoto: "Combined measurement of velocity and temperature distributions in oil based on the luminescent lifetimes of seeded particles", *Measurement Science and Technology*, **20**, 025403 (2009).

12) S. Someya, Y. Li, K. Ishii and K. Okamoto: "Combined Two-Dimensional Velocity and Temperature Measurements of Natural Convection using a High-speed Camera and Temperature Sensitive Particles," *Experiments in Fluids*, **50**(1), 65-73 (2011).

第4節　過冷却蓄熱

国立研究開発法人産業技術総合研究所　平野　聡

1　はじめに

　我が国の最終エネルギー消費量は2000年代に入って僅かずつ減少する傾向にあるが，電力への依存が高まる中，今後もエネルギーの有効利用による消費量削減が求められている。とくに，用途別の最終エネルギー消費量をみれば，産業部門，民生部門で共に熱需要が過半を占めており，その対策が消費量削減の鍵となる。たとえば，電力業や鉄鋼業，化学工業などの熱多消費型の産業でみれば，生産現場に投入された熱エネルギーのうち平均して約8%が，未利用のまま排ガスの形で排出されており，さらにそのうちの76%は200℃未満の排熱であることが報告されている[1]。このような未利用熱を回収し，活用する上での問題点の一つに，排熱の変動量と回収量，回収時期が，利用先の熱需要に上手く一致しないことがある。そこで，熱の供給と需要の間の量的，あるいは時間的不一致を調整する手段として，水や岩石，煉瓦などに熱を貯蔵し，利用することが従来から行われている。1990年代には深夜電力を利用する氷蓄熱装置が，経済的な負荷平準化の道具として普及した。しかし，200℃未満の低温の排熱に対する蓄熱装置の適用は，物理的，経済的な問題から導入に限界があり，生産現場でも今後の技術開発に期待がもたれている[1]。

　物質の相変化を利用する蓄熱方法（相変化蓄熱，潜熱蓄熱）は，物質の温度差を利用した蓄熱方法（顕熱蓄熱）に比べ，体積当たりの貯蔵熱量を大きくしやすい。すなわち蓄熱装置をコンパクト化しやすく，出力温度を比較的安定化しやすいことなどから，とくに運輸，産業用の蓄熱方法として注目されている。相変化の科学的な研究は，18世紀にブラックが潜熱の存在を発見したことに始まり，19世紀に入って材料物性に対する研究が進められた[2]。そして，20世紀初頭には著名な物質の物性値がほぼ出そろっている。しかし，相変化を蓄熱に利用するには，いくつかの問題点もある。第一に，相変化の温度と相変化時の吸放熱量（融解熱や気化熱など）は基本的に物質固有の特性なので，熱需給に適切な蓄熱材は限定されてしまう点にある。第二に相変化時に様態が変化するので，物性が大きく変化する点にある。とくに，相変化に伴う密度変化，体積変化は，容器設計に影響する。第三に過冷却や相分離などの物理化学的な問題が伴いやすい点にある。

　本稿では，相変化を蓄熱に利用する際に問題となる過冷却現象と，その特性を利用した蓄熱方法の特徴，技術的な課題，導入状況について解説する。

2　過冷却現象

　物質を冷却していくと，相変化温度に達しても相変化を開始せずに，低温になる現象がみられる。たとえば，図1は燐酸水素二ナトリウム12水和物（$Na_2HPO_4 \cdot 12H_2O$，以下燐酸ソーダと略記）を容器に入れて完全に融解させた後に，容器ごと水中に浸漬し，周りの水温を徐々に

— 192 —

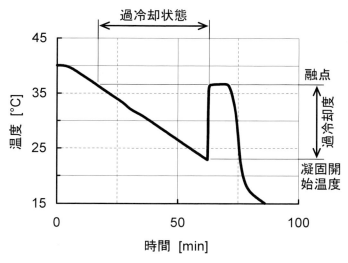

図1 過冷却・凝固時の燐酸ソーダの温度変化

低下させて燐酸ソーダを冷却していった場合の温度変化を示している。燐酸ソーダの融点は36℃であるが，融点では凝固が始まらずに液相のままで冷却され，図1の環境の場合には23℃で凝固を開始している。一旦凝固が始まれば，燐酸ソーダの温度は融点に回復し，凝固が完了するまで融点の熱を放出し続ける。融点よりも低い温度で液相にある状態は，過冷却状態と呼ばれるものである。また，凝固点や融点(正確には，相平衡温度)と過冷却状態の物質の温度との差は，過冷却度と呼ばれる。凝固点(融点)と凝固開始温度との差は，最大過冷却度となる。一般的な傾向として，水，水和物，糖アルコールなどは最大過冷却度が大きく，パラフィン，ポリエチレングリコールなどは最大過冷却度が小さい。凝固開始は確率的な現象なので，最大過冷却度は一定の温度幅をもつ。

このような過冷却現象は，物質が相変化する際に，物質の分子クラスター半径が体積自由エネルギーと界面自由エネルギーの関係で決まる大きさ(固液臨界核半径)を越える必要があることに起因する。このため，物質がその自発的な凝固開始温度近傍まで冷却されない限り，準安定的に過冷却状態が続く。たとえば，容器に入れる物質を水に入れ換えて徐々に冷却していくと，水の場合には融点の0℃では凝固を開始せずに過冷却され，−20℃程度になって初めて凝固を開始することが多い。

蓄熱の能動的な利用を考える上で，過冷却は一般的には好ましくない現象になる。なぜなら，蓄熱材を凝固開始温度近傍まで冷却しなければ凝固が始まらず，蓄熱材に貯蔵した相変化熱を取り出すことができないためである。このため，最大過冷却度の大きい物質を蓄熱材として使用する場合には，過冷却現象を抑制する物質(過冷却防止材，発核材)を添加するのが一般的である。たとえば，水にヨウ化銀を添加すると，−20〜−10℃程度であった凝固開始温度が−5〜−0.5℃程度に上昇することが知られている。

❸ 過冷却蓄熱の特徴

3.1 原　理

　過冷却は一般的には不都合な現象だが，使い方によっては長期間の蓄熱を実現する手段にもなる．図1の温度変化でいえば，燐酸ソーダの温度を凝固開始温度よりも高く保持すれば，燐酸ソーダは過冷却状態を維持し続ける．図2はこの概念を架空的に示したもので，過冷却状態の燐酸ソーダの温度を何らかの手段で，たとえば25℃に維持し続け，後に熱の抽出が必要になった時に25℃での温度維持を止めれば，燐酸ソーダの温度は自発的な凝固開始温度（23℃）に低下し，貯蔵し続けていた融解熱を放出させることができる．すなわち，過冷却状態の期間を延ばして，融解熱の放出時期を遅らせ，長期間の蓄熱を実現することができる．たとえば，夏季に余剰の高温の熱で融解させた蓄熱材を自発的な凝固開始温度以上で保存し，冬季に凝固させて高温の熱を得ることが，過冷却現象の利用で可能になる（以降，過冷却現象を利用した蓄熱方法を過冷却蓄熱と呼ぶ）．

　ところで，従来型の潜熱蓄熱でも蓄熱材の温度をその融点以上に保持すれば，凝固の時機を遅らせることができる．しかし，蓄熱材を融点以上に保持するための熱は，図2の操作において蓄熱材を自発的な凝固開始温度以上に保持する熱よりも多くなる．なぜなら，蓄熱材を高温に保持する方が，周囲環境への熱損失が大きいためである．また，自発的な凝固開始温度が周囲の環境温度よりも低い蓄熱材を過冷却状態で貯蔵する場合には，過冷却状態を維持するための熱が不要になり，蓄熱材を屋内あるいは屋外に放置したままで長期間の過冷却蓄熱を行わせることができる．

3.2 熱収支

　過冷却蓄熱を行う際の蓄熱材への熱の出入りを考える．図3は例として酢酸ナトリウム三水和物（$NaCH_3COO \cdot 3H_2O$，以下酢酸ソーダと略記）を0℃の固相の状態から加熱し，融解さ

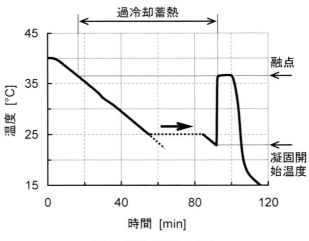

図2　過冷却蓄熱の概念

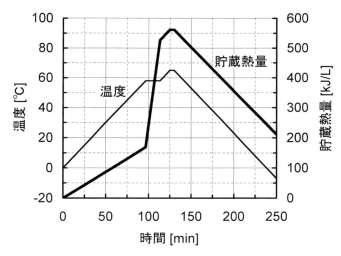

図3 酢酸ソーダの温度と貯蔵熱量との関係

せた後に，過冷却させたときの温度変化と単位体積当たりの貯蔵熱量を計算した結果を示している。温度の目盛は左縦軸に，貯蔵熱量の目盛は右縦軸に取ってある。なお，酢酸ソーダは一塊の集中熱容量系であるとし，能動的な熱の出し入れ以外の外部への放熱損失はないものと仮定している。酢酸ソーダの融点は58℃なので，温度が58℃に達してからは固相から液相へと相変化し，単位体積当たりの貯蔵熱量は図3のように急上昇する(96～113分)。融液の温度を65℃まで上げた後，酢酸ソーダの温度を一定の割合で低下させていくと，それに応じて貯蔵熱量も低下していく(130～238分)。酢酸ソーダの自発的な凝固開始温度は0℃より低いので，58℃から0℃まで温度が低下する期間は，液相の過冷却状態にある。ここで，貯蔵熱量の変化に注目すると，融解完了時には温度変化に伴う熱(顕熱)と融解に伴う熱(潜熱)の合計527 kJ/Lを貯蔵しているが，0℃まで温度が低下した時点では244 kJ/Lしか貯蔵していないことになる。両者の差の283 kJ/Lは，酢酸ソーダが液相の状態で温度低下することによって失う熱(顕熱)であり，いわゆる「顕熱損」と呼ばれるものである。

　図3の貯蔵熱量の変化において，融解完了時の527 kJ/Lの貯蔵熱量に対する途中時点の貯蔵熱量の割合の変化を図示すれば，**図4**のようになる。図4には比較対象として，水を0℃から加熱する場合もグラフに追加してある。酢酸ソーダの貯蔵熱量は，固相での温度変化で融解完了直後の貯蔵熱量の32%になり，次に融解熱の貯蔵で100%に達する。しかし，過冷却状態で温度が低下することで，液相の顕熱を喪失し，0℃に戻った際には融解完了時の46%の熱しか残っていない。この場合，融解完了直後の貯蔵熱量の過半となる54%が顕熱損として失われたことになる。一方，同じ体積の水の加熱の場合には，酢酸ソーダの融解が完了する58℃において，酢酸ソーダの貯蔵熱量の45%の熱が貯蔵される。すなわち，酢酸ソーダを0℃まで過冷却させて融解熱を貯蔵しても，熱量の大小だけでいえば，水を58℃に加熱して得られる熱とほぼ変わらなくなる。したがって，過冷却蓄熱を行う場合には，顕熱損を考慮する必要がある。

第5章 蓄熱・保熱

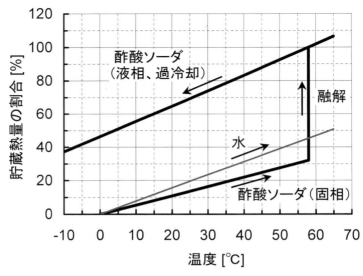

図4 酢酸ソーダ，水の温度と貯蔵熱量の割合との関係

3.3 発核制御

　過冷却蓄熱を利用するには，蓄熱材を過冷却状態に安定的に保持する必要があるが，熱抽出の際には，過冷却状態にある蓄熱材の凝固を能動的に開始させる手段が必要になる。たとえば過冷却状態の蓄熱材の一部を冷却したり，過冷却液中で発核誘発板を折り曲げたり，過冷却液中で金属のような固体物質同士を引っ掻いたりこすり合わせたり，種結晶を過冷却液に接触させたり，過冷却液を撹拌したり，過冷却液中で火花放電や電場を発生させたり，過冷却液に振動や衝撃を与えたりするなど，種々の方法が考えられている[3]。

　蓄熱材の一部を冷却する方法は，過冷却中の蓄熱材の固液臨界核半径を小さくすることによって核生成を促進する手段であり，蓄熱材の融点よりも低温の熱源を必要とするが，比較的確実に凝固を開始させることができる。一例として，図5に示すような蓄熱槽が断熱材で上下に分割され，下方にある容積の小さい空間を発核部とし，上方にある容積の大きな空間を蓄熱部とする蓄熱装置を用いて，発核操作を行った際の状況を示す。蓄熱材は，燐酸ソーダが長さ1580 mm，内径28 mmのポリプロピレン容器（31本）に小分け充填されており，各容器は図5のように断熱材を貫通して発核部と蓄熱部の両空間に存在する。この装置で蓄熱材の融解，過冷却，凝固を行わせた場合の蓄熱容器外表面の温度変化を図6に示す。発核部と蓄熱部に温水を循環させて徐々に加熱すると，蓄熱材は図6のように温度上昇して融点で融解し，65℃の液相となる。その後，蓄熱槽よりも低温の温水を循環させて徐々に冷却すると，蓄熱材の温度は低下し，12時間経過後は過冷却状態となる。15時間経過後に発核部に冷水を流すと，発核部にある蓄熱材が自発的に凝固を開始する。蓄熱材の下部で発生した結晶は，容器内を上方へ成長し，蓄熱部にある蓄熱材へ進展する。蓄熱材は結晶成長に伴って自ら放出した凝固熱で加熱されるので，発核後は蓄熱容器の下部から温度が上昇し，図6のように下部から上方へ離れた位置ほど蓄熱材の温度上昇は遅れる。また，図6の局所冷却による発核操作では，約

— 196 —

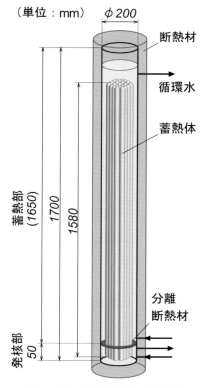

図5　過冷却蓄熱装置の構造例

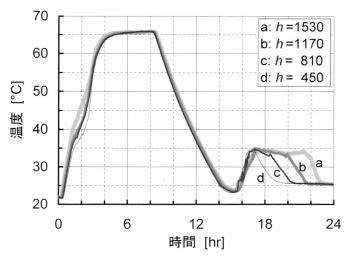

図6　融解，過冷却貯蔵，熱回収操作時の蓄熱容器外表面の温度変化
　　（変数 h は蓄熱容器の底からの高さ [単位：mm]）

17±20分程度内にすべての蓄熱材が発核し，凝固を開始した。

　図6の蓄熱操作において，冷却，熱回収時の熱出力および出力温度を図示すると，**図7**のようになる。熱利用対象がたとえば床暖房であれば，発核前の顕熱も暖房の熱として有効に利

第5章　蓄熱・保熱

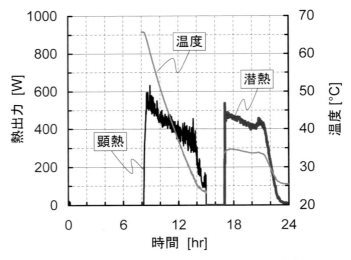

図7　蓄熱槽からの熱出力と出力温度の時間変化

用することができるので，3.2項で述べた顕熱損をなくすことができて好都合である．発核後の熱出力の大きさと持続時間は，蓄熱槽への循環水温度や流量に依存して変化する．図7の条件の場合には，33～35℃の出湯で400～500Wの熱出力が約4時間得られている．

4　過冷却利用事例

4.1　携帯型懐炉

　過冷却蓄熱を利用した製品として，酢酸ソーダを蓄熱材とする携帯型懐炉が知られている．図8は市販の携帯型懐炉の一例であり，酢酸ソーダに安定材として水が添加された蓄熱材が図のように可撓性の樹脂容器に密封されている．樹脂容器中にはさらに，図のような金属円盤（発核素子）が入っている．この金属円盤には何条かの切れ目が入れてあり，酢酸ソーダが完全に融解した状態で金属円盤を変形させると，円盤近傍から樹枝状の結晶が発生し，酢酸ソーダ全体に成長して，数十分から数時間にわたり発熱する．結晶が成長しきると，容器の中の酢酸ソーダは固体となるが，再加熱すれば液体に戻り，懐炉として再度使用可能になる．

　酢酸ソーダの過冷却利用は，自動車の暖機運転や急速暖房の熱を得る手段としても期待されてきている．しかし，3.2項で例示したように，酢酸ソーダは0℃より低い温度まで過冷却状態を維持するので，上述の懐炉が低温になった段階で，融解して貯蔵させた熱の半分程度は顕熱損として消失する．このことが，懐炉以外への応用を阻む原因の一つになっている．この解決には，加熱再生後に酢酸ソーダが室温まで温度低下する際の熱を何らかの用途に利用することが必要である．また，酢酸ソーダは相分離しやすいので，安定的な蓄熱機能を再生するには，融点よりも30～40℃高温の熱湯で再加熱し，融解させる必要がある．さらに，凝固開始には発核素子を歪ませる必要があるので，機械による自動化が難しいことなども，携帯型懐炉以外の用途への展開を阻む理由になっている．

— 198 —

図8 酢酸ソーダが液相状態の携帯型懐炉(上)と発核素子(下)

4.2 給湯暖房システム

　糖アルコールの一種であるD-スレイトール($HOCH_2(CHOH)_2CH_2OH$, 融点87.0℃, 以下スレイトールと略記)やその光学異性体の*meso*-エリスリトール(融点118℃)は, 融解熱が比較的大きく, かつ安全性, 安定性が高い。一方, これら物質は最大過冷却度が大きいので一般的な蓄熱材としての活用には問題となる場合がある。そこで, スレイトールの大きな過冷却現象を逆にそのまま利用することで, 給湯暖房の需給調節に適用した例がある。

　図9は札幌市立大学に導入されたマイクロガスタービン(MGT)による熱併給発電システムのうち, おもに蓄熱系統の構成と仕様を略記したものである[4]。MGTは電力需要の多い昼間に運転され, 夜間は停止される。一方, 暖房の熱需要のピークは早朝にあるので, 電気と熱の供給の時間差を蓄熱装置で調整する仕組みとなっている。すなわち, 昼間の余剰熱で蓄熱材(スレイトール)を融解させ, MGT停止後の1〜2時間の暖房熱は, 蓄熱材の顕熱で賄われる。その後, 翌朝まで蓄熱材を過冷却状態で保持し, 早朝に図5の装置と同様の発核操作を行い, 過冷却状態で貯蔵されていたスレイトールの融解熱を回収, 利用する。過冷却蓄熱によって, 蓄熱槽から環境中への放熱損失を従来型の相変化蓄熱より3割程度低減し, 理論蓄熱量の91%を晩と朝の給湯暖房に有効利用している。

　蓄熱装置からの熱出力と出力温度の変化を図10に示す。図10において, 負の熱出力は融

第5章 蓄熱・保熱

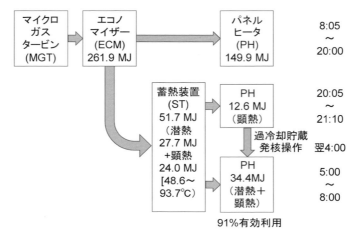

図9 過冷却蓄熱利用コージェネレーションシステムの1日の熱エネルギーの流れ

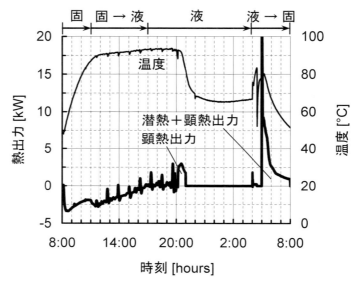

図10 蓄熱装置の熱出力，温水出口温度の変化

解過程で循環水から蓄熱槽へ熱が流入することを意味している。20～21時の熱出力は，蓄熱材が過冷却状態になる際の放熱に相当し，このシステムでは顕熱損は発生しない。4時に発核操作を行い，5～8時の間，前日に貯蔵した融解潜熱が放出される。第1の放熱は，装置全体がまだ高温になっている状態での熱供給となるので，最大出力が3 kW程度，平均出力が2.4 kWと大きくない。一方，翌早朝の第2の放熱は，蓄熱槽を除く配管設備全体が機械室温近くに温度低下した状態での熱供給となるので，最大出力が50 kW程度に達し，平均出力が3.5 kWとなっている。すなわち，早朝の大きな熱負荷に対応可能な熱出力が得られている。

本システムの課題は，スレイトールが現時点では医薬品として少量生産で流通し，高価な点にある。

❺ おわりに

　過冷却蓄熱技術は，常温で過冷却状態を保持できる酢酸ソーダを好事例として，これまでに種々の暖房・給湯用の器具・システムが提案されてきている。しかし，広く一般的に使用されているのは，酢酸ソーダの携帯型懐炉のみである。その原因は前述したとおりであるが，産業用途始め蓄熱装置の導入による省エネルギーの必要性が今後ますます高まるものと考えられる。4.2項に示した給湯暖房システムとスレイトールの組み合わせのように，相変化や過冷却現象が熱需給の両面に好都合な物性を有する蓄熱材とその利用方法の組み合わせは，まだまだ出尽くされていない可能性も高い。今後は，過冷却蓄熱の機能が活きるような巧妙な適用方法が，多様な分野の英知を結集することで生み出されていくことを期待したい。

文　献

1) 未利用熱エネルギー革新的活用技術研究組合技術開発センター：産業分野の排熱実態調査報告書，http://www.thermat.jp/HainetsuChousa/HainetsuReport.pdf (2019).

2) S. Hirano, et al. : Temperature Dependence of Thermophysical Properties of Disodium Hydrogenphosphate Dodecahydrate, *J. Thermophysics and Heat Transfer*, **15**, (3), 340-346 (2001).

3) 平野聡ほか：燐酸ソーダの過冷却度に及ぼす質量と冷却速度の影響，日本エネルギー学会誌, **80**, (10), 963-972 (2001).

4) 平野聡：コジェネレーション給湯暖房への相変化蓄熱の応用，サーマルマネジメント　余熱・排熱の制御と有効利用，エヌ・ティー・エス, 407-416 (2013).

第5節　グラファイトシート

パナソニック株式会社　久保　和彦／飯室　善文

１　はじめに

　グラファイトは，炭素の結晶が何層にも重なり合った材料で，導電性や耐熱性，耐薬品性に優れ，軽くて引張強度が強いという特徴があることから，工業材料として広く使用されている。その中においてシート状のグラファイトは，天然黒鉛粉を加工した膨張黒鉛シートと高分子フイルムを熱処理した高配向性グラファイトシートがある。膨張黒鉛シートは，天然黒鉛粉末を酸処理して層間化合物を形成し，約700～800℃程度で熱処理して膨張させた後にカレンダー処理によってシート状に加工したものである。膨張黒鉛シートは従来からガスケットやパッキンなどに広く使用されていたが，熱伝導性に優れることから熱伝導材料として用途が拡大してきた。
　高配向性グラファイトシートは，いくつかの高分子を熱処理することでグラファイト化されることを見出し実現したもので，この方法で高分子フイルムの面積単位でグラファイト層状構造をもつ高配向性グラファイトシートが得られるようになった。高配向性グラファイトシートの特性は，膨張黒鉛シートの熱伝導率（約 400 W/m·K）に比べて 2～4 倍の値になるため，近年，電子機器の高集積化の熱対策として注目され，軽・薄・短・小が求められるモバイル機器を中心に広く使用されている（図1）。ここでは，熱伝導材料として実用化されている柔軟性を付与した PGS グラファイトシートについて，その構造と特性について紹介する。

２　PGS グラファイトシートの製造方法と構造

　PGS グラファイトシートは，芳香族ポリイミドフイルムを原料として，不活性ガス中で2600℃以上の高温で処理することでグラファイト化され，さらに C 軸方向（厚さ方向）の加圧処理によって柔軟性をもたせたものである。ポリイミドフイルムの熱処理によるグラファイト化反応過程は，図2 の模式図に示すように考えられる。

図1　PGS グラファイトシート

第5節 グラファイトシート

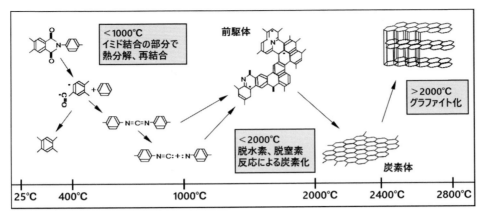

図2 ポリイミドフィルムのグラファイト化反応過程

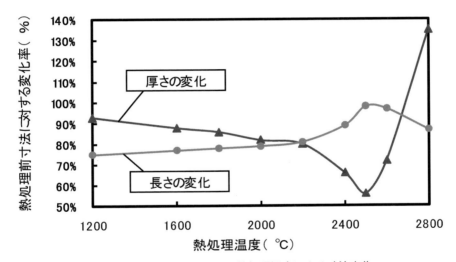

図3 ポリイミドフイルムの熱処理温度による寸法変化

　1000℃以下の領域でイミド結合の部分で熱分解が進行し，一部が再結合することによりグラファイトと類似の構造をもつ炭素前駆体が形成される。この前駆体はポリイミドフィルムの配向性によって反映されたものである。さらに熱処理の温度を上げていくことで脱水素，そして脱窒素反応が起き，繋がって大きな平面の炭素前駆体ができる。さらに2,000℃以上の高温で熱処理していくと積層構造が形成され，高配向のグラファイトシートになる。

　図3，図4及び図5は，厚さ75μmのポリイミドフィルムでグラファイト化過程を調べたものである。常温から昇温していき3,000℃まで熱処理を行い，その時の寸法変化および透過X線回折像を確認した。図3は，熱処理温度による寸法変化を示している。ポリイミドフイルムは，1,000℃以下の温度領域でイミド結合の部分で熱分解が進行し，重量が約50%，長さが70%ほどに収縮する。その後温度上昇とともに2500℃まではグラファイト積層構造の発達と同時に，面内方向に長くなり，厚さ方向は薄くなる。しかし，2500℃を超えると積層構造の折

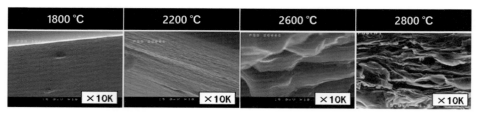

図4　ポリイミドフイルムの熱処理温度による断面SEM像

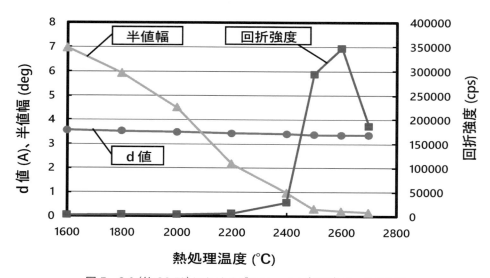

図5　2θ(約26.5°)におけるグラファイト(002)ピークの変化

れ曲がりと隙間が発生し，厚くなるとともに面内方向に収縮が起きる。

　図4にポリイミドフイルムの熱処理による断面SEM像を示す。1,800℃では，グラファイト積層構造はみられなかったが，2,200℃以上で観察され，2,600℃で積層構造の折れ曲がりとともにいくつかの積層の塊となって隙間がみられるようになった。さらに熱処理温度を上げ，2,800℃では隙間が全体に発生しているのが観測できるようになった。この現象が2,500℃以上の熱処理によって厚さ方向の急激な変化となっている。

　図5は，1,600℃から2,800℃までの熱処理温度による材料のX線回折パターンのグラファイト(002)ピークの値を示したものである。2,400℃を超えると半値幅(deg)が小さくなり回折強度(cps)も急激に大きくなっており，2,800℃でd値がほぼグラファイトの網平面間隔3.35Åに到達していることが分かる。回折強度が2,700℃で低下するのは，図4でみられるように2,800℃で積層構造の隙間が増加することで，配向性が乱れてくることを反映していると考えられる。

　熱処理後のグラファイトは，積層構造の折れ曲がりとともにいくつかの積層の塊となって隙間がみられ，その状態で結晶結合が繋がっているため，柔軟性がなく，厚くて折り曲げすると簡単に破断する脆い材料で商品化は難しいものであった。しかし，層間の乱れによる空隙を利

用しそこに 30 MPa 以上の加圧を加えると，積層構造の屈曲箇所が増加して小さな積層構造の集合体となるため，折り曲げ時に応力を分散して吸収することで，柔軟性が生じたと考えられる（図6）。

（加圧処理前） （加圧処理後）

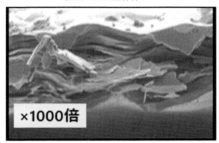

図6　加圧処理前後におけるグラファイトの断面状態

3　PGS グラファイトシートの特性と熱対策事例

PGS グラファイトシートの特性を表1に示す。PGS グラファイトシートは大きな面積での結晶結合が広がっているため，熱伝導率が銅の 2〜4 倍という大きさになっている。シート面内に熱が伝わりやすく熱拡散率が非常に大きいため，特性から，熱伝導材料として広く使用されている。

図7および図8は，モバイル機器に PGS グラファイトシートの熱特性効果を利用して熱対策をした事例である。薄型高性能化するモバイル機器は，IC チップやカメラモジュールといっ

表1　PGS グラファイトシートの特性

タイプ		17 μm	25 μm	40 μm	70 μm	100 μm
厚さ（mm）		0.017±0.005	0.025±0.010	0.040±0.012	0.070±0.015	0.100±0.030
熱伝導率 W/(mk)	面方向 X・Y	1850	1600	1400	1000	700
	厚さ方向 Z	4 to 6	4 to 6	4 to 6	5 to 10	5 to 10
熱拡散率（cm^2/s）		10 to 11	9 to 10	9 to 10	8 to 10	8 to 10
密度（g/cm^3）		2.10	1.95	1.80	1.21	0.85
比熱（at 50℃）(J/gk)		0.85	0.85	0.85	0.85	0.85
耐熱温度（℃）		400	400	400	400	400
引張り強度（MPa）	面方向 X・Y	40	30	25	20	20
	厚さ方向 Z	0.1	0.1	0.4	0.4	0.4
屈曲性能（R5/180）（cycles）		>30,000	>30,000	>30,000	>30,000	>30,000
電気伝導度（S/cm）		20,000	20,000	10,000	10,000	10,000

第5章　蓄熱・保熱

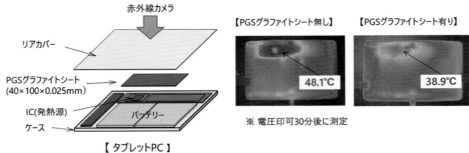

図7　タブレットPCにおけるPGSグラファイトシートの熱対策事例

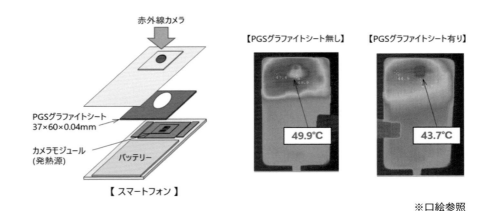

図8　スマートフォンにおけるPGSグラファイトシートの熱対策事例

た部品がスポット的に発熱する。その熱自体は部品を破壊するものではないが，薄型構造であるため外装ケースまで熱が伝わってしまい，それに触れる人に不快感や最悪の場合，やけどをさせることもあるため，ケースの表面温度を40℃以下ないし45℃以下に保つ必要がある。PGSグラファイトシートは，発熱体とケースの間に配置されるようにケースの裏側に粘着テープで固定した。発熱体の熱は，PGSグラファイトシートに伝わり熱拡散効果でシート全面に熱が広がるため，スポット的な熱が抑えられ外装ケース面は一定の温度以下に保つことができた。

　このようにPGSグラファイトシートは，熱伝導率が高く，軽くて薄く柔軟性があるため，熱伝導部材として優れた特性をもっている。さらにシートを重ねて使用することで，さらに大きな熱を移動させたり，熱を拡散させたり，さらに面内の熱分布を均一化するといった用途に対応することができる。

4　PGSグラファイトシートの熱抵抗低減への応用

　PGSグラファイトシートは柔軟性があり薄いシートであるため，TIM（Thermal Interface Material）として使用することが可能である。図9はIGBTパワーモジュールの断面構造を示

第5節　グラファイトシート

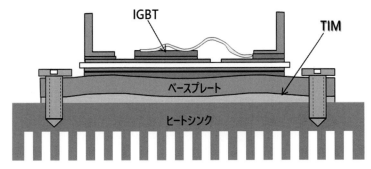

図9　IGBT モジュール断面のイメージ

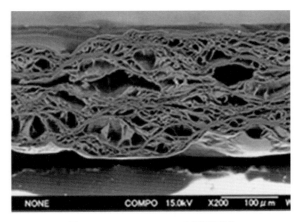

図10　Graphite-TIM の断面写真

しており，TIM は IGBT パワーモジュールのベースプレートとヒートシンクの間に挟んで使用されている。ベースプレートとヒートシンクは硬い金属であるため，面同士を接触させても微小凹凸による点接触状態となり大きな接触熱抵抗が発生し熱結合が難しい。そのため，面同士の凹凸を埋めて空隙をなくす必要がある。また，発熱によりプレートなどの膨張や変形により使用時に隙間が発生するため，変形量以上の TIM 材料が理想となっている。

Graphite-TIM は，従来のグラファイトシートの熱処理条件と機械的な強制によってグラファイト積層構造の隙間を均一に広げ，厚さを 200 μm にしたものである。この状態に仕上げることにより従来の PGS グラファイトシートより圧縮率を大きくすることができ，小さな加圧でも変形しやすく，微細凹凸に追従しやすくなった。図10 は，Graphite-TIM の断面写真であり，図11 は，従来 PGS グラファイトシートとの圧縮特性比較を表したものである。

Graphite-TIM を用いて，パワーモジュールの試験として行われているパワーサイクル試験を行った。パワーサイクル試験は，断続通電によりモジュール内の半導体を発熱させ，ベースプレートとヒートシンクの温度差を調べる信頼性試験であり，一般的に使用される Grease と比較した。その結果を図12 に示す。

Graphite-TIM は，液体の Grease と違い固体材料であるため，熱サイクルによる Greace 成

第5章 蓄熱・保熱

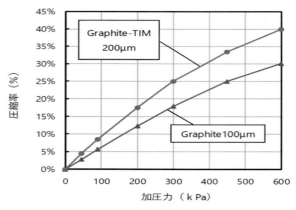

図11 Graphite-TIMの圧縮特性

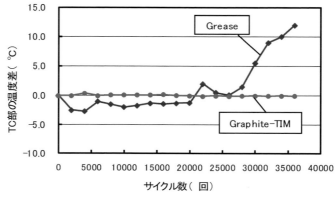

図12 パワーサイクル試験結果

分の揮発(ドライアウト)やベースプレートの繰り返し変形によるGreaceの押し出し(ポンプアウト)という現象がないため，長期信頼性に優れている。今後，パワーモジュールは，SiCなどの次世代半導体による高出力タイプの需要が拡大するとみられ，高発熱化となってますます長期信頼性が求められるようになることでGraphite-TIMの拡大が期待される。

5 おわりに

PGSグラファイトシートは，高分子フイルムを原料として高温で熱処理することによって作製された高性能のグラファイトシートであり，熱伝導率が非常に高く，薄くて軽く柔軟であるという特長をもっている。現在，携帯電話を代表としたモバイル機器の軽薄短小化に加え，ファンレスなどの静音化や省電力化が進むにつれ，熱対策技術はますます重要な課題になってきており，より高性能なPGSグラファイトシートが求められる。さらに電子化が進む車載といった分野まで幅広く熱伝導材料として使われることが期待される。

文　献

1) M. Murakami, K. Watanabe and S. Yoshimura: *Appl. Phys. Lett.*, **48**, 1594 (1986).

2) M. Murakami and S. Yoshimura: *Synth. Met.*, **18**, 509 (1987).

3) T. Ohnishi, I. Murase, T. Noguchi and M. Hirooka: *Synth. Met.*, **18**, 497 (1987).

4) M. Inagaki, S. Harada, T. Sato, T. Nakajima, Y. Horino and K. Morita: *Carbon*, **27**, (2), 253 (1989).

5) M. Murakami, N. Nishiki, K. Nakamura, J. Ehara, H. Okada, T. Kouzaki, K. Watanabe, T. Hoshi and S. Yoshimura: *Carbon*, **30**, (2), 255 (1992).

6) N. Nishiki, H. Take, M. Murakami, S. Yoshimura and K. Yoshino: "パイロリティック・グラファイトの合成と物性" *IEEJ Trans. FM*, **123**, (11) 1115-1123 (2003).

7) N. Nishiki, H. Take, K. Watanabe, M. Murakami, S. Yoshimura and K. Yoshino: "ポリイミドから作製したグラファイトフィルムの組織" *IEEJ Trans. FM*, **124**, (9) 812-816 (2004).

8) H. Take, N. Nishiki, S. Yoshimura and K. Yoshino: "Reversibly Bendable Pyrolytic Graphite Film and its Electronic Properties" *JJAP*, **43**, (3) 1118-1121 (2004).

＊ PGS および Graphite TIM はパナソニック株式会社の登録商標。

伝熱と放熱

第1節　粒子分散型金属系放熱材料の開発の現状

地方独立行政法人大阪産業技術研究所　**水内　潔**

■ はじめに

　LSI の高集積化・高速化に伴い，小型電子機器の内部発熱による LSI チップ自体の誤動作が近年深刻な問題となってきている。電子機器の温度上昇の抑制には，消費電力を抑えれば良いわけであるが，実際には，機器の小型化と高機能化が同時に求められるために，結果として機器の単位体積当たりの発熱密度が増し，各部の温度上昇を招いている。したがって，高熱伝導率と低熱膨張係数を合わせもつヒートスプレッダーの開発はきわめて重要な課題となってきている。また，自動車産業の分野においても，LED ヘッドライトや電気自動車車用モーターの効率的な冷却のために，優れたヒートスプレッダーの開発が望まれている。上野らは，配向した炭素繊維の長手方向の熱伝導率が 600 W/mK を越える炭素繊維強化型 Al 基複合材料[1)-3)]について報告している。

　これに対し，3 次元的に均一な高熱伝導性を有する材料として，ダイヤモンド，炭化ケイ素（α-SiC および β-SiC），窒化アルミニウム（AlN）および立方晶窒化ホウ素（cBN）の粉末をフィラーとして金属中に分散した複合材料が最近注目されている。ダイヤモンドは現存する材料中の最も高い熱伝導率（$\lambda = 2000$ W/mK）[4)]を有し，熱膨張係数（$\alpha = 2.3$ ppm）[4)]も小さいことから，理想的な放熱材料といえる。SiC は，硬度，耐熱性，化学的安定性に優れることから，研磨材，耐火物，発熱体などに広く用いられている。また，広いバンドギャップ（3.25 eV），高い絶縁破壊電界（3 MV/cm）に加え，高熱伝導率（$\lambda = 100 \sim 350$ W/mK）を有することから[4)5)]，高温半導体などパワーデバイスとしての研究開発も進められている。さらに SiC は，高熱伝導率のみならず，低熱膨張係数（$\alpha = 4.5 \times 10^{-6}$）[4)5)]も併せもつ。AlN は，ウルツ鉱型構造をとる非酸化物で，窒化物の中でも酸化に対してきわめて安定な材料である。また，その高い熱伝導率（$\lambda = 150 \sim 250$ W/mK）[4)5)]と絶縁性（体積抵抗率 $\rho v = 1.0 \times 10^{14} \Omega \cdot cm$）[4)5)]を利用して IC 用放熱基板にも応用が期待されている。Yoshioka ら[6)]は，Yb_2O_3 を助剤として添加した AlN 粉末を，水素を 3 vol% 含有する窒素雰囲気中で，温度 1973 K，焼結時間 10.8 ks の条件でミリ波焼結することにより，210 W/mK の高熱伝導率を得た例を報告している。AlN も SiC 同様に，高熱伝導率に加え低熱膨張係数（$\alpha = 4.5 \times 10^{-6}$）[4)5)]も併せもつため，放熱用金属基複合材料のフィラーとしての利用が検討されている。cBN は，ダイヤモンドに次ぐ高硬度（4500 ～ 5000 Hv）[1)2)]を有し，また鉄系材料との反応性が小さく，ダイヤモンドと比較して熱的化学的安定性に優れているため，cBN 粒子を超高圧下で焼結したものは，硬質材料の切削に留まらず，ダイヤモンドでは不可能であった，鋼や鋳鉄の超高速切削といった分野にも用いられている。また電子材料分野では，cBN が高温での耐酸化性に優れ，かつ，広いバンドギャップ（4.6 eV）[4)]を有することから，パワーデバイスとしての応用も検討されている。一方 cBN も，高熱伝導率（$\lambda = 200 \sim 1300$ W/mK）と低熱膨張係数（$\alpha = 4.8 \times 10^{-6}$）も併せもつため[5)]，放熱用

— 213 —

第6章 伝熱と放熱

金属基複合材料のフィラーとしての利用も検討されている。

　本稿では，ダイヤモンド，α-SiC，β-SiC，AlN および cBN の粉末をフィラーとし，これらをアルミニウム（Al）をマトリックスとして複合化したデータに加え，ダイヤモンド粉末を銅（Cu）中や銀（Ag）中に分散させた場合の熱物性についても，他の研究者らにより報告されているデータと比較しながら解説する。

❷　金属系放熱材料の製造方法

　粒子分散型金属基複合材料の製造方法として用いられているのは，おもに以下の4種類である。それぞれの特徴を簡単に述べる。

2.1　溶融金属含浸法

　容器内にフィラー粉末粒子を充填し，その上にマトリックス金属のインゴットを乗せる。容器をマトリックス金属の融点以上に加熱することにより溶融させて，溶融金属を粒子間隙に浸み込ませていく。無加圧でも可能だが 0.1～0.5 MPa 程度加圧することが多い。溶融金属が粒子間隙に充分行き渡るように 1.8 ks 程度溶融状態度保持した後，冷却するのが普通である。フィラーの充填率が高い場合でも，気孔の少ない複合材料が得られやすいが，逆に，フィラーの充填率が低い場合，フィラーとマトリックスの比重差により均質な複合材料を得るのが難しい。したがって，フィラー充填率 50% 以上の複合材料の成形に良く用いられる。ただし，フィラーと溶融金属の接触時間が長いため，フィラー粉末粒子表面が成形中に損傷する可能性がある。

2.2　ベルト式高圧成形法[7]

　この方法は，本来合成ダイヤモンドを製造する方法であるが，粒子分散型金属基複合材料の製造にもよく用いられる。フィラーとマトリックス金属粉末の混合粉末をカプセル内に真空封入し，左右両側からダイで固定する。固定されたカプセルに対し，上下のアンビルにより垂直に 5 GPa 程度の高圧を加え，静水圧的に加圧成形する。高圧成形のためほぼ 100% 緻密化した複合材料が得られるが，成形温度がマトリックス金属の融点以上である場合には，溶融金属含浸法の場合と同様にフィラー表面が損傷しやすい。また，低充填率の場合には，フィラーを均一分散させることが難しい。

2.3　真空ホットプレス法

　粉体を真空中で加熱圧縮して成形する方法であり，無加圧の焼結より大幅に成形時間を短縮できる。固相状態での成形であるため，成形中のフィラーの損傷は溶融含浸法やベルト式高圧成形法と比較して少ない。また，フィラー体積分率が低い場合でも均一分散させやすい。ただ，加熱は外部から行うためチャンバー自体が高温になる。広い均熱帯が得られ粉末粒子の表面も内部も同一温度に加熱されるが，冷却にはやや時間を要する。

― 214 ―

2.4 放電プラズマ焼結法[8)-18)]

放電プラズマ焼結法（SPS）は，図1および図2に示すように真空ホットプレス法同様，加熱と加圧を併用し粉体を成形する方法である。加熱は導電性パンチを通じてダイに充填された粉体に直接 ON-OFF パルス通電し，粉体をジュール加熱することにより行うため，チャンバー自体はほとんど加熱されず，試料の急速昇温と比較的速い冷却が可能である。成形中に粉末粒子接触点近傍において部分的に生じる溶融，・蒸発・凝縮および塑性変形により急速にネッキングが進み，原料粉末の融点の 2/3 程度の焼結温度での短時間緻密化が可能である。成形中にフィラーが損傷しにくいと共に，低充填率のフィラーにも対応できる。また，緻密化初期においては粉末粒子内温度分布が生じやすく，粉末粒子表面に対し内部が低温に保たれるため，粉末粒子の段階で有していた高機能をバルク化した状態でも維持しやすくバルクアモルファスの成形にも用いられる。一方で，固相状態での複合化であるため，フィラー/マトリックス界面の密着性の向上や，フィラーが高充填率の場合の残存ポアの低下には工夫が必要である。

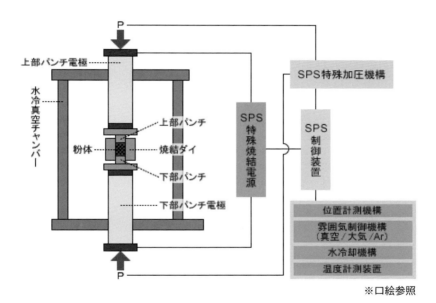

図1　SPS プロセスの基本構成（富士電波工機株式会社ホームページより）

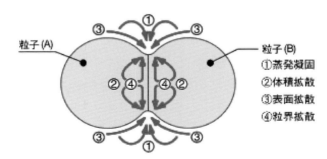

図2　SPS 成形焼結時の物質移動経路の概念図（富士電波工機株式会社ホームページより）

第6章　伝熱と放熱

❸　熱伝導率の測定方法

　熱伝導率の測定方法としては，おもに以下の3種類が用いられる。ただし，材料の有する熱伝導率の値により測定精度が異なるので，測定する材料に適した測定方法を選択する必要がある。以下に，各種測定方法の概略を述べる。

3.1　定常法

　熱伝導率を測りたい試料と，熱伝導率が予め分かっている標準試料をクランプし，片側を加熱し，もう片側を冷却して温度勾配をつけ，両端とクランプ部分の温度差から次式により熱伝導率を算出する方法である[19]。測定精度向上のため，上部を加熱し下部を冷却するセッティングが良く用いられる。

$$k = k_s (標準試料の温度勾配 / 試料の温度勾配)$$

　　　　　k：試料の熱伝導率
　　　　　k_s：標準試料の熱伝導率

　断熱材の熱伝導率測定方法（JIS A 1412-2，ISO 8031）として良く用いられるが，金属材料などの高熱伝導材料の測定にはやや不向きでデータのバラツキが多いとされる。Akoshimaら[20]によれば，熱伝導率 $\lambda >$ 125 W/mK 以上の材料に対して定常法を用いて精度良く測定するのはかなり難しく，相当なセッティング技術を要するとされている。

3.2　レーザーフラッシュ法

　ディスク状の試料の表面にディスク直径に近い径のレーザー光を当て，裏面の温度を測定して熱拡散率を求める方法である[21]。一方向性熱流が得やすいことから，高熱伝導材料の熱拡散率の測定に適しており，金属系放熱材料に対して広く用いられている。測定方法に関するJIS規格（JIS H 7801）やISO規格（ISO 18755）も存在する。

3.3　キセノンフラッシュ法

　レーザーフラッシュ法と同様の測定原理であるが，光源としてレーザー光の替わりにキセノンフラッシュ光を用いている。測定精度の点から，金属系放熱材料よりも，プラスチック系放熱材料の熱伝導率測定に用いられている例[22]が多い。

❹　各種粒子分散型金属系放熱材料の熱物性

　以下に，各種粒子分散型金属系放熱材料について，現在までに報告されている熱物性値の主要なものを紹介し，複合化条件や測定方法が得られる熱物性値に及ぼす影響について解説する。なお，複合材料の熱伝導率の評価については，これまで多くの熱伝導モデルが提案されている。本稿では，金属基複合材料の熱伝導率に影響を及ぼす以下の要素を考慮する。

（1）　フィラーおよびマトリックス金属の熱伝導率
（2）　複合材料中に占めるフィラーの体積分率

第1節　粒子分散型金属系放熱材料の開発の現状

（3）　フィラーの形状とサイズの効果

（4）　近接フィラー間の温度分布の影響

（5）　フィラーの配向度

（6）　フィラー/マトリックス界面の接触熱抵抗

（7）　フィラーの分散状態

Maxwell-Euken[23]モデルは，（1）と（2）を考慮して提案されたものである。Bruggeman[24]モデルは，（1）と（2）に加え，（4）の要素も考慮したものである。これにさらに，（7）の要素も考慮に入れて提案されたのが Agari[25]モデルである。しかしながら，これらのいずれのモデルを用いて金属基複合材料の熱伝導率を計算しても，おおよそ等しい値が得られる。なぜなら，充填されるフィラーの熱伝導率がマトリックス金属の熱伝導率の10倍以上となる場合がきわめてまれであるからである。上記モデル以外では，Maxwell-Euken モデルに（3），（5），および，（6）の要素を加えたモデルが Fricke[26]，Choy[27]，および，Hasselman[28]によりそれぞれ提案されている。金属基複合材料においてマトリックス金属と同等かそれ以上の熱伝導率を有するフィラーを充填する場合，フィラーおよびマトリックス金属のいずれの熱伝導率もきわめて高いため，モデルとしては（1）と（2）に加えて（6）の要素を含んでいることが重要である。そこで本稿では，これまで報告されている金属基複合材料の熱物性値をおもに Hasselman モデルに基いて評価する。

4.1　Al/ダイヤモンド系放熱材料

Al の熱伝導率は金属中では比較的高い（$\lambda = 210$ W·mK）[5]が，Cu や Ag と比較すると約 1/2 である。しかしながら，密度が 2.7 Mg/m^3 と低く，Cu や Ag の 1/3〜1/4 程度であるため，電子機器のみならず自動車用金属基放熱材料のマトリックス材料としても期待されている。したがって，Al とダイヤモンドを複合化したダイヤモンド粒子分散 Al 基複合材料については**表1**に示すように多くの報告がある。これらの実測値が計算値をどの程度満足するかについて以下に述べる。

複合材料の熱伝導率を計算する理論式に関しては，Hasselman-Johnson[28]の式(1)が提案されている。

$$k = k_m \times \left(\frac{2(\frac{k_d}{k_m} - \frac{k_d}{ah_c} - 1)V_d + \frac{k_d}{k_m} + \frac{2k_d}{ah_c} + 2}{(1 - \frac{k_d}{k_m} + \frac{k_d}{ah_c})V_d + \frac{k_d}{k_m} + \frac{2k_d}{ah_c} + 2} \right) \tag{1}$$

ここで，

k　：複合材料の熱伝導率

k_d：充填粒子の熱伝導率

k_m：マトリックスの熱伝導率

V_d：充填粒子の体積分率

— 217 —

第6章　伝熱と放熱

表1　Al-Diamond

著者	プロセス	出発材料（mass%）	フィラー粒子直径（μm）	フィラー体積分率 V（%）	熱伝導率（W/mK）	バウンダリーコンダクタンス（W/m²K）	熱膨張係数（ppm/K）	測定方法
N. Chen et al.[29]	無加圧溶融含浸法	Alインゴット, ダイヤモンド粉末		75	288		3.5	レーザーフラッシュ
W. Johnson et al.[30]	無加圧溶融含浸法	Alインゴット, SiCコートダイヤモンド粉末		50	259			レーザーフラッシュ
L. Weber et al.[32]	ガス加圧溶融含浸法	Alインゴット ダイヤモンド粉末	450 450+52	64 73	680 720	1.2×10^7	6.6 3.4	定常法
I. E. Monje et al.[33]	ガス加圧溶融含浸法	ダイヤモンド粉末 Alインゴット	300〜425	62	746	1.4×10^8		定常法
P. W. Ruch et al.[34]	ガス加圧溶融含浸法	Alインゴット ダイヤモンド粉末	91〜105	60〜65	670	6.5×10^6		定常法
Y. Zhang et al.[35]	溶融含浸法	ダイヤモンド粉末 Alインゴット	150〜178	70	760	3.3×10^7		レーザーフラッシュ
Ke Chu et al.[36, 37]	SPS	Al粉末 ダイヤモンド粉末	70	50	325	9.3×10^6		レーザーフラッシュ
X. Liang et al.[38]	SPS	Tiコートダイヤモンド粉末 Al粉末		50	491			レーザーフラッシュ
K. Mizuuchi et al.[39]	SPS	Al粉末 Al-5Mg-0.5Si合金粉末 ダイヤモンド粉末	100	45.5	403	1.6×10^7	12.5	レーザーフラッシュ
K. Mizuuchi et al.[40]	SPS	Al粉末 Al-5Si合金粉末 ダイヤモンド粉末	310 310	45 50	503 552	3.9×10^7 3.7×10^7	12.6 10.4	レーザーフラッシュ
K. Mizuuchi et al.[42]	SPS	Al粉末 Al-5Si合金粉末 ダイヤモンド粉末	310+34.8 310+34.8	65 70	581 578		7.8 6.7	レーザーフラッシュ

  a ：充填粒子の平均半径

  h_c：充填粒子／マトリックス界面の Boundary conductance

である。

 式(1)で，充填粒子／とマトリックス界面の接触熱抵抗がまったくないものと仮定すれば，$h_c = \infty$ となり，式(1)は，Maxwell-Eucken[23]の式(2)で表すことができる。

$$k = k_m \times \left(\frac{2(\frac{k_d}{k_m} - 1)V_d + \frac{k_d}{k_m} + 2}{(1 - \frac{k_d}{k_m})V_d + \frac{k_d}{k_m} + 2} \right) \tag{2}$$

 Al／ダイヤモンド複合材料については，溶融含浸法および SPS で製作された例がそれぞれ報告されている。Chen ら[29]や Johnson ら[30]は，溶融金属含浸法により Al／ダイヤモンド複合材料を作製している。Chen ら[29]のデータでは，ダイヤモンド体積分率が 75% と高いにもかかわらず熱伝導率は 288 W/mK と低い。この値は Maxwell-Eucken の式から得られた計算値の 29% 程度である。これは，Khalid ら[31]が指摘しているように，Al 溶湯とダイヤモンドの直接接触によりダイヤモンド粒子表面に Al_4C_3 が形成され，界面接触熱抵抗が増大することが一つ

の要因とされている。Johnson ら[30]はこれを避けるために，出発材料として SiC 被覆ダイヤモンド粒子を用い，Al/ ダイヤモンド界面における Al_4C_3 の形成を抑制し，熱伝導率の向上に効果があることを見出している。ただし，得られている熱伝導率はダイヤモンド粒子体積分率50％に対して 259 W/mK で，この値は Maxwell-Eucken の式から得られた計算値の 45％程度である。一方，Weber ら[32]，Monje[33]ら，および，Ruch ら[34]は，ガス圧付加溶融金属含浸法により Al/ ダイヤモンド複合材料を作製し，理論値に近い高熱伝導率を得ている。ただし，彼らの熱伝導率は定常法による測定により得られたものである。また，Al 溶湯とダイヤモンド粒子が 1.8 ks という比較的長時間接触する成形方法であるが，Weber ら[32]や Monje ら[33]は，Al_4C_3 の生成には触れていない。一方，Ruch ら[34]は，Al_4C_3 は Al/ ダイヤモンド界面に生成し，Al_4C_3 が界面接合力の強化と熱伝導率の向上に寄与するとしている。その脆弱性から構造材料では，その生成を抑制すべきとされてきた Al_4C_3 の存在が，放熱材料においてどのように寄与をするのかについては，前述のように議論の分かれるところである。なお溶融含浸法で成形した例としては，最近，Zhang[35]らによりダイヤモンド充填率を 70％まで高め，760 W/mK の熱伝導率と，3.3×10^7 W/m^2K という高い Boundary conductance を得た例が報告されている。

　Chu ら[36)37)]は，Al 系放熱材料中の Al_4C_3 の存在については，Chen ら[29]と同様に否定的であり，生成をできるだけ抑制するために，製造方法として SPS を採用している。純 Al とダイヤモンドの混合粉末を固相状態で SPS 成形して作製した Al-50 vol％ダイヤモンド複合材料に対して，レーザーフラッシュ法により測定した熱伝導率として 325 W/mK を報告している。また，Liang ら[38]は，SPS 成形中のダイヤモンド粉末粒子表面の Al_4C_3 形成を避けると共に，Al/ ダイヤ界面の強固な接合力を得るために，Ti 被覆ダイヤモンド粉末粒子をフィラーとして用い Al-50 vol.％ダイヤモンド複合材料に対して 491 W/mK の熱伝導率を得ている。

　筆者らは，Chu らと同様に Al_4C_3 の生成を避けると共に，気孔の残存をできるだけ少なくするため，固 - 液共存状態で SPS 成形する方法を考案した。出発材料を純 Al，Al-Si 合金，ダイヤモンドの 3 種混合粉末とし，SPS 成形中に Al 合金粉末のみを溶融させて間隙に充填し，Al/ ダイヤモンド複合材料の相対密度を増加させ，同時に，Al/ ダイヤモンド界面密着性を向上させようという発想である。上記三種混合粉末をダイ温度 813 K で 0.6 ks 保持することにより SPS 成形し，Al-45.5 vol％ダイヤモンド複合材料に対して，相対密度 97.6％において 403 W/mK の熱伝導率が得られた[39]。この場合，固相の純 Al 粉末と溶融した Al-Si 合金粉末が共存するのは数秒〜十数秒の極短時間である。すなわち，Al-Si 合金粉末は SPS 成形中に一旦溶融するが，直ぐに周囲の純 Al 粉末と合体して凝固してしまうからである。そこで，固 - 液共存状態を固相率の高い状態で持続させ，複合材料中の気孔の充填効率と Al/ ダイヤモンド界面の密着性をさらに改善するために，プロセス条件を改良し，恒温保持していた領域で低速加熱を行うことにした。

　ダイヤモンド粉末，純 Al 粉末，および，Al-5 mass％Si 合金粉末の混合体の SPS 成形を**図 3** に，そして，SPS 成形中の粉体の組織変化を**図 4** に，それぞれ模式的に示した。加熱開始前の混合体の組織は図 4(a)に示すとおりである。成形前の純 Al 粉末と Al-5 mass％Si 合金粉末の体積比は 9：1 である。最初の加熱過程において，試料温度が Al-Si 合金の共晶温度である 850 K に達した時点で，Al-5 mass％Si 合金粉末粒子は固-液共存状態となり，生じた液

第6章　伝熱と放熱

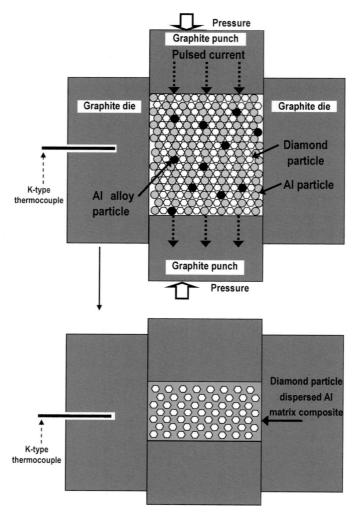

⬡：ダイヤモンド粉末　●：Al 粉末 particle　●：Al 合金粉末

図3　放電プラズマ焼結法によるダイヤモンド粒子分散型 Al マトリックス複合材料の成形[40]
Graphite punch: グラファイトパンチ　Graphite die: グラファイトダイ　Diamond particle: ダイヤモンド粒子　Al particle: Al 粒子　Al alloy particle: Al 合金粒子　Pulsed current: パルス電流　Prerssure: 圧力　K-type thermocouple: K タイプ熱電対　Diamond particle dispersed Al matrix composite: ダイヤモンド粒子分散 Al 基複合材料

相は混合体中のボア中に侵入していく。ところが，合金粉末の液相部分は周囲の純 Al 粉末と直接接触するため，Al-5 mass％合金の液相部分と純 Al 粉末粒子との間で再合金化が生ずる（図4(b)）。再合金化した部分の Si 含有量は5 mass％より少なくなるため固相線温度は上昇するが，この保持過程は恒温保持でなく低速加熱保持であるため，温度の上昇により再合金化した部分の再溶融と，溶け残っている Al-5 mass％Si 合金の固相部分の溶融が生じ，これが再び周囲の純 Al 合金粉末粒子と再合金化する（図4(c)）。このようにして，Al-5mass％Si 合金粉末粒子は，溶融-再合金化を繰り返しながら Al-Si 合金の Al-rich 側の固相線に沿って Si 含有量を減少させながら純 Al 中に拡散していく（図4(c)→図4(d)→図4(e)）。言い換えれば，低速

第1節 粒子分散型金属系放熱材料の開発の現状

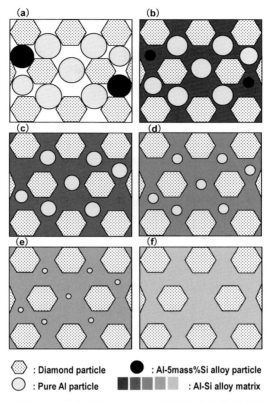

図4 ダイヤモンド，Al，および，Al-5 mass％Si 合金から構成される混合粉末の SPS 成形中の各温度における組織変化[40]
(a) ダイヤモンド粒子＋(90 vol.％Al 粒子＋10 vol.％Al-5 mass％Si 合金粒子).
(b) ダイヤモンド粒子＋Al 粒子＋Al-5mass％Si 合金粒子＋Al 合金マトリックス.
(c) ダイヤモンド粒子＋Al 粒子＋Al 合金マトリックス.
(d) ダイヤモンド粒子＋Al 粒子＋Al 合金マトリックス.
(e) ダイヤモンド粒子＋Al 粒子＋Al 合金マトリックス.
(f) ダイヤモンド粒子＋Al-0.5mass％Si マトリックス.
Diamond particle：ダイヤモンド粒子 Al-5 mass％Si alloy particle：Al-5 mass％Si 合金粒子
Pure Al particle：純 Al 粒子 Al-Si alloy matrix：Al-Si 合金マトリックス

加熱保持過程において，マトリックス中では，きわめて固相率の高い（液相率の低い）固-液共存状態が長時間持続し，液相部分が複合材料中のポアを埋めながら緻密化が進行するものと考えられる。純 Al 合金粉末と Al-5 mass％Si 合金粉末粒子の元々の体積比は 9：1 であるから，最終的には，マトリックス全体が Al-0.5 mass％Si 合金になると考えられる（図4(f)）。なお，溶融する領域はその時点で Si 濃度の最も高い領域であり，溶融した後，純 Al と合体することにより，その領域の Si 含有量が希釈される。すなわち，低速加熱中の液相の存在位置は時々刻々変わるので，Al 液相とダイヤモンド粒子の接触時間は，粒子一つひとつに対しては，それぞれ極短時間である。したがって，固-液共存状態での成形でありながら Al_4C_3 の生成しにくいプロセスである。この方法により，ダイヤモンド体積分率50％までの Al/ダイヤモンド複合材料に対して 99％を越える相対密度が得られている。Al-45 vol.％/ダイヤモンドおよび

― 221 ―

第6章　伝熱と放熱

Al–50 Vvol.％/ダイヤモンド複合材料の熱伝導率のレーザーフラッシュ法による測定値はそれぞれ 503 および 552 W/mK であった[40]。これらの値は，Maxwell-Eucken[23] の式から得られた理論値の95％以上を満足しており，3.7〜3.9×10^7 W/m^{2}K という高い Boundary conductance が得られている。また，ダイヤモンド粉末のバイモーダル化により，さらなる熱伝導率の向上と熱膨張係数の減少も可能である。粒子直径 310 μm および 34.8 μm の大小2種類のダイヤモンド粉末を用意し，Furnas モデル[41] を用いて，混合した場合の空隙率が最少となる混合比（この場合，大粒子の体積分率：小粒子の体積分率＝76 : 24 であった）を算出し，この配合比で混合したダイヤモンド粉末と Al 粉末の混合体を SPS 成形することにより，ダイヤモンドの高充填化が可能となり，Al–70 vol.％ダイヤモンド複合材料に対して95％以上の相対密度を維持しつつ，578 W/mK の高熱伝導率と 6.7 ppm の低熱膨張係数を得られている[42]。なお現在，ダイヤモンド粉末としては，さまざまな純度，粒度のものが市販されているが，Yamamoto ら[43] は窒素含有量の増大がダイヤモンドの熱伝導率を低下させることを報告している。筆者らは，N$_2$ 含有量が 75 ppm 以下の，静水圧合成ダイヤモンド粉末（トーメイダイヤ㈱製：IMS-15）を用いている。また粒度としても，比較的粗粒である直径 310 μm のダイヤモンド粒子を選択している。このことは，Al/ダイヤモンド界面接触熱抵抗の低減に関しては，界面のトータル面積が減少するという点で有利に作用していると思われる。

4.2　Al/SiC 系複合材料

　SiC 粉末が高熱伝導性フィラーの中でも比較的安価に入手できることから，Al/SiC 複合材料は，熱伝導率を純 Al 並みの 200 W/mk 程度を維持しつつ，熱膨張係数を純 Al の 1/2 以下にしたいという用途向けに盛んに開発が行われている。**表2**におもな報告例を挙げる。

　Chu ら[44] は，溶融金属含浸法により Al/α-SiC 複合材料を作製している。溶融金属含浸法では Al$_4$C$_3$ の多量の生成が懸念されるため，彼らは純 Al の替わりに Al-12Si-8 Mg 合金をマトリックスとして使用しそれを抑制している。逆に Al への Si や Mg の添加は熱伝導率の低下をもたらす[4)5)] ため，熱伝導率は 186 W/mK に留まったと報告している。Chu らは Al/α-SiC の熱伝導率のさらなる向上を目指し，純 Al と α-SiC の混合粉末を固相状態で SPS 成形することにより，Al$_4$C$_3$ 生成の抑制とマトリックスの熱伝導率の低下の抑制の両立を狙い，Al-55 vol％SiC に対して 224 W/mK の熱伝導率を得ている[45]。

　Molina ら[46] は，ガス圧付加溶融金属含浸法により Al/α-SiC 複合材料を作製し，SiC 体積分率 58％において 221 W/mK の熱伝導率，SiC 体積分率 74％において 228 W/mk の熱伝導率が，それぞれ得られたと報告している。ただし，これらの熱伝導率は定常法により測定されたものである。また Chu らの見解[44] とは異なり，彼らは，溶融金属含浸法により α-SiC 粒子と純 Al 溶湯を 1.8 ks という比較的長時間接触させて成形しても Al$_4$C$_3$ の生成は皆無であると報告している。

　筆者らは[47]，前述の持続型固-液共存状態での SPS 成形法[40] により Al/α-SiC 複合材料を作製した。Al/α-SiC（太平洋ランダム㈱製 GMF-60FH2）の成形については，末吉らが複合材料の緻密化に有効としている2段階加圧法[48] も SPS 成形中に併用し相対密度の向上を図った。結果として，相対密度99％以上の複合材料が作製でき，レーザーフラッシュ法による熱伝導

— 222 —

第1節　粒子分散型金属系放熱材料の開発の現状

表2　Al-SiC

著者	プロセス	出発材料(mass%)	フィラー粒子直径(μm)	フィラー体積分率Vf(%)	熱伝導率(W/mK)	バウンダリーコンダクタンス(W/m²K)	熱膨張係数(ppm/K)	測定方法
Ke Chu et al. [44]	無加圧溶融含浸法	Al-12Si-8Mg インゴット α-SiC 粉末	14〜80	65	186			レーザーフラッシュ
Ke Chu et al. [45]	SPS	Al インゴット, α-SiC 粉末	100	55	224			レーザーフラッシュ
J. M. Molina et al. [46]	ガス加圧溶融含浸法	Al インゴット, α-SiC 粉末	167 167+16.9	58 74	221 228			定常法
K. Mizuuchi et al. [47]	SPS	Al 粉末, α-SiC 粉末 Al-5Si 合金粉末	110	50	252		12.5	レーザーフラッシュ
K. Mizuuchi et al. [49]	SPS	Al 粉末, α-SiC 粉末 Al-5Si 合金粉末	110+14.3	65 70	226 212		9.9 9.4	レーザーフラッシュ
K. Mizuuchi et al. [50]	SPS	Al 粉末, β-SiC 粉末 Al-5Si 合金粉末	594	45 50	216 210	9.5X10⁶ 7.0X10⁶	13.5 12.1	レーザーフラッシュ

率の実測値として，Al-50 vol％SiC 複合材料に対し 252 W/mK を得ている。また，SiC 粒子のバイモーダル化により，SiC 体積分率70％で9.4 ppm の CTE を得ている[49]。さらに，フィラーとしてα-SiC の代わりにβ-SiC を用いて同様の方法で複合化することにより，Al-45 vol.％β-SiC 複合材料に対して216 W/mK の熱伝導率が得られている[50]。

4.3　Al/AlN 系複合材料

Al/AlN 系複合材料の熱伝導率の報告例を**表3**に挙げる。Chedru ら[51]は溶融金属含浸法で，Couturier[52]らは焼結法で，そして，Zhang ら[53]はスクイズキャスティング法でそれぞれ Al/AlN 複合材料を作製しているが，熱伝導率の実測値は100〜131 W/mK の範囲である。これは，出発材料として用いた AlN 粉末の酸素含有量が高いことが一つの可能性として考えられる。筆者ら[54]は，Al/ ダイヤモンド系や Al/SiC 系と同様に，持続型固-液共存状態で Al/AlN 複合材料を SPS 成形し AlN 体積分率35〜65％の範囲で，180〜196 W/mK の熱伝導率を得ている。ただし，筆者らが用いた出発材料の AlN は古河電子㈱製（Fan-f80）であり，予め Y_2O_3 を助剤として焼成してあり，195 W/mK の熱伝導率を有している。また，平均粒子径は81.7 μm であり，Chedru ら[51]や Couturier[52]らが用いた AlN 粉末よりも粒子径が大きい。これらのことも，筆者らの成形した Al/AlN 複合材料の熱伝導率が高かった一因と考えられる。

4.4　Al/cBN 系複合材料

報告されている Al/cBN 系複合材料の熱物性値を**表4**に示すが，現状ではまだまだ報告例は少ない。Wang ら[55]は純 Al 粉末と cBN 粉末の混合粉末を出発材料として，ベルト式高圧成形法を用いて温度1673 K，加圧力5 GPa で120 s 成形することにより，AlN，AlB_2，cBN および hBN の4相からなる多相系複合材料を作製し，約200 W/mK の熱伝導率を得ている。筆者らは，前述の持続型固液共存状態で Al/cBN 複合材料を SPS 成形し，モノモーダル複合材料においては Al-45 vol.％cBN 複合材料に対して305 W/mK の熱伝導率を[56)57]，バイモーダル

— 223 —

第6章　伝熱と放熱

表3　Al–AlN

著者	プロセス	出発材料(mass%)	フィラー粒子直径(μm)	フィラー体積分率 Vf(%)	熱伝導率(W/mK)	バウンダリーコンダクタンス(W/m²K)	熱膨張係数(ppm/K)	測定方法
M. Chedru et al. [51]	無加圧溶融含浸法	Al i-0.5Mg-0.5Si インゴット	1〜50	42	131	2.6×10^6	6.48	レーザーフラッシュ
R. Couturiera et al. [52]	無加圧溶融含浸法	AlN 粉末 焼結 AlN 粉末	1.5	56.6	110	3.2×10^7	10.8	レーザーフラッシュ
Q. Zhang et al. [53]	スクイズキャスト	Al インゴット, AlN 粉末	170	50	130	6.1×10^5	11.2	レーザーフラッシュ
K. Mizuuchi et al. [54]	SPS	Al 粉末, AlN 粉末, Al-5Si 合金粉末	81.7 81.7	35 65	196 180	1.7×10^7 1.3×10^7	14.5 10.6	レーザーフラッシュ

表4　Al–cBN

著者	プロセス	出発材料(mass%)	フィラー粒子直径(μm)	フィラー体積分率 Vf(%)	熱伝導率(W/mK)	バウンダリーコンダクタンス(W/m²K)	熱膨張係数(ppm/K)	測定方法
P. F. Wang et al. [55]	ベルト式高圧成形	Al 粉末, cBN 粉末	1.5-3.0	90	194			レーザーフラッシュ
K. Mizuuchi et al. [56, 57]	SPS	Al 粉末, cBN 粉末 Al-5Si 合金粉末	390	45	305	1.9×10^7	16.0*	レーザーフラッシュ
K. Mizuuchi et al. [58]	SPS	Al 粉末, cBN 粉末 Al-5Si 合金粉末	390＋39.0	55 65	319 324		14* 11.6*	レーザーフラッシュ

複合材料においては Al-65 Vvol.%cBN 複合材料に対して 324 W/mK の熱伝導率を[58]，それぞれ得ている。しかしながら，熱膨張係数は cBN 体積分率 65％においても 11.6 ppm と高めである。これは，複合化はできているものの Al/cBN 界面接合力がやや脆弱であることを示している。強固な界面反応層の形成が今後の課題である。

4.5 Cu/ダイヤモンド系放熱材料

Cu は熱伝導率が高く（λ = 385 W·mK）[4]，価格も安価であることから，マトリックス金属としてダイヤモンド粉末と複合化した例が多く報告されている。現在までに報告されている Cu/ダイヤモンド系放熱材料の熱物性値のおもなものを試料作製条件や熱伝導率の測定方法と共にまとめたのが表5である。これらの実測値が理論計算値をどの程度満足するかについて以下に述べる。

Kerns ら[59]は，溶融金属含浸法で Cu-55 vol%ダイヤモンド複合材料を作成し 420 W/mK の熱伝導率を得ている。また，Yoshida ら[60]は，ベルト式高圧成形法により Cu-65 vol%ダイヤモンド複合材料を作成し，572 W/mK の熱伝導率を得ている。しかしながら，Kerns ら[59]，および，Yoshida ら[60]の実測値を，Maxwell-Eucken[23]の式(2)で得られた Cu/ダイヤモンド複合材料の熱伝導率の計算値と比較すると，実測値は計算値の 45〜55％を満足するにすぎない。これは，彼らの成形温度がいずれも Cu の融点を越えており，おそらく，成形中のダイヤモンド粒子自体の劣化が避けられなかったためと思われる。Yoshida ら[60]は，真空中で 3.6 ks 加熱したダイヤモンドの熱伝導率の低下が 1223 K 以上で生ずることを報告している。

— 224 —

第1節　粒子分散型金属系放熱材料の開発の現状

表5　Cu-Diamond

著者	プロセス	出発材料(mass%)	フィラー粒子直径（μm）	フィラー体積分率 f(%)	熱伝導率（W/mK）	バウンダリーコンダクタンス（W/m²K）	熱膨張係数（ppm/K）	測定方法
J. A. Kerns [59]	溶融含浸法	Cu インゴット	100	55	420	5.8X10⁶		レーザーフラッシュ
A. Yoshida et al. [60]	ベルト式高圧成形	Cu 粉末ダイヤモンド粉末	90〜110	65	572	1.1X10⁷	7.5	レーザーフラッシュ
K. Mizuuchi et al. [61, 62]	SPS	Cu 被覆ダイヤモンド粉末	100	43.2	654	3.6X10⁷	10	レーザーフラッシュ
T. Schubert, et al. [63, 64]	SPS	Cu-0.8Cr 合金粉末ダイヤモンド粉末	100〜125	50	640	1.9X10⁷	9	キセノンフラッシュ
Ke Chu et al. [65]	真空ホットプレス法	Cu-0.8B 合金粉末 rダイヤモンド粉末	90	58	538	1.1X10⁷		レーザーフラッシュ
P. Mankowski et al. [66]	SPS	Cu-0.8vol.%Cr 合金粉末ダイヤモンド粉末	250	50	658	9.8X10⁶		レーザーフラッシュ
Ke Chu et al. [67]	SPS	Cu 粉末, Cr 被覆ダイヤモンド粉末	100	50	284	2.2X10⁶		レーザーフラッシュ
H. Hu [68]	真空ホットプレス法	Cu powder B₄C coated diamond powder	100	60	665	1.8X10⁷	7.5	レーザーフラッシュ
L. Weber et al. [69]	ガス加圧溶融含浸法	Cu-1Cr 合金インゴットダイヤモンド粉末 r	200	60	600	6.6X10⁶		定常法
L. Weber et al. [69]	ガス加圧溶融含浸法	Cu-0.1B 合金インゴットダイヤモンド粉末	200	60	700	1.0X10⁷		定常法
J. He et al. [70]	ベルト式高圧成形	Cu-0.3B 合金粉末ダイヤモンド粉末	220〜245	90	731	5.5X10⁶		レーザーフラッシュ
J. He et al. [71]	ベルト式高圧成形	Cu-1%Zr 合金粉末ダイヤモンド粉末	220〜245	90	677	4.8X10⁶		レーザーフラッシュ
Y.-M. Fan [72]	ガス加圧溶融含浸法	Cu-0.5B 合金インゴットダイヤモンド粉末	100	60	660	1.7X10⁷	7.4	レーザーフラッシュ
H. Chen [73]	ベルト式高圧成形	Cu-0.08at.%Cr 合金粉末ダイヤモンド粉末	500-600	90	831.4	3.0X10⁶		レーザーフラッシュ
K. Mizuuchi et al. [74]	SPS	（98%Cu+2%B）混合粉末ダイヤモンド粉末	310	50	689	1.8X10⁷	7.4	レーザーフラッシュ
K. Mizuuchi et al. [75]	SPS	（96%Cu+4%Cr）混合粉末ダイヤモンド粉末	310	50	584	2.3X10⁷	7.3	レーザーフラッシュ
Qiang Zuo [76]	真空ホットプレス法	（97%Cu+3%Cr）混合粉末ダイヤモンド粉末	105	30 40 50	560 365 225	3.4X10⁷ 3.8X10⁶ 1.0X10⁶		レーザーフラッシュ
C.-Y. Chung et al [77]	通常焼結	（98at.%Cu+2at.%Ti 混合粉末ダイヤモンド粉末	300+150	60	608		5.4	レーザーフラッシュ

　筆者らは，Cu/ ダイヤモンド複合材料を SPS で成形した[61)62)]。SPS は，加熱時に連続通電でなく ON-OFF パルス通電するため，成形過程において粉末粒子表面と内部に温度分布が生じる[7)-14)]。したがって，焼結中のダイヤモンド粒子表面層の加熱による劣化を避けるために，出発材料として Cu 被覆ダイヤモンド粒子を用い 1173 K で SPS 成形した結果，Cu-43.2 vol% ダイヤモンド複合材料においてレーザーフラッシュ法で測定した実測値として 654 W/mK の熱伝導率が得られた[23)24)]。この熱伝導率の値は，Maxwell-Eucken[23)] の式から得られた計算値

第6章　伝熱と放熱

の83％を満たし，Boundary conductance も 3.6×10^7 W/m²K という高い値が Hasselman-Johnson[28]の式より得られている。

　Schubert ら[63][64]は，出発材料として Cu 被覆粉末でなく，Cu とダイヤモンドの混合粉末を用いて Cu/ ダイヤモンド複合材料を SPS 成形している。ただし，Cu とダイヤモンドはもともと濡れ性がきわめて悪いため[60]，マトリックス粉末としては純 Cu ではなく，Cu-0.8 mass％Cr 合金のアトマイズ粉末を用いている。SPS 成形中にダイヤモンド粒子表面が劣化する可能性はあるが，成形後，1123 K で 1.8 ks の熱処理を行うことにより，厚さ約 100 nm の Cr_3C_2 層を Cu/ ダイヤモンド界面に生成させ，劣化により界面接触熱抵抗の増大をもたらす可能性のあるダイヤモンド表面層を逆に Cr_3C_2 層形成のための材料として用い，強固な界面接合強度を得ようとしている。彼らは Cu/ ダイヤモンド複合材料の熱伝導率をキセノンフラッシュ法で測定し，ダイヤモンド粒子体積分率 50％において 639 W/mK の熱伝導率を報告している。彼らはまた，Cu-0.8 mass％Cr 合金粉末の代わりに Cu-0.3 mass％B 合金粉末を用いても，同様の効果があることを報告している[63]。同様の試みが Chu ら[65]や Mankowski ら[66]により行われており，Cu-0.8 mass％B 合金粉末および Cu-0.8 vol.％Cr 合金粉末をマトリックスとして用い，538 W/mK および 658 W/mK の熱伝導率がそれぞれ得られている。

　Chu ら[67]は，成形中のダイヤモンド粒子表面の劣化防止と，Cu/ ダイヤモンド界面におけるクロム炭化物形成の両方の効果を狙って，Cr をダイヤモンド粒子表面に被覆し，それと純 Cu 粉末の混合粉末の SPS 成形も試みている。現状では高熱伝導率は得られていないが，これは 1 μm という厚めの Cr 被覆層が原因の一つと考えられており，彼らは現在 Cr 層の被覆厚さの最適化を検討している。なお Hu ら[68]は同様の試みとして，炭化ホウ素（B_4C）被覆ダイヤモンド粉末と Cu 粉末の混合粉末を真空ホットプレス法により複合化し，Cu-60 Vvol.％ダイヤモンド複合材料に対して 665 W/mK の熱伝導率を得ている。

　Weber ら[69]はガス圧付加溶融金属含浸法により Cu/ ダイヤモンド複合材料を作製している。狙いは Schubert らと同様で，出発材料として，Cu-1 mass％Cr 合金および Cu-0.1 mass％B 合金のインゴットを用いている。溶融金属含浸法の場合，溶融 Cu とダイヤモンド粒子との接触によるダイヤモンドの劣化が懸念されるが，彼らはそれには触れていない。熱伝導率としては，Cu-1 mass％Cr 合金と 60 vol％のダイヤモンドとの組み合わせで 600 W/mK，Cu-0.1 mass％B 合金と 60 vol％ダイヤモンドとの組み合わせで 700 W/mK の熱伝導率が得られたと報告している。ただし，彼らのデータはすべて定常法による測定で得られたものである。高熱伝導材料の熱伝導率を精度よく測定できるレーザーフラッシュ法による測定データを期待したいところであるが，最近，Cu-B 合金，Cu-Zr 合金および Cu-Cr 合金をマトリックスとして用い，ベルト式高圧成形法を含む溶融含浸法により Cu/ ダイヤモンド複合材料を成形した類似の研究が，He ら[70][71]，Fan ら[72]および Chen ら[73]により行われている。Cu-60～90 vol.％ダイヤモンド複合材料に対して，レーザーフラッシュ法で測定したデータとして，660～831.4 W/mK の熱伝導率が報告されている。

　筆者らは，市販されていないため特注が必要な Cu 合金粉末の使用を避け，純 Cu 粉末と市販の第 3 元素粉末の混合粉末をマトリックスとして用い，ダイヤモンドが劣化しない 1223 K 以下で SPS により複合化することを試みた[74][75]。第 3 元素粉末としてはダイヤモンドと炭化物

— 226 —

を形成しやすいホウ素(B)およびクロム(Cr)を選択した。第3元素粉末を介してCuマトリックスとダイヤモンド粉末粒子を部分的に接合し，Cu/ダイヤモンド界面の濡れ性を改善しBoundary conductanceを向上させるのが目的である。SPSを用いて温度1173 Kで600 s成形された(Cu-7.2 vol.%B)-50 vol.%ダイヤモンド複合材料の組織を**図5**に示す。黒色のダイヤモンド粒子が淡灰色のAl宙に分散した構造となっている。SEM-EDXによるBの同定はできていないが，図5(b)中に存在する10～20 µm程度のサイズの濃灰色の析出物がそれに相当するものと思われる。**図6**にCu/ダイヤモンド複合材料の熱伝導率に及ぼすB添加量の影響を示す。Bを含有しないCu-50 vol.%ダイヤモンド複合材料の熱伝導率は152 W/mKときわめて低いが，B添加により熱伝導率の大幅な向上が認められ，B添加量1.8～13.8 vol.%の範囲で590 W/mK以上の熱伝導率が維持された。熱伝導率の最高値689 W/mKとBoundary conductanceの最高値1.8×10^7 W/m^{2}Kが(Cu-7.2 vol.%B)-50 vol.%ダイヤモンド複合材料に対して得られた[74]。**図7**にCu/ダイヤモンド複合材料の曲げ破断面の写真を示す。B添加に

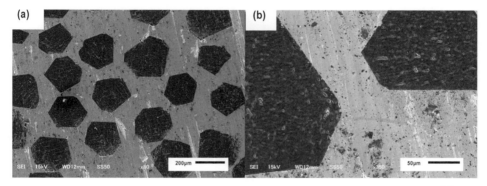

図5 SPS成形された(Cu-7.2 vol.%B)-50 vol.%ダイヤモンド複合材料の組織[74]
(a)低倍率　(b)高倍率

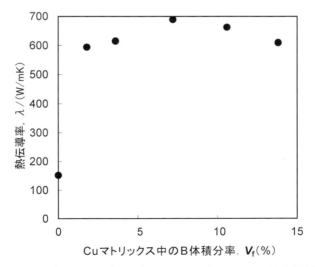

図6 SPS成形された(Cu-B)-50 vol.%ダイヤモンド複合材料の
B添加に伴う熱伝導率の変化[74]

第6章 伝熱と放熱

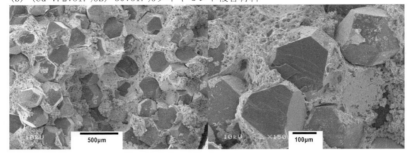

図7 SPS成形されたダイヤモンド粒子分散Cuマトリックス複合材料の曲げ破断面[74]
　　（左側：低倍率　右側：高倍率）

よりCu/ダイヤモンド界面の濡れ性が大幅に改善されているのが分かる。なお，Cr添加によるCu/ダイヤモンド界面の濡れ性改善も，B添加の場合と同様に確認されており，(Cu-4.9 vol.%Cr)-50 vol.%ダイヤモンド複合材料に対して584 W/mKの熱伝導率と2.3×10^7 W/m^2KのBoundary conductanceが得られている[75]。また，熱膨張係数の値もBおよびCr添加により無添加の場合と比較して30%以上低減され7.3〜7.4 ppm/Kが得られている[74)75]。Cu/ダイヤモンド複合材料の界面の濡れ性に対する第3元素添加効果については，Heら[71]がZrの効果を，Zuoら[76]がCrの効果をそれぞれ報告している。また，Chungら[77]はTiも効果があることを報告している。

4.6 Ag/ダイヤモンド系複合材料

Ag/ダイヤモンド系複合材料は，物質中最高の熱伝導率（$\lambda = 2000$ W/mK）[4]を有するダイヤモンドと，金属中最高の熱伝導率を有するAg（$\lambda = 419$ W/mK）[5]の組み合わせであるため，最高の熱伝導率を有する金属系放熱材料が作製できる可能性がある。表6に示すように，Weberら[78]は，Al/ダイヤモンド同様に，Ag/ダイヤモンド複合材料もガス圧付加溶融金属含浸法で作製している。使用しているマトリックス金属はAg-2.99 mass%（10.6 at%）Si共晶合金である。これは，注湯温度の低下により，成形中のダイヤモンドの損傷を防ぐ狙いがある。彼らは定常法により測定した値としてAg-61〜76 vol.%ダイヤモンド複合材料に対して775〜970 W/mKの熱伝導率を得ている。Gaoら[79]はAgとダイヤモンドの混合粉末を固相状態でSPS成形し複合化している。Ag-50 vol%ダイヤモンド複合材料に対しレーザーフラッシュ法

— 228 —

第1節 粒子分散型金属系放熱材料の開発の現状

で測定した結果として、515 W/mKの熱伝導率を得ている。Leeら[80]はAg被覆ダイヤモンド粉末とAg粉末との混合粉末を大気中でホットプレス成形して複合化している。ダイヤモンド粒子体積分率20%に対して、$\lambda=420$ W/mKであるため、熱伝導率に関してはダイヤモンド粒子添加の効果がほとんど認められないが、これは、大気中成形によるAgの酸化も影響していると考えられる。筆者ら[81)82)]は、純Ag、純Si、および、ダイヤモンドの3種混合粉末を固-液共存状態でSPS成形することにより複合化を試みた。AgとSiが固相状態で溶解度をほとんどもたないためAl-Si/ダイヤモンド系のような持続型固-液共存状態でのSPS成形[40)42)]は使えないが、純Ag、純Siおよびダイヤモンド粉末の3種混合粉末中のSiが入寮をAg-Si合金の共晶組成の1/10とすることにより、図8に示すような固相率可変型SPS成形が可能とな

表6 Ag-Diamond

著者	プロセス	出発材料(mass%)	フィラー粒子直径(μm)	フィラー体積分率(%)	熱伝導率(W/mK)	バウンダリーコンダクタンス(W/m²K)	熱膨張係数(ppm/K)	測定方法
L. Weber et al. [78]	ガス加圧溶融含浸法	Ag-3Si ingot ダイヤモンド粉末	450 350 350+52	61 65 76	775 860 970	5.8×10⁶ 9.6×10⁶	5.6 5.2 3.1	定常法
W. Gao, et al. [79]	SPS	Ag powder ダイヤモンド粉末		50	515			レーザーフラッシュ
M. T. Lee et al. [80]	大気中ホットプレス	Ag powder Ag被覆ダイヤモンド粉末	40~60	20	420	1.1×10⁷	12	レーザーフラッシュ
K. mizuuchi et al. [81]	SPS	Ag粉末, Si粉末, ダイヤモンド粉末	310	50	717	9.7×10⁶	9	レーザーフラッシュ
K. mizuuchi et al. [82]	SPS	Ag粉末, Si粉末, ダイヤモンド粉末	310+34.8	60 65	723 711		6.8 6.5	レーザーフラッシュ

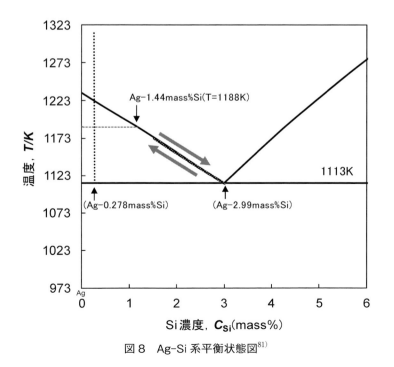

図8 Ag-Si系平衡状態図[81]

第6章　伝熱と放熱

る。ダイ温度を 1113〜1188 K の範囲で上下させることにより Ag マトリックスの固相率を 90〜80 vol.% の範囲で変化させることができる。Ag-50vol.% ダイヤモンド複合材料に対して 717 W/mK の熱伝導率，9.7×10^6 W/m^{2}K の Boundary conductance，および，9.0 ppm/K の熱膨張係数がそれぞれが得られている[81]。また，ダイヤモンド粉末粒子のバイモーダル化により熱膨張係数を 6.5 ppm/K まで低下させることにも成功している[82]。フィラーに損傷を与えずに複合材料の相対密度を上げ，フィラーとマトリックスの密着性を高める方法の一つとして，固相率可変型 SPS 成形は，有効な手段であると考えられる。

5　おわりに

粒子分散型金属系放熱材料の開発の現状について解説した。Al/ ダイヤモンド系，Al/SiC 系，Al/AlN 系，Al/cBN 系，Cu/ ダイヤモンド系および Ag/ ダイヤモンド系の 6 種類の複合材料について，現在までに報告されている熱物性値の主要なものを紹介した。粒子分散型金属系放熱材料の熱物性は，機械的性質と比較して，より顕著にポアや界面反応層の影響を受けやすいとされている。また，熱伝導率も，測定方法によっては誤差が非常に大きいといわれている。したがって本稿では，報告されている熱物性値のみならず，製造方法，製造条件，フィラーの粒子径，測定方法の違いなど，データに影響を与えそうな因子についてかなり詳しく言及したつもりである。本稿が，今後の放熱材料開発の一助となれば幸いである。

文　献

1）　M. Endo and T. Ueno：Published patent application in Japan, 2005-200676.

2）　K. Kato and T. Ueno：Published patent application in Japan, 2006-307358.

3）　T. Ueno, T. Yoshioka, K. Sato, Y. Makino and M. Endo："Fabrication of High Thermal Conductive Aluminum/ Graphitic Fiber Composites by Pulsed Electric Current Sintering" *J. Jpn. Soc. Powder Powder Metall.*, **54**, 595-600 (2007).

4）　Metals Handbook, Vol.2 - Properties and Selection: Nonferrous Alloys and Special-Purpose Mater., ASM Inter. 10th Ed. 1119-1124 (1990).

5）　ASM Engineered Mater. Reference Book, 2nd Edition, M. Bauccio, Ed. ASM Inter., Mater. Park, OH, 360-369 (1994).

6）　T. Yoshioka, Y. Makino and S. Miyake: "Influence of Phase Change in Intergranular Oxides to Thermal Conductivity of AlN Sintered by Millimeter Wave Heating", *J. Jpn. Soc. Powder Powder Metallurgy* **50**, 916-920 (2003).

7）　H. T. Hall："Ultra-High-Pressure, High Temperature Apparutus", the "belt". *Rev. Sci. Instrum.*, **31**, 125-131 (1960).

8）　N. Tamari, T. Tanaka, K. Tanaka, I. Kondo, M. Kawahara and M. Tokita："Effect of spark plasma sintering on densification and mechanical properties of silicon carbide", *J. Ceram. Soc. Jpn.*, **103**, 12-17 (1995).

9）　M. Tokita："Development of Large-Size Ceramic/Metal Bulk FGM Fabricated by Spark Plasma Sintering", *Mater. Sci. Forum*, **308-311**, 83-88 (1999).

10）　M. Tokita："Development of Automatic FGM Manufacturing System by the Spark Plasma Sintering (SPS) Method", *Ceram. Trans.*, **114**, 283-290 (2001).

第1節　粒子分散型金属系放熱材料の開発の現状

11) K. Mizuuchi, M. Sugioka, M. Itami, M. Kawahara, J. h- Lee and K. Inoue : "Effects of Processing Condition on Properties of Ti-Aluminides Reinforced Ti Matrix Composites Synthesized by Pulsed Current Hot Pressing(PCHP), *Mater. Sci. Forum*, **426-432**, 1757-1762 (2003).

12) K. Mizuuchi, K. Inoue, M. Sugioka, M. Itami and M. Kawahara : "Properties of In-Situ Ti-Aluminides Reinforced Ti Matrix Laminate Materials Synthesized by pulsed Current Hot Pressing (PCHP)", *Mater. Trans.*, **45**, 249-256 (2004).

13) K. Mizuuchi, K. Inoue, M. Sugioka, M. Itami and M. Kawahara : "Microstructure and Mechanical Properties of Ti-Aluminides Reinforced Ti Matrix Composites Synthesized by Pulsed Current Hot Pressing", *Mater. Sci. Eng. A*, **A368**, 260-268 (2004).

14) K. Mizuuchi, K. Inoue, K. Hamada, M. Sugioka, M. Itami, M. Fukusumi and M. Kawahara : "Processing of TiNi SMA Fiber Reinforced AZ31 Mg Alloy Matrix Composite by Pulsed Current Hot Pressing", *Mater. Sci. Eng A*, **367**, 343-349 (2004).

15) K. Mizuuchi, K Inoue, M. Sugioka, M. Itami, M. Kawahara and I. Yamauchi : "Microstructure and Mechanical Properties of Boron Fiber reinforced Ti matrix Composites Produced by Pulsed Current Hot Pressing (PCHP)", *J. Japan Inst. Metals*, **68**, 1083-1085 (2004).

16) K. Mizuuchi, K. Inoue, M. Sugioka, M. Itami, Jun-hee-Lee and M. Kawahara: "Properties of Ni-Aluminides-Reinforced Ni-Matrix Laminates Synthesized by Pulsed -Current Hot Pressing", *Mater. Sci. Eng. A*, **428**, 169-174 (2006).

17) K. Mizuuchi, K. Inoue, M. Sugioka, M. Itami, M. Kawahara and Y. Yamauchi: "Microstructure and Mechanical Properties of Boron-Fiber-Reinforced Titanium-Matrix Composites Produced by Pulsed Current Hot Pressing(PCHP)", *Mater. Sci. Eng. A*, **428**, 175-179 (2006).

18) K. Mizuuchi, J. H. Lee, K. Inoue, M. Sugioka, M. Itami and M. Kawahara:" "High Speed Processing of Ni-Aluminides-Reinforced Ni-Matrix Composites by Pulsed-Current Hot Pressing (PCHP)", *J. Modern Physics B*, **22**, 1672-1679 (2008).

19) A. J. Slifka: "Thermal-Conductivity Apparatus for Steady-State, Comparative Measurement of Ceramic Coatings", *J. Res. Natl. Inst. Stand. Technol.*, **105**, 591-605 (2000).

20) M. Akoshima : "A survey on standard measurement methods and standard reference materials for thermal diffusivity of solids", *AIST Technical note*, **1**, 233-245 (2002).

21) T. Baba and A. Ono: "Improvement of the laser flash method to reduce uncertainty in thermal diffusivity measurements, *Meas. Sci. Technol.*, **12**, 2046-2057 (2001).

22) B. Carlberg, T. Wang, J. Liu and D. Shangguan: "Polymer-metal nano-composite films for thermal management", *Microelectronics International*, **26**, 28-36 (2009).

23) A. Eucken : "Heat Transfer in Ceramic Refractory Materials: Calculation from Thermal Conductivities of Constituents", Fortchg. Gebiete Ingenieurw., B3, *Forschungsheft*, **16**, 353-360 (1932).

24) D. A. Bruggeman and Ann. Phys., : "Berechnung verschiedener physikalischer Konstanten von heterogenen Substanzen. I. Dielektrizitätskonstanten und Leitfähigkeiten der Mischkörper aus isotropen Substanzen", **24**, 636-664 (1935).

25) Y. Agari, A. Ueda and S. Nagai, "Thermal conductivity of a polymer composite", *J. Appl. Polym. Sci.*, **49**, pp1625-1634, (1993).

26) Fricke, H : "A Mathematical Treatment of the Electric Conductivity and Capacity of Disperse Systems I. The Electric Conductivity of a Suspension of Homogeneous Spheroids", *Phys. Rev.*, **24**, 575-580 (1924).

27) C. L. Choy, K. W. Kwok, W. P. Leung and Felix P. Lau : "Thermal conductivity of poly (ether ether ketone) and its short-fiber composites", *J. Polym. Sci. Part B, Polym. Phys.*, **32**, 1389-97 (1994).

第6章 伝熱と放熱

28) D. P. H. Hasselman and L. F. Jhonson: "Effective Thermal Conductivity of Composites with Interfacial Thermal Barrier Resistance", *J. Comps. Mater.*, **21**, 508-5515 (1987).

29) N. Chen, X. F. Pan and M. Y. Gu: "Microstructure and physical properties of Al/diamond composite fabricated by pressureless infiltration", *Mater. Sci. and Technology*, **25**, 400-402 (2009).

30) W. B. Johnson and B. Sonuparlak: "Diamond/Al metal matrix composites formed by The pressureless metal infiltration process", *J. Mater. Res.*, **8**, 1169-1173 (1993).

31) E. Khalid, O. Beffort, U. Klotz, B. Keller and P. Gasser："Site-Specific Specimen Preparation by Focused Ion Beam Milling for Transmission Electron Microscopy of Metal Matrix Composites", *Diamond and Related Mater.*, **13**, 393-400 (2004).

32) L. Weber and R. Tavangar: "Diamond-based Metal Matrix Composites for Thermal Management made by Liquid Metal Infiltration-Potential and Limits", *Advanced Materials Research*, **59**, 111-115 (2009).

33) I. E. Monje, E. Louis and J. M. Molina："On critical aspects of infiltrated Al/diamond composites for thermal management: Diamond quality versus processing conditions", *Compos. Part A Applied Sci. Manufac.*, **67**, 70-76 (2014).

34) P. W. Ruch, O. Beffort, S. Kleiner, L. Weber and P. J. Uggowitzer: "Selective interfacial bonding in Al(Si)-diamond composites and its effect on thermal conductivity",

35) Y. Zhang, J. Li, L. Zhao and X. Wang："Optimisation of high thermal conductivity Al/diamond composites produced by gas pressure infiltration by controlling infiltration temperature and pressure", *J Mater. Sci.* **50**, 688-696 (2015). *Composites Science and Technology*, **66**, 2677-2685 (2006).

36) Ke Chu, C. Jia, X. Liang and H. Chen: "Effect of powder mixing process on the microstructure and thermal conductivity of Al/diamond composites fabricated by spark plasma sintering", *Rare Metals*, **29**, 86-92 (2010).

37) Ke Chu, C. Jia, X. Liang, and H. Chen: "Effect of sintering temperature on the microstructure and thermal conductivity of Al/diamond composites prepared by spark plasma sintering", *Inter. J. of Minerals, Metallurgy and Materials*, **17**, 234-238 (2010).

38) X. Liang, C. Jia, Ke Chu, H. Chen, J. Nie and W. Gao："Thermal conductivity and Microstructure of Al/diamond composites with Ti-coated diamond particles consolidated by spark plasma sintering", *J. Compos. Mater.* **46**, 1127-1136 (2012).

39) K. Mizuuchi, K. Inoue, Y. Agari, Y. Morisada, M. Sugioka, M. Tanaka, T. Takeuchi, M. Kawahara and Y. Makino: "Thermal conductivity of diamond Particle dispersed aluminum matrix composites fabricated in solid-liquid co-existent state by SPS", *Compos. Part B: Eng.*, **42**, 1029-1034 (2011).

40) K. Mizuuchi, K. Inoue, Y. Agari, Y. Morisada, M. Sugioka, M. Tanaka, T. Takeuchi, J. Tani, M. Kawahara and Y. Makino: "Processing of diamond particle dispersed aluminum matrix composites in continuous solid-liquid co-existent state by SPS and their thermal properties", *Compos. Part B: Eng.* **42**, 825-831 (2011).

41) C. C. Furnas: "Grading Aggregates: I", *Ind. Eng. Chem.*, **23**, 1052-1058 (1931).

42) K. Mizuuchi, K. Inoue, Y. Agari, M. Sugioka, M. Tanaka, T. Takeuchi, J. Tani, M. Kawahara, Y. Makino and M. Ito："Bimodal and monomodal diamond particle effect on the thermal properties of diamond-particle-dispersed Al-matrix composite fabricated by SPS", *Microelectronics Reliability*, **54**, 2463-2470 (2014).

43) Y. Yamamoto, T. Imai, K. Tanabe, T. Tsuno, Y. Kumazawa and N. Fujimori: "The measurement of thermal properties of diamond", *Diamond and Related Materials*, **6**, 1057-1061 (1997).

第1節　粒子分散型金属系放熱材料の開発の現状

44) Ke Chu, C. Jia, X. Liang, H. Chen, H. Guo, F. Yin and X. Qu : "Experimental and modeling study of the thermal conductivity of SiCp/Al composites with bimodal size distribution", *J. Mater. Sci.* **44**, 4370-4378 (2009).

45) K. Chu, C. Jia, W. Tian, X. Hui and C. Guo: "Thermal conductivity of spark plasma sintering consolidated SiCp/Al composites containing pores (Numerical study and experimental validation)", *Composites Part A: Applied Science and Manufacturing*, **41**, 161-167 (2010).

46) J. M. Molina, J. Narciso, L. Weber, A. Mortensen and E. Louis: "Thermal conductivity of Al-SiC composites with monomodal and bimodal particle size distribution", *Materials Science and Engineering A*, **480**, 483-488 (2008).

47) K. Mizuuchi, K. Inoue, Y. Agari, T. Nagaoka, Y. Morisada, M. Sugioka, M. Tanaka, T. Takeuchi, J. Tani, M. Kawahara, Y. Makino and Mikio Ito: "Processing of Al/SiC composites in continuous solid-liquid co-existent state by SPS and their thermal properties", *Compos. B* **43**, 2012-2019 (2012).

48) H. Sueyoshi, T. Maruno, K. Yamamoto, Y. Hirata, S. Sameshima, S. Uchida, S. Hamauzu and S. Kurita : "Processing of Continuous Ceramic Fiber/Iron Alloy Composite", *J. Japan Inst. Metals*, **10**, 961-966 (2001).

49) K. Mizuuchi, K. Inoue, Y. Agari, M. Tanaka, T. Takeuchi, J. Tani, M. Kawahara, Y. Makino and M. Ito : "Effects of Bimodal and Monomodal SiC Particle on the Thermal Properties of SiC Particle-Dispersed Al-Matrix Composite Fabricated by SPS", *J. Metall. Eng.* (*ME*), **5**, 1-12 (2016).

50) K. Mizuuchi, K. Inoue, Y. Agari, M. Kawahara, Y. Makino and M. Ito : "Thermal Properties of Al/β-SiC Composite Fabricated by Spark Plasma Sintering (SPS)", *J. Metall. Eng.* (*ME*), **3**, 59-68 (2014).

51) M. Chedru, J. L. Cherman and J. Vicens: "Thermal properties and Young's modulus of Al-AlN composites", *J. Mater. Sci. Letters*, **20**, 893-895 (2001).

52) R. Couturier, D. Ducret, P. Merle, J. P. Disson and P. Joubert : "Elaboration and characterization of a metal matrix composite: Al/AlN", *J. European Ceramic Soc.*, **17**, 1861-1866 (1997).

53) Q. Zhang, G. Chen, G. Wu, Z. Xiu and B. Luan : "Property characteristics of a AlNp/Al composite fabricated by squeeze casting technology", *Materials Letters*, **57**, 1453-1458 (2003).

54) K. Mizuuchi, K. Inoue, Y. Agari, T. Nagaoka, Y. Morisada, M. Sugioka, M. Tanaka, T. Takeuchi, J. Tani, M. Kawahara, Y. Makino and Mikio Ito: "Processing and thermal properties of Al/AlN composites in continuous solid-liquid co-existent state by spark plasma sintering", *Compos. Part B: Eng.*, **42**, 1557-1563 (2011).

55) P. F. Wang, Zh. H. Li and Y. M. Zhu: "Fabrication of high thermal conductive Al-cBN ceramic sinters by high temperature high pressure method", *Solid State Sci.*, **13**, 1041-1046 (2011).

56) K. Mizuuchi, K. Inoue, Y. Agari, M. Sugioka, M. Tanaka, T. Takeuhi, J. Tani, M. Kawahara, Y. Makino and M. Ito: "Thermal Properties of cBN Particle Dispersed Al Matrix Composites Fabricated by SPS", *J. Jpn. Soc. Powder Powder Metallurgy*, **61**, 549-555 (2014).

57) K. Mizuuchi, K. Inoue, Y. Agari, M. Tanaka, T. Takeuchi, J. Tani, M. Kawahara, Y. Makino and M. Ito : "Thermal Conductivity of Cubic Boron Nitride (cBN) Particle Dispersed Al Matrix Composites Fabricated by SPS", *Mater Sci Forum*, in press.

58) K. Mizuuchi, K. Inoue, Y. Agari, M. Sugioka, M. Tanaka, T. Takeuhi, J. Tani, M. Kawahara, Y. Makino and M. Ito: "Effect of Bimodal cBN Particle Size Distribution on Thermal Conductivity of Al/cBN Composite Fabricated by SPS", *J. Jpn. Soc. Powder Powder Metallurgy*, **62**, 263-270 (2015).

59) J. A. Kerns, N. J. Colella, D. Makowiecki and H. L. Davidson : "Copper-Diamond Composite Substrates for Electronic Components", *Proc. Inter. Symp. Microelectronics*, pp28-37 (1995).

— 233 —

第6章　伝熱と放熱

60) K. Yoshida and H. Morigami : "Thermal properties of diamond/copper composite material", *Microelectronics reliability*, **44**, 303-308 (2004).

61) K. Mizuuchi, K. Inoue, Y. Agari, S. Yamada, M. Sugioka, M. Itami, M. Kawahara and Y. Makino : "Consolidation and Thermal Conductivity of Diamond Particle Dispersed Copper Matrix Composites Produced by Spark Plasma Sintering (SPS)", *J. Japan Inst. Metals*, **71**, 1066-1069 (2007).

62) K. Mizuuchi, K. Inoue, Y. Agari, S. Yamada, M. Tanaka, M. Sugioka, T. Takeuchi, J. Tani, M. Kawahara, J. -h. Lee and Y. Makino: "Thermal Properties of Diamond Particle-Dispersed Cu-Matrix-Composites Fabricated by Spark Plasma Sintering (SPS), *Mater. Sci. Forum*, **638-642**, 2115-2120 (2010).

63) T. Schubert, Ł. Ciupinski, W. Zielinski, A. Michalski, T. Weißgarber and B. Kieback: "Interfacial characterization of Cu/diamond composites prepared by powder metallurgy for heat sink applications", *Scripta Materialia*, **58**, 263-266 (2008).

64) T. Schubert, B. Trindade, T. Weißg¨arber and B. Kieback: "Interfacial design of Cu-based composites prepared by powder metallurgy for heat sink applications", *Mater. Sci. and Engineering A*, **475**, 39-44 (2008).

65) K. Chu, C. Jia, H. Guo and W. Li: "Microstructure and thermal conductivity of Cu-B/diamond composites", *J. Compos. Mater.*, **47**, 2945-2953 (2013).

66) P. Mankowski, A. Dominiak, R. Domanski, M. J. Kruszewski and L. Ciupinski: "Thermal conductivity enhancement of copper-diamond composites by sintering with chromium additive", *J Therm. Anal. Calorim.* **116**, 881-885 (2014).

67) Ke Chu, Z. Liu, C. Jia, H. Chen, X. Liang, W. Gao, W. Tian and H. Guo: "Thermal conductivity of SPS consolidated Cu/diamond composites with Cr-coated diamond particles", *J. Alloys and Compounds*, **490**, 453-458 (2010).

68) H. Hu and J. Kong : "Improved Thermal Performance of Diamond-Copper Composites with Boron Carbide Coating", *J. Mater. Eng. & Perform.*, **23**, 651-658 (2014).

69) L. Weber and R. Tavangar: "On the influence of active element content on the thermal conductivity and thermal expansion of Cu-X (X = Cr, B) diamond composites", *Scripta Materialia*, **57**, 988-991 (2007).

70) J. He, X. Wang, Y. Zhang, Y. Zhao and H. Zhang : "Thermal conductivity of Cu-Zr/diamond composites produced by high temperature-high pressure method", *Compos. B Eng.*, **68**, 22-26 (2015).

71) J. He, H. Zhang, Y. Zhang, Y. Zhao and X. Wang : "Effect of boron addition on interface microstructure and thermal conductivity of Cu/diamond composites produced by high temperature-high pressure method", *Phys. Status Solidi A* **211**, 587-594 (2014).

72) Y. -m. Fan, H. Guo, J. Xu, K. Chu, X. -x. Zhu and C. -c. Jia : "Effects of boron on the microstructure and thermal properties of Cu/diamond composites prepared by pressure infiltration", *Inter. J. Minerals Metall. Mater.* **18**, 472-478 (2011).

73) H. Chen, C. C. Jia and S. J. Li : "Effect of Cr addition and processing conditions on interface microstructure and thermal conductivity of diamond/Cu composite", Proc. 18th Inter. Conf. Compos. Mater., CD-ROM.

74) K. Mizuuchi, K. Inoue, Y. Agari, M. Sugioka, M. Tanaka, T. Takeuchi, J. Tani, M. Kawahara, Y. Makino and Mikio Ito : "Effect of Boron Addition on the Thermal Conductivity of Cu/Diamond Composites Fabricated by SPS", *J. Jpn. Soc. Powder Powder Metallurgy*, **62**, 27-34 (2015).

75) K. Mizuuchi, K. Inoue, Y. Agari, M. Sugioka, M. Tanaka, T. Takeuchi, J. Tani, M. Kawahara, Y. Makino and Mikio Ito : "Effect of Chromium Addition on the Thermal Conductivity of Cu/Diamond Composites Fabricated by SPS", *J. Jpn. Soc. Powder Powder Metallurgy*, **62**, 357-364

— 234 —

(2015).

76) Q. Zuo, W. Wang, M. Gu, H. Fang, L. Ma, P. Wang, J. Li, X. Hu and Y. Zhang : "Thermal Conductivity of the Diamond-Cu Composites with Chromium Addition", *Advanced Mater. Res.* **311-313**, 287-292 (2011).

77) C. -Y. Chung, M. -T. Lee, M. -Y. Tsai, C. -H. Chu and S. -J. Lin : "High thermal conductive diamond/Cu-Ti composites fabricated by pressureless sintering technique", *Applied Thermal Eng.*, **69**, 208-213 (2014).

78) L. Weber and R. Tavangar: "Diamond-based Metal Matrix Composites for Thermal Management made by Liquid Metal Infiltration-Potential and Limits", *Advanced Materials Research*, **59**, 111-115 (2009).

79) W. Gao, C. Jia, X. Jia, X. Liang, Ke Chu, L. Zhang, H. Huang and M. Liu: "Effect of processing parameters on the microstructure and thermal conductivity of diamond/Ag composites fabricated by spark plasma sintering", *Rare Metals*, **29**, 625-629 (2010).

80) M. T. Lee, M. H. Fu, J. L. Wu, C. Y. Chung and S. J. Lin: "Thermal properties of diamond/Ag composites fabricated by eletroless silver plating", *Diamond & Related Materials*, **20**, 130-133 (2011).

81) K. Mizuuchi, K. Inoue, Y. Agari, M. Sugioka, M. Tanaka, T. Takeuchi, M. Kawahara, Y. Makino and M. Ito: "Processing of diamond-particle-dispersed silver-matrix composites in solid-liquid co-existent state by SPS and their therma conductivity", *Compos. Part B: Eng.*, **43**, 1445-1452 (2012).

82) K. Mizuuchi, K. Inoue, Y. Agari1, M. Sugioka, M. Tanaka, T. Takeuchi, J. Tani, M. Kawahara, Y. Makino and M. Ito : "Bimodal and monomodal diamond particle effect on the thermal properties of diamond particle dispersed silver matrix composite fabricated by SPS", *J. Metall. Eng.*, **4**, 1-11 (2014).

第2節　マイクロカプセル化相変化物質による放熱利用

新潟大学名誉教授　田中　眞人

■1　はじめに

　マイクロカプセル化相変化物質（Phase Change Material；PCM）による蓄熱・放熱の利用技術の開発は，石油，石炭，天然ガスなどの天然資源の枯渇から，数十年前より活発になされてきたが，施設設備への投資と建設の停滞や，天然資源回収技術の開発などから，一時期棚上げされたように思えた。しかしながら，地球温暖化防止のための燃焼ガス発生抑制，原子力エネルギーの排除などの世界規模の経済エネルギー活動の状況変化により，再生可能エネルギーの開発や未利用エネルギーの有効利用技術の開発などの要求に応えるために，マイクロカプセル化相変化物質による蓄熱・放熱技術の開発も，再び活発に行われるようになった。このような社会情勢を念頭におき，ここでは相変化物質のマイクロカプセル化の実情と，マイクロカプセル化相変化物質の蓄熱・放熱特性について解説する。

■2　相変化物質のマイクロカプセル化技術の現状

　相変化物質のマイクロカプセル化における共通の必用条件は，

・芯物質である相変化物質の含有量を可能な限り大きくする。
・相変化物質含有マイクロカプセルの耐用年数は，マイクロカプセルが消耗品であるという点を考慮しても約十年である。
・耐用年数における相変化物質の漏洩防止・マイクロカプセルの破壊防止は不可欠であることから，高度なマイクロカプセルの保護・隔離機能が要求される。

　以上のことを考慮した相変化物質のマイクロカプセル化技術を以下に紹介する。

2.1　懸濁重合法[1]

　懸濁重合法によるマイクロカプセルの調製フローシートを図1に示した。重合性モノマー（重合開始剤溶解）と相変化物質とを混合して油相（O）を調製する。この際，油相（O）は，相変化物質がモノマーと相溶性があれば均一油相となるし，相溶性がなければモノマー中に相変化物質が分散したような分散系となる。このモノマー油相を，重合過程において芯物質の離脱を抑制するために予備塊状重合を実施して，モノマー相の粘度を増加させる。その後，油相を連続水相（分散安定剤溶解）中に添加撹拌することにより，（O/W）分散系を調製してから懸濁重合工程へと移行する。なお，（O/W）分散系における油滴の大きさは，最終的なマイクロカプセルの大きさにほぼ等しくなることから，粒径制御という観点から撹拌強度選定は重要である。重合の進行に伴いポリマーリッチになるにつれて，モノマーに溶解していた相変化物質は析出してくる。ここで，ポリマーが油滴の外周部へ，相変化物質は油滴内部へそれぞれ移動してコアシェル構造となるような条件を設定しておくことが必用である。このために，モノマー

相には親水性モノマーを混合するなどの手法が採用されている。図2に，懸濁重合法により調製した相変化物質含有マイクロカプセルの光学顕微鏡写真(左)とSEM写真(右)を示した。きわめて良好なマイクロカプセルが調製される。

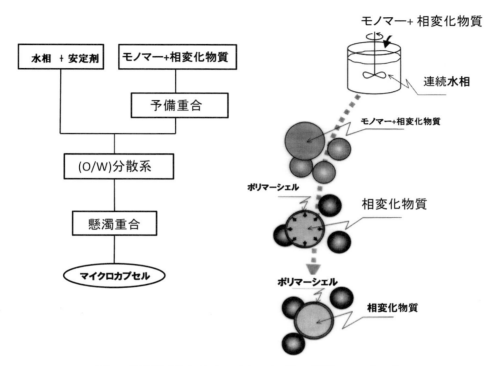

図1 懸濁重合法によるマイクロカプセル調製フローシート

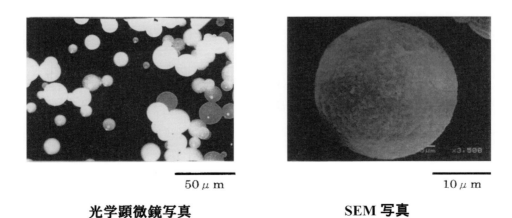

光学顕微鏡写真　　　　　　　SEM写真

相変化物質:n-ペンタデカン

図2　マイクロカプセルの観察(懸濁重合法)

2.2 界面重縮合反応法[2]

界面重縮合法によるマイクロカプセルの調製フローシートを図3に示した。相変化物質(非水系液体)に,界面重縮合反応の油溶性反応物質(たとえば,イソシアネート)を添加溶解して油相(O)を調製する。これを連続水相に添加撹拌して(O/W)分散系を調製する。その後,界面重縮合反応の水溶性反応物質(たとえば,アミン類)を溶解してある水相を添加することにより,油滴表面に界面重縮合反応が進行してポリマーシェルが生成される。なお,(O/W)分散系調製時における油滴の大きさは,最終的なマイクロカプセルの大きさにほぼ等しくなることから,粒径制御という観点で撹拌強度選定は重要である。また,(O/W)分散系調製時に,分散安定剤として固体粉末を添加して油滴表面に付着させ(ピッカリングエマルション),界面重縮合反応によるポリマーシェルの生成時にこの固体粉末を巻き込みこむことにより,ハイブリッドシェルを生成することができる。図3においては,固体粉末としてSiC(S)を添加した場合を示した。

図4に,界面重縮合反応法により調製したワックス含有ハイブリッドマイクロカプセルのSEM写真と,表面と断面における元素分析の結果を示した。マイクロカプセルの構造はコアシェルであること(図4-b,b'),表面にSiCが付着していることが分かる(図4-a')。熱伝導性の高いSiC粉末をマイクロカプセルシェルに複合化させてハイブリッド化することにより,相変化物質の相変化に伴う放熱と吸熱の伝達速度が改善されるとともに,ポリマーシェルの耐熱性や機械的強度が改善されることが期待される。

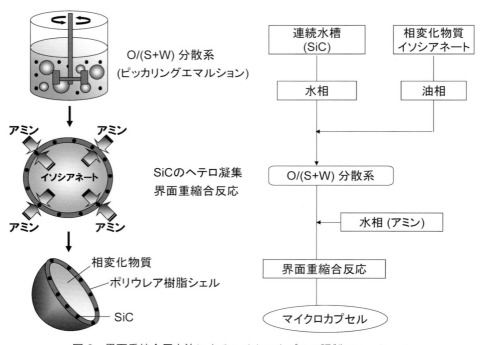

図3 界面重縮合反応法によるマイクロカプセル調製フローシート

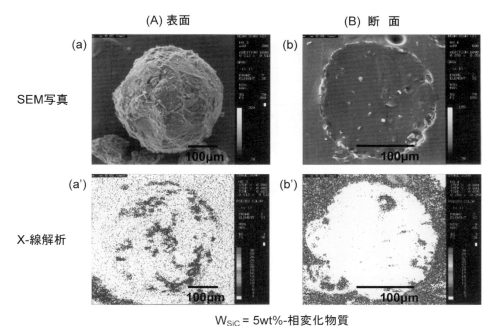

図4 マイクロカプセルの表面と断面の元素分析

2.3 *in-situ* 重合法[3]

　in-situ 重合法によるマイクロカプセルの調製フローシートを**図5**に示した。相変化物質を乳化剤水溶液に添加撹拌することにより（O/W）分散系を調製する。その後，（メラミン・ホルムアルデヒド）プレポリマーを添加して油滴表面に付着・重合させることによりポリ（メラミン・ホルムアルデヒド）シェルが生成される。このような基本操作において，効率よくプレポリマーを油滴表面に付着させるために，（O/W）分散系調製時の撹拌速度，分散安定剤のイオン性利用，連続相のpH調整，反応温度などの最適化が重要である。**図6**に *in-situ* 重合法で調製した相変化物質（ワックス）含有マイクロカプセルをセッコウプラスターに混入した時のマイクロカプセルのSEM写真を示した[3]。粒径が，5～10ミクロンのマイクロカプセルが混入されていることが分かる。

　以上，代表的な相変化物質含有マイクロカプセルの調製法の概要を紹介してきたが，現在開発されているマイクロカプセルは，コアシェル型であること，この構造によっても相変化物質の長期にわたる保護隔離能が保障されていること，マイクロカプセルのマトリックス材への添加混合や蓄熱・放熱プロセスに伴い発生する機械的負荷に対する機械的強度を保持していること，などが不可欠である。

第6章　伝熱と放熱

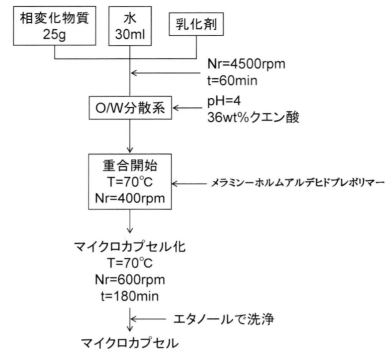

図5　*in-situ* 重合法によるマイクロカプセル調製フローシート

❸　マイクロカプセル化相変化物質の放熱特性

3.1　マイクロカプセル化相変化物質の放熱特性の評価例

　マイクロカプセル化相変化物質の放熱特性は，図7に示すように[4]，DSC分析により評価できる（懸濁重合法によるn-ペンタデカン含有マイクロカプセル）。放熱量は，（凝固点11.5℃）133.54 J g^{-1}で，蓄熱量は，（融点10.9℃）138.40 J g^{-1}である。このようにマイクロカプセル内の狭い空間に閉じ込められると，相変化物質は過冷却現象が発生する。すなわち，蓄熱は4.4℃から10.9℃まで継続し，放熱は16.5℃から6.4℃まで継続している。また，マイクロカプセル化することにより，シェルによる相変化物質の総重量が増えるために放熱・蓄熱密度が減少することは避けられない。このマイクロカプセルからの放熱の応用例を以下に紹介する。まず，マイクロカプセルの一定量をバインダーにより担持体（10×10 cmの鉄板）に塗布し，これを試験室（30×30×30 cm）に設置した。そして，試験室全体の温度を20℃に加温してから自然冷却して試験室内の温度変化を調べた。その結果を図8に示した。

　試験室内の温度変化，マイクロカプセルを塗布した担持体を設置した時の温度変化，マイクロカプセルを塗布した担持体を設置した時の温度変化の三者には大きな相違が観察される。すなわち，マイクロカプセルが存在しない時の温度変化は試験室内の顕熱による温度変化を示したが，マイクロカプセルを設置した時の温度変化は，顕熱と放熱による温度変化を示した。それぞれの変化曲線の面積積分による計算では，マイクロカプセル化相変化物質による放熱量

第2節　マイクロカプセル化相変化物質による放熱利用

相変化物質:ワックス(融点25℃)

図6　相変化物質含有マイクロカプセルの添加プラスターの内部観察

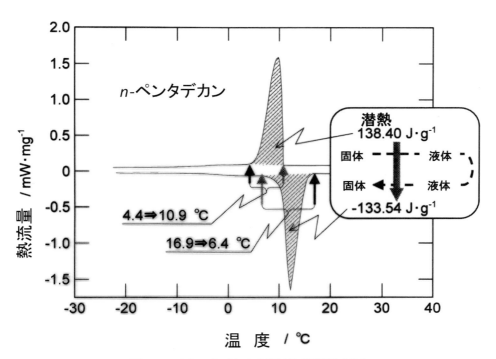

図7　マイクロカプセルの熱特性(懸濁重合法)

― 241 ―

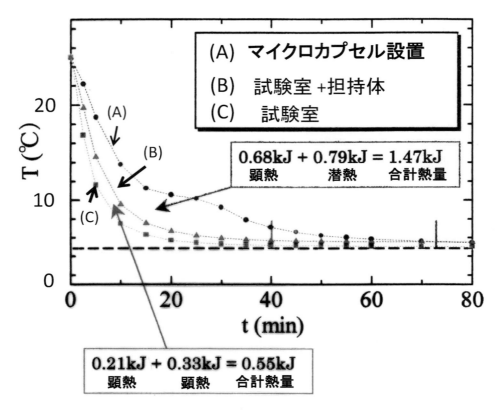

図8　相変化物質含有マイクロカプセルの放熱特性

は，0.92 J g^{-1} となる。**図9**には，*in-situ* 重合法による相変化物質含有（ワックス，融点24℃）マイクロカプセルを混入して製造した試験室の温度変化を示した[5]。マイクロカプセル未添加の場合には，6月頃からの気温の上昇につれて室内温度も16℃から28℃に至っているが，マイクロカプセル添加の場合には，24℃から25℃となっている。この熱量が室温の温度降下につれて放熱され，室温温度の平均化が可能となる。

第2節　マイクロカプセル化相変化物質による放熱利用

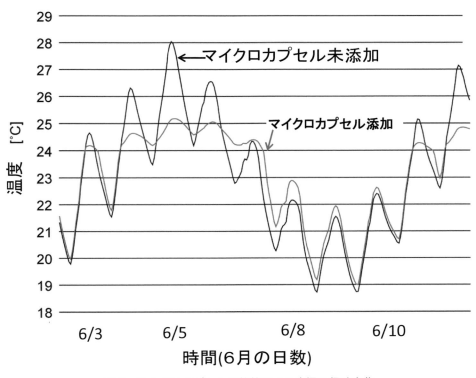

図9　マイクロカプセルの放熱による室温の経時変化

文　献

1) L. Sanchez, P. Sanchez, A. De Lucas, M. Carmona and J. F. Rodriguez: *Colloid Polym. Sci.*, **285**, 1377 (2007).
2) Y. Taguchi, R. Morita, N. Saito and M. Tanaka: *Polymers for Advanced Technologies*, **27**, 422 (2016).
3) J. F. Su, L. X. Wang and L. Ren: *COLLOIDS AND SURFACES*, **299**, 268 (2007).
4) 田中眞人：ナノ／マイロカプセル調製のキーポイント，テクノシステム (2008).
5) P. Schossig, H. M. Henning, S. Gschwander and T. Haussmann: *Solar Energy Materials & Solar Cells*, **89**, 297 (2005).

第3節　薄膜常温放熱コーティング

株式会社ジャパンナノコート　島田　誠之

■1　はじめに

　現在，パソコン・スマートフォンを中心とした電子機器のモバイル・軽量化が進んでおり，それに伴い，内部部品の高出力化・高集積化により，発熱量の増大および，熱籠り対策としてますます薄膜放熱技術が重要になっている。とくに低温やけどや CPU の負荷温度低減を目的として，40～100℃の低温下での高放熱性能が求められる。しかも，軽量化のために素材は，プラスチックなどの軽量材料が使用されることが多く，プラスチックの放熱性が求められている。しかしプラスチックの場合は，放熱材の練りこみなどプラスチックの性質自体を変質させる可能性のある方法での加工がほとんどであり，プラスチックに塗布可能な放熱材も求められている。上記同様，低温度帯の高放熱性は近年普及が進んでいる太陽光も同じ問題を抱えており，太陽光パネルは 25℃を基準として発電量設定されており，そこから 1℃上昇するごとに 0.4～0.5％発電量が低下する。つまり 35℃の時，25℃の時と比べた時に 4～5％発電量が低下することになる。よって放熱コートを太陽光パネルのバックシートに塗布することでパネルの温度上昇を抑制し，発電量の増加にも効果が見込める。

　これらを踏まえたうえで，弊社は常温で塗布できる放熱コーティング剤用のバインダーおよびコーティング剤を開発した。今回紹介する開発品のおもな特徴は以下のとおりである。

（1）　低温下での高放熱性

　熱伝導率が素材として最高レベルのナノカーボン素材（カーボンナノチューブ，グラフェンなど）を使用することで低温下の高放熱性が可能。

（2）　基材への高密着性

　シングルナノ粒子を中心とした高密着無機バインダーを使用することにより，さまざまな基材に密着（ガラス，ステンレス，ポリカ，銅，アルミ，フッ素樹脂など）。

（3）　薄膜塗布

　高熱伝導率のナノカーボン素材とナノ粒子のバインダーを使用することで既存の放熱コーティング剤の 1/10 以下の膜厚で塗布可能。

（4）　常温塗布

　分散剤の使用していないコーティングのため，室温の常温乾燥での製膜が可能。

■2　放熱コーティングのポイント

　放熱コーティングの性能を上げるための一番のポイントとして**表1**にある空気の問題がある。塗膜内に残る空気および接着面に残る空気は断熱効果で放熱の疎外要因となる。同じく，CNT を溶媒に使用する際に通常使われる有機の分散剤も熱抵抗の要因となる。これらを踏まえたうえで弊社では以下のように対策し，放熱特性の向上を目指した。

(1) 塗膜内部空気対策

図1にあるように，粒子間の隙間に入るようなシングルナノ微粒子を使用し，空孔の大きさを減らした。使用する粒子は小さければ小さいほど粒子間の空孔の大きさは小さくなり熱抵抗を減らすことができ，また，表面積を稼ぐことにより放射性を上げることができる。

(2) 接着面の空気対策

図2にあるように，基材には微細な凹凸があり，その隙間の奥までコーティングを埋めなければならないため，表面張力の低いアルコール系等溶媒によって隙間への浸透率を高め，基材とコーティングの隙間を埋めた。隙間が埋まることによって基材への密着性能も高まる。

(3) 有機の分散剤対策

分散剤を使用しないCNT分散液を使用し，同様に弊社の分散剤を使用しない無機バインダーを使用することで分散剤を使用しないコーティングを用意できた。

表1 熱伝導率

熱伝導率	
材料	（W/m・K）
CNT	3000〜5000
ダイヤモンド	1000〜2000
グラフェン	1000〜5000
グラファイト	1000
Ag	420
Cu	398
Au	320
Al	236
Fe	168
ステンレス	16.7〜20.9
SiO$_2$(水晶)	8
ガラス	1
ポリカーボネート	0.24
アクリル	0.21
空気	0.0241

図1 シングルナノ粒子による表面積増加（TEM画像）

図2 基材の表面の微細な凹凸を埋める（基材はPMMA素材）

第6章　伝熱と放熱

❸　各基材へのコーティング結果

さまざまな基材に塗布したものと未塗布のものを用意し，ホットプレート上で，60℃設定で加熱し温度上昇をみた各結果が図3である。各基材の大きさおよび厚みは以下のとおりである。

- 銅　　　　　　50 mm×100 mm×2 mm
- アルミニウム　50 mm×100 mm×0.5 mm
- ガラス　　　　50 mm×75 mm×3 mm
- PC　　　　　 50 mm×75 mm×2 mm

すべて，CNTとバインダー比率が同じ液を使用したがPCに関しては，今回密着性に不具合があり（バインダー単体では密着性に問題はない），プライマーとしてバインダーを使用したために熱抵抗が発生し，温度差があまり出ていない結果となったが，それ以外の基材に関しては，50℃前後でおおむね5℃以上の差が出た結果となった。

❹　放熱コートをした太陽光パネルでのサーモグラフィー温度試験データおよびLED照明での温度試験データ

4.1　太陽光パネルでの試験

図4左側のパネルが未塗布パネルで右側のパネルが放熱コートをしたパネルである。40～50℃前後で4～8℃程度の表面温度差が発生している。

次のYOUTUBEに動画をUPしているので，参照いただきたい。http://www.youtube.com/watch?v=d_zAjLDrtZQ

また，瞬間的なものだけでなく時間帯による温度差データは下記となる（図5参照）。

試験条件　　2013年7月27日（土）　最高気温31℃　風速3 m

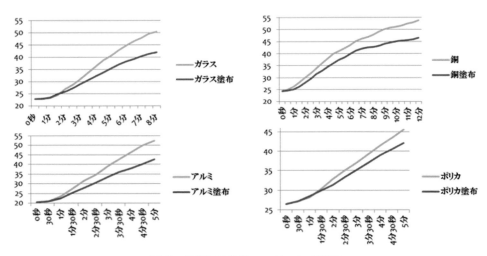

図3　各基材の放熱コーティング試験

第3節　薄膜常温放熱コーティング

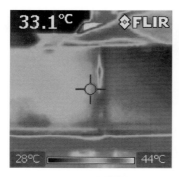

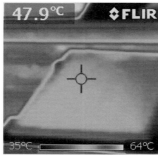
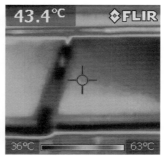

図4　放熱コーティングサーモグラフィー写真
　　試験条件　2013年6月28日　気温26℃　風速4m
　　天候　くもり時々晴れ　測定時間　2時～3時
　　試験場所　都ローラー工業株式会社屋上

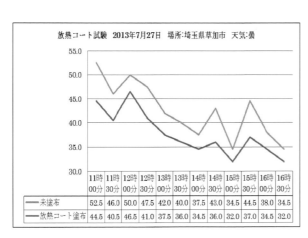
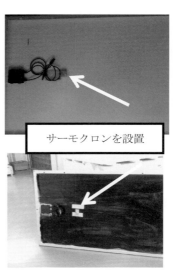

※口絵参照

図5　温度データーロガーによる温度変化

第6章　伝熱と放熱

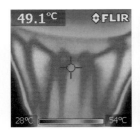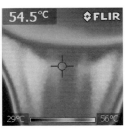

※口絵参照

図6　LED放熱部によるサーモグラフィー温度差

天候	くもり時々晴れ時々雷雨（2時40分頃から30分程度）
測定時間	11時～16時半
試験場所	都ローラー工業株式会社屋上
測定方法	温度データロガー　サーモクロン
測定位置	パネル上部中央（下記写真）
パネル方向	西面向き（右写真）

4.2　LED照明の試験

図6に示すように既存の他社放熱コートをヒートシンクに塗布されているLED照明を用意し，その上から弊社放熱コートを塗布し，サーモグラフィによる温度差をみた。

その結果，未塗布のものが54.5℃まで上昇したのに対し，塗布品は49.1℃と約5℃の温度差があった。詳しい様子は，次のYOUTUBEに動画としてUPしているので参照されたい。
http://www.youtube.com/watch?v=tgpPBzAA04M

5　おわりに

弊社の今後の課題として，基材ごとにバインダーとカーボン素材の調整を行い，より最適に放熱性を高めたコーティングを用意していく意向である。たとえば，放熱性を高めるために，ナノ粒子を一部ナノダイヤ粒子に変更したもので性能が上がることも確認できているが，コスト面では販売レベルに達していない。また，さまざまな形状の基材に塗布できるように液剤もディッピングなどの塗布方法ごとの液剤の使用変更にも対応していかなければ，市場性は広がらない。これらのことから，放熱コーティングの可能性は十分に開発・改良の余地があり，今後が楽しみな商材である。

第4節　塗布膜の乾燥技術

日本ガイシ株式会社　近藤　良夫

■1　はじめに

　印刷・乾燥技術を用いてフィルムなどの基板上に電子回路や有機半導体，電子デバイスなどを形成する技術をプリンテッドエレクトロニクスと称し，近年プロセス上の一大分野となりつつある。それ以外にも，多くの機能性材料はフィルム上での塗布乾燥によって成形される。従来の製造ラインはほとんどが熱風乾燥方式に依存しており，それのみでは効率化の限界が生じてきている。通常，乾燥速度向上のためには熱風温度を上げざるを得ず，その場合，フィルム耐熱温度がボトルネックになる。また風速が大きいと塗布膜の皮張りやクラックなどの乾燥欠陥が助長される。そこで，乾燥プロセスへの赤外線導入が各所で検討されている。しかしながら，従来の赤外線熱処理技術の多くはセラミックヒータによる遠赤外線方式であり，製品の急昇温性能を特色としているので，先のフィルム耐熱温度の問題解決とは通常ならない。加えてきわめて温度依存性の強い連続的放射スペクトルを前提としており，波長の選択はほぼ不可能である。

　最近ではエネルギーの効率利用という観点からも「熱ふく射の波長制御」技術について，各種研究開発が推進されてきている。ここでは熱風・赤外含め各種乾燥方式を比較しつつ，同プロセスの新たな可能性について考察する。

■2　塗布物（スラリー）

　塗布乾燥対象は主として，スラリーと呼ばれる機能性物質と溶剤の液状混合物である。塗布厚みは塗布直後（溶剤を含んだ状態）でおおむね数 μm～数百 μm のオーダーである。塗布厚み100 μm 以上では乾燥過程において厚み方向に大きな溶剤濃度差の形成が防止できず，膜張り等乾燥欠陥のリスクが高まる。食品や化粧品および薬品の原料は，このスラリー（コロイド溶液）形状であることが多く，また LED・有機 EL などの光学素子製造プロセスでは，原料スラリーをガラスやフィルム上に塗布後，不要な溶剤を乾燥除去することで機能性物質を定着させる。もしくはセラミック粉を分散させたスラリーを塗布乾燥後，基材（フィルム）から剥離することで，センサーなどの材料を製造するプロセスもある。

　リチウムイオン二次電池（LIB）電極用スラリーは正極用と負極用の2種類に大別される。このうち正極用としては，前述のリチウム化合物などの活物質を主成分として，それにポリフッ化ビニリデン（PVDF）などのバインダーおよび溶剤として N-メチル-2-ピロリドン（NMP），さらには各種導電助剤を混合したスラリーが用いられる。また負極用には，通常カーボン系の活物質を主成分として，それにスチレンブタジェンゴム（SBR）などのバインダーおよび水系溶剤を混合したスラリーが用いられる。これらを正極ではアルミニウム箔，負極では銅箔へ塗布した後，乾燥炉にてそれぞれ溶媒の蒸発処理を行うことによって両電極が形成され

— 249 —

る。塗布膜厚はおおむね数10〜300μm程度である。また乾燥時間は塗布膜厚みにもよるが，熱風乾燥の場合，80〜130℃程度にて数分程度処理するのが一般的である。

❸　乾燥方式の分類

塗布膜の乾燥方式は数多あるが，その分類については，伝熱の3形態も鑑み次の3種類に大別可能である。
①　対流伝熱乾燥
②　伝導伝熱乾燥
③　ふく射伝熱乾燥

対流伝熱乾燥は最も一般的な方式であろう。後述する熱風式のRoll to Roll乾燥炉はその代表例であるし，塗布膜乾燥に限定しなければ，噴霧乾燥・気流乾燥・ロータリー乾燥など枚挙に暇がない。特徴は何といっても機構が単純で使いやすいこと，最高温度が熱風の吹出温度で規定されるため安全性が高いことなどが挙げられる。方式の単純さは低コストにも直結する。安価な割には一定の（確実な）乾燥効果を期待できるという点で優れた乾燥方式である。一方でそのエネルギー効率にはやや問題があり，コンタミの介在などを含め昨今の精密乾燥プロセスにおいては問題視されることもある。ともあれ乾燥の主要方式であることに疑いはない。

伝導伝熱乾燥は，熱媒体と被乾燥物を接触させることによる乾燥方式で，おそらくエネルギー効率としては最高である。ただ接触が前提のため搬送方式が限られ，連続処理などの大量生産に不向きである。代表例としては円筒乾燥機があり，熱媒体によって内部加熱した回転ドラムを用いる。当該ドラム表面に液状材料の薄膜を形成後，一回転する間に乾燥を実現する。乾燥後の製品は掻き取り剥離し回収する。

ふく射伝熱乾燥はいわゆる赤外線乾燥がその代表であり，本節のメイントピックとして以降詳しく解説する。またマイクロ波乾燥も真に内部加熱という点で有力な方式であり，電磁波を用いるという点ではふく射乾燥の一種である。ただし，用いる波長が1〜1000mmと赤外に比べ圧倒的に長いことに加え，発熱機構も赤外線吸収とは異なることから，通常ふく射伝熱乾燥とは独立に取り扱われることが多い。

❹　乾燥炉と乾燥プロセス概要

大量生産ラインにはRoll to Roll搬送方式を用いた乾燥炉（**図1**）が用いられ，通常巻出装置，コーター装置，乾燥装置，巻取装置から構成される。このうちコーター装置は最も重要な部分

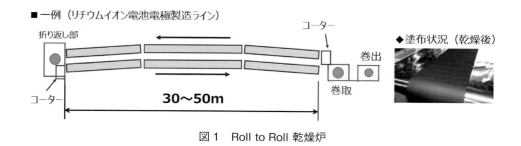

図1　Roll to Roll 乾燥炉

で，膜厚や塗布の形態により形状もさまざまに異なる。LIBの場合は間欠塗工が可能なダイコーターがよく用いられる。とくに均一膜厚での高速塗布が設計上の大きなノウハウとなっている。両面同時塗布方式も研究されてはいるが，現状では搬送途中で折り返しての表裏個別（片面ずつ）乾燥方式が主流である。図1右側の写真は乾燥後のLIB電極実例であり，基材はアルミニウム箔である。他種の二次電池ではポリエチレンテレフタレート（PET）などのフィルム上の塗布乾燥（剥離）プロセスも頻繁に用いられている。

　従来の乾燥装置は熱風方式主体であり，加熱したエアを乾燥炉内へ投入し塗布膜表面に吹き付けることで乾燥する。炉長は所定生産量に基づいた搬送速度により決定される。生産量増大のために搬送を高速化すれば（乾燥所要時間が同じ場合）当然のことながら炉長も増大する。LIB電極乾燥炉の場合，炉長50 mに及ぶラインも普通にみられ，その効率化がしばしば問題視される。

　乾燥炉は進行方向にいくつかのゾーン区分がなされ，部位によってその意味合いが異なる。**図2**に一般的な乾燥過程と製品（Web）断面の模式図を示す。なおWeb断面図は塗布膜部のみを示し，実際はその下にフィルムなどの基板が存在する。

　まず第1ゾーンは塗布膜温度を上昇させるエリアである。溶剤はその蒸気圧に温度依存性があるため，所定温度以上でないと乾燥が促進されない。しかしながら，急昇温を目論んで熱風速度を過大にすると，乾燥の突発化に伴うバインダーマイグレーション（乾燥過程において塗布膜中のバインダーが膜表面に析出する現象）や気泡生成など，各種乾燥欠陥を誘引する。したがってこのゾーンでは比較的低風速・低温度条件で運転されることが多い。ノズルの方式としては塗布膜面に平行に熱風を流すパラレルフロー方式などが有効である。

　第2ゾーンは溶剤蒸発を促進させるエリアで，乾燥過程としては恒率（定率）乾燥期間に相当する。風速・温度ともに若干1ゾーンより高い水準で設定されることが多い。ノズルとしては

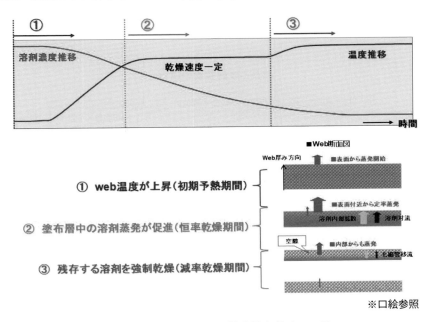

図2　乾燥ゾーン区分と塗布膜内部イメージ

パンチング形状のものが多く用いられる。最後の第3ゾーンは塗布膜に残存する溶剤を強制乾燥させるエリアで，ここでは風速・温度ともに炉内で最大値をとる場合が多い。第3ゾーンは乾燥後の塗布膜におけるアニールの役割を果たしているとする報告もある。大風速下での搬送となるため，基板下部をローラーで支持しないフローティングと呼ばれる搬送形態がしばしばとられる。

前述のように熱風方式のみではエネルギー効率が必ずしも高くないため，赤外線ヒータによるプロセス改善の可能性について考察する。

5 赤外線について

赤外線とは，波長にしておおむね0.78μm～1000μmの範囲の電磁波であり，その吸収および熱変換を用いて乾燥などの熱処理を行う技術(赤外線加熱方式)は，広く産業分野で導入されている[1]。当該方式は，直接加熱で効率が良くかつクリーンであるなどの特色を有するにも関わらず，現状では乾燥プロセスに関する限り主流ではない。その理由は，赤外線の放射原理である「熱ふく射」の性質による。熱ふく射とは，物質内分子(荷電粒子)のランダムな熱運動が起因となって放射される電磁波の伝播現象であり，本質的に波長選択性および指向性に乏しい。かつ，物質に吸収された際は逆に(波長に関わらず)速やかに熱に変換されるとされている。**図3**に，任意温度の放射体(ヒータ)より放射される電磁波のスペクトルと溶剤NMPの赤外線吸収スペクトルの相関を図示する。横軸は波長，縦軸は単位面積当たりの放射エネルギーである。

図3中の釣鐘型グラフ群が，熱ふく射の基本原理である「プランクの法則」に基づく，任意温度の黒体(理想的放射体)放射スペクトル(プランク分布)である。多くのセラミックヒータは，おおむねプランク分布に近く，それよりやや小さいエネルギー密度の放射スペクトル(灰色体型)を有する。放射体の温度が高いほど主放射波長は短波長側に推移し，同時にその単位

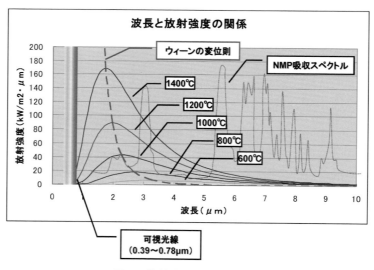

図3　放射波長と強度の関係

面積当たりの総放射エネルギーは非線形的に増大する。放射および吸収スペクトルについて，その両者の形状が近似しているほど熱的には効率が良いことになるのだが，それらが完全合致しているケースはほぼない。前述のように，通常セラミックヒータからは連続的なスペクトルで放射され，対して製品などの吸収は，分子構造を反映してかなり選択的形状を示すからである。セラミック（たとえばアルミナ）のような汎用材料が理想に近い放射特性を有する事実には，一種の驚きを禁じ得ないが，逆にそれが強い温度依存性とも相まって使用上の制約ともなるわけで，実際皮肉なことである。

一例として，赤外線の中で3 μmより短い波長域の電磁波を（工業的に）近赤外線と呼んでおり，その有効な放射には700℃以上という高い放射体温度が要求される。それが安全上のネックとなり（たとえば図3でNMPは近赤外域の3.0 μm付近に吸収帯を有してはいるものの），近赤外線ヒータの乾燥プロセスへの導入を困難なものにしていた。一方，多くの溶剤や高分子などは5.5 μmより長い波長域（遠赤外域）にも複数の吸収帯を有しており，この領域も効率的であるようにみえる。しかしながら，当該波長域をピークとする放射体の温度は，実はおおむね200℃以下であり，単位面積当たり放射エネルギーが過少で加熱効果が激減する。結果的にヒータ温度300～400℃程度での運用が現実路線として検討はされるが，基板がフィルムである場合はとくに，搬送停止時などに発火や劣化の懸念が高まるため，当該温度のヒータ導入に関して敬遠されることの方が多い。

6　近赤外線選択波長制御ヒータ

弊社では，以上の問題解決手段のひとつとなる近赤外線選択型ヒータ（波長制御ヒータ）を提案している[2]。図4はその波長制御ヒータの最も基本的な形状で，金属フィラメントを複数の石英管で取り囲み，かつその石英管間の一部をエアで冷却する構造断面を示す。

放射体であるフィラメントからは灰色体的にあらゆる波長域の赤外線が放射されるが，そのうち3.5 μmより長い領域（遠赤外線）については石英管に良好に吸収される特性を利用し，一旦吸収させたのちエア冷却による熱交換で系外に排出するのがポイントである。有機溶剤を含めた多くの物質はこの遠赤外線域に多数の吸収ポイントを有しているので，その照射下では急

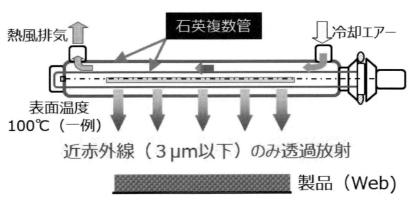

図4　近赤外線選択波長制御ヒータ

第6章　伝熱と放熱

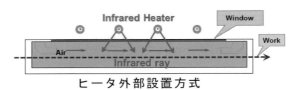

図5　波長制御ヒータシステム

昇温を制御できず，ともすれば熱劣化を誘引してしまう場合がある（もちろん急昇温を目的とする場合はこの限りではない）。なおここで冷却機構がない場合，石英管温度が上昇し，そこから遠赤外線が二次放射されるので同様の状況になる。

一方，より短波長の電磁波は石英を透過するので，結果的に製品上には近赤外線のみが選択的に照射される。近赤外線の熱処理上の効果については後述する。石英外管部は実質的な揮発溶剤との接触面であり，そこが低温に保たれれば安全性が確保される。ヒータ1本当たり冷却エアの流量が数百L/minの場合，（ケースによるが）石英外管の安定温度はおおむね100℃程度であり，実ラインへの導入が現実的になった。ただし連続運用には，管温度およびエア流量などの監視系および各種インターロック機構の装備が必須である。最近では，**図5**下側のようにヒータを炉外設置し，透過窓を介して赤外線を炉内に導入することで安全性・メンテナンス性を高めるケースもある。

7　波長制御システムの適用性

波長制御システム導入により，従来プロセスに対して，熱処理空間（ヒータ面）の低温化と処理速度向上の双方を実現した事例が複数存在する。メカニズムに未解明部分があることを認めつつ，以下いくつか考察する。当システムは冷却機構の導入などにより装置が複雑化しており，熱風方式に比べれば運用上の管理項目増加なども避けられないため，できれば時短以外のそれらに見合うメリットが具現化されることが望ましい。

まず，従来の遠赤外線方式において乾燥が促進された場合，多数の波長帯の電磁波が同時吸収されることにより，すべて熱変換され塗布膜が急昇温し，それによる界面蒸気圧上昇を経由して蒸発速度の上昇に至る，と解釈されてきた。ここで，今一度水やアルコール系溶剤に顕著である波長3μm付近（近赤外域）の吸収帯に着目してみる。これは主として分子内のO-HおよびN-H伸縮振動に由来し，それを経由して分子間水素結合ネットワークへの関与が考えら

れる。したがって，近赤外線は塗布膜に吸収された後，エネルギー緩和の問題はあるが少なくとも気液界面では分子間結合の分断を選択的に促がす可能性がある。そもそも，乾燥のしやすさは溶剤分子間結合の強さと不可分であるので，何らかの効果が具現化してもおかしくはない。詳細は省くが，弊社実験において乾燥時の塗布膜温度低下現象は実際に確認されており，そのメカニズムの詳細を検証中である。

また前述のように，塗布膜が厚くなると乾燥初期に膜表面が過乾燥し内部の乾燥が妨げられる不具合(皮張り)が頻出する。従来熱風方式のみでは，極力風速を落として空間全体の均一な温度環境により超低速で処理するしか方法がなく，遠赤外線ヒータの追加によってもその解消が困難である場合が多かった。波長制御システムによる実験では複数例において，従来条件より高速乾燥下における皮張り減少効果を確認している。メカニズムとして，近赤外線は遠赤外線に比べて膜厚み方向深部まで浸透する傾向があるため，より膜全体において分子振動を直接励起し内部拡散を促進させている，という仮説は考えられる。その結果，塗布膜表面の湿潤化が継続することになるが，現状ではまだ現象観察段階である。

8 おわりに(新たな乾燥プロセス実現に向けて)

乾燥プロセスの効率化のために赤外線の導入は頻繁に検討されるものの，前述のように，セラミックヒータを取り付けるだけでは問題解決には程遠い。乾燥速度を単に早めるだけなら簡単だが，同時に膜機能の維持もしくは向上が要求され，しかも両者は往々にしてトレードオフ関係にある。たとえばバインダーマイグレーションは基本的に乾燥時間短縮に伴い顕著化することが知られており，実験的な報告[3]もある。以下低温乾燥メカニズムの解明と並行して検討されるべき，プロセスにおける各種プロファイル制御の重要性について記載する。

乾燥後の膜状態(性能)は，溶剤の蒸発速度(膜収縮速度)と膜内部における溶質・溶剤間拡散速度の相関により主に決定され，とくに拡散係数は膜温度と強く正相関する。また，塗布膜表面において，対流伝熱の範疇ではアナロジーが存在し，蒸発速度と膜昇温速度は正の相関を示す。ここで，もしその蒸発速度と膜昇温速度を独立に制御できれば，波及効果として蒸発速度と拡散速度をも独立制御可能かもしれない。その実現を目的とする場合には，塗布膜へのエネルギー供給が対流伝達のみである熱風方式より，対流＋ふく射(吸収)の2種類を利用できる赤外線(＋熱風)方式の方が有利であろう。膜温度プロファイルを主として，ふく射エネルギーにより，蒸発速度プロファイルを主として塗布膜面上風速により，それぞれ時系列的に制御構成する，というようなことも可能になるからである。一例として，前述のマイグレーション抑制のためには，乾燥中盤で一時的にやや風速を落とし，拡散速度を蒸発速度より優位にする方法も有効である。

ここで，「ある瞬間の熱・物質移動バランス」だけではなく「その時間変動および積算の結果」が重要である。その最適化には，乾燥炉内においてゾーン毎に適正にエネルギー状態が制御されていることが前提となり，赤外線ヒータ導入の妙味のひとつはこのゾーン制御の精密化にある。とくに波長制御ヒータシステムは，閉空間内の代表温度に依存しない赤外線スペクトルを形成する[4]ことが特徴であるので，本目的においても効果が期待される。

こうした対流・ふく射混在系における多軸最適化には数値解析が必須となる。近年コン

第6章　伝熱と放熱

ピュータ技術の飛躍的発展に伴い，相変化を伴うプロセスについても相当短時間でかつ信頼性の高い解析が可能になってはいるが，スラリーとして3成分以上（溶剤2種混合など）の系になると統一的な手法はまだ確立されていない。研究者毎にさまざまな手法が検討されており，筆者の試みの一部を文献に紹介している[4][5]。

　最後に，塗布膜乾燥プロセス開発の今後の方向性としては，赤外線と熱風は対立するものではなく補完し合うものである，という認識の上に展開されることが望ましい。両者の併用が最適化された場合，相乗効果というべきものも発現する。赤外線ヒータ自体についていえば，任意波長をターゲットとした精密制御技術の進展がある[6]一方で，必ずしもそれを唯一の到達点とするのではなく，従来型セラミックヒータを含めプロセスに応じて適切に選択されるべきである。乾燥における赤外線技術の導入が一層普及することを切に願い，引き続き研究開発に努めたい。

文　献

1) エレクトロヒートハンドブック, 日本エレクトロヒートセンター, pp.390-448, (2011)
2) プリンテッドエレクトロニクスに向けた材料, プロセス技術の開発と最新事例, 第2章, 技術情報協会 (2017)
3) 乾燥技術の応用展開, 東レリサーチセンター, p.52, (2009)
4) 化学工学会, 環境エネルギー, 共立出版, pp.181-200, (2016)
5) 近藤：赤外加熱シミュレーションとその応用, 日本赤外線学会誌, 24, (2), pp.4-10 (2015)
6) 「特集：ふく射を放射する，ということ」の各解説論文, 伝熱, 50, (210) (2011)

第5節　高熱伝導率の絶縁性有機無機複合膜の開発

国立研究開発法人産業技術総合研究所　藤井　達也／川﨑慎一朗

■1　はじめに

　次世代に向けて，低環境負荷型社会への移行，IoT化が進行すると予測され，電気・電子機器の利用拡大・高密度化・高出力化が一層進むと考えられる。機器の発熱によって，効率の低下，短寿命化，安全性の低下などの弊害が顕在化しており，今後，熱対策がますます重要になると考えられる。中でも放熱特性の向上が重要であり，とくに材料の熱伝導率向上が求められている。次世代自動車のモーターを例に挙げると，そのモーターの巻線に使用されるエナメル線は，銅線に絶縁膜を塗工したもので，200℃を超えるような過酷な環境でも使用される。絶縁膜として耐熱性の高いポリマーが使用されるものの，一般にその熱伝導率は小さい（約0.2 W/m・K）ため，熱がこもり，銅線の温度が上昇する。銅線の温度が上昇すると，モーターの効率低下や短寿命化につながる。このように，絶縁有機膜の熱伝導特性は機器本体の性能に大きく影響するため，熱伝導率の向上が求められている。モーターの放熱特性を改善すると，高温での使用時間が減るために長寿命化する。また，出力を大きくできるため性能を向上させることもでき，モーターの小型軽量化などのメリットも期待できる。このような観点から，上記の例だけでなく，種々のアプリケーションに対して高熱伝導率の絶縁有機膜が求められている。

■2　絶縁性フィラーとの複合化による有機膜の高熱伝導率化

　一般的に有機膜（高分子）の熱伝導率は約0.2 W/m・Kと小さいが，高分子の構造を制御するなどして有機膜自体の熱伝導率を大きくすることを狙った研究が行われている。しかし，コストのわりに熱伝導率が十分に大きくならないなどの理由から実用化が進んでいるとはいえない[1]。有機膜の高熱伝導率化においては，高熱伝導率の金属や金属酸化物と複合化させる方法が主流である。以下では，高熱伝導率のフィラー（金属や金属酸化物）と有機膜を複合化させることによる熱伝導率向上について記述する。絶縁性が求められないような膜に対しては，銅（398 W/m・K），アルミニウム（237 W/m・K）あるいは，カーボン材料（100～2000 W/m・K）のような高い熱伝導率を有する導電性のフィラーを用いるのが一般的である[2]。一方，絶縁性が求められる用途においては，絶縁性を確保する観点から，絶縁性の金属酸化物系のフィラーが使われるのが一般的である。比較的安価なSiO_2（1～5 W/m・K），Al_2O_3（20 W/m・K），MgO（40 W/m・K）の他，高価だが熱伝導率がより大きなBN（200 W/m・K（面方向））やAlN（70-270 W/m・K）などがよく検討されている[2]。

　一般に，上記のようなフィラーを用いた複合材料系は，高分子に比べて熱伝導率が大きいフィラーの容積分率が高くなるにしたがって熱伝導率が大きくなる。そのため，フィラーの充填率を高くすることにより，熱伝導率を大きくする試みが多数なされてきた。しかし，熱伝導

— 257 —

第6章　伝熱と放熱

率を有意に大きくするためには，フィラー同士が膜の上下でつながった状態（パーコレーション）になるまで充填率を高める必要がある。しかし，充填率が高い状態では，高分子自体の特性である柔軟性などが失われやすく，屈曲部での使用が困難になるなど別の問題が生じる。したがって，充填率だけでなくその他の因子（サイズ，形状，分散性など）を加味した材料設計を行うことによって，高分子の特性をできるだけ維持しつつフィラーの充填率を高くする，ないしは高分子の特性を著しく損なわないフィラーの充填率で熱伝導率を十分に大きくするような研究開発が盛んに行われている。

❸　高アスペクト比有機修飾結晶をフィラーとした新しい高熱伝導性ポリイミド複合膜の開発

　筆者らが所属するグループでは，前述の例として挙げたエナメル線など，高温環境で使用され，柔軟性・絶縁性を必要とする環境での使用を想定し，柔軟性のある高熱伝導性絶縁膜の開発に取り組んできた。比較的低コストであるアルミナ系の材料であるベーマイト（アルミニウム酸化水酸化物）を原料として，高アスペクト比かつ有機修飾されたベーマイト結晶を合成する技術を開発し，さらにそれをフィラーとしてポリイミドと複合化することにより，柔軟性・絶縁性を有する高熱伝導性複合膜を開発したので，本項ではその研究内容を紹介する。

3.1　高アスペクト比有機修飾フィラーによる熱伝導率向上コンセプト

　前項2.で記述した通り，フィラーの充填率だけでなく，その他の因子も複合材料の熱伝導率を決定するうえで重要となる。形状もその因子の一つである。既往の報告から，アスペクト比が大きな細長い粒子を用いたほうが，球形の粒子を用いた場合よりも低充填率から熱伝導率が大きくなることが分かっている[3]。分散状態にも影響を受けるため一概にはいえないが，一般的に細長い粒子の方が熱伝導経路を形成しやすく，パーコレーションしやすい，有機・無機界面の減少に伴い熱伝導ロスが小さくなるなどの複合的な要因によって，そのような傾向がみられると推察される。BNなども高アスペクトの結晶が得られるが，本研究では比較的安価なアルミニウム系の無機材料で，形態制御性に優れるベーマイトに着目し，高アスペクト比のベーマイトを活用することを考えた。

　一方，細長い形状のベーマイトを使っても，複合膜中で凝集体を形成すると，屈曲したときに割れるなど，柔軟性を必要とする部分で利用できなくなるなどの問題がしばしば生じる。そういった問題を避けるためにはフィラーがポリイミド中で均一に分散することが必要で，そのためにはポリイミドとフィラーの親和性を向上させることが重要である。本研究では，フィラーの表面特性をさまざまに変えられる表面有機修飾によるアプローチがよいと考え，高アスペクト比かつ有機修飾された新しいベーマイトの開発を行った。

3.2　高アスペクト比有機修飾ベーマイトの開発

　高アスペクト比かつ有機修飾されたベーマイトは市販されていないため，当研究グループはその開発から行った。ベーマイトはゾル・ゲル法や水熱法など種々の方法で高アスペクト比の粒子を合成することができるが，いったん粒子同士が凝集すると有機修飾が難しく，そこから

— 258 —

分散性を向上することが困難になる。そこで，本研究では，有機修飾しながら同時に高アスペクト比のベーマイト結晶に成長させる方法を検討し，開発を行った。その方法は，高温高圧の水中で溶解再析出による結晶成長と有機修飾を同時に行う方法である(図1)。結晶性の高くない微粒子は，高温高圧の水中で溶解再析出を繰り返し結晶成長する。一方，有機修飾剤がある特定の面に吸着してその面がキャッピングされると，異方的な結晶成長が促される。しかし，一般的に，溶解再析出は水中で起こるものの有機物である有機修飾剤とは相分離しキャッピングがうまく進行しない。一方，高温高圧水は有機物の溶解度が非常に高く，水／有機修飾剤が相分離することなく共存でき，その場で結晶成長と有機修飾を同時に行うことができる。この方法は，高温高圧場を利用し，粉末原料から有機修飾しながら一次元的に結晶を伸ばせる新規手法である。低結晶性のベーマイト粉末を原料とし，水と有機修飾剤とともに高温高圧の状態(たとえば，温度400℃，圧力30 MPa(水基準)で10〜30分程度)にすると，有機修飾された高アスペクト比ベーマイトを有機相に回収することができる[4]。

図2に温度400℃，処理時間10分で得られたベーマイトについて，有機修飾剤(オクタン酸)あり・なしで高温高圧水処理したときの透過型電子顕微鏡(TEM)写真を示す。修飾剤なしの場合はひし形平板の粒子ができるのに対し，オクタン酸修飾ありの場合はアスペクト比(長さ／

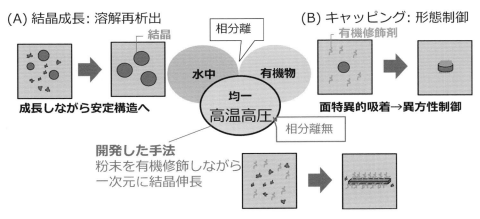

図1　研究開発のコンセプトイメージ

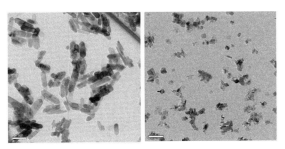

図2　合成ベーマイトのTEM写真
(a)オクタン酸修飾あり，(b)修飾なし
※スケールバー：200 nm

第6章　伝熱と放熱

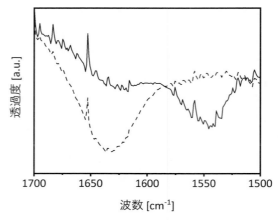

図3　合成ベーマイトのFT-IRスペクトルの比較
実線：オクタン酸修飾あり，破線：修飾無し

厚み)が約7のベーマイト結晶が得られた(結晶相はエックス線回折(XRD)の結果から同定)。図3にフーリエ変換赤外分光法(FT-IR)による分析結果を示す。オクタン酸修飾ありの粒子について，修飾なしの粒子に見られる表面OH基に由来する波数1630 cm^{-1}付近のピークが減少し，カルボン酸のCOOに由来するピークが1550 cm^{-1}付近に現れることから，オクタン酸のカルボキシル基によりベーマイト表面のOH基が表面有機修飾されたと考えられる。ベーマイトは(001)面と(010)面にOH基が露出した構造を有する[5]。したがって，これらの面がオクタン酸によりキャッピングされ，キャッピングされていない[100]の方向へ結晶が成長したと考えられる。この結果から，オクタン酸による面特異的なキャッピング効果によって，有機修飾と同時に高アスペクト比のベーマイトを得ることに成功したと考えられる。

本法では有機修飾剤の種類や濃度，温度，圧力，処理時間などにより結晶サイズやアスペクト比を制御できる[4)6)-7)]。これらを通じて複合化後の膜の物性を制御することにつながると期待される。

3.3　高アスペクト比有機修飾ベーマイトを用いた高熱伝導性ポリイミド複合膜の開発

前項3.2で合成したベーマイトをフィラーとして，ポリイミドと複合化した。原料として，ポリイミドの前駆体であるポリアミド酸のNMP溶液(I.S.T製)を用い，そこにNMPに分散させた合成ベーマイトを添加・混錬し，ポリアミド酸／合成ベーマイト分散液を調製した。その分散液をキャスト法により成膜，乾燥し，ポリアミド酸／合成ベーマイト複合膜を得た。この膜を300℃で熱処理することによりイミド化反応を進行させ，ポリイミド／合成ベーマイト複合膜を得た。

有機修飾あり・なしで合成したベーマイトをフィラーとして用いたポリイミド複合膜(ベーマイト含有率20 vol%)の断面を電子顕微鏡で観察したところ，有機修飾無しのベーマイトを用いた場合はマイクロメートルオーダーの凝集がみられた一方で，有機修飾ベーマイトを用いた場合には凝集は観察されず[8]，ポリイミドとベーマイトの親和性を向上することに成功した。図4には60 vol%の有機修飾ベーマイトを含有する複合膜の写真を示す。写真に示す通りに曲

げることが可能で，曲げ半径 6 mm でもクラックを生じない複合膜を得ることができた。また，同条件で合成した膜について，絶縁破壊電圧試験から求められた絶縁破壊強さはおよそ 50 kV/mm であり一定の絶縁性を有することを確認した。

図5にアスペクト比7および10の有機修飾ベーマイトをフィラーとして合成したポリイミド複合膜の熱伝導率の測定結果を示す。厚み・水平方向ともにベーマイトの充填率に伴い熱伝導率が向上し，アスペクト比7のフィラーを用いたとき，60 vol%における熱伝導率は厚み方向で 1.8 W/m·K となり，フィラーなしのポリイミドの5倍を上回る熱伝導率を有する膜を合成することに成功した。水平方向は熱伝導率が 4.2 W/m·K とさらに大きな値となった。ポリイミド膜は水平方向に結合がつながっているため，もともと水平方向の熱伝導率が大きい。ベーマイトを添加した場合も複合膜の水平方向の熱伝導率は厚み方向に比べて大きな値となった。水平方向に比べると厚み方向の熱伝導率は小さいが，厚み方向の熱伝導率であっても，既往の報告にある球状アルミナを添加したポリイミド複合膜（60 vol%で熱伝導率約 1 W/m·K[9]）と比べてもそん色ない値が得られている。また，60 vol%のベーマイトを含有する複合膜につ

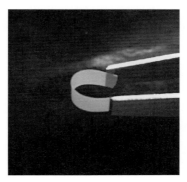

図4　ポリイミド／ベーマイト複合膜
（ベーマイト含有率 60 vol%）の外観写真

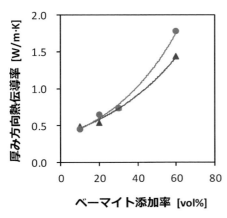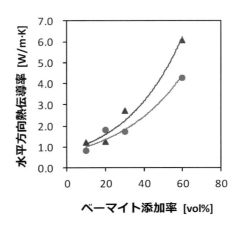

図5　ポリイミド／合成ベーマイト複合膜における(a)厚み方向，および(b)水平方向の熱伝導率
（●：アスペクト比7；▲：アスペクト比[9]）

第6章　伝熱と放熱

いて，アスペクト比10の場合，アスペクト比7の場合と比較すると厚み方向の熱伝導率が小さく，水平方向の熱伝導率が大きくなった。これは，アスペクト比の上昇に伴い，フィラーの配向が水平方向に強くなったために水平方向の熱伝導率が大きくなったと推察される。

4　おわりに

　このように，高アスペクト比有機修飾ベーマイトをフィラーとして用いることで，絶縁性・柔軟性を有し1 W/m・K（通常のポリイミドの約5倍）を超える熱伝導率を有するポリイミド複合膜を合成することに成功した。しかし，フィラー自体の熱伝導率（約20〜30 W/m・K）に比べれば複合膜の熱伝導率は1桁ほど小さい。その要因として，フィラーとポリマーの間の界面において熱伝導が妨げられている（界面抵抗が無視できないほど大きい）可能性が考えられる。現在はオクタン酸を有機修飾剤として使用しているが，有機修飾鎖の長さを制御するなどして，ポリイミドとフィラーの親和性をさらに高めるなどの工夫が必要と考えられる。また，厚み方向の熱伝導率が水平方向に比べて相対的に小さくなっていることから，高アスペクト比のフィラーの配向性が熱伝導率に大きく影響している可能性も考えられる。絶縁性のフィラーであっても，電場や磁場を用いることによって，フィラーの配向性を制御できることが報告されている[10]。これらの工夫や技術を組み合わせることで，狙った方向に大きな熱伝導率を有する複合膜を得られると期待される。

文　献

1) 上利：複合系高分子材料の熱伝導率向上技術, 高熱伝導コンポジット材料, シーエムシー出版, 48 (2011).
2) 上利ら：熱伝導性フィラーと高放熱複合材料技術, およびその応用化事例, 情報機構 (2013).
3) 金成：高分子, **26**, 557 (1997).
4) T. Fujii, et al.: *Cryst. Growth Des.*, **16**, 1996 (2016).
5) Xia, et al.: *J. Phys. Chem. C*, **29**, 15279 (2013).
6) T. Fujii, et al.: *J. Supercrit. Fluids*, **118**, 148 (2016).
7) T. Fujii, et al.: *J. Supercrit. Fluids*, **119**, 81 (2017).
8) 藤井達也ほか：化学工学会第82年会講演要旨, G204 (2017).
9) 特許5235211 (2009).
10) フィラーの配向制御技術, S&T出版 (2013).

第6節　パワー半導体デバイスの熱設計

山陽小野田市立山口東京理科大学　木伏理沙子

1　はじめに

　従来，シリコン（Si）が半導体デバイス材料として広く使用されてきたが，エネルギー問題が重要視される現在，次世代半導体デバイスの素材として，電力損失が非常に低い炭化ケイ素（SiC）や窒化ガリウム（GaN）が注目されている。2014年には，SiCパワー半導体が鉄道車両のインバータに適用され，実用化が開始している。これらの半導体を適用することで，電力損失は半分程度に抑えることが可能とされている。さらに，これらは高耐圧・高耐熱であることから小型・軽量化を実現し，高い性能の冷却システムが不要となることで，冷却システムへの投入電力が削減されることから省エネルギー化に貢献するデバイスとして期待されている。しかし，半導体デバイスは複数の部材から構成されるため，半導体ダイの素材であるSiCやGaNが高耐圧・高耐熱の特徴を有すると同時に，他の部材も同等の耐熱性が要求される。そこで，本節ではSiCに着目し，高耐熱とされる半導体であっても，デバイスの信頼性のためには熱設計が未だ重要であり，熱による故障の危険性があることを紹介するとともに，信頼性向上のための温度予測の手法として，SiC内部の詳細な温度分布を予測可能な解析手法について紹介する。また，その解析を用いながら半導体デバイス内の発熱についても触れる。

2　ロジック用およびパワー半導体デバイスの熱問題

　これまでLISに用いられるロジック用半導体デバイスにおいては盛んに発熱問題が議論されており[1]-[4]，半導体デバイス内部にナノスケールのホットスポットが発生することが指摘されている。比較的，印加電圧の低いロジック用半導体デバイスであっても，そのサイズが小さいために，内部には非常に大きな電界が発生することから極めて小さなナノ・マイクロスケールのホットスポットが発生する。一方，自動車や鉄道車両などに使用されてきたパワー半導体は，近年のエネルギー問題において開発が急務となる再生エネルギー発電に必要となるパワーコンディショナーにも使用されており，半導体パッケージ内におけるミリスケールのホットスポットに関してはさまざまな議論が行われている[5]-[7]。しかし，ミリスケールのホットスポットの中に存在するナノ・マイクロスケールのホットスポットに関する議論はなされていない。デバイスサイズが大きいパワー半導体ではあるが，印加電圧が非常に大きく，内部に発生する電界がロジック用デバイスと同等になることから，ナノ・マイクロスケールのホットスポットが顕著に現れる可能性は否めない。高温駆動が可能とされるSiC半導体を電子機器に搭載する場合，熱的な懸念事項としては熱応力発生による破壊である。SiC半導体は，電子機器に搭載される際，さまざまな部品と接触することになる。前述の通り，高温に到達するSiC半導体に接触する部品の耐熱が，SiC半導体に相当することも重要であるが，たとえば半導体デバイスが輸送用機器などに採用される場合は，走行状態によって半導体デバイスの熱負荷が随時変化

し，不規則に温度が上下することにも留意しなければならない。また，熱負荷が高くなる状況下では線膨張係数の違いによる接触部での熱応力は非常に大きくなると予想される。高温駆動が可能になることは，温度変動値の増加を意味し，その大きな温度変動を頻繁に繰り返す場合でも安全に動作する電子機器を設計しなければならない。

筆者らは，過去にSi製のパワー半導体における詳細な温度分布について議論してきた[8]-[10]。半導体デバイスとしては，スイッチング周波数が高く損失が低いMOSFETを対象としている。これらの報告の中では，SiパワーMOSFETの内部にナノ・マイクロスケールのホットスポットが発生しており，印可電圧が高くなるほど平均温度とナノ・マイクロスケールのホットスポット温度の差が顕著になることを報告している[8]。そのため，高耐圧・高耐熱とされる次世代パワー半導体デバイスであっても同様に，ナノ・マイクロスケールのホットスポットにおける信頼性低下の可能性を無視できない。

❸　ナノ・マイクロスケールホットスポット

パワー半導体のように高電圧が印加されるデバイスの場合，内部に大きな電界が発生する上に，電子の含有量が異なる半導体が組み合わさっているため，電界は一様ではなく複雑である。とくに大きな電界が発生するのは図1にある，ゲート電極直下で電流の通り道となる電子チャネル近傍である。半導体デバイスがON状態の時，電子はマイナスの電位であるソース電極からプラスのドレイン電極へ向かって流れる。このとき，電子はn^+の領域からp，n^-の領域へ輸送される。図2にn型半導体およびp型半導体におけるポテンシャルエネルギーの状態図を示す。図中の●は電子，○は正孔，E_fはフェルミ準位を示している。(a)にはそれぞれの半導体のポテンシャルエネルギーを示している。n型半導体は伝導体に多くの電子をもち，p型半導体は価電子帯に多くの正孔をもつため，それぞれのフェルミ準位が異なる。これらを接触させ，pn接合部を観察すると，(b)のようにフェルミ準位を基準にエネルギーバンドが歪む。これらに電圧が印加されるとエネルギーバンドがさらに変形する。たとえば，順バイアス(電流が流れる方向に電界が発生する状態)をかけると(c)のように，逆バイアスをかけると(d)のように歪む。(c)の順バイアスを印加した場合は，n型およびp型半導体間の伝導体におけるエネルギー差が小さく，(d)の逆バイアスを印加した場合は，エネルギー差が大きい。前述の通り，

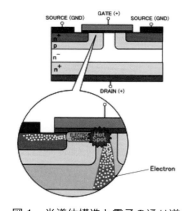

図1　半導体構造と電子の通り道

第6節 パワー半導体デバイスの熱設計

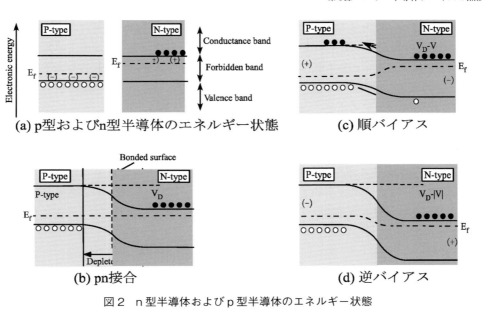

図2 ｎ型半導体およびｐ型半導体のエネルギー状態

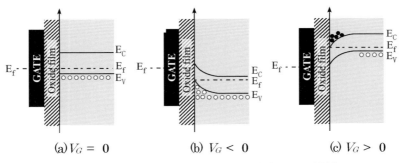

図3 ゲート下のエネルギーバンドと印加電圧の関係

半導体デバイス内では，電子はn^+の領域からp，n^-の領域へ輸送されるため，ソース電極にマイナス，ドレインにプラスの電位が印加されている状態では，pからn^-の領域へ輸送される際に，(d)の逆バイアス状態となり，電流が非常に流れにくい環境にある。そのためp型からn^-型半導体へ電子を移動させるためには，電子の通り道を確保しなければならず，このためにゲート電極にプラスの電位を印加する。ここでは，簡単に半導体と金属との仕事関数差などを無視した場合のポテンシャルエネルギーを図3に示す。ゲート電極下のエネルギー状態を示すためにゲート電極が垂直にある場合を図示している。ゲート電極とp型半導体の間には電子を通さないように絶縁体がある。ゲート電圧が0Vの場合，ゲート電極とp型半導体のフェルミ準位が一致しており，マイナスの電圧を印加した場合は(b)，プラスの場合は(c)のようにエネルギー帯が歪む。MOSFETは(c)のようにプラスの電圧を印加することで電極下のバンドが歪み，電子が励起されることで，ゲート直下の一部のみ電子数密度が高い部分が現れ，n型半導体と同様の性質を示す。これが電子チャネルである。しかし，ゲート電極に電圧が印加されている間，ドレイン電極にも電圧が印加されているため，電子チャネルの形状はそれら

― 265 ―

第6章　伝熱と放熱

の電圧に依存する。ドレイン電圧が高くなればなるほど，電子チャネルの下流側（p領域のn⁻側）の幅が狭くなるなど，チャネルの形状は電圧によって歪む。チャネルの下流側の電子密度が極めて少なくなると，p型半導体の性質になるため，チャネル近傍は複雑なエネルギー状態となる。この複雑なエネルギー状態の中を移動した電子と，結晶格子が散乱を行い発熱が起こると，正確な発熱を見積もることは非常に困難となる。

　以上のような複雑なエネルギー状態の中で高いエネルギーを取得した電子のデバイス内での挙動，および発熱や熱伝導を把握するためには数値解析が必要であるが，パワー半導体デバイスの場合は電子がもつエネルギーが非常に大きく，半導体ダイを形成する結晶格子のエネルギーをはるかに上回るため，高いエネルギーの電子（ホットエレクトロン）から結晶格子へのエネルギー輸送を解析できる手法が必要となる。その一つに熱・電気連成解析がある[10]。次にこの解析手法の詳細を示す。

４　熱・電気連成解析

　熱・電気連成解析の支配方程式は次に示す通りに，ポアソンの式(1)，連続の式(2)，運動量保存式(3)，エネルギー保存式(4)，熱伝導方程式(5)で構成されている。

$$\nabla^2\phi = -\frac{q}{\varepsilon_s}(N_D - n - N_A + p) \tag{1}$$

$$\frac{\partial n}{\partial t} + \nabla\cdot(nv_e) = -R \tag{2}$$

$$\frac{\partial nm_e^*v_e}{\partial t} - qn\nabla\phi + \nabla(nk_BT_e) = -\frac{nm_e^*v_e}{\tau_{me}} \tag{3}$$

$$\frac{\partial W_e}{\partial t} + \nabla\cdot(v_eW_e) - qnv_e\nabla\phi + \nabla\cdot(v_enk_BT_e) - \nabla\cdot(\kappa_eT_e) = -\frac{W_e - W_{e0}}{\tau_{e-L}} \tag{4}$$

$$\rho c\frac{\partial T_L}{\partial t} - \nabla\cdot(\kappa_L\nabla T_L) = \frac{W_e - W_{e0}}{\tau_{e-L}} + \frac{W_h - W_{h0}}{\tau_{h-L}} \tag{5}$$

これらの式中の，ϕは電位[V]，qは素電荷[C]，ε_sは誘電率[F/m]，N_Dはドーピング密度[1/m³]，N_Aはアクセプタ密度[1/m³]，nは電子数密度[1/m³]，pは正孔数密度[1/m³]，tは時間[s]，v_eは電子速度[m/s]，m_eは電子の有効質量[kg]，k_Bはボルツマン定数，T_eは電子温度[eV]，T_Lは結晶格子温度[K]，τ_mは運動量緩和時間[s]，τ_eはエネルギー緩和時間[s]，W_eは電子エネルギー[J]，W_{e0}は結晶格子エネルギーと等価なエネルギーを持つ電子エネルギー[J]，κ_Lは結晶格子の熱伝導率[W/(m·K)]，κ_eは電子の熱伝導率[W/(m·K)]である。Rは生成再結合を示している。ここに示す(1)〜(4)の方程式は電子に関するもので，正孔の場合についても同じ支配方程式となる。式(5)に含まれるW_hは正孔エネルギ[J]，W_{h0}は結晶格子エネルギーと等価なエネルギーをもつ正孔エネルギー[J]を示している。(5)のエネルギー保存式の右辺の通り，この解析手法では，電子や正孔から結晶格子へのエネルギー輸送により起こる発熱を算出している。熱設計や流れ解析で広く用いられるCFD（Computational Fluid Dynamics）解析のように発熱量を与えるものではなく，電子・正孔-結晶格子間のエネルギー輸送から発熱を予測するものである。

— 266 —

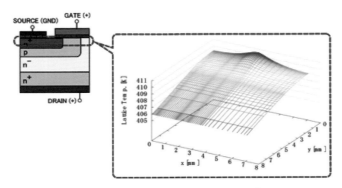

図4　Temperature distribution of power SiC MOSFET（under gate electrode）

　この数値解析を用いて縦型パワーSiC MOSFET 内部の解析を行うと図4のような温度分布を得ることができる。この解析は2次元の解析で，図中 MOSFET 半導体部の左上端を原点に，デバイスの横方向を x[μm]，デバイスの深さ方向を y[μm]と示しており，分布図の高さ方向に温度[K]を示している。またこのグラフは，ゲート電極下の温度分布を拡大したものであり，この計算条件では半導体デバイスの下面（ドレイン電極側）が十分に冷却されていることを想定し 350[K]として計算しているが，半導体デバイスの上面は非常に高温となっており，ホットスポットが発生していることが確認できる。ホットスポットの位置は，ゲート電極下の p 型半導体と n⁻ の半導体との間である。グラフからみて取れるように，デバイスの上面の温度が高温で，かつホットスポットが発生していることから，上面側の部品接触面での熱応力の発生による破壊が懸念される。さらに，電圧が上昇するほど，ホットスポット温度は周辺温度との差が広がり顕著になる[11]。しかし，SiC 半導体は Si と比較して熱伝導性が良い，という点では冷却に有利な素材といえる。さらに，SiC デバイスは耐圧が高いことから，デバイスを薄くすることが可能で，ナノ・マイクロスケールのホットスポットの発生箇所と，冷却側となるドレインの距離が近くなるため，ナノ・マイクロスケールのホットスポットとドレイン電極間の熱抵抗を低減することは可能である。

5　印加電圧とホットスポット温度

　パワーSiC 半導体では従来のダイよりサイズが小さくなると予想されるため，ダイ厚さがホットスポット温度へ与える影響を 4. 項に示した熱・電気連成解析の解析結果を用いて示す。図5に解析モデルを示す。図に示す通り，ダイサイズの影響を検証するために，ダイの厚さが 30 μm および 100 μm の場合の解析結果を比較する。解析条件は表1に示す。またこの条件ではゲート電圧が 7.0 V とし，ドレイン電圧を 15〜80 V の範囲で変化させている。また，デバイス底面（ドレイン電極側）が十分に冷却されていると仮定して 350[K]の一定とする。

　図6に，ダイ深さが 30[μm]および 100[μm]の場合の，電流とホットスポットの関係を示す。横軸の電流については，電流値が最も低い解析条件（ダイ厚さが 30[μm]に対してドレイン電圧を 15[V]とした場合）を基準とし，規格化したものである。縦軸はホットスポット温度である。この結果から，得られる電流に対して，発生するホットスポット温度は，ダイサイズ

第6章 伝熱と放熱

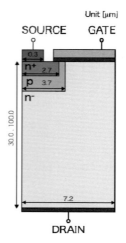

図5　解析モデル

表1　Boundary conditions

	Source	Under oxide film	Drain	Others
Electrical potential	Applied voltage const.	$\varepsilon_{o\xi}\nabla\phi_{o\xi} = \varepsilon_{\sigma}\nabla\phi_{\sigma}$	Applied voltage const.	Zero grad.
Carrier density	Initial density const.	Zero grad.	Initial const.	0
Carrier velocity	Zero grad.	0	Zero grad.	Zero grad.
Carrier Potential	Lattice temp.	Zero grad.	350 K	Zero grad.
Lattice Temperature	Zero grad.	Zero grad.	350 K	Zero grad.

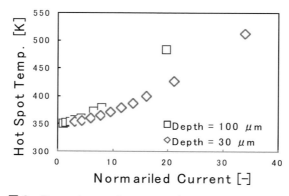

図6　Dependence of current on hot spot temperature

が大きいほど高くなることが分かる。この計算条件では上述の通り，デバイスが十分に冷却されていると仮定しているため，ホットスポットが冷却部により近い30［μm］の場合の方が，温度が低いことが分かる。ホットスポット温度は，いずれの厚さの場合も，電流値が高くなるにつれ上昇する。それぞれの厚さの一番右側のプロット点はドレイン電圧が80［V］の条件である。同等の電圧が印加された場合，ダイの厚さが薄い条件の方が，内部に発生する電界は大きくなるため，得られる電流値は高くなる。そのために，内部に発生するホットスポットは高温を示す。電流の観点で示すと，同等の電流値を取得しようとした場合は，ダイの厚さが薄い方が，ホットスポットの発生位置に対して冷却部が近いことで最大温度を低くすることができる。以上のことから冷却においても，ダイの厚さを薄くすることでナノ・マイクロスケールのホットスポットによる破壊の可能性を低減することが可能となる。

6 おわりに

　従来半導体デバイスの材料として使用されてきた Si に代わる次世代半導体 SiC は，耐熱性が高いために高温下での駆動が可能である。しかし，高温で駆動した場合，半導体ダイ部と他部品が接触する界面において各部品がもつ膨張係数の違いによって亀裂が発生する可能性が高まる。そのため，信頼性を確保するには亀裂が発生しないような温度に留めるための熱設計は欠くことはできない。亀裂の発生を防ぐためには，パワー半導体内部の温度環境を詳細に認識する必要があり，その方法の一つとして，熱・電気連成解析を紹介した。解析結果の一例から，ダイの厚さが異なれば，得られる電流値が同等であっても，内部に発生しているナノ・マイクロスケールのホットスポットの温度は異なる場合があることが示唆された。以上のことから，ダイサイズによって変化する SiC 内部の温度の詳細を把握し，適切な冷却システムを選定する熱設計が重要であるといえる。

文　献

1) T. Hatakeyama and K. Fushinobu,: "Electro-Thermal Behaviour of Sub-Micrometer Bulk CMOS Devices: Modeling of Heat Generation and Prediction of Temperature", *Heat transfer Engineering*, **29**, (2), pp.120-133, (2008).

2) T. Hatakeyama, K. Fushinobu and K. Okazaki,: "Mesh Zoning Method for Electro-Thermal Analysis of Submicron Si MOSFET", *Journal of Thermal Science and Technology*, **1**, (2), pp.101-112, (2006).

3) J. Lai, and A. Majumdar,: Concurrent Thermal and Electrical Modeling of Sub-micrometer Silicon Devices, *Journal of Applied Physics*, **79**, (9), pp. 7353-7361, (1996).

4) J. Lai, and A. Majumdar,: Concurrent Thermal and Electrical Modeling of Sub-micron Silicon MOSFETs, *ASME Micro Heat Transfer, HTD-***291**, pp. 17-25, (1994).

5) Peng Wang and Avram Bar-Cohen,: ""On-chip hot spot cooling using silicon thermoelectric microcoolers", *Journal of Applied Physics* **102**, 034503, (2007).

6) Soochan Lee, Patric E. Pheian and Carole-Jean Wu,: ""Hot Spot Cooling and Harvesting Central Processing Unit Waste Heat Using Thermoelectric modules", *ASME Journal of Electronic Packaging*, **137**, no. 031010, (2015).

第6章　伝熱と放熱

7) R. Kibushi, T. Hatakeyama, S. Nakagawa and M. Ishizuka,: "Analysis of Heat Generation from a Power Si MOSFET", *Transactions of The Japan Institute of Electronics Packaging*, **6**, (1), pp. 52-57 (2013).

8) R. Kibushi, T. Hatakeyama, S. Nakagawa and M. Ishizuka,: "Calculation of Temperature Distribution of Power Si MOSFET with Electro-Thermal Analysis: The Effect of Boundary Condition", *Transactions of The Japan Institute of Electronics Packaging*, **7**, (1), pp. 52-57 (2014).

9) R. Kibushi, T. Hatakeyama, S. Nakagawa and M. Ishizuka,: "A Parametric Study of the Impact of Energy Relaxation Time on Thermal Behavior of Power Si MOSFET in Electro-Thermal Analysis", Proc. of InterPACK/ICNMM2015, IPACK2015-48802

10) C. L., Tien, A., Majumdar, and. F. M., Gerner,: "Microscale Energy Transport", Taylor & Francis, (1998).

11) 木伏理沙子, 畠山友行, 海野德幸, 結城和久, 石塚勝,: "SiC パワーMOSFET におけるホットスポット温度とデバイス特性の検証", 第 55 回伝熱シンポジウム講演論文集, K214, (2018).

第7章

熱電デバイス

第1節　高性能化へ向けた原子構造レベルの材料背景

国立研究開発法人物質・材料研究機構　森　孝雄

1　物性的な要請

　熱電デバイスは，室温近傍における，たとえば IoT の動作電源となりえるエネルギーハーベスティングの用途[1]から，火力発電所のトッピングサイクルなどの高温の省エネ応用[2]が期待されているが，やはり熱電材料の高性能が要求される。性能指数 $ZT = \alpha^2 * \sigma * \kappa^{-1}T$（$\alpha$＝ベーゼック係数，$\sigma$＝電気伝導度，$\kappa$＝熱伝導度）は，相反する物性要請を含んでおり，そうした無理を凌駕するために新原理がさまざま提唱されている[3)4]。

　パワーファクター $\alpha^2 * \sigma$ の増大を阻む，α と σ の間のトレードオフに関しては，コンポジット効果を活用する，高ゼーベック絶縁体への金属ネットワークの導入[5]，変調ドーピングやエネルギーフィルタリング[6]などや，磁性，すなわち磁気相互作用を活用した増強も得られている[7)-9]。磁気的性質も，結晶構造に深く関連するが，磁性増強を含むレビューも出ており[4]，本節では，電気を通して，熱を遮断する要請にフォーカスする。

　電荷キャリアとフォノンの平均自由工程の違いを利用して，さまざまなナノ構造制御によって，フォノンを選択散乱して，高性能化が得られている[10]。とくに，最近，各種のナノ構造や欠陥によって，フォノンの異なる周波数域を強く散乱する理解も進んでいる[11]。最近は，多孔材料が低性能という常識を破って，合計体積が比較的小さいナノ多孔を分布させることで大幅な性能増強も得られている[12]。

　こうした高性能化原理は強力であるが，本質的に，結晶構造の原子レベルの制御や特徴を活かした高性能化は，内在するだけに，手がかからず，安定で，有利な側面がある。

　次の小節から，結晶構造由来の低熱伝導率メカニズムをレビューする。

2　カゴ状・層状化合物における内包原子

　スクッテルダイトやクラスレートのカゴ状の原子構造を有する化合物において，カゴの内包原子によって，熱伝導率の低減が得られている。メカニズムとしては，内包原子は周りのカゴ状原子格子とのボンディングが弱く，局在した原子振動をし，そのインコヒーレント性によって，カゴ状原子格子のフォノンを強く散乱すると一般的に考えられている[13]。この現象はラトリングといわれ，内包原子は，ラトラーと呼ばれる。充填スクッテルダイトは，電気伝導はカゴ状構造が形成するバンドの影響で高く，熱伝導率が希土類原子などの内包原子で抑制され，中高温域では，最高峰の高性能が得られている[14]。酸化物においても，小さなカチオンを AB_2O_6 の大きな A サイトに入れることでラトリングの効果が報告されている[15]。

　内包原子は，カゴ状構造だけでなく，層状化合物においても，大きな熱伝導率低減効果を発揮している。$PrRh_{4.8}B_2$ は，$PrRh_3B_2$ の構造ブロックに Rh の原子層が挿入されたような層状構造を有している。$PrRh_{4.8}B_2$ 微結晶のピコ秒サーモリフレクタンス測定により，熱伝導率は

— 273 —

第7章 熱電デバイス

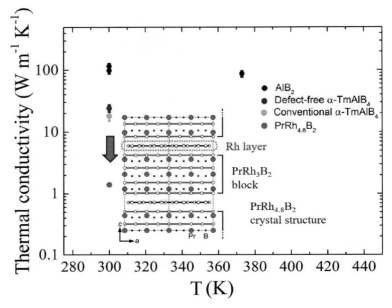

図1 層状ホウ化物の熱伝導率。挿絵は $PrRh_{4.8}B_2$ の結晶構造を図示したものである[17]。

$1.39\ Wm^{-1}K^{-1}$ と求められ，ほかの層状ホウ化物 AlB_2 や $TmAlB_4$ に比べて，10倍～70倍熱伝導率が低い（図1）。挿入 Rh 原子層がきわめて強いフォノン散乱体として作用していると示唆されている[16]。

上記のように原子を内包する明確な空隙構造がない場合でも，たとえば，$BiOCuQ$（$Q=Te$, Se）において，銅原子が他の原子と弱いボンディングを有し，その結果，局在した低エネルギー振動モードを発現し，フォノンを効果的に散乱している[17]。

3　結晶構造の複雑性（基本胞の高原子数）

Slack が最初に提唱し求めたが，光学フォノンが熱を伝播しないと仮定すると，格子の熱伝導率が，

$$\kappa \approx BM\delta(\theta)^3 \nu^{-2/3} T^{-1} \gamma^{-2}$$

と近似できる（B は定数，M は平均原子質量，δ は長さのパラメーターで δ^3 が基本胞の体積に相当，θ がデバイ温度，ν が基本胞の原子の数，γ が Gruneisen 定数)[18]。すなわち，格子熱伝導率が基本胞の原子数の $-2/3$ 乗で低減し，言い換えれば，複雑な構造を有する化合物系の熱伝導率が低いという指針を与えている。

4　異方性―非調和性

低い熱伝導率を生み出す原子構造レベルの重要な因子として，異方的なボンディングや非調和性が挙げられる。また，これらを示す良い指標として，上記の Gruneisen 定数が挙げられる。すなわち，異方性の顕著なボンディングや非調和性の強い系は，大きな Gruneisen 定数を

示す。

　その顕著な例として，SnSe が挙げられる[19]。SnSe は，室温では岩塩型構造を少し変形したような層状的な斜方晶の結晶構造（$Pnma$）を取り，800 K 近傍でより高対称性 $Cmcm$ へ構造相転移する。b 軸，a 軸方向それぞれにおいて，きわめて高い性能指数 ZT＝2.6，ZT＝2.2 が報告された。パワーファクター $\alpha^2*\sigma$ が〜1 mWm^{-1}K^{-2} であり，ZT のとくに飛びぬけた値の起源は，きわめて低い格子熱伝導率（a 軸方向 0.23 Wm^{-1}K^{-1}）に由来する。きわめて低い格子熱伝導率の起源は，異方的なボンディングと強い非調和性に由来していると考えられ，確かに異常に大きい Gruneisen 定数が報告されている。具体的には，こうした岩塩型構造の PbTe，SnTe などにおいて，いわゆる resonant bonding（すなわちこの場合 s 電子のバンドがエネルギー的に p 電子バンドよりかなり低く sp 混成は低いが，三つの p 電子が八面体状の 6 結合手に分布するためにこのように呼ばれている）があり，電子状態が非局在しているために大きな電気的分極率を有し，結果的に，[100]方向に長距離の相関をもち，これが，横波光学フォノンモードのソフト化を引き起こし，フォノン散乱の相空間の増大と強い非調和的な散乱により，低い格子熱伝導率が実現していると考えられる[20]。SnSe においても，こうした光学フォノンモードのソフト化が，非弾性中性子散乱実験で直接観測されている[21]。

5　不対電子（lone pair）―非調和性

　上記の非調和性にも関連するが，結晶構造で確認しやすいために個別に書き出すが，不対電子（lone pair）の強い熱伝導率抑制効果が確認されている。機構としては，不対電子とアニオン原子の強いクーロン反発力により，フォノンの振動スペクトルに強い非調和性が現れ，その結果，大きい Gruneisen 定数を有し，低エネルギー振動モードを発現し，低い熱伝導率につながる。こうした不対電子の効果で，Cahill らの最低熱伝導率[22]に迫るような低熱伝導率も報告されている[23][24]。

6　二原子鎖（dumbbell）

　上記のいくつかの原理（内包原子，ボンディングの異方性など）と関連するが，結晶構造で確認しやすいために個別に書き出すが，二原子鎖も場合によって強いフォノン散乱につながる。例として，Zn_4Sb_3 において，Sb-Sb の二原子鎖の振動によって，ラトリングのような Einstein 振動モードが存在し，低熱伝導率と高い ZT に寄与していることが非弾性中性子散乱および比熱の実験で示唆されている[25]。他にも，RB_{66} の構造の中の B_{80} クラスターの中心に B-B 二原子鎖が存在し，たとえばそれを Nb で置換ドーピングすると，重原子と部分占有ドーピングによる乱れの両方を導入しているにも関わらず熱伝導率が上がり，B-B 二原子鎖の強いフォノン散乱効果が示唆される[26]-[28]。ただし，B-B 二原子鎖は，重い Sb-Sb 二原子鎖と異なり，周りの原子と同様の軽い原子で構成されているので，異なる機構の可能性がある。

7　対称性由来の効果

　構造の基本構成要素，正二十面体原子クラスターの五回対称性が，ホウ素クラスター化合物の意外な低熱伝導率の起源の一つとして提唱され[28]，直接的な対称性由来の顕著な物性効果と

第7章　熱電デバイス

して興味深いが，証明はされていない。そうした五回対称性の間接的な効果として，基本胞は必然的に大きくなる傾向をもつ（3項参照）。

⑧　構造欠陥

　原子構造レベルに近い構造欠陥の効果を簡単に説明する。最近レビューもされているが[11][29]，フォノンの緩和速度の周波数ω依存性として，点欠陥は，ω^4の依存性をもち，高周波フォノンを効果的に散乱し，線欠陥に関しては，転位歪場はω^1，転位芯はω^3の依存性をもち，中間レンジの周波数のフォノンを良く散乱する。

　一方で，定量的な欠陥における効果の一つの例として，層状構造化合物の面内における1,2%の構造欠陥によって，熱伝導率を30%低減する例も報告されている[30]。

　こうした構造欠陥の制御により，デザイン的に効果的にフォノンを散乱し，熱伝導率を制御することができる。

文　献

1) I. Petsagkourakis, et al.: *Sci. Tech. Adv. Mater.*, **19**, 836-862 (2018).

2) T. Mori: *JOM*, **68**, 2673-2679 (2016).

3) W. Liu, J. Hu, S. M. Zhang, M. J. Deng, C. G. Han and Y. Liu: *Mater. Today Phys.* **1**, 50 (2017).

4) T. Mori, Small: **13**, 1702013 (2017).

5) T. Mori and T. Hara: *Scr. Mater.* **111**, 44 (2016).

6) M. Zebarjadi, G. Joshi, G. H. Zhu, B. Yu, A. J. Minnich, Y. C. Lan, X. W. Wang, M. S. Dresselhaus, Z. F. Ren and G. Chen, *Nano Lett.* **11** 2225 (2011).

7) R. Ang, A. U. Khan, N. Tsujii, K. Takai, R. Nakamura, and T. Mori: *Angew. Chem. Int. Ed.* **54**, 12909-12913 (2015).

8) F. Ahmed, N. Tsujii and T. Mori: *J. Mater. Chem. A*, **5**, 7545-7554 (2017).

9) N. Tsujii and T. Mori: *Appl. Phys. Express*, **6**, 043001 (2013).

10) *"Thermoelectric Nanomaterials"*, ed. K. Koumoto and T. Mori: Springer Series in Materials Science (Springer, Heidelberg, 2013) pp. 1-375.

11) Liu, et al.: *MRS Bulletin*, **43**, 176 (2018).

12) A. U. Khan, et al.: *Nano Energy*, **31**, 152-159 (2017).

13) G. A. Slack and V. G. Tsoukala: *J. Appl. Phys.*, **76**, 1635 (1994).

14) C. Uher: in Thermoelectrics Handbook Macro to Nano (Ed: D. M. Rowe), CRC Press, Boca Raton, FL 2006, p. 34.

15) M. Ohtaki and S. Miyaishi: *J. Electron. Mater.*, **42**, 1299 (2013).

16) Y. Kakefuda, K. Yubuta, T. Shishido, A. Yoshikawa, S. Okada, H. Ogino, N. Kawamoto, T. Baba, and T. Mori: *APL Materials*, **5**, 126103 (2017).

17) C. Barreteau , D. Berardan , E. Amzallag , L. D. Zhao , and N. Dragoe: *Chem. Mater.* **24**, 3168 (2012).

18) G. A. Slack: in Semiconductors and Semimetals, Vol. 34, Ed. by F. Seitz, D. Turnbull, and H. Ehrenreich, Academic Press, New York p. 1 (1979).

19) L. D. Zhao, S. H. Lo, Y. Zhang, H. Sun, G. Tan, C. Uher, C. Wolverton, V. P. Dravid, and M. G.

Kanatzidis: *Nature*, **508**, 373 (2014).

20) S Lee, K Esfarjani, T Luo, J Zhou, Z Tian and G Chen: *Nat Commun*, **5**, 3525 (2014).

21) C. W. Li, J. Hong, A. F. May, D. Bansal, S. Chi, T. Hong, G. Ehlers and O. Delaire: *Nat. Phys.*, **11**, 1063 (2015).

22) D. G. Cahill, S. K. Watson and R. O. Pohl: *Phys. Rev. B*, **46**, 6131 (1992).

23) E. J. Skoug and D. T. Morelli: *Phys. Rev. Lett.*, **107**, 235901 (2011).

24) B. Du, K. Chen, H. Yan and M. J. Reese: *Scr. Mater.*, **111**, 49 (2016).

25) W. Schweika, R. P. Hermann, M. Prager, J. Perßon, and V. Keppens: *Phys. Rev. Lett.*, **99**, 125501 (2007).

26) T. Mori, J. Martin and G. Nolas: *J. Appl. Phys.*, **102**, 073510 (2007).

27) T. Mori: *J. Flux Growth*, **13**, 19 (2018).

28) T. Mori: "Boride Thermoelectrics; High temperature thermoelectric materials", in: Modules, Systems, and Applications in Thermoelectrics, ed. D. M. Rowe, (CRC Press, Taylor and Francis, London) 14-1 14-18 (2012).

29) T. Mori and S. Priya: *MRS Bulletin*, **43**, 176-180 (2018).

30) X. J. Wang, T. Mori, I. Kuzmych-Ianchuk, Y. Michiue, K. Yubuta, T. Shishido, Y. Grin, S. Okada, and D. G. Cahill: APL Materials **2**, 046113 (2014).

第2節　フォノンエンジニアリングによるシリコン薄膜熱電材料の高性能化

東京大学　野村　政宏

1　はじめに

　1990年代は，熱電変換材料開発の歴史にとって新たな章が始まった年代である。現在，高ZTを発現する材料開発は，電子論的アプローチと構造論的アプローチに分けられるが，後者は1995年にSlackが提唱したフォノン・グラスの概念[1]に基づいており，今も熱電材料および構造設計の指針となっている。電子とフォノンの平均自由行程の差を巧みに利用する構造形成により，熱伝導率が高いためZTが低い材料も低熱伝導化が可能になり，熱電変換材料になりうる機会を得た。その代表例の一つがシリコンである。本節では，フォノンエンジニアリングの視点から，シリコン薄膜ナノ構造を用いた熱電変換材料開発の研究例を解説する。

2　ナノ構造化を用いたシリコン薄膜熱電材料開発

　熱電変換技術は，温度差から電気エネルギーを取り出す技術とも表現できるため，いかに温度差を保ちつつ電気エネルギーを取り出すかがポイントである。そのため，電気特性および熱特性の両者が矛盾なく最適化されて初めて高効率な熱電材料が実現し，ZTの表式（図1(a)）から分かる通り，電気伝導率を高く維持しつつ熱伝導率のみを低減する必要がある。ナノ構造を用いて効果的な熱伝導制御を狙う場合，まずその材料と利用温度における熱フォノンの平均自由行程に関する情報を得る必要がある。累積熱伝導率は，ある平均自由行程においてそれ以下の平均自由行程をもつフォノンによる熱伝導率への寄与を足しあげた値で定義される。熱伝導に寄与するフォノンがどの程度の平均自由行程を有するかが分かり，低熱伝導率化のための構造設計指針を与える重要な情報が得られる。たとえば，室温におけるバルクの単結晶シリコ

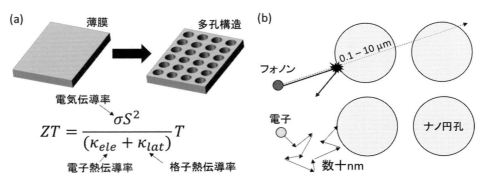

図1　ナノ構造化による熱電変換材料の高性能化の設計指針
構造の特性長が電子の平均自由行程より長く，熱フォノンのそれよりも短くなるように設計することでZTを増強できる。

第2節　フォノンエンジニアリングによるシリコン薄膜熱電材料の高性能化

ンでは，100 nmから10 μmの領域が熱フォノンのおもな分布領域であることが知られており[1)2)]，同程度の寸法をもつフォノン散乱構造を導入することで効率的な熱伝導率の低減が可能になる。一方で，導入する構造は電子輸送を妨げる寸法であってはならない。図1(b)は，ナノ加工によってZTの増強を可能にするための設計指針を模式的に示した図である。σ/κを大きくするには，Slackの概念に従い，電子輸送を妨げずにフォノン輸送を大きく阻害する構造を導入すればよく，シリコンでは熱フォノンが電子よりも一桁程度長い平均自由行程をもつことを利用し，その間の寸法をもった数百nm程度のナノ構造を形成することになる。

近年になって，熱をスペクトル的に扱う意識が高まってきている。熱フォノンの平均自由行程は広く分布するため，効果的な熱伝導制御を行うためには，同一寸法のナノ構造を形成するだけでは不充分で，スペクトル全域をカバーするマルチスケールでの設計が必要である[3)]。このコンセプトを念頭においてシリコン薄膜の構造設計を行い，上記の設計指針にも従って取り組んだ研究を紹介する[4)]。電子線描画装置を用いて作製する図3(b)に示すような周期円孔配列を有するフォノニック結晶ナノ構造の周期は300 nmとした。本構造では，バルク中で100 nm程度以上の平均自由行程をもつフォノンを散乱することができるが，100 nm程度以下の熱フォノンの輸送は大きくは妨げない。そこで，単結晶ではなく数十nmの結晶粒径を有する多結晶薄膜を用いれば，短い平均自由行程をもつ熱フォノンを効率的に散乱することが可能になる。本構造では，散乱スケールの異なる粒界散乱と構造による表面散乱によって広い平均自由行程領域に分布する熱フォノンをマルチスケールでカバーすると考えられる。

この設計指針に基づいてマルチスケール階層構造を作製した。ここでは，本構造の有効性を議論するため不純物散乱の影響がないノンドープ試料を用いた結果を述べる。図2(a)は，LPCVD法により成長したノンドープシリコン表面の透過電子線顕微鏡像とそれを解析して得た粒径のヒストグラムである。多結晶の粒径は成長条件とアニール温度である程度制御可能で，狙い通り粒径100 nm以下に広く分布する多結晶薄膜を得た。フォノニック結晶ナノ構造の形成によって熱伝導率がどの程度薄膜の値から低減したかを単結晶と多結晶シリコンで比べることにより，シリコンにおけるマルチスケール構造の効果を知ることができる。図2(b)に単結晶および多結晶シリコン薄膜およびそれらにさまざまな円孔半径を有するフォノニック結晶

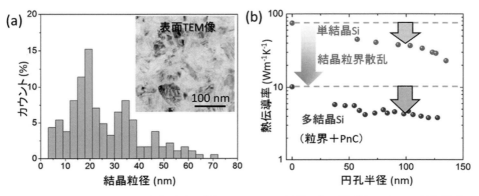

図2　(a)多結晶シリコンの粒径分布　(b)フォノニック結晶の各円孔半径における熱伝導率
マルチスケール階層構造により，効率的な熱伝導の抑制が可能になる。

— 279 —

第7章 熱電デバイス

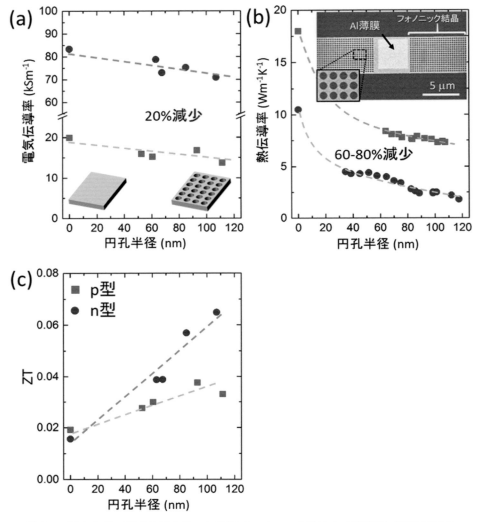

図3 p型およびn型多結晶シリコン薄膜フォノニック結晶ナノ構造の(a)電気伝導率，(b)熱伝導率，および(c)ZT値
（ナノ構造形成により，約3倍の性能向上が実現されている）

ナノ構造の熱伝導率を示す。フォノニック結晶ナノ構造のパターニングが熱伝導率に及ぼす影響を $r=100$ nm で薄膜値と比較すると，単結晶では 75 $Wm^{-1}K^{-1}$ から 38 $Wm^{-1}K^{-1}$ と 49% の減少を示し，多結晶では 10.5 $Wm^{-1}K^{-1}$ から 4.3 $Wm^{-1}K^{-1}$ と 59% の減少を示した。10% 程度ではあるが熱フォノン分布を考慮して設計したマルチスケール構造が効果的な熱伝導制御を実現している。

図3(a, b)に，p型およびn型の多結晶シリコンフォノニック結晶ナノ構造について四端子測定法およびマイクロサーモリフレクタンス法[5]で測定された電気伝導率と熱伝導率を示す。ドープした多結晶シリコン薄膜にフォノニック結晶ナノ構造を形成し，ZTの向上に取り組んだ研究を紹介する。電気伝導率も熱伝導率と同様に円孔半径の増大とともに減少する傾向にあるが，熱伝導率と比較して減少が緩やかであることと，薄膜値からの不連続な減少がみられな

いことが分かる。p型，n型試料についてゼーベック係数を測定し，それぞれ 240 μV/K と −81 μV/K を得た。これらの値を用いて計算した ZT の値を**図3(c)**に示す。円孔の増大に伴って ZT の値は増加しており，$r=110\,nm$ の構造で，p型は約2倍，n型は約4倍の性能指数の増大がみられた[6]。これは，本構造が電気伝導率に比べて熱伝導率を著しく低下させた結果であり，電荷とフォノンの平均自由行程の違いを際立たせる構造寸法であることを示している。

3　おわりに

シリコン系材料は高温域で最も性能を発揮する材料であり，室温ではその10%程度の性能でしかないため，BiTeなどの室温で最高性能を示す材料と比較した場合は物足りない。しかし，スマート社会化に貢献するエネルギーハーベスターとしての応用を考えた場合，二次電池と組み合わせて用いれば，低消費電力用途のマイクロセンサーの間欠的な駆動には充分である。本節では材料をシリコンに限定したが，材料や構造設計指針は幅広い材料に適用できるため，たとえばシリコンゲルマニウムなどの熱電変換材料としてもともと高性能な材料をベースとして研究開発が進むと考えられる。

謝　辞
本稿で紹介した研究は，研究室メンバーの鹿毛雄太氏，中川純貴氏，柳澤亮人氏，およびフライブルク大学の Oliver Paul 教授，Dominik Moser 氏らとともに行ったものである。また，共同研究者の塩見淳一郎教授，堀塚磨氏，森孝雄氏にも謝意を表す。これらの研究は，文部科学省イノベーションシステム整備事業，科学研究費補助金，前田建設，JST さきがけの支援により遂行された。

文　献

1) K. T. Regner, D. P. Sellan, Z. Su, C. H. Amon, A. J. H. McGaughey, and J. a Malen,: "Broadband phonon mean free path contributions to thermal conductivity measured using frequency domain thermoreflectance.," *Nat. Commun.*, **4**, 1640 (2013).

2) K. Esfarjani, G. Chen, and H. T. Stokes,: "Heat transport in silicon from first-principles calculations," *Phys. Rev. B*, **84**, 85204 (2011).

3) K. Biswas, J. He, I. D. Blum, C.-I. Wu, T. P. Hogan, D. N. Seidman, V. P. Dravid, and M. G. Kanatzidis,: "High-performance bulk thermoelectrics with all-scale hierarchical architectures," *Nature*, **489**, 7416, 414 (2012).

4) M. Nomura, Y. Kage, J. Nakagawa, T. Hori, J. Maire, J. Shiomi, R. Anufriev, D. Moser, and O. Paul,: "Impeded thermal transport in Si multiscale hierarchical architectures with phononic crystal nanostructures," *Phys. Rev. B*, **91**, 205422 (2015).

5) R. Anufriev, A. Ramiere, J. Maire, and M. Nomura,: "Heat guiding and focusing using ballistic phonon transport in phononic nanostructures," *Nat. Commun.*, **8**, 15505 (2017).

6) M. Nomura, Y. Kage, D. Müller, D. Moser, and O. Paul,: "Electrical and thermal properties of polycrystalline Si thin films with phononic crystal nanopatterning for thermoelectric applications," *Appl. Phys. Lett.*, **106**, 223106 (2015).

第3節　ラットリングとローンペアを用いた熱電材料の開発

国立研究開発法人産業技術総合研究所　李　　哲虎

　熱を電気に変換する熱電材料は有望なグリーンエネルギー技術として期待されているが，その実用化には性能をさらに高める必要がある。熱電材料の性能は無次元性能指数 $ZT = S^2 T / \rho (\kappa_e + \kappa_L)$ で表される（S：ゼーベック係数，ρ：電気抵抗率，κ_e：電子熱伝導率，κ_L：格子熱伝導率）。ゼーベック係数が高く，電気抵抗率と熱伝導率が低いほど ZT は高くなる。このうち，ρ と κ_e はともにキャリアが伝導を担うため，両者を同時に下げることはできない。一方，κ_L は ρ を低く保ったまま下げることができ，κ_L の最小化が高い熱電性能を実現する上での鍵となる。

　格子による熱輸送は主に音響フォノンが担う。そのため，格子熱伝導率を抑制するには音響フォノンによる熱輸送をできる限り妨げれば良い。その方法として，これまで複数の提案がなされてきた。一つはナノストラクチャリングと呼ばれる方法で，ナノ粒子などを試料に導入し，おもに長波長のフォノンを散乱させる。また，音響フォノン分散自体を制御する方法として，たとえば重原子を結晶の構成元素に加えて音速を下げる方法や，複雑な結晶構造により，光学フォノンとの混成効果で音響フォノン分散にギャップを開ける方法などがある。他には非調和振動によりフォノン-フォノン散乱を誘起し，ウムクラップ過程を増大させる方法もある。本項ではとくに原子の大振幅振動（ラットリング）および孤立電子対（ローンペア）を用いた格子熱伝導率の抑制について解説する。

1　ラットリングによる熱伝導率の抑制

　ラットリングとは原子が極度に大きな振幅で非調和的に振動する独特の運動状態を指す。大きく振動することで，熱を散乱し熱伝導率が抑制される。ラットリングの名前の由来は赤ちゃんのおもちゃ「ガラガラ（rattle）」からきているといわれている。ラットリングはこれまで大きなカゴ型構造をもつ充填スクッテルダイトやクラスレートなどで研究されてきた。当初，ラットリングは非干渉的で周囲の格子とは独立して振動する運動状態であると考えられていた。これに対し，筆者らは中性子非弾性散乱により充填スクッテルダイトや type-I クラスレートなどのラットリングを調べ，ラットリングが干渉的であり，エネルギーの低い光学フォノンであることをいち早く指摘した[1]。また，低温でエネルギーが低くなることから，非調和性の強いモードであることも明らかにした。熱伝導率の抑制は非調和性からくるフォノン-フォノン散乱および，音響フォノン分散にギャップが開くためと考えられる。

　ラットリングはこれまで大きなカゴ型化合物でのみ発現するものと思われていた。一方，最近筆者らはカゴのない新しいタイプのラットリングの有用性を提唱している。たとえば，近年開発された格子熱伝導率の低いテトラヘドライト[2]や LaOBiSSe[3]では大きなカゴが無いにも関わらず，平面配位に配置された原子が大振動する（**図1**）。このようなカゴ無し平面ラットリン

— 282 —

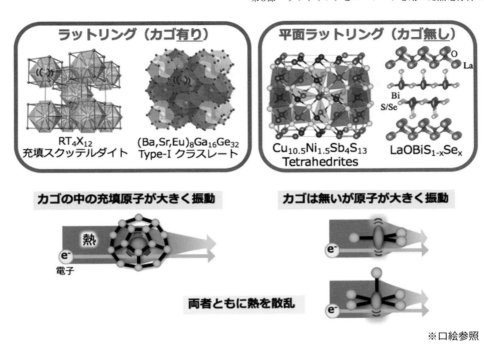

図1 カゴ状物質(左)と平面配位物質(右)のラットリング

グのダイナミクスはこれまで調べられておらず、どのような条件下でラットリングが生じるのかなど明らかでなかった。そこで、筆者らはテトラヘドライトやLaOBiSSeの平面ラットリングの詳細について調べた[4)5]。

テトラヘドライトではS_3三角形の中心でCu原子が面外方向へラットリングし、S_3三角形の面積が小さいほどCu原子の振幅が大きくなる。これは、カゴ状物質では可動スペースが広がるほど振幅が大きくなるのとは対照的である。また、S_3三角形の面積が小さいほどラットリングエネルギーは下がり、Cu原子は振動しやすくなる。つまり、Cu原子の平面ラットリングは、化学的圧力を受けたCu原子が三角形の面外に逃れようとして生じたものである。

一方、LaOBiSSeでは$(S,Se)_5$四角錐の底面の中心でBi原子が面外方向へラットリングする。テトラヘドライトと同様にBi原子が面内方向の化学的圧力を受けるほど、ラットリングエネルギーは低下する。それと同時に格子熱伝導率も下がり、Biラットリングが熱伝導率の抑制に寄与していることが示唆される。このように平面3配位のテトラヘドライトと、擬平面5配位のLaOBiSSeともに、化学的圧力がラットリングを誘起することが明らかとなった。これは自由空間を必要とするカゴ型化合物のラットリングとは真逆である。このような平面配位構造をもつ材料系は膨大にあり、新しい高性能熱電材料の発見につながるものと期待される。

2 ローンペアによる熱伝導率の抑制

ローンペアは孤立電子対とも呼ばれ、共有結合に寄与しない最外殻の電子軌道に入っている電子対である(図2)。ローンペアが固体内に存在すると一般的に格子が不安定となり結晶構造相転移が起こりやすくなる。原子間ポテンシャルは非調和的になるため、熱流は散乱され格子

第7章　熱電デバイス

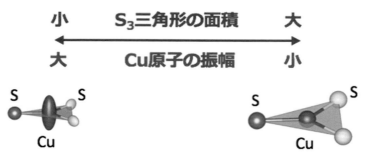

図2　テトラヘドライトの平面ラットリング

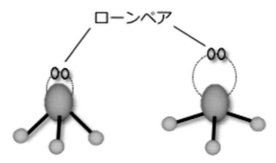

図3　ローンペアと局所構造の例
（ローンペアが離れるとボンド角が広がり平面的な配置になる）

熱伝導率は抑制される。実際、ローンペアが存在する物質系の格子熱伝導率は低くなることが多く、熱電材料開発におけるローンペアの有用性が認識され始めている。たとえば、最近発見されたSnSeではSn原子がローンペアをもち、格子熱伝導率は1 W/mK以下ときわめて小さな値をとる。その結果、高温で高い熱電性能を示す[6]。また、ローンペア、局所構造と熱伝導率の相関についての系統的な研究も行われている。ローンペアが中心原子の近くに存在すると、共有結合している原子はローンペアから遠ざかり格子が歪む（図3）。一方、ローンペアが中心原子から離れている方が原子間ポテンシャルへの影響が大きく、熱伝導率は低くなる。すなわち、格子歪みと熱伝導率には相関があることが分かっている。ローンペアと、熱伝導率の相関に関する研究は始まったばかりであり、今後の進展が待たれる分野である。

化学式 AT_2X_2（A＝アルカリ土類金属；T＝d^0, d^5, d^{10} の遷移金属およびMg；X＝ニクトゲン）で記述される材料系は122Zintl相と呼ばれ（図4）、ニクトゲンの周りにローンペアが存在し、格子熱伝導率が低い特徴をもつ。特にX＝Sb系は熱電材料として知られており、盛んに研究されている。たとえばAとTの両サイトにMgが入ったMg_3Sb_2系は格子熱伝導率が1 W/mK以下とガラスよりも低く、T＝716 KでZT＝1.5と高い熱電性能が得られる[7]。一般的に重い原子で構成された物質の方が固体中の音速が遅くなり熱伝導率は低くなる。そのため、Sbよりも軽いAsやP系など周期律表で4周期以下のニクトゲンは研究があまり行われていない。しかし、ローンペアにより熱伝導率が抑制されるならば、熱伝導率は元素の重さとはあまり相関しないはずである。実際、筆者らはAs系Zintl相で熱伝導率が低く、高い熱電特性を示す材料を発見しており、軽元素でも低熱伝導率が得られることが実証されている[8]。

— 284 —

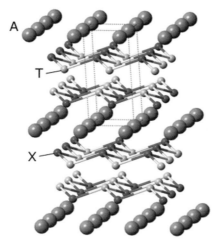

図4 AT$_2$X$_2$(A＝アルカリ土類金属，T＝d^0，d^5，d^{10} の遷移金属およびMg；X＝ニクトゲン)で記述される122 Zintl相の結晶構造

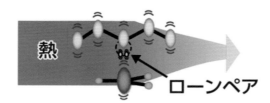

図5 ローンペアが付随するラットリング

すなわち，ローンペアを活用することにより，軽元素のみで構成される材料でも高い熱電性能を示す材料を開発することが可能である．今までほとんど探索されてこなかった軽元素系が新熱電材料の候補となれば，材料探索の範囲が著しく広がり，より高性能な熱電材料が開発されるものと期待される．

ラットリングとローンペアの融合的な活用方法についても模索されている．たとえば，先述したテトラヘドライトではラットリングしているCu原子とSb原子の間にSb原子のローンペアが存在する．また，LaOBiSSeではラットリングしているBi原子自身がローンペアをもつ．このラットリングとローンペアの間の相互作用がさらなる熱伝導率の抑制に有効である可能性を最近筆者らは提案している．とくに，テトラヘドライトにおいてラットリングの振幅が大きくなると，振動の先に位置するアンチモン（Sb）原子の振幅も大きくなることを筆者らは発見した[4]．おそらく，ローンペアを介してCu原子のラットリングがSb原子を揺さぶっているものと考えられる（図5）．このように，ラットリングの非調和振動が固体全般に伝搬することにより，格子熱伝導率がさらに抑制される効果が期待できる．

以上のように熱電材料の開発にラットリングとローンペアがきわめて有用であることが分かりつつある．これらの研究は端緒についたばかりであり，今後進展することが大いに期待される．

第7章　熱電デバイス

文　献

1) C. H. Lee, et al.: *J. Phys. Soc. Jpn.*, **75**, 123602（2006）.
2) K. Suekuni, et al.: *J. Appl. Phys.*, **113**, 043712（2013）.
3) A. Nishida, et al.: *APEX*, **8**, 111801（2015）.
4) K. Suekuni and C. H. Lee, et al.: *Adv. Mater.*,（2018）.
5) C. H. Lee, et al.: *Appl. Phys. Lett.*, **112**, 023903（2018）.
6) L. -D. Zhao, et al.: *Nature*, **508**, 373（2014）.
7) H. Tamaki, et al.: *Adv. Mater.*, **28**, 10182（2016）.
8) K. Kihou, et al.: *Inorg. Chem.*, **56**, 3709（2017）.

第4節　無機・有機ハイブリッド超格子の熱電変換材料

公益財団法人名古屋産業科学研究所　河本　邦仁

1　はじめに

　再生可能エネルギー，取り分け太陽熱や低温排熱の利用を将来拡大していくためには，室温～100℃程度の低温域で従来材料を超える性能と信頼性を備えた安価な熱電変換材料の開発が不可欠である。しかし，低温域で $ZT(S^2\sigma T/\kappa$；S ゼーベック係数，σ 導電率，T 絶対温度，κ 熱伝導率)が高くかつ安定性・信頼性の高い無機・金属系材料を現状の延長線上で開発するのは，大変困難である。今必要なのは，これまでにない新しい発想と戦略で挑戦する新材料創製である。

　筆者らは，単一の無機系材料において導電率・熱起電力・熱伝導率を同時に制御して高 ZT を低温域で実現するのは困難であるとの経験的認識に立って，層状構造をもつ遷移金属二硫化物と有機系ルイス塩基を組み合わせた無機・有機ハイブリッド材料系で高 ZT・高 PF(パワーファクター)材料を創製することを目指している。本稿では，無機・有機の単なるコンポジットではなく，無機層間に有機分子をインターカレートすることによって原子・分子レベルでハイブリッド化した二次元複合超格子を構築するというナノブロックインテグレーション戦略によって創製された無機・有機ハイブリッド超格子熱電変換材料について概説する。

2　TiS₂系無機・有機ハイブリッド超格子

　TiS_2 系無機・有機ハイブリッド超格子は，初めに小さな TiS_2 単結晶を化学蒸気輸送法(CVT 法)で育成し，ジメチルスルフォキシド(DMSO)の溶液中でヘキシルアンモニウムイオン(HA)を電気化学的にインターカレートすると得られる。インターカレーションの際に DMSO が溶媒和した HA が取り込まれるが，その後別の溶媒に浸漬すると，溶媒交換反応によってこの溶媒分子が DMSO と入れ替わる。こうしてさまざまな有機溶媒分子を HA とファンデルワールス層間(van der Waals gap)に共存させることができる。たとえば，HA を固定して誘電率の異なる極性分子を共存させると，輸送特性の変化を系統的にみることができる。この実験からキャリア(電子)濃度が一定であるのに移動度は誘電率に比例して増加すること，また格子熱伝導率が誘電率の増加とともに減少することが判明した[1]。この結果より，高誘電率の極性分子の共インターカレーションが高 ZT 化をもたらすことが明らかとなり，この知見を高 ZT 化の指針にして，静誘電率の大きい水分子(室温で約 80)を共存させた $TiS_2(HA)_x(DMSO)_y(H_2O)_z$ を合成し，室温 $ZT\sim0.21$，100℃で $ZT\sim0.28$ という高性能を達成することに成功した[2](図1)。

　しかし，これはこれで世界初の成果として評価されたのであるが，この時点ではキャリア濃度が高すぎて最高性能を発揮したとはいえない状況にあった。すなわち，ルイス塩基(電子供与体)である HA をインターカレートすることにより，元の純 TiS_2 結晶に比べて極度に高い

第7章 熱電デバイス

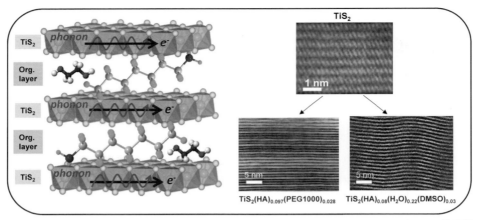

図1　無機・有機ハイブリッド超格子－ TiS$_2$/organics の HAADF-STEM 像[1)2)]
　　HA：ヘキシルアンモニウム，PEG1000：分子量 1000 のポリエチレン
　　グリコール，DMSO：ジメチルスルフォキシド．

キャリア濃度をもつハイブリッド超格子に変化してゼーベック係数の大きな低下を招いたため，ZT も期待していたより低かったのである．したがって，さらに ZT を上げるためにはキャリア濃度の制御(この場合は低減)を行う必要があった．

3　キャリア濃度制御による高 PF 化・高 ZT 化

　TiS$_2$ のキャリア濃度増加はルイス塩基(HA など)のインターカレーションに起因しているため，インターカレーション時に流す電気量を減少することによって有機カチオンの挿入量を減らせば，原理的にはキャリア濃度を減らすことができる．また，いったんフルにインターカレーション(IC)した後に電流の向きを変えてやれば，挿入された有機カチオンが de-intercalation(De-IC)されてキャリア濃度を下げることが可能である．

　実際には，電気化学的 IC/De-IC によってキャリア濃度をある程度は制御できるが，それには限界があることが分かった[3)]．そこで，De-IC のための異なる方法として真空加熱処理法を試みた．すなわち，Full-intercalation して作製した複合超格子を真空中で加熱処理して有機カチオンを追い出し，カチオン濃度を減じることによりキャリア濃度を減じる方法である[4)]．電気化学的インターカレーションで得られる TiS$_2$(HA)$_{0.19}$(DMSO)$_{0.35}$ を真空中 180℃で 1 h 加熱すると，TiS$_2$(HA)$_{0.025}$ に変化してキャリア濃度を 8.5×10^{20} cm^{-1} から 4.0×10^{20} cm^{-1} に半減することができ，室温ゼーベック係数は -70 μV/K から -156 μV/K に倍増する．導電率はキャリア濃度の減少のため 700 S/cm から 350 S/cm に減少するが，室温 PF は 343 μW/mK^2 から 850 μW/mK^2 まで倍以上増加する．ただし，真空加熱によって超格子構造が崩れ，TiS$_2$ 相が析出して IC と TiS$_2$ の混合相になり，熱伝導率が 0.61 W/mK から 1.3 W/mK に増加した．そのため ZT はそれほど上がらず，室温で 0.2 程度に留まった．それでも ZT の値は，これまで最高記録を誇っていた TiS$_2$(HA)$_x$(DMSO)$_y$(H$_2$O)$_z$ の ZT と室温〜100℃の範囲でほぼ同等である．

第4節　無機・有機ハイブリッド超格子の熱電変換材料

さらに，熱安定性(沸点)が異なる2種類の有機カチオンをインターカレートしたのち，真空加熱することによって熱的に不安定な有機カチオンを優先的に追い出し，超格子構造を保ったままキャリア濃度を減じる方法を試みた。すなわち，沸点が〜130℃のHAと熱安定性がより高い(沸点＞200℃)テトラブチルアンモニウム(TBA)をDMSOとともにインターカレートしてTiS$_2$(TBA)$_{0.016}$(HA)$_{0.074}$(DMSO)$_{0.079}$とし，180℃で1h真空加熱してTiS$_2$(TBA)$_{0.013}$(HA)$_{0.019}$に変えた。その結果，キャリア濃度は9.0×10^{20} cm^{-1}から4.8×10^{20} cm^{-1}にほぼ半減，ゼーベック係数は-65μV/Kから-142μV/Kに倍増，導電率も250 S/cmから450 S/cmにほぼ倍増

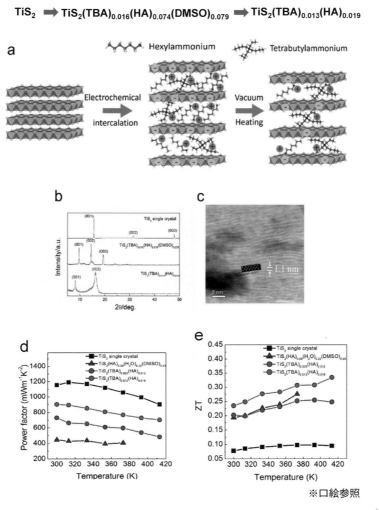

図2　TiS$_2$/organicsの熱的インターカレーション法によるキャリア濃度制御[4]
(a) TiS$_2$単結晶へのHA/TBA分子の電気化学的インターカレーションとその後の真空アニール処理による組成・構造変化
(b) TiS$_2$単結晶，TiS$_2$(TBA)$_{0.015}$(HA)$_{0.074}$(DMSO)$_{0.079}$，TiS$_2$(TBA)$_{0.013}$(HA)$_{0.019}$のXRDパターン
(c) TiS$_2$(TBA)$_{0.013}$(HA)$_{0.019}$のHAADF-STEM像
(d) TiS$_2$(TBA)$_{0.025}$(HA)$_{0.012}$，TiS$_2$(TBA)$_{0.013}$(HA)$_{0.019}$の出力因子(PF)および(e) ZTの温度依存性；TiS$_2$単結晶およびTiS$_2$(HA)$_{0.08}$(H$_2$O)$_{0.22}$(DMSO)$_{0.03}$との比較を示す。

— 289 —

して，室温 PF は 105 μW/mK^2 から 904 μW/mK^2 まで約 9 倍増加した．この値はフレキシブル熱電変換材料の中ではきわめて高く，世界最高レベルに相当する．一方，基本的な超格子構造は加熱処理後もほぼ維持されていたものの，熱伝導率は 1.15 W/mK にまでしか低下しなかったため，最終的な ZT は室温で 0.24，140℃ で 0.33 に留まった（図 2）[4]．とはいえ，フレキシブル熱電変換材料の ZT としては最高レベルの値である．

この種の無機・有機ハイブリッド材料のキャリア濃度を制御するのは一般に大変難しいが，筆者らが見出した上記の方法は有用なヒントを与えるものである．今回得られた熱電性能（パワーファクター PF）をフレキシブルな有機系およびコンポジット材料の文献値と比較してみると，現時点で図 3 のようになる．p, n 型ともにカーボンナノチューブ（CNT：SWNT, DWNT, MWNT）ないし CNT/polymer コンポジット材料が最高レベルの PF を示していて，将来有望

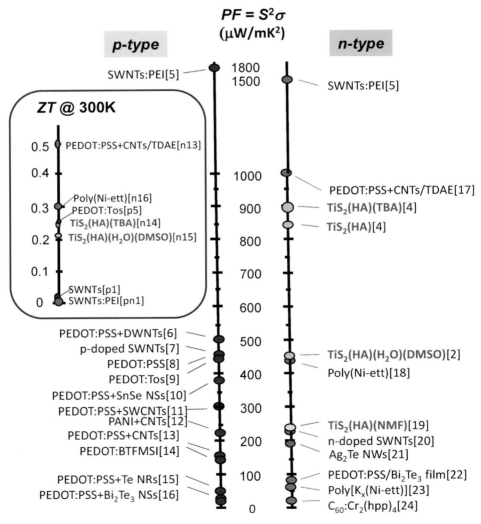

図 3　フレキシブル熱電変換材料のパワーファクター（PF）の比較．枠囲いは性能指数（ZT）の比較．[ ]内は文献番号．

のようにみえる。一方，筆者らの無機・有機ハイブリッド超格子材料は，n型としては904 μW/mK^2 という高い PF を示すが，CNT系に比べると若干及ばない。しかし，CNT系材料は熱伝導率が十分低減できておらず，PF は高いものの ZT が低いため，発電応用に供する際に温度差が付きにくく高効率発電ができないという問題がある。また，CNTは高価であるため，今すぐ熱電変換材料へ応用するのは難しい。つまり，原料コストの低減と熱伝導率の低減という二つの問題を今後解決していかねばならない。これに対して，無機・有機ハイブリッド超格子材料は原料および製造コストに大きな問題はないが，大気中での安定性に問題があるため，耐環境性を上げねばならないという課題がある。また，この材料はn型のみでp型パートナーを必要とする。いずれにしても，材料開発・高性能化・低コスト化・高信頼化などを今後さらに進めて行かねばならない。

❹　大面積フィルム合成プロセスの開発とプロトタイプ薄膜モジュールの作製

　TiS$_2$ 有機ハイブリッド超格子を熱電デバイス・モジュールへ応用するには，小さな単結晶ではなく大きなバルク体ないし大面積のフィルムやフォイルを必要とする。それには実験研究に用いる電気化学的インターカレーション法は適さず，より簡便かつ低コストなプロセスでの材料合成・製造が必要になる。しかし，無機・金属材料の合成・作製法として用いられてきた固相反応，溶融固化，高温高圧焼結などの高温プロセスは，有機化合物を含む物質・材料には適用できないので，常温・常圧のマイルドな条件下で合成・製造する安価なプロセスを開発しなければならない。そこで筆者らは，2次元ナノ材料の合成によく用いられる液相剥離法（Liquid Exfoliation）を採用し，液相剥離によって生成する［TiS$_2$/organics］ナノシートをさらに自己組織化（Self-assembly）して大面積のフィルムやフォイルを作ることができるいわゆるLESA プロセスを開発した[19]（図4）。

　LESA プロセスを用いて作製したフォイルの室温における熱電特性は次のとおりである[19]。$n\sim$1.4x10^{21} cm^{-3}, $\mu\sim$2.4 cm^2/Vs, $\sigma\sim$520 S/cm, $S\sim-66$ μV/K, $\kappa\sim$0.77 W/mK, $S^2\sigma\sim$230 μW/mK^2, $ZT\sim$0.09。パワーファクター PF は TiS$_2$ 結晶に比べて大幅に低下してしまうが，それでも室温で $\sim$230 μW/mK^2 と高い値を示す。n型有機熱電変換材料の PF が100 μW/mK^2 以下でしかなかった2015年末の時点ではこの値はきわめて高く[25]，高性能を示すp型有機熱電変換材料のn型パートナーとして，フレキシブル熱電変換デバイス・モジュールへの応用が可能になった。

　そこで，LESA プロセスにより PET フィルム基板上に形成したn型 TiS$_2$HA$_x$NMF$_y$ 薄膜と，p型 PEDOT:PSS 薄膜を組み合わせた π 型薄膜プロトタイプモジュール（5対）を試作した（図5）。モジュールはフレキシブルで，最大出力密度は温度差10 K で0.05 W/m^2，70 K で2.5 W/m^2 と，これまでに報告されたp型 PEDOT:PSS のみのユニレッグモジュールと比べて1～2桁も大きな性能を示す。Sun ら[26]のpおよびn型導電性高分子錯体を組み合わせた π 型モジュール（35対）に比べても，やはり1桁以上大きい。開発した熱電モジュールは，電極種，接触抵抗，各素子の寸法・形状などの点でオプティマイズされたものではないが，フレキシブル熱電モジュールとしては世界最高の最大出力密度を示した[19]。

— 291 —

第7章 熱電デバイス

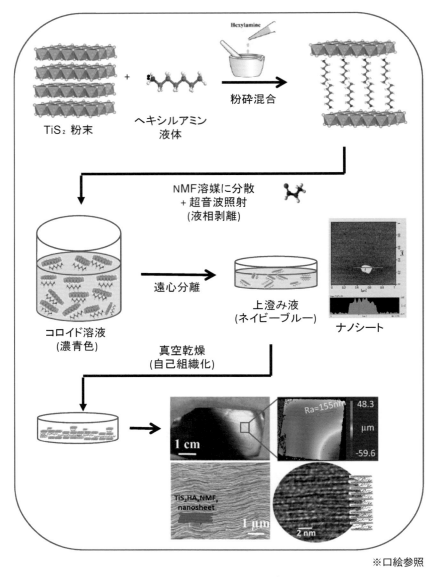

図4 LESA プロセス[19]

5 フレキシビリティーを利用したモジュール構造の設計－コイン TEG の例[3]

図6a に示すように，PET フィルムの片面に p 型(PEDOT:PSS) および n 型(TiS$_2$(HA)(NMF))薄膜素子が多数配置したいわゆる"熱電テープ"を熱・電気絶縁体ロッド(半径 r_0)に巻き付けることにより，コイン状の熱電モジュール"コイン TEG"を作ることができる。コインの大きさは pn 素子のサイズと pn 対の数によって決まる。たとえば，各素子の厚みを 20 μm，テープ全体の厚みを 100 μm，絶縁ロッドの半径 r_0 を 0.5 μm に固定して，各素子の幅および素子間隔を w mm，各素子の長さを d mm としたときのコイン TEG の直径を，pn 対数(N)を

第4節 無機・有機ハイブリッド超格子の熱電変換材料

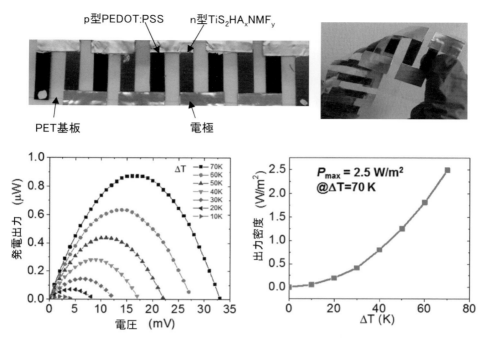

図5 p型PEDOT:PSS｜n型TiS$_2$HA$_x$NMF$_y$のペア5対からなるフレキシブルπ型薄膜モジュールの熱電発電特性[19]

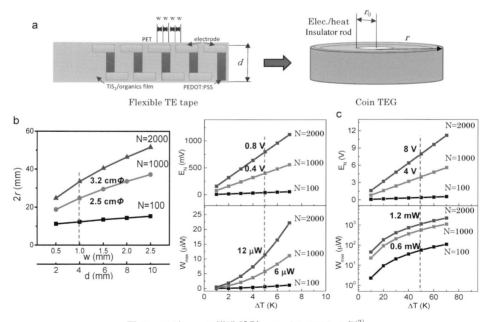

図6 モジュール構造設計－コインTEGの例[3]
(a) n型TiS$_2$/organics – p型PEDOT:PSS素子のフレキシブル熱電テープを熱・電気絶縁ロッド(半径r_0)に巻き付けてできるコインTEG(半径r)
(b) r_0=5 mmの場合にW_{max}(N)を与えるコイン直径のw, dに対する依存性(d/w=4に固定)
(c) 開回路電圧E_Nおよび最大発電出力W_{max}(N)と温度差ΔT(T_c=293 K)の関係；p, n素子厚み20 mmの場合. ただし, Nはpn対の数

— 293 —

第7章　熱電デバイス

100, 1000, 2000 と変えて見積もったのが図 6b である。さらに，発生電圧 E_N と最大発電出力 W_{max} は pn 対の数とコイン表裏間の温度差で決まるが，前節で紹介したプロトタイプモジュールの熱電特性・性能をもとに見積った値を図 6c に示す。

図 6b から分かる通り，$w=1.0$ mm，$d=4$ mm で N＝1000 対のコイン TEG を作ると，その直径は約 2.5 cm になる。このコイン TEG の裏表間に 5 K の温度差をつけると，発生電圧 E_N は 0.4 V，最大出力 W_{max} は 6 µW となり，温度差を 10 倍の 50 K にすると E_N は 10 倍の 4 V，W_{max} は 100 倍の 0.6 µW まで増大する（図 6c）。N＝2000 対にすると，直径 3.2 cm のコイン TEG において温度差 5 K で E_N は 0.8 V，W_{max} は 12 µW，温度差 50 K ではそれぞれ 8 V，1.2 mW に増加する。

コイン TEG の性能は各素子の性能によってほぼ決まる。たとえば，n 型素子に前述の高 PF ハイブリッド超格子材料を適用することができれば，最大発電出力は現状のモジュールに比べて約 4 倍に高めることが可能である。さらに p 型素子の性能を上げることによって高出力コイン TEG の開発が可能になり，適用できる熱源も広がって駆動できるシステムの規模も拡大する。

6　おわりに

現在コマーシャルベースで製造されているビスマステルル系モジュールは硬くて曲がらないフラットなものであるため，複雑形状をもつ熱源への適用には限界がある。新しいモジュール構造による高効率化の提案もあるが，これにも適用範囲に制限があるのはやむを得ない。それでも以前から，硬い無機・金属材料を微粒子や微小面積の薄膜にしてプラスチック，布，包帯などのフレキシブル基板に搭載し，基板のフレキシビリティーに頼る形でのモジュール開発も行われてきた[27]。しかしながら，コスト，重量，有害性等々の問題から広く応用されるまでには至っていない。

一方，本研究で開発した TiS_2/ 有機ハイブリッド超格子は地殻に豊富に存在する無害な元素からできている。しかも，高温・高圧プロセスを必要としない溶液プロセスによって簡単に大面積フィルムが作製できるので，有機系熱電変換材料やコンポジット材料をパートナーとして低コスト，軽量，無害なフレキシブル熱電デバイス・モジュールの設計・製作が可能である。これが実現すれば，AI や IoT，情報通信，医療・健康分野などで利用されるマイクロ電源や冷却素子など，フレキシビリティーを活用する新しい応用分野が拓けていくであろう[28]。また，熱電性能がさらに向上することによって適用対象となる部品・システムの規模もさらに拡大していくことが期待される。

文　献

1) C. L. Wan, R. G. Yang and K. Koumoto, et al.: *Nano Lett.*, **15**, 6302-6308 (2015).

2) C. L. Wan, R. G. Yang, and K. Koumoto, et al.: *Nature Mater.*, **14**, 622-627 (2015); 河本邦仁, 日本熱電学会誌, **12** (2), 2-3 (2015).

3) 河本邦仁, 田　若鳴, 豊田研究報告, **71**, 41-50 (2018).

4) C. L. Wan, R. Tian and K. Koumoto, et al.: *Nature Commun.*, **8**, 1024 (2017).

5) W. Zhou et al.: *Nature Commun.*, **8**, 14886 (2017).

6) G. P. Moriarty, K. Briggs, B. Stevens, C. H. Yu, and J. C. Grunlan: *Energy Technol.*, **1**, 265-272 (2013).

7) M. Nakano, T. Nakashima, T. Kawai and Y. Nonoguchi: *Small*, **13**, 1700804 (2017).

8) G.-H. Kim, L. Shao, K. Zhang and K. P. Pipe: *Nature Mater.*, **12**, 719-723 (2013).

9) Bubnova, O. Khan, Z. U. Wang, H. Braun, S. Evans, D. R. Fabretto, M. Hojati-Talemi, P. Dagnelund, D. Arlin, J. B. Geerts and Y. H.; et al.: *Nature Mater.*, **13**, 190-194 (2014).

10) H. Ju and J. H. Kim, *ACS Nano*, **10**, 5730-5739 (2016).

11) L. Zhang, Y. Harima and I. Imae: *Org. Electron.*, **51**, 304-307 (2017).

12) H. Wang, S.-I. Yi, X. Pu and C. Yu: *ACS Appl. Mater. Interfaces*, **7**, 9589-9597 (2015).

13) C. Yu, K. Choi, L. Yin and J. C. Grunlan: *ACS Nano*, **5**, 7885-7892 (2011).

14) M. Culebras, C. M. Gomez and A. Cantarero: *J. Mater. Chem. A*, **2**, 10109-10115 (2014).

15) K. C. See, J. P. Feser, C. E. Chen, A. Majumdar, J. J. Urban and R. A. Segalman: *Nano Lett.*, **10**, 4664-4667 (2010).

16) Y. Du, K. F. Cai, S. Chen, P. Cizek and T. Lin: *ACS Appl. Mater. Interfaces*, **6**, 5735-5743 (2014).

17) H. Wang, J.-H. Hsu, S.-I. Yi, S. L. Kim, K. Choi, G. Yang, and C. H. Yu: *Adv. Mater.*, **27**, 6855-6861 (2015).

18) Y. Sun and D. Zhu et al.: *Adv. Mater.*, **28**, 3351-3358 (2016).

19) R. Tian, C. Wan, Y. Wang, Q. Wei, T. Ishida, A. Yamamoto, A. Tsuruta, W. Shin, S. Li and K. Koumoto: *J. Mater. Chem. A*, **5**, 564-570(2017); C. Wan, and K. Koumoto et al.: *Nano Energy*, **30**, 840-845 (2016).

20) Y. Nonoguchi, M. Nakano, T. Murayama, H. Hagino, S. Hama, K. Miyazaki, R. Matsubara, M. Nakamura and T. Kawai: *Adv. Funct. Mater.*, **26**, 3021-3028 (2016).

21) J. Gao, L. Miao, C. Liu, X. Wang, Y. Peng, X. Wei, J. Zhou, R. Hashimoto, T. Asaka and K. Koumoto: *J. Mater. Chem. A*, **5**, 24740-24748 (2017).

22) B. Zhang, J. Sun, H. E. Katz, F. Fang and R. L. Opila: *ACS Appl. Mater. Interfaces*, **2**, 3170-3178 (2010).

23) Y. Sun, P. Sheng, C. Di, F. Jiao, W. Xu, D. Qiu and D. Zhu: *Adv. Mater.*, **24**, 932-937 (2012).

24) T. Menke, D. Ray, J. Meiss, K. Leo and M. Riede: *Appl. Phys. Lett.*, **100**, 093304 (2012).

25) J. H. Bahk and A. Shakouri, et al.: *J. Mater. Chem. C*, **3**, 10362-10374 (2015).

26) Y. Sun and D. Zhu et al.: *Adv. Mater.*, **24**, 932-937 (2012).

27) A. R. M. Siddique et al.: *Renew. Sustain. Energy Rev.*, **73**, 730-744 (2017).

28) R. Tian, C. L. Wan, N. Hayashi, T. Aoai and K. Koumoto: *MRS Bull.*, **43** (3), 193-198 (2018).

第5節　車載用高効率熱電変換材料

国立研究開発法人物質・材料研究機構　篠原　嘉一

1　はじめに

　熱電エネルギー変換(以降,熱電変換と略す)はペルチェ冷却と熱電発電の総称であり,それらに適した熱電変換材料と熱電変換素子(ペルチェ冷却用の素子はペルチェ素子,発電用の素子は(熱電)発電素子と呼ばれる)の研究開発が進められている。Fe-Si 系の U 字型素子を用いた熱電発電の様子を図1に示す。

　本稿では「車載用高効率熱電変換材料」について紹介する。熱電発電で得られた電力の用途を分類して図2に示す。発電出力によって,熱電発電は独立電源と売電に分類される。独立電源は,自動車,バイク,船舶などの移動体における発電とそれら以外の発電に分けられる。移動体における発電は売電と同様にコストが重要視される。

　本稿の題名に"車載用"と限定条件が付いているが,車載条件を満たすことができる高効率熱電変換材料を指している。車載条件としては廃熱回収システムのコストの目安は 1 USD/W 程度といわれている。システムの一部である熱電発電素子の価格となると,この程度以下であることが求められる。

　たとえば,Bi-Te 系素子について計算してみる。Bi-Te 系材料で構成される $1 cm^3$ の素子が 523 K – 373 K(温度差:150 K)で発生する電力を 1.8 W とする。この素子を構成する原料の価格および環境コストを見積もると,合計は電力換算(12 円/kWh)で 18.6 kWh である。出力価格は,

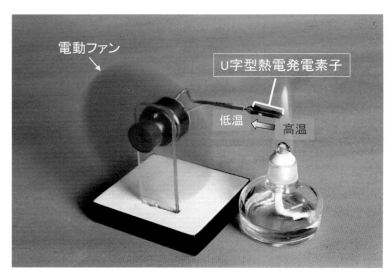

図1　Fe-Si 系熱電素子による熱電発電

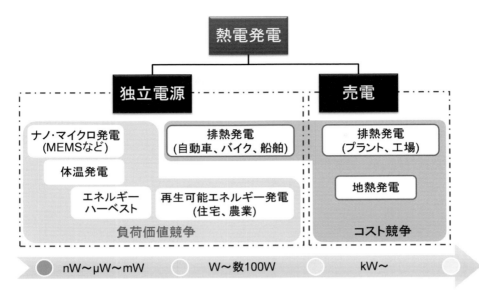

図2　熱電発電の応用分類

18.6 kWh×12 円/kWh/1.8 W＝124 円/W

となり，熱電素子を構成する熱電材料の原料価格だけで1 USD/Wを超えてしまう。熱電材料の製造価格，素子化プロセスの価格，熱電変換システムの価格を加算すると，車載条件を遙かにオーバーする。

次は"高効率"熱電変換材料の意味である。高効率＝高い ZT（＝$S^2\sigma/\kappa \cdot T$，無次元性能指数，S：ゼーベック係数，σ：電気伝導率，κ：熱伝導率，T：絶対温度）と誤解されている。ZTはTの関数であり，Tさえ大きくなればZTは大きくなる。1000 Kで高いZTを示す熱電材料は1000 Kでも使える耐熱性を指し示しているが，Z（性能指数）の値は小さいものが多い。このような材料は自動車廃熱温度の〜600 KではZが低いために使えない。熱電材料の選択基準は適用温度域において，自動車エンジンの排熱回収用途では373〜600 Kの温度範囲で，平均のZが高いことである。

2　原料価格からみた熱電材料選択

上記の通り，Bi-Te系は原料価格だけで1 USD/W以下という車載条件を満たしていない。熱電材料の中でもBi-Te系は出力が高く変換効率も高い材料系としてよく知られている。それでも原料として用いるBi, Te, Sbなどが，熱電素子の出力と比較して高価格なのである。重金属，レアメタル，希少元素などを用いた熱電材料では，Bi-Te系と比較して遙かに出力が高くない限り，車載用として候補にすら挙がることはない。

クラーク数が大きく，ありふれた元素で構成される熱電材料について，出力当たりの価格（出力単価）とコストペイバックタイムを計算した結果を表1に示す。クラーク数の大きな元素のみで構成されるFe-Si系およびAl-Fe-Si系は出力こそ0.1 W前後と小さいが，原料価格が電

第7章 熱電デバイス

表1 原料価格を元にして算出した代表的なユビキタス元素系熱電材料の出力単価とコストペイ
バックタイム

熱電材料	原料				
	購入価格の電力換算値（Wh）	環境影響の電力換算値（Wh）	素子の発電出力（W）	出力単価（円/W）	コストペイバックタイム（年）
$FeSi_2$	153	37	0.12	19	0.18
$Al_2Fe_3Si_3$	148	57	0.1	25	0.23
Fe_2VAl	9833	77	0.9	132	1.3
$Mg_2Si_{0.5}Sn_{0.5}$	1275	37	1.2	13	0.12
$Cu_{26}V_2Sn_6S_{32}$	2400	100	0.5	60	0.57
$Cu_{26}V_2Ge_6S_{32}$	13900	117	0.6	280	2.7
Bi_2Te_3	17667	967	1.8	124	1.2

熱電材料：1 cm^3　電気代：12円/kWh

力換算で200 Whと低いために出力単価は20円/Wと小さい。出力の高いMg-Si-Sn系では，出力単価が13円/Wとさらに低くなる。これに対して希少元素であるVを多く使用するFe-V-Al系では出力単価が1 USD/Wを超える。Cu-V-Sn-S系ではV含有量が少ないために60円/Wと比較的低くなっているが，SnをGeで置換するだけで280円/Wと出力単価が跳ね上がる。表中に，原料のコストペイバックタイムも併記したが，出力単価と同様の傾向を示している。コストペイバックタイムが1年を超えるような材料系は，原料の段階で車載用の条件を満たしていないことが分かる。

　車載用として米国のDOEプロジェクト（2009〜2014）で注目されたのは，Co-Sb系を中心としたスクッテルダイト系であった。スクッテルダイト系は米国のオリジナル材料系で，希少元素を含む4〜6元系を中心として高性能化を目指した研究開発が盛んに行われた。しかし原料価格が高いことが災いして，プロジェクトの終盤では材料性能を高めるよりも原料価格を低く抑えた3元系の素子が開発されるに留まった。EUでも車載用を目指した材料開発の大型プロジェクト（2007〜2014）が実施された。ナノ構造の活用による高性能化を目指したが，n型のMg-Si-Sn系（ZT〜1.4）を開発するに留まり，当初目的のZT＝4には遠く及ばない成果となった。米国，EU共に，ZTの高い材料系に限定して自動車の排熱回収を目的とした材料開発を推進したが，車載という目的を達成するに至らなかった。

❸　熱電材料の性能指標

　米国，EU共に，ZTを熱電材料の性能指標として2007年頃に大型プロジェクトを開始した。米国プロジェクトでは，開始2年後にZTという指標ではなく，素子化して取り出せる出力で材料性能の評価を行うことに変更した。EUではプロジェクト終了までZTで材料性能の評価を行った。日本でもNEDOの自動車用未利用熱プロジェクト（2013〜2023）で熱電発電が取り上げられている。このプロジェクトでもZTが材料開発の指標であった。前半5年終了時の開発目標は無機系でZT＝2，有機系でZT＝1で，全10年終了時には無機系でZT＝4，有機系でZT＝2とされた。しかし前半5年終了時の2017年度末に開発目標の再考が行われ，2018

— 298 —

年度からの後半5年では熱電発電の商品化をもって開発評価が進められる予定になった。

　車載用のようにアプリケーションを特定した材料開発では、ZTで発電性能を正しく評価できないことが経験的に少し理解されるようになってきた。そもそもZは現実状態における素子の最大エネルギー変換効率 $\eta_{\max}$ を導出する際に見い出された材料パラメーターで、理想状態における1K当たりの材料効率を示す。理想状態とは、ペルチェ効果、ジュール発熱およびトムソン効果のない状態を指す。理想状態における $\eta_{\max(ideal)}$ は、カルノー効率 η_{cal} とZの温度積分値の積として次式で表される。

$$\eta_{\max(ideal)} = \eta_{cal} \times \int_{T_C}^{T_H} Z\ dT \tag{1}$$

この状態では素子中を流れる熱流は高温端から熱伝導で流入する熱のみに限定され、ペルチェ効果により高温端から吸引される熱や、ジュール発熱およびトムソン効果によって熱電材料内部で発生する熱は含まない。これらの熱が流れる現実状態では、熱流量が理想状態の2倍以上に達することもある。

　現実状態における最大エネルギー変換効率 $\eta_{\max}$ は次式で表される。

$$\eta_{\max} = \frac{T_H - T_C}{T_H} \frac{\sqrt{1 + \overline{Z} \cdot \overline{T}} - 1}{\sqrt{1 + \overline{Z} \cdot \overline{T}} + T_C / T_H} \tag{2}$$

ここで、T_H、T_C および $\overline{T}$ はそれぞれ、素子の高温端温度、低温端温度および両端の平均温度（ = $(T_H + T_C)/2$）で、$\overline{Z}$ は $T_H \sim T_C$ の適用温度範囲における平均のZである。式(1)と式(2)を見比べて欲しい。式(2)の右辺の第1項がカルノー効率、第2項が現実状態における材料効率を表す。**図3**に熱電材料のZの温度依存性を示す。適用温度範囲で平均のZが大きい材料系を選択すること、またはそのような材料系を開発することが、熱電発電の社会実装において最も重要といえる。

　式(2)中の $\overline{Z} \cdot \overline{T}$ は、書籍、解説および論文で ZT または $(ZT)_{\max}$ と誤表記されていることが多く、ZT さえ大きくできれば $\eta_{\max}$ は大きくなる、すなわち発電出力を大きくできるという誤解を生み出している。誤表記に基づけば ZT が無限大になると右辺の第二項は1に近づき、変換効率はカルノー効率に近づくことになる。しかし T が無限大になることはないので、$ZT =$ 無限大は $Z =$ 無限大に相当する。Zとは、理想状態において流入熱量と取り出せる最大出力の比である。したがって1を超えることはない。このため $\eta_{\max}$ はカルノー効率の半分以下の程度の値にしかならないのである。

　広くいわれている以下の話も誤解といえる。
1) $ZT > 1$ が熱電発電の実用化の目安である。
2) $ZT = 4$ を超えないと車載は無理である。

　実用化の目安は、発電出力値、システムのコストペイバックタイム、そして得られた電力の有用性である。米国におけるDOEプロジェクトもEUにおける大型材料開発プロジェクトも、式(2)の誤解に基づいて立案・実施され、当初目標を半分も達成しないまま終了した。NEDOプロジェクトも途中で軌道修正されるに至っている。

　熱電発電の社会実装には、熱電材料のZの温度変化を正しく定量的に評価すること、熱電

第7章 熱電デバイス

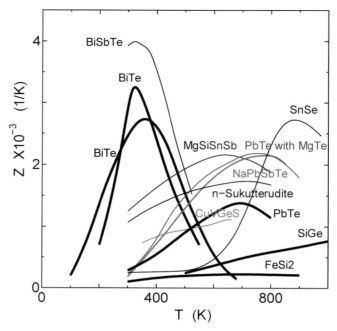

図3　開発された熱電材料の性能指数Zの温度依存性

材料単体では有効最大出力 $P_{eff\,max}$ を評価すること，熱電素子を作製してI-V特性を評価することが必要なのである。決して ZT の温度依存性をグラフにして，それを材料研究の最終アウトプットにしてはいけない。そのグラフから科学的にも実用的にも得るものがないと考える。

4　熱電材料の有効最大出力の評価

有効最大出力 $P_{eff\,max}$ とは，温度差よって生じる熱起電力に応じて材料中に発生する電場中を電流が流れた場合の最大出力を表す。$P_{eff\,max}$ は次式で与えられ，次元は V/m×A＝W/m となる。

$$P_{eff\,max} = \frac{\Delta V^2}{4R} \times \frac{\ell}{A} \tag{3}$$

ここで，ΔV，R，ℓ および A はそれぞれ，図4に示すように，ある温度差 $\Delta T(=T_h-T_C)$ における熱起電力および内部抵抗，測定長さおよび断面積である。$P_{eff\,max}$ は，試料に与える温度差を変えながら熱起電力と内部抵抗を測定して算出する。図5に，n型およびp型Mg-Si-Sn系熱電材料の有効最大出力と温度差の関係を示す。温度差が500Kの時，n型およびp型の材料は有効最大出力が170および80 W/mとなる。有効最大出力の魅力は，n型およびp型の個別データから，それらを使って製造した熱電素子の最大出力密度が計算できることである。

たとえば，図5のMg-Si-Sn系のn型およびp型材料を使って熱電素子を製造したとする。素子に使う熱電材料の長さを5 mm，素子の材料充填率を80％とすると，温度差500Kにおける素子の最大出力 P_{max} は，

$$P_{max} = \frac{(170+80) \times 0.8}{2 \times 0.005}$$

— 300 —

第5節　車載用高効率熱電変換材料

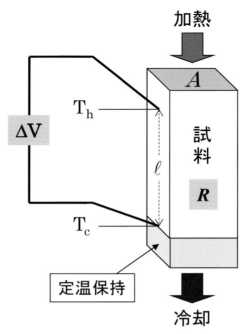

図4　有効最大出力測定の模式図

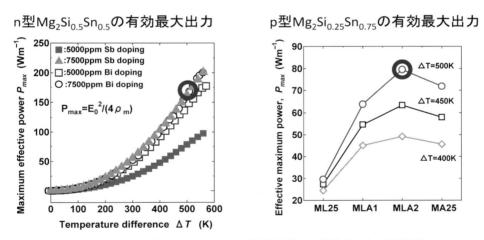

図5　n型およびp型Mg-Si-Sn系熱電材料の有効最大出力の測定例

と計算することができる。最大出力密度は 2 W/cm² となる。熱電材料の測定結果を元にして素子の最大出力密度を見積もることができるのが，有効最大出力である。

5　おわりに

車載用高効率熱電変換材料について，"車載用"と"高効率"に分けて熱電材料に求められる性能を紹介した。該当する熱電材料としては，適用温度範囲における平均の熱電性能指数 Z が高いユビキタス元素系が候補である。今や，熱電発電への視線は未来技術や将来技術から実用

— 301 —

第7章　熱電デバイス

技術へと変化してきている。車載という実用に向かって，具体的な材料の開発が強く望まれる。

文　献

1)　上村欣一, 西田勲夫：熱電半導体とその応用, 日刊工業新聞社, 東京, p.31 (1988).

2)　A. F. IOFFE,: Semiconductor Thermoelements and Thermoelectric Cooling, INFOSEARCH limited, London, p.40 (1956).

3)　B. Sherman, R. R. Heikes, R. W. Ure, Jr,: Calculation of Efficiency of Thermoelectric Devices, *J. Appl. Phys,* **31**, (1) pp.1-16 (1960).

4)　吉野淳二, 篠原嘉一：熱電変換の基礎と応用, 応用物理, **82**, (11) pp.918-927 (2013).

5)　篠原嘉一：高効率熱電変換材料の現状と自動車応用, エネルギーデバイス, **3**, (6) pp.39-42 (2016).

6)　日本熱電学会第 20 回研究会講演資料(2015).

第6節 カーボンナノチューブの分子ドーピング技術

奈良先端科学技術大学院大学 野々口斐之

1 はじめに

カーボンナノチューブ（以下，CNT）は理想的には $6000\ \mathrm{W\ m^{-1}\ K^{-1}}$ を超える熱伝導率を与えることが理論予測されているが[1]，たいていの膜素材やコンポジットの熱伝導率はその100〜1000分の1と実際には見積もられる。一方で同材料群では比較的大きな電気伝導率が得られることから，2008年頃から熱電変換材料としての応用が検討されてきた[2]。加えて，CNTによる膜や繊維の調製技術の高度化に伴い，その部材は軽量性やしなやかさを獲得するようになった。このことを利用し，近年ではウェアラブル環境での熱電発電用途への応用も提案されている。

一言にCNTといっても，過去20年の間に合成技術の革新が幾度も起こり，とくに2010年代にはいくつもの高品質の単層CNTが，しかもこの間に1/100程度の価格破壊を伴って，市販されるようになった。筆者らのグループでは，2013年頃には数 $\mathrm{\mu W\ m^{-1}\ K^{-2}}$ 程度であった熱電電力因子[3]が，CNT種の検討と製膜技術の高度化により2015年頃には $100\ \mathrm{\mu W\ m^{-1}\ K^{-2}}$ を超えるようになった[4]。この頃を境に，世界各国からも巨大な電力因子が次々と発表されるようになった[5][6]。この事実は，変換効率を考えなければ市販CNTを用いるだけで従来の無機材料に近い出力が得られることを意味する。

CNTを用いると良くも悪くも“そこそこ”の発電性能が得られるため，学理面よりも応用志向の報告が多い。また材料の複雑性に起因して，主導原理の抽出が容易ではなく，研究の見通しが難しい。そこで本稿ではまず基本に立ち返り，熱電変換材料としてCNTの取り扱いに求められる要素技術を概説する。その後，CNTのドーピングに焦点を当て，その高度化に求められる主導原理を提案し，これを利用した筆者らの最近の研究事例を紹介する。

2 技術課題

2.1 構造制御

カーボンナノチューブはグラフェンシートからなる継ぎ目のない円筒構造物である。詳細は専門書に任せるが，そのカイラル角と呼ばれる巻き角度に応じて円周方向の周期境界条件が異なり，金属から半導体まで種々の電子構造が規定される。いうまでもなく純粋な物性や化学特性を調べるためには，単一の電子構造を有するCNT1本を計測する，もしくは単一構造のアンサンブルを分離分割することが必要であるが，そのいずれも比較的高度な技術を要求する。現在のところ，単一構造ではないものの，高純度に抽出した半導体性CNTの集合体が優れた熱電輸送を与えることがいくつかのグループから報告されている[7]-[10]。

2.2 ドーピング

構造分離に並び，ドーピングも必須技術である。まず熱電輸送の観点から，ボルツマン近似の下，ゼーベック係数（α）とキャリア濃度（n），実質的には電気伝導率（σ）が相反関係にあることが示される（式 1，2）[11]。

$$\alpha = \frac{k_B}{e}\left(\frac{5}{2} - \gamma + ln\frac{n}{n_0}\right) \quad (1)$$

$$\sigma = e\mu n \quad (2)$$

ここで電気素量（e），ボルツマン定数（k_B），キャリア移動度（μ），散乱因子（γ）は定数である。ここでは移動度も定数と仮定しており，これを含むn_0も定数のみで構成される。厳密には，CNT膜の熱電輸送はトンネリング現象などが介在するためより複雑であるが，上記(1)(2)を用いることで定性的には理解できる。実際に同様の近似の下，半導体性CNT膜に対してMott式などの関係式が適用されてきた[9)10)]。重要なことは，電力因子は$\alpha^2\sigma$で表されることから，高性能化のためにはキャリア濃度制御，実験的にはドーピング量による最適化が求められる。

また，一般的なモジュール構造を考える。単一の材料のみから発電モジュールを構築する場合（**図1**(a)ユニレグ構造），集電のために高温部と低温部を配線する必要がある。この場合，集電線を介したリークの分だけ熱の利用効率が減少する。そこで，図1(b)に示されるπ型構造が採用される。集電線と比べると熱電材料は熱絶縁性が高いとみなされ，熱利用の観点からπ型構造は高効率とされる。ここではよく似た熱特性を有するp型，n型の両材料が用いられる。実際にCNT膜でも潜在的には性能バランスの良いp型，n型輸送がみられることが知られているが，その熱電特性や，熱電応用に要求される安定化技術は近年まで系統的に検討されていなかった。以上のように，熱電研究者に対しては限りなく自明でありながら，実用レベルに耐えうるp型，n型のドーピング制御がCNTの熱電研究を進めるにあたっての未解決課題であった。

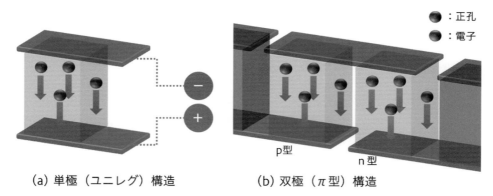

図1　代表的な熱電発電モジュール構造

3 ドーピングによる熱電特性制御

3.1 分子ドーピングのコンセプト

　一般的なドーピングは元素置換を示すことが多いが，ナノカーボンでは窒化・リン化などの元素置換技術が確立，普及しきれていないところに困難さがある。そこでより簡便な方法論として，分子間の電荷移動に基づく分子ドーピングが用いられてきた。ここでは生じるイオンペア（錯体）の安定性が効果的かつ制御性の良いドーピングに重要であるが，長らく詳細な検討がなされていなかった。n型を例にとると，強力な還元剤であるアルカリ金属[12]，ヒドリド試薬[13]，ポリアミン[14]などが分子ドーパントとして用いられてきたが，これらの複合体を大気にさらすと速やかに酸化を受け，n型伝導が失われる。このことは荷電状態の炭素（カルボアニオン）が不安定であるためと考えられる。筆者らは電荷移動とその終状態の安定化を一連のドーピングと考え，とくに後者を以下のようにデザインした。正電荷，負電荷ともにπ共役構造中に投入されると，非局在化する。これらは密度の低い電荷として振る舞うが，安定な錯化のためにはやはり低電荷密度の対イオンが必要となる（図2）。ナトリウムイオンやアンモニウムの電荷密度は比較的高く，この要請にそぐわない。電荷密度の高い電荷間では静電相互作用が顕著に作用するが，電荷密度が下がると双極子間相互作用が支配的になり，電荷の形や連動性が重要になる。このような電荷密度の相似性は溶液中のイオン結合性として知られる硬い・軟らかい酸塩基則（HSAB則）[15]の主導原理であり，イオン性固体の安定性にも関連付けられると類推できる。

3.2 p型ドーピング

　一般にπ共役構造は酸化（ホールドーピング）に対して比較的安定とされるカルボカチオンを形成する。p型ドーピング前後での母骨格の構造変化は小さく，後述するn型ドーピングと比

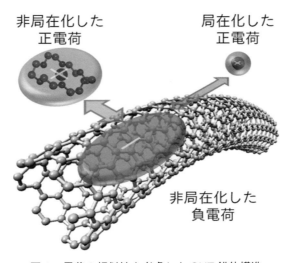

図2　電荷の相似性を考慮したCNT錯体構造

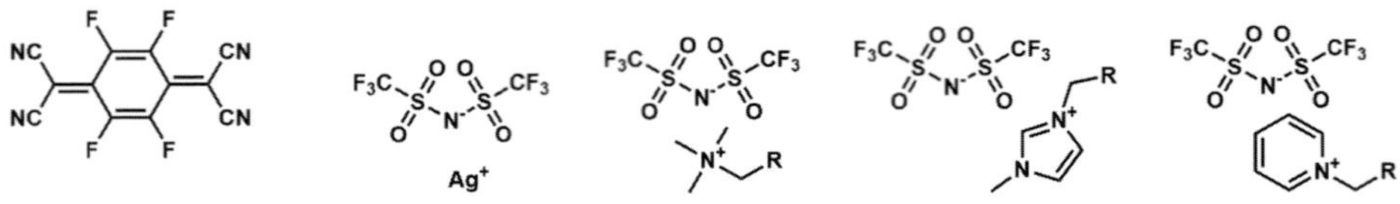

第7章　熱電デバイス

図3　CNTのp型ドーパント

較するとドーパント群の選択肢は広い。CNT膜の仕事関数はたいていの場合，4.6〜4.8 eV程度であり，これよりも強い酸化力をもつ化合物を適切に添加すると再現性良く，p型ドーピングを実現できる。このことから，端的には大気中の酸素や水も酸化剤（p型ドーパント）として働きうることが分かる。導電性高分子研究との類似性から2,3,5,6-テトラフルオロ-7,7,8,8-テトラシアノ-キノジメタン（F4TCNQ，図3(ⅰ)）が用いられることが多いが，これも電荷移動後に安定かつ非局在化したラジカルアニオン種を形成することが良く知られている。筆者らはアニオンを安定なビス（トリフルオロメタンスルホニル）イミド（TFSI）に固定化することで，CNTに対し，対カチオンの酸化反応や分子間相互作用を駆動力とするp型ドーピングが効率よく生じることを見出している（図3(ⅱ-ⅴ)[16]）。とくに重合性のテトラメチルアンモニウム塩を用いて作製したCNT複合体はドーパント添加前とくらべ同程度の熱伝導率を示す一方で，5倍程度の出力因子を与えた。

3.3　n型ドーピング

　同様のコンセプトはn型ドーピングにてより顕著に効果を発揮する。先に述べたように，アルカリ金属やアミンを始めとする還元剤はCNTをn型化するものの，大気安定性は付与できない。筆者らは，n型CNTの電荷補償のためにナトリウムイオンやアンモニウムよりもさらに低電荷密度のカウンターカチオンをデザインした。具体的に，アンモニウムをテトラメチルアンモニウムやイミダゾリウムなど比較的大きなオニウムイオンに置き換えたところ，大気安定性が飛躍的に改善した。さらなる電荷密度低減を考えたとき，クラウンエーテルと呼ばれる一連の超分子化合物群にたどり着いた。クラウンエーテルは静電的に負に偏ったポケットを有する環状化合物であり，その内部空間に金属イオンを配位することが知られている（図4(a)）。このとき，配位サイトを通じて内包金属イオンの正電荷が化合物全体に非局在化する。さらにフェニル基などのアリール基を付与することができるが，これは電荷密度の低減，異方化，さらにはCNTへの吸着を支援するπ共役性を与える。種々のクラウンエーテル（図4(b)）と水酸化アルカリ金属塩を含むアルコール溶液にCNT膜を浸したところ，いずれも大気中でn型伝導を示すCNT膜が得られた。さらに加速試験として150℃での経時変化をみたところ，1)環構造は15員環よりも18員環で安定であり，2)アリール基を付与したときに，さらに優れた安定性が得られることが分かった（図4(c)[4]）。この技術は直ちに企業サイドに技術移転され，大気下で使用できる発電モジュールが実証されている[17]。

　以上で述べたドーピングの要請はクラウンエーテル錯体に限ったものではないことも強調したい。最近有機エレクトロニクス分野でn型ドーパントとして定着したジヒドロベンゾイミ

— 306 —

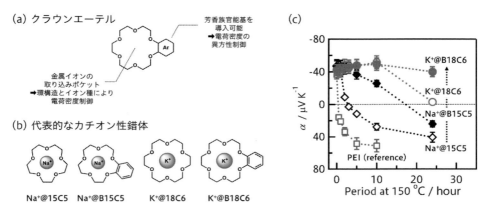

図4　クラウンエーテルを用いたn型ドーピング
(a)クラウンエーテル構造の特徴　(b)本稿に用いたクラウン構造
(c)クラウン処理後のCNT膜のゼーベック係数の経時安定性（150℃）

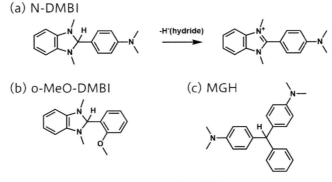

図5　ヒドリド還元型のn型ドーパント

ダゾール誘導体（図5(a)）[18]は還元性のヒドリド移動反応を示すことが知られているが，その終状態では安定かつ正電荷が非局在化したベンゾイミダゾリウム塩を与える．Baoらは図5(b)のメトキシフェニル体（o-MeO-DMBI）やそのカチオン体がCNTや有機半導体に対して溶液法のみならず蒸着法でもn型ドープできることを示し[19]，藤ヶ谷らはこれをCNT熱電研究に応用した[20]．同様のヒドリド剤としてロイコマラカイトグリーン（MGH）などのトリアリールメタン色素が挙げられる（図5(c)）．Leoらはこれをフラーレンのn型ドーピングに用い，嫌気下で比較的大きな導電性を計測した[21]．単純な溶液塗布や蒸着では高効率なn型ドーピングがみられないが，筆者らは塩基性溶媒との相互作用を用いることで，CNTの比較的深い電子準位までのn型ドーピングを大気下で実現している[22]．

4　おわりに

CNTを用いた熱電研究への要請と筆者らの最近の成果を述べた．小難しいメカニズムを述べたが，実際の実験ではいずれも部材を溶液に浸すだけでドーピングが容易に達成される．また，ここで紹介したドーピング技術の多くはCNT膜に限らず，低次元性の半導体や半金属

第7章　熱電デバイス

にも適用でき，一般性も認められる[23]。本稿で述べたドーピング技術がCNTや低次元材料，有機半導体の熱電研究の一助となれば幸いである。

謝　辞

本研究の一部はJSTさきがけ（JPMJPR16R6）の支援を受けました。ここに謝意を表します。

文　献

1) S. Berber, Y. K. Kwon, and D. Tomanek,: *Phys. Rev. Lett.* **84**, 4613.（2000）

2) C. Yu, Y. S. Kim, D. Kim and J. C. Grunlan,: *Nano Lett.*, **8**, 4428.（2008）

3) Y. Nonoguchi, K. Ohashi, R. Kanazawa, K. Ashiba, K. Hata, T. Nakagawa, C. Adachi, T. Tanase and T. Kawai,: *Sci. Rep.*, **3**, 3344.（2013）

4) Y. Nonoguchi, M. Nakano, T. Murayama, H. Hagino, S. Hama, K. Miyazaki, R. Matsubara, M. Nakamura and T. Kawai, *Adv. Funct. Mater.*, **26**, 3021.（2016）

5) C. Cho, K. L. Wallace, P. Tzeng, J.-H. Hsu, C. Yu and J. C. Grunlan,: *Adv. Energy Mater.*, **6**, 1502168.（2016）

6) J. Choi, Y. Jung, S. J. Yang, J. Y. Oh, J. Oh, K. Jo, J. G. Son, S. E. Moon, C. R. Park and H. Kim,: *ACS Nano*, **11**, 7608.（2017）

7) Y. Nakai, K. Honda, K. Yanagi, H. Kataura, T. Kato, T. Yamamoto and Y. Maniwa,: *Appl. Phys. Express*, **7**, 025103.（2014）

8) M. Piao, M.-K. Joo, J. Na, Y.-J. Kim, M. Mouis, G. Ghibaudo, S. Roth, W.-Y. Kim, H.-K. Jang, G. P. Kennedy, U. Dettlaff-Weglikowska and G.-T. Kim,: *J. Phys. Chem. C*, **118**, 26454.（2014）

9) K. Yanagi, S. Kanda, Y. Oshima, Y. Kitamura, H. Kawai, T. Yamamoto, T. Takenobu, Y. Nakai and Y. Maniwa,: *Nano Lett.*, **14**, 6437.（2014）

10) A. D. Avery, B. H. Zhou, J. Lee, E.-S. Lee, E. M. Miller, R. Ihly, D. Wesenberg, K. S. Mistry, S. L. Guillot, B. L. Zink, Y. H. Kim, J. L. Blackburn and A. J. Ferguson,: *Nat. Energy*, **1**, 16033.（2016）

11) 寺崎一郎，：熱電材料の物質科学（内田老鶴圃，2017年）

12) R. S. Lee, H. J. Kim, J. E. Fischer, A. Thess and R. E. Smalley,: *Nature*. **388**, 255.（1997）

13) 特開 2009-23906.

14) M. Shim, A. Javey, N. W. S. Kam and H. Dai,: *J. Am. Chem. Soc.*, **123**, 11512.（2001）

15) R. G. Pearson, *J. Am. Chem. Soc.*, **85**, 3533.（1963）

16) M. Nakano, T. Nakashima, T. Kawai and Y. Nonoguchi,: *Small*, **13**, 1700804.（2017）

17) 「カーボンナノチューブ温度差発電シート」実証実験開始について」, http://www.sekisui.co.jp/news/2016/1282221_26264.html（平成30年3月12日閲読）

18) P. Wei, J. H. Oh, G. Dong and Z. Bao,: *J. Am. Chem. Soc.*, **132**, 8852.（2010）

19) H. Wang, P. Wei, Y. Li, J. Han, H. R. Lee, B. D. Naab, N. Liu, C. Wang, E. Adijanto, B. C. Tee, S. Morishita, Q. Li, Y. Gao, Y. Cui and Z. Bao,: *Proc. Natl. Acad. Sci. USA*, **111**, 4776.（2014）

20) Y. Nakashima, N. Nakashima and T. Fujigaya,: *Synth. Met.*, **225**, 76.（2017）

21) F. Li, A. Werner, M. Pfeiffer, K. Leo and X. Liu,: *J. Phys. Chem. B*, **108**, 17076.（2004）

22) Y. Nonoguchi, S. Sudo, A. Tani, T. Murayama, Y. Nishiyama, R. M. Uda and T. Kawai,: *Chem. Commun.*, **53**, 10259.（2017）

23) Y. Nonoguchi, F. Kamikonya, K. Ashiba, K. Ohashi and T. Kawai, *Synth. Met.*, **225**, 93.（2017）

第7節　高い熱電変換性能を示す導電性高分子 PEDOT 系材料とモジュール試作

国立研究開発法人産業技術総合研究所　石田　敬雄

1　はじめに

　現在150℃以下の未利用熱が膨大であることが指摘されており，それを活用できれば省エネルギーの視点から非常に有意義であることが指摘されている。さまざまな熱マネージメント技術の中でもこの膨大な未利用熱の再活用法として熱電変換が注目されている。従来まではこのような中低温領域の熱電変換材料としてはビスマステルル系の無機材料が非常に高い性能を示すことで利用されてきた。しかし，製造プロセスが高温である，毒性元素を含むなどの問題を有している。一方，有機系材料の熱電変換はこれまであまり注目をされていなかったが，近年その性能が大きく向上してきた。その中でも有力な材料の一つとなっているのは PEDOT 系材料[1]である。本節ではこれまで高い熱電変換性能が報告されてきた PEDOT 系材料について，その熱電特性からモジュール技術に至るところまで報告する。

2　PEDOT 系の合成，薄膜化技術

　ここではこの PEDOT 材料の導電率について最近の進展について記述する。図1に PEDOT の化学構造を示す。PEDOT は1988年に初めて報告され，水分および酸素に対して安定な導電性ポリマーとして合成された[2]。ポリアセチレン，ポリアニリン，およびポリピロールなどのそれまで開発された導電性ポリマーは大気安定性が低く，その用途が限定されていたが，PEDOT は大気中での安定性が比較的高い。通常は市販されている安定した PEDOT 分散液を用いて薄膜化する。用途に応じて PEDOT:PSS のグレードが異なる。これらの中でも Clevios

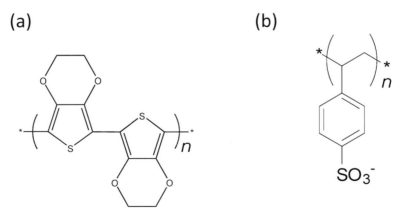

図1　導電性高分子 PEDOT：PSS の構成要素
a)poly（3,4-ethylenedioxythiophene）；b)ポリスチレンスルホン酸塩（PSS）

社製のPH1000は現在最高の導電性を示し，エチレングリコール（EG）またはジメチルスルホキシド（DMSO）などの高沸点溶媒の添加で膜の電気伝導度が大幅に向上し，1000 S/cm程度の導電率が再現性良く得られる[3)5)]。このグレードでは近年色素増感太陽電池の対極用途を目指した研究において硫酸処理で4300 S/cmという高い導電率も報告されている[6)]。また熱電材料としては蒸着重合によって作製した薄膜の場合にはPSSでないtosをドーパントとしているケースが多い[7)]。

薄膜の微細構造，結晶性についてもいろいろな報告がなされている。TakanoらはシンクロトロンX線回折で共溶媒を添加した後のPEDOTナノ結晶が形成されていることを観察した[8)]。筆者らはPH1000の膜構造に着目し，斜入射広角X線回折（GIWAXD）および斜入射小角X線散乱（GISAXS）を用いPH1000の電気伝導度と構造の変化を考察した[9)]。GIWAXDからはEGを溶液に添加することによって結晶サイズが大きくなった。PEDOTナノ結晶のπ共役面は基板に対して垂直であり，GISAXSからは，EGの添加によってナノ結晶の高秩序化が示唆され，これらのナノ結晶は超格子のような層状構造を形成していると考えた（図2）。すなわちEGなどの高沸点溶媒が，固体フィルム中のPEDOTナノ結晶の結晶性および秩序を改善して導電性が向上したものと考えられる（図2）。筆者らが提唱するラメラ構造の形成を支持する結果も報告されている[10)]。

高導電性PEDOTにおけるキャリア移動度およびキャリア密度は，材料性能を改善するための非常に重要なパラメーターである。しかしながら，これらのパラメーターは，PEDOT膜において十分な評価がなされていなかった。通常無機材料に用いられるホール効果測定において，ホール電圧はキャリア密度に反比例するので，ホール効果を用いて導電性ポリマーの移動度を測定することは困難である。筆者らは，ホール効果以外の別の手法としてイオン液体トランジスタとその場でのUV-可視-近赤外分光法とを組み合わせてキャリア輸送特性を計測した[9)]。その結果，EGを添加した導電性の高いPH1000膜の薄膜トランジスタから抽出したキャリア移動度は，$1.7\,\mathrm{cm^2/Vs}$であり，キャリア密度は$10^{21}\,\mathrm{cm^{-3}}$のオーダーであった。

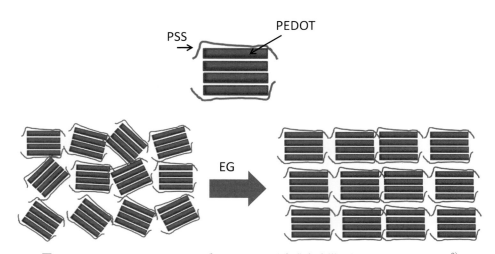

図2　PEDOT:PSSのエチレングリコールなど高沸点溶媒添加の際の構造模式図[9)]

3 PEDOT系熱電材料の性能

続けて熱電材料としての性能について述べる。PEDOT:PSSでは2010年に47 μW/m・K^{2}のパワーファクター（PF）が報告されていた[11]。その後2011年にスウェーデンからPEDOT:tosで324 μW/m・K^{2}という高いPFが報告された[7]。2013年にはアメリカ・ミシガン大学からPH1000においても化学処理でPSS層をさらに減らすdedoping処理で化学的に過剰なPSS層を取り除く処理によって，469 μW/m・K^{2}という非常に高いPFが報告された[12]。筆者らのグループではPEDOT:PSSが高い吸湿性をもつことに着眼し，膜中に十分な水分を供給することでPEDOT:PSSの導電性を下げず，ゼーベック係数の向上を確認した[13]。その結果ゼーベック係数，最大65 μV/K，PF～355 μW/m・K^{2}という非常に高い熱電性能を得た（図3）。またミシガン大学のグループも筆者らの論文を受けて高い湿度条件においてゼーベック係数が向上すること，筆者らに近い295 μW/m・K^{2}の性能を得たことを報告した[14]。筆者らは高湿度下で大きなゼーベック係数が得られる原因として，水からのプロトンドーピングによってキャリア密度が減るためにゼーベック係数が増えるが，水が誘電体として働くために電子とホールの相互作用を減らしてキャリア移動度を増やす機構を考えている。一方別の高分子，たとえばP3HT系ポリマーでは導電率が増えるとゼーベック係数が単調に減少し，PFは導電率の二乗に比例して増加するモデルが提唱されている[15]。しかし筆者らのPEDOT:PSSの場合には乾燥状態でキャリア密度を正確に制御して導電率とゼーベック係数とPFの関係をみたところ，導電率が増加するのに対してゼーベック係数は減少していく傾向は同様だったが，PFはピークをもつことが明らかになった[16]。

一方，PEDOT:tosでもスウェーデンのグループから2014年に453 μW/m・K^{2}のPFが報告された[17]。PEDOT:tosでの再現性という意味では300 μW/m・K^{2}レベルを超えるPFが別のグループから報告されており[18]，PEDOT:tosに関しても高い熱電性能が再現されている。またゼーベック係数をさらに上げるためにPEDOTへの無機材料などの添加によるハイブリッド化が検討されており，最近は適切な無機元素，たとえばテルル[19]やPEDOTナノワイヤー[20]とのハイブリッド化でより大きな450 μW/m・K^{2}前後のPFが報告されている。

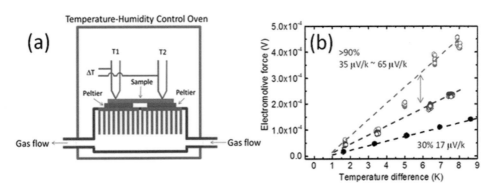

図3　a）恒温恒湿器中に作成したゼーベック係数計測装置の模式図
　　b）ゼーベック係数計測結果，90％以上の湿度でゼーベック係数が非常に大きくなった[13]。

第7章 熱電デバイス

4　PEDOT系材料を用いた有機熱電モジュール試作

2011年から有機系材料でも熱電モジュールが報告されてきた(**表1**)[21]。単位面積当たりの出力密度は年々向上しているが，素子にかける温度差などの条件は異なっている。熱電素子の出力は下記の式で与えられる[22]。

$$P = 1/4ZK(\Delta T)^2 \tag{1}$$

ここで K は素子の熱コンダクタンス，ΔT は素子にかかる温度差である。この式から熱電素子の出力は Z と温度差の二乗に依存することが分かる。エネルギーハーベスティングの視点からは低い温度差，極論すれば5℃以下の温度差で大きな出力が望まれている。しかし現段階ではモジュールの出力を稼ぐためにまだ大きな温度差での発電能力を検証し，その後，材料性能の向上とともにより小さな温度差での発電の実証と進むのがよいと考えている。

筆者らはまずPEDOT:PSSのみを使い，入れ子になるように金属配線を配置するユニレグ素子構造でのフィン型モジュールを試作した[23] (**図4a, b**)。100℃の温度差 50〜100 μW の出力を得た。高分子の存在するところの断面積から算出される出力密度は 5 μW/cm² レベルであり，モジュール全体ではその出力密度は 1/100 以下まで下がる。しかし最近，配線密度や温度差を効果的につける設計で比較的出力の高い小型フィン型モジュールの試作に成功した[24]。こ

表1　代表的な導電性高分子系材料の熱電変換性能値[21] (Sはいずれも最大PFの時の値)

材　料	S (μV/K)	PF (μW/m·K²)	文献番号
PEDOT:PSS	22	47	11
PEDOT:tos	200	324	7
PEDOT:PSS	73	469	12
PEDOT:PSS	65	355	13
PEDOT:PSS	49	295	14
PEDOT:tos	55	453	15
PEDOT:tos	46.7	321	18
PEDOT:PSS・Te	114.9	284	19
PEDOTナノワイヤー/PEDOT:tos	59.3	446	20

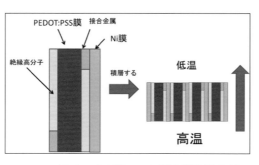

図4　a) 小型フィン型有機熱電モジュールの模式図，と b) その写真[24]。

の小型フィン型モジュールは当初発表したフィン型モジュールに比べ1/100のサイズである。素子の出力密度は50℃の温度差で24 μW/cm^{2}となり，有機系材料を用いたモジュールとしては非常に大きな値を達成している。またフレキシブルデバイス用途を目指し，繊維にPEDOTを含有させた薄層モジュールの試作にも成功し，単位体積当たりのPEDOTの使用量を大幅に少なくすることができた[25]。また現在これらの有機モジュールの出力をさらに上げることに継続して取り組んでいる。今後も有機系材料を用いたさまざまな高性能モジュールが報告されると予想され，発電能力が向上していくことが期待される。

5 おわりに

導電性高分子系材料で性能の高いPEDOT系材料の合成と構造，物性，熱電性能について概要を紹介した。PEDOT系材料においては300 μW/m・K^{2}以上の高いPFの出る条件がいくつか報告されている。また筆者らはモジュールの設計次第で有機系材料を用いて発電能力の高いモジュールができることを実証した。しかし，さらに有機系熱電素子の応用用途を広げるためには，導電性高分子PEDOTの熱電に特化した改良が必要である。

謝　辞

本文に引用した筆者たちの研究の一部は未利用熱エネルギー革新的活用技術研究組合において行われました。国立研究開発法人 新エネルギー産業技術総合開発機構（NEDO）など関係各位に感謝します。またこれらの研究は国立研究開発法人 産業技術総合研究所の向田雅一，桐原和大，衛慶碩，内藤泰久氏らとの共同研究です。この場を借りて深く感謝いたします。

文　献

1) Q. Wei, M. Mukaida, K. Kirihara, Y. Naitoh, and T. Ishida: *Materials*, **8** 732 (2015).

2) F. Jonas, G. Heywang, and S. Werner.: Novel Polythiophenes, Process for Their Preparation, and Their Use. DE 3813589, 22 April (1988).

3) X. Crispin, F. L. E Jakobsson,. A. Crispin, P. C. M. Grim, P. Andersson, A. Volodin, C. van Haesendonck, M. van der Auweraer, W. R. Salaneck, and M. Berggren, *Chem. Mater.* **18**, 4354-4360 (2006).

4) S. Ashizawa, R. Horikawa, and H. Okuzaki.: *Synth. Met.* **153**, 5 (2005).

5) J. Y. Kim, J. H. Jung, D. E. Lee, and J. Joo.: *Synth. Met.* **126**, 311 (2002).

6) N. Kim, S. Kee, S. H. Lee, B. H. Lee, Y. H. Kahng, Y.-R. Jo, B.-J. Kim and K. Lee,: *Adv. Mater.* **26**, 2268, (2014).

7) O. Bubnova, et al.: *Nat. Mater.* **10** 429.4. (2011).

8) T. Takano, H. Masunaga, A. Fujiwara, H. Okuzaki, and T. Sasaki.: *Macromol.* **45**, 3859. (2012).

9) Q. Wei, M. Mukaida, Y. Naitoh, and T. Ishida,: *Adv. Mater.* **25**, 2831 (2013).

10) Y. Honma, K. Itoh, H. Masunaga, A. Fujiwara, T. Nishizaki, S. Iguchi, and T. Sasaki: *Adv. Electron. Mater.* **4**, 1700490 (2018).

11) B. Zhang, J. Sun, H. E. Katz, F. Fang, and R. L. Opila: ACS Appl. Mat. & Interface 5, 3170 (2010).

12) G. H. Kim, L. Shao, K. Zhang, and K. P. Pipe.: *Nat. Mater.* **12**, 719 (2013).

13) Q. Wei, M. Mukaida, K. Kirihara, Y. Naitoh, and T. Ishida: *Appl. Phys. Exp* **7**. 031601 (2014)

第7章　熱電デバイス

14) G.-H. Kim, J. Kim, and K. P. Pipe: *Appl. Phys. Lett.* **108**, 093301 (2016).

15) A. M. Glaudell, J. E. Cochran, S. N. Patel, and M. L. Chabinyc: *Adv. Energy. Mater.* **5**, 1401072 (2015).

16) Q. Wei, M. Mukaida, K. Kirihara, Y. Naitoh and T. Ishida: *ACS Appl. Mater. Interfaces*, **8**, 2054 (2016).

17) O. Bubnova, et al.: *Nat. Mater.* **13**, 190 (2014).

18) Z. U. Khan et al.: *J. Mater. Chem.* C **3**, 10616 (2015).

19) K. Zhang, J. Qiud and S. Wang: *Nanoscale*, **8**, 8033 (2016).

20) E. J. Bae, Y. H. Kang, K.-S. Jang and S. Y. Cho: *Sci Reports* **6**, 18805 (2016).

21) Y. Sun, P. Sheng, C. Di, F. Jiao, W. Xu, D. Qiu, and D. Zhu,: *Adv. Mater.*, **24**, 932 (2012).

22) たとえば上村欣一, 西田勲夫著 :「熱電半導体とその応用」日刊工業新聞社 p.179.

23) Q. Wei, M. Mukaida, K. Kirihara, Y. Naitoh, and T. Ishida: *RSC Adv.* **4**, 28802 (2014).

24) M Mukaida, Q Wei and T Ishida: *Synthetic Metals* **225**, 64 (2017).

25) K Kirihara, Q Wei, M Mukaida, and T Ishida: *Synthetic Metals* **225**, 41 (2017).

第8節 フレキシブル環境発電を目指した有機熱電材料

奈良先端科学技術大学院大学　小島　広孝／中村　雅一

1　はじめに

　近年，モノのインターネット(IoT)という新技術が注目されている。身の回りのさまざまなモノにセンサーや電子回路を取り込むことで，現実世界の状態をインターネットに接続し，取得された膨大な情報を基に革新的な機能やサービスを提供するという構想である。IoTの実現のために欠かせないのが，センサーネットワークを構成する多数の電子回路を独立に動作させるための電源の確保である。有力な技術の一つとして，環境発電素子あるいはエナジーハーベスターの研究が進められており，熱電変換デバイスもその一つの候補として挙げられる。

　熱電変換性能を表す無次元性能指数ZTは，ゼーベック係数α，導電率σ，熱伝導率κ，および絶対温度Tを用いて次のように表される。

$$ZT = \frac{\alpha^2 \sigma T}{\kappa} \tag{1}$$

　ゼーベック係数αは，導電性物質の両端に温度差ΔTを与えたときに生じる電位差ΔVを用いて，$\alpha = -\Delta V/\Delta T$で表される。あるいは固体物理学における線形応答理論に従い，電荷のキャリア輸送方程式で記述すると，次式のように表すことができる[1]。

$$\alpha = -\frac{1}{eT} \cdot \frac{\displaystyle\int_{-\infty}^{\infty} (\varepsilon - \mu_e) \sigma_s \left[-\frac{\partial f_{FD}}{\partial \varepsilon} \right] d\varepsilon}{\displaystyle\int_{-\infty}^{\infty} \sigma_s \left[-\frac{\partial f_{FD}}{\partial \varepsilon} \right] d\varepsilon} \tag{2}$$

ここでeは素電荷，μは電子の化学ポテンシャル(おおむねフェルミエネルギーに等しい)，σ_sはスペクトル伝導度(エネルギーに依存して変化するキャリアの導電率を表す関数)，f_{FD}はフェルミ＝ディラック関数，Tは絶対温度をそれぞれ表す。分母と分子を見比べるとほぼ同様の様式となっており，スペクトル伝導率に対して乗じる窓関数が$-\partial f_{FD}/\partial\varepsilon$か$(\varepsilon - \mu_e)[-\partial f_{FD}/\partial\varepsilon]$かのみが異なっている。それぞれの窓関数の外形を図1に表す。分母の窓関数がフェルミエネルギーで極大をもつ偶関数であるのに対し，分子の窓関数は奇関数となっている。この違いにより，分母側では電位勾配に対しての電流の輸送(すなわち導電率σ)を表し，分子側は温度勾配に対する電流の輸送を表す。

　上式に三次元半導体の典型的なスペクトル伝導度を入れて計算した結果を図2に示す。導電率，および無次元性能指数の分子に該当するパワーファクター($P = \alpha^2 \sigma$)についても併せてプロットした。すなわちゼーベック係数の大きい条件で導電率が大きくなるわけではなく，これらが両立しないところが熱電材料の選定を複雑にしている理由の一つである。そこで通常

— 315 —

第7章 熱電デバイス

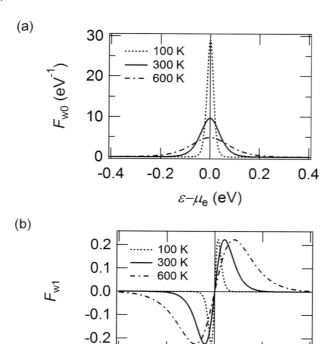

図1 ゼーベック係数の理論式(式(2))においてスペクトル伝導度に乗じられる(a)分母の窓関数および(b)分子の窓関数

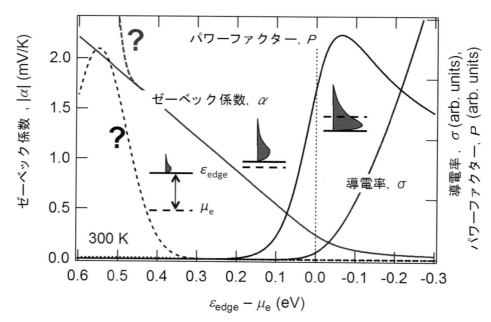

図2 従来理論に従って計算した，キャリア輸送バンド端とフェルミエネルギーの差に対するゼーベック係数，導電率，パワーファクターの変化
（点線は巨大ゼーベック効果の存在意義を概念的に書き加えたもの）

— 316 —

はパワーファクターが最大となるようにフェルミエネルギーの位置を調整する材料設計が行われている。一般的には，半導体材料に不純物を高濃度に添加することで達成される。

非縮退半導体の場合には，キャリア運動エネルギーのべき乗に近似されたスペクトル伝導度とf_{FD}に対するボルツマン近似を用いて，式(2)は，

$$\alpha = -\frac{k_B}{e}\left(\frac{5}{2} + \gamma + \frac{\varepsilon_C - \mu_e}{k_B T}\right) \tag{3}$$

と簡便に表される。ここでk_Bはボルツマン定数，γは散乱機構によって決まる定数，ε_Cは伝導帯端のエネルギーである。バンドギャップの広い半導体ではキャリア密度も低いため，さらに$\alpha = (\varepsilon_C - \mu_e)/eT$と記述できる。すなわち，伝導帯端とフェルミエネルギーの差を絶対温度で除することで，ゼーベック係数を求めることができる。

半導体における関係式$\sigma = en\mu$を式(3)に代入すると，

$$\alpha = -\frac{k_B}{e}\left(\frac{5}{2} + \gamma - \ln\frac{\sigma}{\sigma_0}\right) \tag{4}$$

となる。ここでσ_0は材料と温度によって決まる定数であり，三次元半導体の実効状態密度から，

$$\sigma_0 = 2e\mu\left(\frac{2\pi m^* k_B T}{h^2}\right)^{3/2} \tag{5}$$

と書ける。m^*はキャリアの有効質量を表す。

一方，十分に縮退した半導体や金属の場合，式(2)における分子の窓関数から，フェルミエネルギー近傍ではスペクトル伝導度の微分にゼーベック係数が比例するため，ゼーベック係数と導電率との相関は弱くなる。このような条件下では，Mottの式と呼ばれる次の近似式がしばしば用いられる。

$$\alpha = -\frac{\pi^2}{3}\frac{k_B^2 T}{e}\left[\frac{d\ln D(\varepsilon)}{d\varepsilon}\right]_{\varepsilon=\mu_e} \tag{6}$$

ここで$D(\varepsilon)$は状態密度関数である。

❷　フレキシブル熱電変換デバイス

本項ではフレキシブル熱電変換デバイスの達成条件について言及する。図3に熱電変換デバイスを人体に貼り付け，空冷で冷却して動作させる理想的な熱電変換デバイスについて，素子厚みと熱伝導率および変換効率との関係を示す。熱伝導率は，有機材料として妥当〜やや小さい値（0.1〜1 W/Km）を想定している。高効率を得るためには熱伝導率が小さく，また，フ

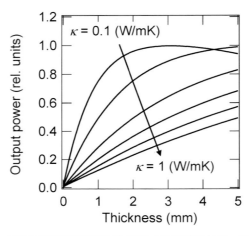

図3 37℃の熱源に熱電変換デバイスを貼り付け，22℃の大気への放熱を仮定した場合における，出力とデバイスの熱伝導率 κ およびデバイス厚みとの関係
[ZT は固定されており（熱伝導率と導電率が比例と見なせる），出力はこの範囲の最大値で規格化してある]

レキシブル性を確保するためには薄い素子を用いる方が有利であるが，2〜3 mm 程度の厚みが必要であることが分かる。

また，一般的な熱電変換デバイスで採用されているΠ型直列セル構造では，n 型部分と p 型部分がデバイスの表面と裏面で交互に接続されている。出力電圧を稼ぐためにはセル直列数を増やす必要があるが，直列抵抗による電流ロスが大きくなる。このため，出力電力を稼ぐためには電流ではなく，むしろ電圧に着目することが望ましく，ZT が同じであればゼーベック係数が大きい方が有利となる。

以上により，フレキシブル熱電変換デバイスへの要請として，ZT が単に大きいだけでなく，大きなゼーベック係数と小さな熱伝導率，さらに数 mm 程度の厚みとフレキシブル性の両立が求められる。

近年，種々の材料と構造を用いたフレキシブル熱電変換デバイスが試作されている。シリカ遷移にニッケルと銀をストライプ状に蒸着した繊維状のもの[2]，高性能な無機熱電材料として知られている Sb_2Te_3 や Bi_2Te_3 をポリイミドフィルム上にスパッタリング法で成膜したもの[3]，カーボンナノチューブ（CNT）に n 型ドーピングを施すことで p 型と n 型にパターニングしたフィルム上の薄膜[4]，CNT と種々のポリマーとの複合体薄膜[5]などが挙げられる。これらの多くはフィルム状デバイスの面内方向に温度差を与えるデバイス構造になっており，フレキシブルエナジーハーベスターとしての使い方が限定される。より実用的な，面外方向（厚み方向）に温度差を与える例としては，CNT とポリスチレンの複合材料で作製した高粘度インクをステンシル印刷により厚膜化したもの[6]，p 型と n 型にストライプ状にドーピングした糸状の CNT ポリマー複合材料を布に縫い込んだもの[7]などがあるが，現時点では報告数は限られている。

3 有機系熱電材料の探索研究

有機系材料は，熱伝導率が本質的に小さく，厚みがある場合でも柔軟性を保ちやすいため，前項の要請を満たす有望な材料であると考えられる。筆者らはこれまで，超高真空中で蒸着した薄膜のその場測定を行い，電気抵抗のきわめて大きな試料でもゼーベック係数を測定できる装置を独自開発し，種々の有機系および有機・無機複合材料のゼーベック係数を評価してきた[8)-11)]。これまでの研究から得られたゼーベック係数と導電率を図4に示す。ここでは比較のため，いくつかの無機材料の値[12)-16)]，および他研究グループから報告されている有機系材料の値[6)17)-49)]も併せて記載した。図中の斜線はパワーファクターが等しいことを示しており，右上ほどパワーファクターが大きくなる。うち一点鎖線で示した $P = 10^{-4}$ W/K^{2}m は室温で $ZT \sim 0.1$ となる目安を示す（有機材料の典型的な熱伝導率を仮定した場合）。図中のハッチングされた領域は式(4)および式(5)に典型的な有機半導体のキャリア移動度および有効質量を代入することで導出される，現実的なゼーベック係数の上限および下限を概算した範囲を示す。有機半導体（●印）はほぼすべてがこの従来理論から予測される範囲に収まることが分かる。すなわち，式(4)に従い，予想されるパワーファクターの上限は $P = 10^{-4}$ W/K^{2}m 程度といえ，$ZT \sim 0.1$ 付近がおおよその性能限界になる。これは従来行われてきたキャリア密度の最適化では充分な性能が得られず，性能向上のブレイクスルーのためには，従来とはまったく異なるメカニズムに従う熱電材料を見つけ出す必要があることを示している。一方，無機熱電材料（□印）は有機材料に対して2桁程度大きなキャリア移動度をもつために，有機半導体よりも高導電率側にプロットされる傾向がみられる。

近年，高伝導性ポリマーPEDOT:PSSの熱電特性についての報告が複数なされているが，これにジメチルスルホキシド（DMSO）処理を施すことで導電率が向上し，ZTは最大で0.42に

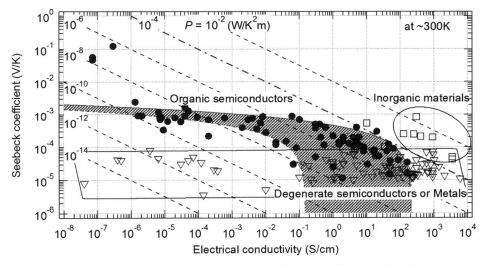

図4　種々の熱電変換材料のゼーベック係数および導電率の報告値

斜めに走る点線は等パワーファクター線であり，うち一点鎖線は $ZT = 0.1$ に相当する。ハッチングされた領域は，有機半導体の典型的な物性値を用いた場合に従来理論から予測される範囲を示す。

第7章　熱電デバイス

まで達している[45]（ただしポリマー系材料の場合は，薄膜状態での熱電物性の異方性が大きいことが多いため，ZT の評価および比較を行う際には注意を払う必要がある）。もう一つの代表的なフレキシブル熱電材料として CNT-ポリマー複合材料があり，$ZT = 0.1$ を超える報告もある[49)50]。物性的には縮退半導体あるいは金属（とくに純化していない CNT の場合，金属性の成分が 1/3 の確率で含まれる）としてみなすことができ，式(4)の相反関係に縛られることなく，図4では水平に分布される（▽印）。すなわち，高い導電率を保ったままゼーベック係数を向上させることができれば，大きな ZT が得られる可能性がある。しかし現実的には金属的な材料の室温付近のゼーベック係数はせいぜい数十 μV/K であることが多い。このため記録的な高導電率を目指すか，あるいは例外的に大きなゼーベック係数をもたない限り，ZT は飛躍的には向上しない。後者の例外的に大きなゼーベック係数については，比較的高い導電率を保った状態で達成されたケースが数例報告されている。PEDOT:PSS を脱ドープして部分的に PEDOT をリッチにすることで 100 μV/K 以上を示した例[51]や，CNT にポリエチレンイミン（PEI）を吸着させた複合体で 100 μV/K に迫るゼーベック係数を示した例[48]がそれである。これらのケースでは，材料が不均一系になっている点が特徴的である。大きなゼーベック係数を示す半導体相と大きな導電率を示す金属相が含まれるため，これらを電流経路に対して直列的に並べることで，式(4)の呪縛から逃れて，大きなパワーファクターを得られる可能性を示している。これらの CNT 複合材料の場合，如何にゼーベック係数を大きく，熱伝導率を小さくできるかがポイントであり，CNT 間の接合部が重要な役割を果たしている[52]。

　また，不均一系熱電材料とは別に，図4の左上に式(4)の予測を大きく上回るゼーベック係数が得られている。図中の点は高純度の C_{60} 薄膜において得られた値[53]であるが，これ以外にも複数の分子性材料でこの巨大ゼーベック効果が観測されており[54]，上記とは異なるアプローチによる有望な材料群として注目している。

❹　CNT 間のバイオナノ接合における熱・キャリア輸送の独立制御

　CNT はフレキシブルエレクトロニクスにおいて理想的な導電性と機械的特性を示す。しかし熱伝導率が高いために，そのままでは大きな ZT を得ることは困難である。そのため種々の材料との複合体を形成することで熱電特性の制御が試みられている。筆者らは，CNT に選択的に吸着する能力を付与した生物由来のかご状タンパク質 C-Dps[55)-57]を，CNT 間に挿入することで，単分子接合において熱伝導を抑制することを試みた[58]。遺伝子改変したリステリア菌由来のコアシェル型のタンパク質である Dps を用い，その内部に導電性の金属コアを内包させることで，熱伝導を抑えつつ，導電性およびゼーベック係数の向上を期待できると考えた。

　鉄酸化物（フェリハイドライド）およびセレン化カドミウムを内包させた C-Dps(Fe) および C-Dps(CdSe) を CNT に吸着させ，遠心分離などで分離精製により，目的とする C-Dps 吸着 CNT が得た。この凝集体に熱流を与えると，図5のように，柔らかいタンパク質シェルで CNT のフォノンが反射され，接合部に大きな温度差が生じる。シェルは電子の量子トンネル効果が期待できる程度に薄いため，内包された金属コアから電子（あるいは正孔）が選択的に透過する。これにより，理想的な Phonon Blocking and Electron(Hole)Transmitting 構造が自発的に形成される。図6に CNT 単体，および CNT-C-Dps(Fe)ナノ複合材料の熱電特性を示

— 320 —

第8節　フレキシブル環境発電を目指した有機熱電材料

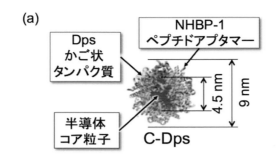

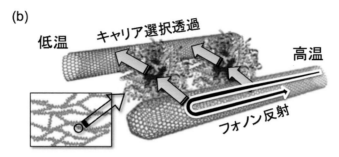

図5　(a)本研究で用いたDpsタンパク質の構造と，(b)DpsがCNT単繊維間を橋渡しするバイオナノ接合およびこれにより生じる局所的ゼーベック効果の概念図

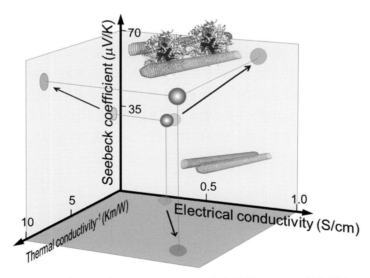

図6　CNT(pristine)およびCNT/Dps複合材料における熱伝導率，導電率，ゼーベック係数を三次元で表したもの
（熱伝導率のみ逆数で表示し，3軸とも原点から遠ざかるほど性能が高いことを示す）

す。バイオナノ接合を組み込むことで，密度が0.80 g/cm^{3}から1.76 g/cm^{3}に増加するにもかかわらず，熱伝導率は17.2 W/Kmから0.13 W/Kmへと大幅に減少した。また，CNT単体ではp型の熱電効果を示すが，p型の半導体特性をもつフェリハイドライドをコアに導入するこ

— 321 —

とで、接合部の熱起電力が加わり、ゼーベック係数が増加している。コアとしてn型の半導体特性をもつCdSeを用いた場合、CNTのp型の熱電効果と相反し、ゼーベック係数は減少する。すなわち、コアの電子準位が複合材料の熱電特性に寄与している。さらに、C-DpsによるCNTへのキャリアドーピング効果とみられる導電率の向上も確認された。このように、単一の方法によって熱電三物性値（ゼーベック係数・導電率・熱伝導率）が同時に改善することは稀であり、不均一系熱電材料の利点が最大限に活かされている好例といえる。

5　布状熱電変換素子の作製

　CNTは機械的特性にも優れており、繊維状に形成することも比較的容易である。筆者らはCNTの水分散液にバインダーを加えるなどした後に、凝集液に吐出するウェットスピニング法を用いて、紡糸を行った[59]。吐出直後はゲル状の紡績糸が形成されるが、これを乾燥させることでCNT紡績糸を作製した。

　この方法で作製したCNT紡績糸は通常はp型の熱電特性を示すが、CNTの分散時に水溶液の代わりにイオン液体[BMIM]PF$_6$を用いることで、n型にドーピングされることが分かった。すなわち、[BMIM]PF$_6$はCNTに対して大気中でも安定なn型ドーパントとして機能する。これを応用することで、CNT紡績糸の任意の箇所のみをn型にすることができる。CNT紡績糸をストライプ状にドーピングすることでp/n構造を作製し、そのピッチに合わせて布地（厚さ約3 mm）に縫い込むことで熱電布を作製した（図7）[59]。大気下24℃でこの熱電布の片面に指で軽く触れ、もう一方の面を自然空冷すると、図8のように触れた瞬間から熱起電力が得られ、約4秒後には安定して約2.3 mVの電圧が得られた。電圧からCNT紡績糸に生じている温度差を逆算すると、約5℃となった。市販の無機熱電素子Bi$_2$Te$_3$を用いた対照実験では、素子に生じる温度差は約0.6℃と見積もられ、素子の熱抵抗の違いが如実に表れる結果となった。また、この熱電布は160回繰り返し折りたたんでも素子抵抗の変化が2%以下に抑えられ、フレキシブル性やウェアラブル性も高いといえる[6,60]。これは、CNT紡績糸が基材である布に固定されていないことにより、曲げ応力を受けにくい構造となっているためと考えられる。

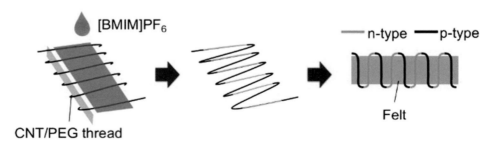

図7　縞状ドーピングによる熱電布の作製法の概念図

第8節　フレキシブル環境発電を目指した有機熱電材料

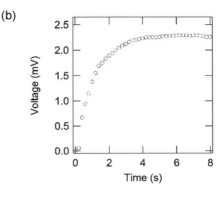

図8　布状熱電変換素子を用いた発電のデモンストレーション
(a)指で素子の裏面に軽く触れている様子と，(b)出力電圧の指が触れた時点からの時間経過

6　おわりに

　本稿では熱電変換を利用した環境発電における有機系材料の現状について言及した。有機熱電材料は未だ研究の萌芽期にあると考えられるが，実用化を見越した研究が急速に進められている材料群から，従来の熱電材料とは異なるメカニズムによる特異なゼーベック効果の発現まで，多種多様な新技術の宝庫であるといえる。フレキシブル環境発電に要求される性能を満たす熱電変換素子を開発するためには，材料設計・作製プロセス・素子構造をトータルで技術開発することが重要である。本稿がその一例として役立つことを願っている。

文　献

1) 竹内恒博,：日本熱電学会誌, **8**, 17(2011)ほか(連載講座).
2) A. Yadav, K. P. Pipe, and M. Shtein,; *J. Power Sources*, **175**, 909 (2008).
3) L. Franciosoa, C. De Pascalia, I. Farellaa, C. Martuccia, P. Cretia, P. Sicilianoa, and A. Perroneb,: *J. Power Sources*, **196**, 3239 (2011).
4) Y. Nonoguchi, K. Ohashi, R. Kanazawa, K. Ashiba, K. Hata, T. Nakagawa, C. Adachi, T. Tanase, and T. Kawai,: *Sci. Rep.*, **3**, 3344 (2013).
5) N. Toshima, K. Oshima, H. Anno, T. Nishinaka, S. Ichikawa, A. Iwata, and Y. Shiraishi,: *Adv. Mater.*, **27**, 2246 (2015).
6) K. Suemori, S. Hoshino, and T. Kamata,: *Appl. Phys. Lett.*, **103**, 153902 (2013).
7) M. Ito, R. Abe, H. Kojima, R. Matsubara, and M. Nakamura,: *8th Int. Conf. on Mol. Electron. and Bioelectronics* (Tokyo, Japan), abs. p.225 (2015.6.24) E-P06.
8) M. Nakamura, A. Hoshi, M. Sakai, and K. Kudo: *Mater. Res. Soc. Symp. Proc.*, **1197**, 1197-D09-07 (2010).
9) 中村雅一：応用物理, **82**, 954 (2013).
10) 中村雅一：日本熱電学会誌, **10**, 8 (2014).
11) 中村雅一, 小島広孝：応用物理学会 M&BE 誌, **25**, 271 (2014).

第7章　熱電デバイス

12) 日本熱物性学会編：新編熱物性ハンドブック, p.130（養賢堂, 2008）.

13) S. N. Girard, J. He, X. Zhou, D. Shoemaker, C. M. Jaworski, C. Uher, V. P. Dravid, J. P. Heremans, and M. G. Kanatzidis: *J. Am. Chem. Soc.*, **133**, 16588（2011）.

14) 日本セラミックス協会・日本熱電学会編：熱電変換材料, p.106-118（日刊工業新聞社, 2005）.

15) J. Tani and H. Kido: *J. Appl. Phys.*, **88**, 5810（2000）.

16) N. P. Blake, S. Latturner, J. D. Bryan, G. D. Stucky, and H. Metiu: *J. Chem. Phys.*, **115**, 8060（2001）.

17) K. Harada, M. Sumino, C. Adachi, S. Tanaka, and K. Miyazaki: *Appl. Phys. Lett.*, **96**, 253304（2010）.

18) A. Barbot, C. DiBin, B. Lucas, B. Ratier, and M. Aldissi: *J. Mater. Sci.*, **48**, 2785（2013）.

19) T. Menke, D. Ray, J. Meiss, K. Leo, and M. Riede: *Appl. Phys. Lett.*, **100**, 093304（2012）.

20) Y. Choi, Y. Kim, S. G. Park, Y. G. Kim, B. J. Sung, S. Y. Jang, and W. Kim: *Org. Electron.*, **12**, 2120（2011）.

21) G. D. Zhan, J. D. Kuntz, A. K. Mukherjee, P. Zhu, and K. Koumoto: *Scr. Mater.*, **54**, 77（2006）.

22) D. Kim, Y. Kim, K. Choi, J. Grunlan, and C. Yu: *ACS Nano*, **4**, 513（2010）.

23) C. A. Hewitt, A. B. Kaiser, S. Roth, M. Craps, R. Czerw, and D. L. Carroll: *Appl. Phys. Lett.*, **98**, 183110（2011）.

24) J. Chen, X. Gui, Z. Wang, Z. Li, R. Xiang, K. Wang, D. Wu, X. Xia, Y. Zhou, Q. Wang, Z. Tang, and L. Chen: *ACS Appl. Mater. Interfaces*, **4**, 81（2012）.

25) M. Piao, M. R. Alam, G. Kim, U. D. Weglikowska, and S. Roth: *Phys. Statics Solidi B*, **249**, 1468（2012）.

26) S. Demishev, M. Kondrin, and V. Glushkov: *J. Exp. Theor. Phys.*, **89**, 182（1998）.

27) M. Pfeiffer, A. Beyer, T. Fritz, and K. Leo: *Appl. Phys. Lett.*, **73**, 3202（1998）.

28) Y. Hiroshige, M. Ookawa, and N. Toshima: *Synth. Met.*, **156**, 1341（2006）.

29) H. Yoshino, G. C. Papavassiliou, and K. Murata: *J. Therm. Anal. Cal.*, **92**, 457（2008）.

30) K. C. Chang, M. S. Jeng, C. C. Yang, Y. W. Chou, S. K. Wu, M. A. Thomas, and Y. C. Peng: *J. Electron. Mater.*, **38**, 1182（2009）.

31) H. Itahara, M. Maesato, R. Asahi, H. Yamochi, and G. Saito: *J. Electron. Mater.*, **38**, 1171（2009）.

32) C. Liu, F. Jiang, M. Huang, R. Yue, B. Lu, J. Xu, and G. Liu: *J. Electron. Mater.*, **40**, 648（2011）.

33) M. Sumino, K. Harada, M. Ikeda, S. Tanaka, K. Miyazaki, and C. Adachi: *Appl. Phys. Lett.*, **99**, 093308（2011）.

34) O. Bubnova, Z. Khan, A. Malti, S. Braun, M. Fahlman, M. Berggren, and X. Crispin: *Nature Mater.*, **10**, 429（2011）.

35) T. C. Tsai, H. C. Chang, C. H. Chen, and W. T. Whang: *Org. Electron.*, **12**, 2159（2011）.

36) N. Dubey and M. Leclerc: *J. Polym. Sci B: Pol. Phys.*, **49**, 467（2011）.

37) M. He, J. Ge, Z. Lin, X. Feng, X. Wang, H. Lu, Y. Yang, and F. Qiu: *Energy Environ. Sci.*, **5**, 8351（2012）.

38) N. Toshima, N. Jiravanichanun, and H. Marutani: *J. Electron. Mater.*, **41**, 1735（2012）.

39) R. Yue and J. Xu: *Synth. Met.*, **162**, 912（2012）.

40) Y. Sun, P. Sheng, C. Di, F. Jiao, W. Xu, D. Qiu, and D. Zhu: *Adv. Mater.*, **24**, 932（2012）.

41) G. P. Moriarty, K. Briggs, B. Stevens, C. Yu, and J. C. Grunlan: *Energy Technol.*, **1**, 265（2013）.

42) T. C. Tsai, H. C. Chang, C. H. Chen, Y. C. Huang, and W. T. Whang: *Org. Electron.*, **15**, 641（2014）.

43) R. Schlitz, F. Brunetti, A. Glaudell, P. Miller, M. Brady, C. Takacs, C. Hawker, and M. Chabinyc:

Adv. Mater., **10**, 1 (2014).

44) H. Shi, C. Liu, J. Xu, H. Song, B. Lu, F. Jiang, W. Zhou, G. Zhang, and Q. Jiang: *ACS Appl. Mater. Interfaces*, **5**, 12811 (2013).

45) G-H. Kim, L. Shao, K. Zhang, and K. P. Pipe: *Nature Mater.*, **12**, 719 (2013).

46) K. Choi and C. Yu: *PLoS One*, **7**, e44977 (2012).

47) K. Zhang, M. Davis, J. Qiu, L. Hope-Weeks, and S. Wang: *Nanotechnology*, **23**, 385701 (2012).

48) D. D. Freeman, K. Choi, and C. Yu: *PLoS One*, **7**, e47822 (2012).

49) 産業技術総合研究所プレスリリース(http://www.aist.go.jp/aist_j/press_release/pr2012/pr20120831/pr20120831.html).

50) N. Toshima and N. Jiravanichanun: *J. Electron. Mater.*, **42**, 1882 (2013).

51) H. Park, S.-H. Lee, F. S. Kim, H.-H. Choi, I.-W. Cheong, and J.-H. Kim: *J. Mater. Chem. A*, **2**, 6532 (2014).

52) Y. Nakai, K. Honda, K. Yanagi, H. Kataura, T. Kato, T. Yamamoto, and Y. Maniwa: *Appl. Phys. Express*, **7**, 025103 (2014).

53) H. Kojima, R. Abe, M. Ito, Y. Tomatsu, F. Fujiwara, R. Matsubara, N. Yoshimoto, and M. Nakamura: *Appl. Phys. Express*, **8**, 121301 (2015).

54) H. Kojima, R. Abe, F. Fujiwara, M. Nakagawa, K. Takahashi, D. Kuzuhara, H. Yamada, Y. Yakiyama, H. Sakurai, T. Yamamoto, H. Yakushiji, M. Ikeda, and M. Nakamura: *Mater. Chme. Front.*, **2**, 1276 (2018).

55) K. Iwahori, K. Yoshizawa, M. Muraoka, and I. Yamashita: *Inorg. Chem.*, **44**, 6393 (2005).

56) K. Iwahori, T. Enomoto, H. Furusho, A. Miura, K. Nishio, Y. Mishima, and I. Yamashita: *Chem. Mater.*, **19**, 3105 (2007).

57) M. Kobayashi, S. Kumagai, B. Zheng, Y. Uraoka, T. Douglas, and I. Yamashita: *Chem. Commun.*, **47**, 3475 (2011).

58) M. Ito, N. Okamoto, R. Abe, H. Kojima, R. Matsubara, I. Yamashita, and M. Nakamura: *Appl. Phys. Express*, **7**, 065102 (2014).

59) M. Ito, T. Koizumi, H. Kojima, T. Saito, and M. Nakamura: *J. Mater. Chem. A*, **5**, 12068 (2017).

60) S. J. Kim, J. H. We, and B. J. Cho: *Energy Environ. Sci.*, **7**, 1959 (2014).

第9節　印刷作製フレキシブル熱電変換素子

国立研究開発法人産業技術総合研究所　末森　浩司

■1　はじめに

　振動，光，排熱など，これまでは捨てられていた身の回りにわずかに存在するエネルギーを電力に変換し有効活用する，エネルギーハーベスティングが注目を集めている。エネルギーハーベスティングに用いることができる電力源の中で，機器や設備からの排熱，あるいは体温などの熱エネルギーは熱電変換素子を用いて電力に変換できる。一般的に熱電変換素子は，ビスマスやテルルなどのレアメタルをおもな原料として製造される。エネルギーハーベスティングの対象となる身の回りに存在する排熱は数十度程度の比較的低温である場合がほとんどである。こうした低温排熱は，総量としては膨大である一方で，熱エネルギーの密度は低い。すなわち，低密度の熱エネルギーが膨大な面積にわたって存在するという特徴を有する。こうした特徴を有する低温排熱をエネルギーハーベスティングするためには，大面積化が容易で，資源埋蔵量の豊富な原料から構成され，曲面を有する熱源へも容易に設置が可能な，使い勝手の良い熱電変換素子が求められる。このような熱電変換素子を実現するため，軽量，フレキシブル，レアメタルフリー，かつ印刷法により大面積製造が可能な，カーボンナノチューブ（CNT）や有機導電材料を用いた熱電変換素子が近年盛んに研究されている[1)-7)]。

　CNT系熱電変換材料は，CNTが比較的高いゼーベック係数と非常に高い電気伝導率を有することから，将来，高い発電性能の発現が期待できる材料系である。また，CNT系熱電変換材料の多くは高いフレキシビリティーを有しており，比重も$1\,g/cm^2$前後と無機系材料に比較して1桁近く軽量である。CNTはファイバー状の構造を有していることから，CNT系材料に高い電気伝導性をもたせるためには，材料全体にCNTの電気伝導ネットワークを張り巡らせる必要がある。個々のCNT内の電気伝導度は非常に高いため，CNT系材料の電気伝導はCNT同士のコンタクト部分におけるキャリヤの授受がボトルネックとなる[8)]。CNT-CNT間のコンタクトの電気抵抗を低減する典型的な方法は，CNTを導電性高分子のマトリックス中に分散させることである。CNT-CNT間のコンタクトの電気抵抗が高い場合においても，導電性高分子を伝ってキャリヤが流れるために高い電気伝導性が得られる。一方で，導電性高分子は通常CNTに比較して低いゼーベック係数を示すため，CNT-導電性高分子複合材料のゼーベック係数はCNT本来の値よりも低くなるという問題を有する。こうした問題を解決できればさらなる高性能化も可能と考えられる。

　一方で，導電性高分子を用いることによるゼーベック係数低下の問題を回避するために，CNTと絶縁体高分子の複合材料を用いて，高性能の材料を創出する研究も同時に行われている。たとえば，筆者らは，導電性高分子に比較して汎用性や耐久性，価格などの面で優れた典型的な絶縁体高分子であるポリスチレンをCNTと混合させることで，ゼーベック係数が向上することを見出した[9)]。**図1**(a)にCNT-ポリスチレン複合材料におけるゼーベック係数のポリ

第9節 印刷作製フレキシブル熱電変換素子

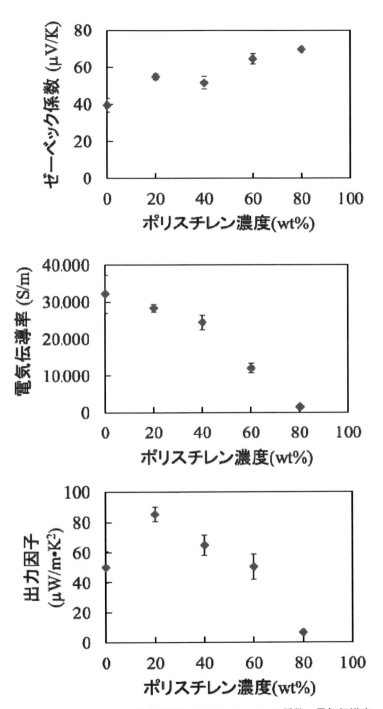

図1 CNT-ポリスチレン複合材料におけるゼーベック係数,電気伝導率,出力因子のポリスチレン濃度依存性

第7章　熱電デバイス

スチレン濃度依存性を示す。CNT のみの場合は 40 μV/K 程度であったゼーベック係数が，ポリスチレン濃度が 80 wt% においては 70 μV/K 程度にまで向上している。これは，ポリスチレンの添加により，CNT 間コンタクトにおける距離が増加し，その部分のトンネル障壁の厚みが増加した結果，高エネルギーのキャリヤが優先的に電気伝導に寄与するようになり，ゼーベック係数が増加する，エネルギーフィルタリング効果によると推測される。一方で，電気伝導率は絶縁体であるポリスチレンの濃度の上昇と共に低下していく（図1(b)）。結果として，出力因子は，ポリスチレンを 20 wt% 添加した際に最大値を示し，ポリスチレンを含まない場合に比較して 70% 程度向上した（図1(c)）。

　CNT-高分子複合材料の熱電特性は材料内の微細構造を制御することでも向上できる。CNT は通常たくさんの CNT が凝集してできたファイバーを形成している。CNT ファイバーと絶縁体の複合材料は，一般に CNT ファイバー間のコンタクトの密度を増加させることで，電気伝導率が向上する。なぜならば，コンタクト密度の増加は並列な電気伝導パスが材料内に多数形成されることと等価だからである。また，CNT ファイバーのアスペクト比（長さ／直径）が大きくなるにつれて，CNT ファイバー同士のコンタクトが形成されやすくなることが，理論研究から明らかとなっている[12]。したがって，用いる CNT ファイバーの直径を小さくすることで，CNT-高分子複合材料の電気伝導度を向上できる。筆者らは，ファイバー径の異なる 2 種類の CNT を用いてこの効果を検証した。図2(a)，(b)に用いた CNT の電子顕微鏡像を示す。直径 30 nm 以上（図2a）と 15 nm 程度（図2b）のファイバー径を有する CNT を用いて CNT-ポリスチレン複合材料を形成した。

　図3(a)に，太い径の CNT，および細い径の CNT を 50 wt% の重量濃度でポリスチレン中に分散させた材料の電気伝導率を示す。細い径の CNT を用いることで，太い径の CNT を用いた場合と比較して 5 倍近い電気伝導率が観測され，ファイバー径を細くすることで，導電性の大幅な向上に成功した。このため，細い径の CNT-ポリスチレン複合材料は絶縁体高分子マトリックスを用いているにもかかわらず，非常に高い電気伝導性を示した。図3(b~d)に細い径の CNT-ポリスチレン複合材料における，電気伝導率，ゼーベック係数，パワーファクターの CNT 濃度依存性を示す。ゼーベック係数は 50~80 μV/K の値を示した。電気伝導率は CNT 濃度の増加と共に上昇し，75 wt% では約 125000 S/m を示した。パワーファクターは 75 wt% において 413 μW/m·K^2 と，高い値を示した[7]。

❷　ユニレグ型フレキシブル熱電変換素子

　CNT-高分子複合材料などの有機系熱電材料を用いてフレキシブルな熱電変換素子を作製するためには，フレキシブル基板上にこうした材料を形成することが可能な作製プロセスが必要となる。印刷法は，真空や高温を必要とせず，低コストに大面積な材料パターンをフィルム基板上に製造できるプロセスとして，近年，盛んに研究が行われている。一方で，印刷法により熱電変換素子を作製する際には，以下の課題が生じる。

　通常の熱電変換素子は p 型と n 型の材料を組み合わせた π 型構造を有する（図4）。有機系熱電材料を用いてこうした構造を印刷作製しようとした場合，印刷法で形成可能な高性能 n 型材料が必要となるが，現状ではそのような材料は研究途上であり入手困難である。また，印刷

— 328 —

第9節　印刷作製フレキシブル熱電変換素子

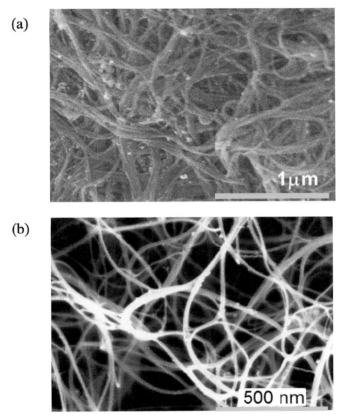

図2　太い径の単層CNT(a)，細い径の単層CNT(b)の電子顕微鏡写真

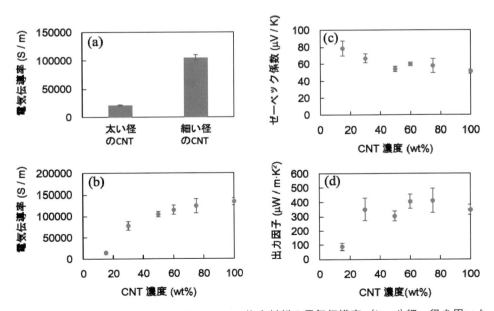

図3　(a)重量濃度50%のCNT-ポリスチレン複合材料の電気伝導率。(b〜d)細い径を用いた CNT-ポリスチレン複合材料の電気伝導率(b)，ゼーベック係数(c)，パワーファクタ(d)の CNT濃度依存性

第7章 熱電デバイス

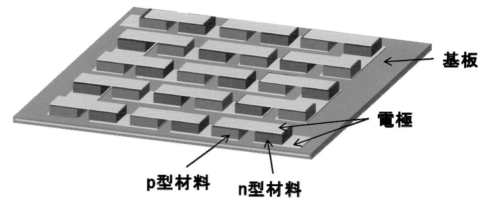

図4 一般的な熱電変換素子の構造

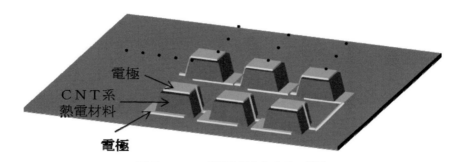

図5 ユニレグ型熱電変換素子の構造

でp型とn型の材料を橋かけする電極を形成するのも困難である。こうした問題を回避するため，p型材料のみで素子形成を試みる研究が行われている[10)11)]。たとえば筆者らは，図5に示すp型のCNT-ポリスチレン複合材料のみで構成されたユニレグ構造の素子を印刷作製した[10)]。熱電変換素子は，単一素子では電圧が小さいため，多段に接続して，電圧を高めた構造を有するのが通常である。これに倣って，図5のように各素子の上部電極を隣接する素子の下部電極と接続した構造とすることで各素子を直列接続している。

図6にユニレグ型熱電変換素子の表面-裏面間に温度差を印可した際に発生する電力を示す。約70℃の温度差において55 mW/m^{2}程度の電力が得られた。

図7に素子を曲げた際の，曲率半径と電気抵抗値の関係を示す。曲率半径6 mm程度まで曲げても抵抗値の変化はみられなかった。これは，曲率半径6 mm程度まで曲げても素子への機械的な損傷は起きないことを意味しており，本素子が高いフレキシビリティーを有していることを示している。

図8に本素子に用いたCNT-ポリスチレン複合材料の表面電子顕微鏡像を示す。直径数100 nmの空孔が無数に存在することが明らかとなった。こうした空孔の結果，CNT-ポリスチレン複合材料の密度は約0.8 g/cm^{3}と非常に軽量であった。これは，ビスマス-テルル合金（密度：約7.8 g/cm^3）などの通常よく用いられる熱電変換材料の約10分の1の軽さである。なお，ポリスチレン，およびCNTの密度より空孔が占める体積を算出すると，本材料は約35%

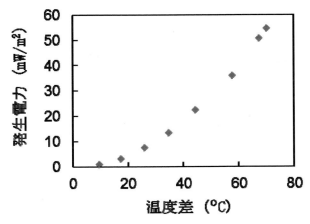

図6 CNT-ポリスチレン複合材料を用いたユニレグ型熱電変換素子の発生電力と温度差の関係

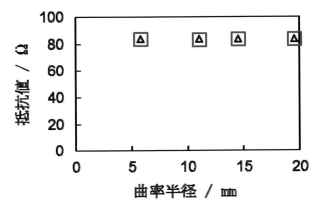

図7 CNT-ポリスチレン複合材料を用いたユニレグ型熱電変換素子の抵抗値の曲率半径依存性(□および○はそれぞれ内側，または外側に曲げた場合の抵抗値)

の体積を空孔が占めることが明らかとなった。

　軽量な熱電材料，および軽量なフィルム基板を用いた結果，本素子は単位面積当たりの重量が 15.1 mg/cm^2 と非常に軽量であった。大面積の熱源に対しては，設置に際して熱電変換素子の重量が問題として生じることがあり得るが，本素子は重量の観点からみた場合，大面積への設置に適していることが明らかとなった。

　本素子に用いた CNT-ポリスチレン複合材料はゼーベック係数 57 μV/K，電気伝導率 2.1 S/cm，出力因子は約 0.15 μW/mK^2 を有している。仮に，この材料性能が 100％引き出せた場合に 70℃の温度差で発生する電力は 283 mW/m^2 と計算される。この値から逆算すると，本素子は材料性能の約 20％程度しか引き出せておらず，今後の改良で，さらに高性能化できる余地があることが明らかとなった。ユニレグ型熱電変換素子は，基板面に対して垂直方向の温度差により発電する。したがって，熱電変換材料は基板面に対して垂直方向に高い性能を有するこ

第7章　熱電デバイス

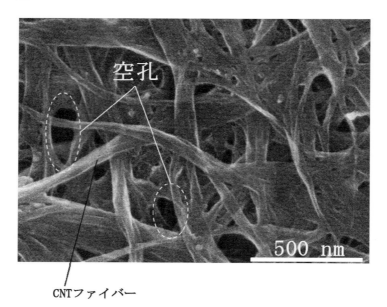

図8　CNT-ポリスチレン複合材料表面の電子顕微鏡像

とが望ましい。CNT-高分子複合材料はCNTが配向している方向に高い発電性能を示す。印刷法のように溶液を塗布し，乾燥させる作製方法においては，溶剤が乾燥する過程で，溶液は膜厚方向に縮む。この過程でCNTは基板に対して水平方向に配向する。本素子で用いたCNT-ポリスチレン複合材料が，基板と垂直方向において，0.15 μW/mK^{2}と低い出力因子を示したのは材料内のCNTが水平配向しているためと考えられる。CNT-ポリスチレン複合材料において基板面に対して水平方向と垂直方向における出力因子の違いを評価した結果，2ケタ程度水平方向が高いことが明らかとなっている。今後，素子内におけるCNT配向の制御を行うことで発電性能を飛躍的に向上できる可能性がある。

3　おわりに

　レアメタルなどの希少資源を含まず，フレキシブルで，印刷法により作製可能なCNT系熱電材料，およびそれを用いたユニレグ型熱電変換素子について概説した。こうした熱電変換素子は高い使用利便性を有し，今後，熱電変換の用途の拡大に貢献することが期待される。そのためには，さらなる材料の高性能化やデバイス構造の最適化などを通じて，熱電変換性能を向上させることが不可欠である。また，材料中に多く含まれるCNTは主として炭素原子から構成され，希少元素を用いず作製可能なため，安価に大量に入手できるようになる可能性を有するものの，現状では研究用材料の域を出ておらず，高価格である。加えて，現状では単一のキラリティーを有するCNTを得ることも困難である。こうした材料面での課題に対する進展が今後重要と考えられる。

文　献

1) C. Yu, K. Choi, L. Yin, and J. C. Grunlan.: *ACS Nano* **5**, 7885-7892 (2011).

2) Y. Nakai, K. Honda, K. Yanagi, H. Kataura, T. Kato, T. Yamamoto, and Y. Maniwa.: *Appl. Phys. Express* **7**, 025103 (2014).

3) C. Bounioux, P. Díaz-Chao, M. Campoy-Quiles, M. S. Martín-González, A. R. Goñi, R. Yerushalmi-Rozene, and C. Müller.: *Energy Environ. Sci.* **6**, 918 (2013).

4) C. A. Hewitt, A. B. Kaiser, S. Roth, M. Craps, R. Czerw, amd D. L. Carroll.: *Appl. Phys. Lett.* **98**, 183110 (2011).

5) M. Ito, N. Okamoto, R. Abe, H. Kojima, R. Matsubara, I. Yamashita, and M. Nakamura.: *Appl. Phys. Express* **7**, 065102 (2014).

6) Y. Nonoguchi, K. Ohashi, R. Kanazawa, K. Ashiba, K. Hata, T. Nakagawa, C. Adachi, T. Tanase, and T. *Kawai.: Sci. Rep.* **3**, 3344 (2013).

7) K. Suemori, Y. Watanabe, and S. Hoshino.: *Appl. Phys. Lett.* **106**, 113902 (2015).

8) C. Li, E. T. Thostenson, and T-W. Chou.: *Appl. Phys. Lett.* **91**, pp.223114 (2007).

9) K. Suemori, Y. Watanabe, and S. Hoshino.: *Org. Electron.*, **28**, 135 (2016).

10) K. Suemori, S. Hoshini, and T. Kamata.: *Appl. Phys. Lett.* **103**, 153902 (2013).

11) S. Hwang, W. J. Potscavage Jr., R. Nakamichi, and C. Adachi.: *Org. Electron.*, **31**, 31 (2016).

12) M. Foygel, R. D. Morris, D. Anez, S. French, and V. L. Sobolev.: *Phys. Rev. B* **71**, 104201 (2005).

第10節　熱電発電素子を用いた未利用冷熱エネルギーの有効利用

玉川大学　大久保英敏

1　はじめに

熱電変換の歴史は19世紀に始まる。熱電変換は熱エネルギーと電気エネルギーを直接変換でき，20世紀前半，熱電半導体の登場によって熱電発電システムの開発が活発になり，現在に至っている。

1821年，T. J. Seebeck は二種類の金属で回路を作り，接合部に温度差をつけることによって電流が流れることを発見した。1834年，J. C. A. Peltier は二種類の金属で作った回路に電流を流すことによって，接合部で吸熱および発熱が発生することを発見した。これらの熱電現象は，前者がゼーベック効果，後者がペルチェ効果と呼ばれており，熱電発電，熱電対，熱電冷却などに利用されている。熱電発電は，熱電半導体を加熱して電気エネルギーを得る方法であるが，冷熱エネルギーを用いた冷熱発電技術に熱電発電素子を利用する場合は，熱電発電素子を冷却して電気エネルギーを得る。

液化天然ガス（LNG）は約 −160℃ まで冷却すると液体になり，天然ガスとして利用する際に多くは海水と熱交換させている。三木ら[1]はこの冷熱エネルギーをカスケード利用することを目的として，熱電発電素子を用いた新冷熱発電システムを提案している。熱電発電はゼーベック効果を利用して熱エネルギーを電気エネルギーに変換させるが，液化天然ガスを未利用冷熱エネルギーとして利用する場合，熱電発電素子を低温度で長期間使用し続ける必要がある。この節では，熱電発電技術の実用化を目的とした市販の熱電発電素子の低温環境下における性能評価および液化天然ガスが有している冷熱エネルギーを未利用エネルギーと考え，熱電発電素子を用いた未利用エネルギーの有効利用について述べる。

2　ゼーベック効果とペルチェ効果

異種の導体で構成される回路の接合部に温度差 $\Delta T(=T_H-T_L)$ が生じた場合，回路に電流が流れ，電圧が発生する。この電圧を起電力と呼ぶ。ここで，T_L は熱電変換モジュールの低温側表面温度，T_H は高温側表面温度である。この現象はゼーベック効果と呼ばれている（図1(b)）。この起電力を利用した温度計が熱電対であり，ゼーベック効果の実用化に成功した好例である。一方，異種の導体で構成される回路に電流を流した場合，二つの接合部に温度差が生じる。この現象はペルチェ効果と呼ばれている（図1(a)）。ペルチェ効果は，1960年代以降，電子・光学・医療などの広範な分野で熱電冷却システムとして利用されている。

3　熱電発電

未利用冷熱エネルギーを熱電発電によって電気エネルギーに変換する場合，接合部の温度差

第10節　熱電発電素子を用いた未利用冷熱エネルギーの有効利用

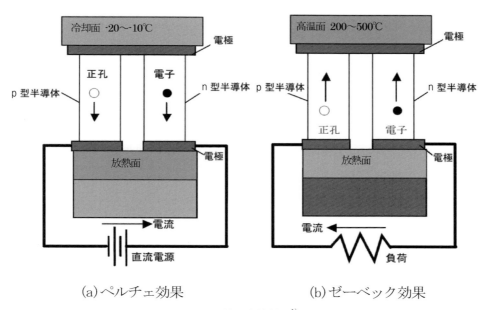

(a) ペルチェ効果　　　　(b) ゼーベック効果

図1　熱電変換技術[1]

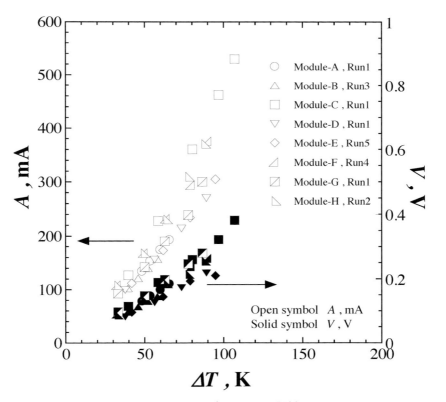

図2　AおよびVとΔTの関係

を維持するために加熱システムおよび冷却システムが必要である。さらに，熱電発電素子の耐久性も考慮する必要がある。

図2に熱電発電素子A〜Hの電流Aおよび電圧Vと温度差の関係を示す。熱電発電素子は高温環境下での利用を目的とした市販の素子を用い，低温環境下での使用を考慮した温度条件で測定を行った。熱電発電素子は同一タイプの市販の素子を用いているが，個々の性能が完全には一致していないことから，個々の熱電発電素子に記号を付け，熱電発電素子A，熱電発電素子Bと呼ぶ。熱電発電素子の温度分布が準定常状態に落ち着いた時点から約40分，準定常状態を保持し，熱電発電素子の出力電圧，出力電流および回路抵抗を計測した。電流と電圧は，素子ごとに傾きの大きさに違いはあるが，すべての素子の温度差の増加に伴い，ほぼ直線的に増加する。

図3に熱電発電素子A〜Hの単位面積あたりの発電量Pと温度差ΔTの関係を示す。ここで定義した温度差は，熱電変換モジュールの高温および低温表面間の温度差である。発電量は温度差の増大とともに増大し，最大約15 kW/m^{2}の発電量が得られている。高温度の排熱を利用する場合の発電量も同程度の発電量であることを考えると，低温度の排熱にも十分利用できる性能を有している。

熱電発電素子を低温度で利用するときの問題点として，利用時の性能劣化が考えられる。ここで使用した熱電発電素子は高温用に開発された素子であるため，経時変化について検討し

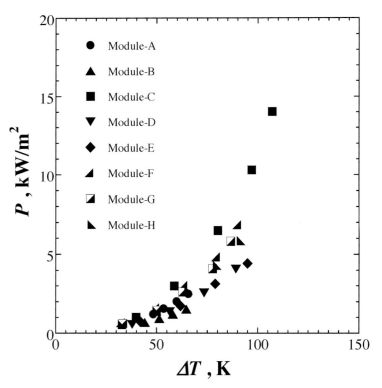

図3 PとΔTの関係

第10節　熱電発電素子を用いた未利用冷熱エネルギーの有効利用

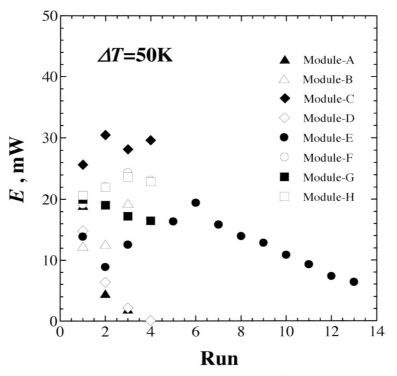

図4　素子の性能変化（$\Delta T=50$ K）

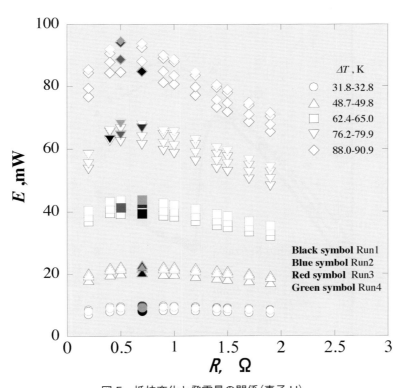

図5　抵抗変化と発電量の関係（素子H）

― 337 ―

第7章 熱電デバイス

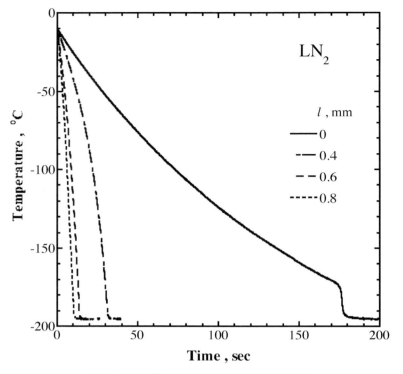

図6 冷却曲線に及ぼす霜層被覆面の影響

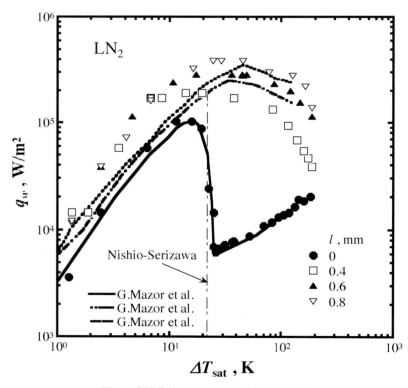

図7 沸騰曲線に及ぼす霜層被覆面の影響

― 338 ―

た。**図4**に発電量Eと実験回数Runの関係を示した。素子ごとに発電量は異なり、実験回数が増大するとともに多くの素子は性能が低下した。この性能低下は、熱応力による素子の変形が原因である。

　熱電発電素子は抵抗によって変化し、発電量が最大となる抵抗値が存在する。熱電発電素子の温度分布を一定に保ち、抵抗器を取り替えることにより抵抗値を変化させ、発電量への影響を検討した結果を**図5**に示す。発電量が最大となる抵抗値が存在し、条件によっては、30%程度の減少に繋がる可能性がある。　したがって、実際に使用する場合には、この影響を配慮する必要がある。

❹　マランゴニ凝縮および沸騰冷却

　熱電変換モジュールの低温側表面温度T_Lと高温側表面温度T_Hとの温度差ΔTを10〜100 Kに保つためには、10^4〜3×10^5 W/m^{2}の熱流束が要求される場合がある。この熱流束を得るために、相変化を利用することが考えられるが、相変化時に、高温側では発熱反応、低温側では吸熱反応が求められる。10^4〜3×10^5 W/m^{2}の熱流束を得るためには、高温側では、潜熱を放出して気相から液相に相変化する凝縮熱伝達、低温側では、沸騰冷却が考えられる。ここでは、高熱流束が得られるマランゴニ凝縮および霜層を用いた沸騰冷却を紹介する。

　マランゴニ凝縮は、凝縮液表面の濃度差分布に起因する表面張力の不安定によって、疑似的な滴状凝縮を生じる混合蒸気に固有の現象である[2]。宇高ら[3]は、水-エタノール混合蒸気を用いてマランゴニ凝縮の凝縮特性曲線を測定しており、濃度0.05〜43 mass%の水-エタノール混合蒸気を用いた場合、特性曲線の極大値は、約5×10^5〜17×10^5 W/m^{2}の熱流束が得られている。

　沸騰冷却熱伝達の促進方法として、「断熱層のパラドクス」と呼ばれる現象[4)5)]がある。近年、G. Mazor et al.[6]は、$d=30$ mmの銅球に、ファンによる強制対流下で霜層を付けた沸騰冷却実験を行っており、裸面銅球に比べ、極小熱流束および限界熱流束が増加したことを報告している。大久保ら[7]は、自然対流下で銅球裸面上に霜層を形成し、これを液体窒素の液槽中に浸漬し、沸騰冷却によって急速冷却を実現する実験的検討を行った。**図6**に霜層厚さをパラメーターとして、沸騰冷却の冷却曲線を示す。図中には、裸面で得られた冷却曲線を併記した。熱抵抗層として霜層を用いた場合、裸面と比較して、冷却速度は顕著に増大し、霜層厚さの増大とともに冷却速度も増大する。「断熱層のパラドクス」現象では、核沸騰熱伝達率は被覆層厚さの増大とともに減少する傾向を示すが、霜層被覆面の場合、この傾向は見受けられなかった。**図7**に図6に示した冷却曲線から求めた沸騰曲線を示す。霜層を付着させた場合、遷移沸騰域の熱流束が顕著に増大した。また、核沸騰域の熱流束および限界熱流束q_{max}も霜層厚さの増大とともに増大した。これらの原因として、霜層の熱伝導性および霜層の構造が考えられる。

❺　おわりに

　熱電発電素子を用いた低温環境下での新冷熱発電の実用化を目指し、性能評価および実用化に向けた課題を示した。市販の熱電素子を用いて単位面積当たり最大15 W/m^{2}の発電量が得られ、冷熱発電への利用が期待できる。しかし、課題も残されており、高温環境下での使用を

第7章　熱電デバイス

目的としている市販の熱電発電素子は，長時間の使用で熱応力によって性能が低下することがある。

　また，熱電発電素子を実際に利用する場合，素子は絶縁層や接着層などで挟まれており，絶縁層表面の温度を測定する場合，測定される温度差は素子の両表面間で生じる温度差よりも大きな値となる。この温度差の測定誤差が素子の性能評価に大きな影響を与える。このような熱設計に必要な解説については，すでに複数の成書[8)9)]が出版されているので，これらを参照されたい。

文　献

1) 三木啓史, 大久保英敏：LNG冷熱を利用する熱電発電技術の適用性評価, 四国電力, 四国総合研究所研究期報, No.89, 30-34. (2007).

2) 日本冷凍空調学会：冷媒の凝縮, 日本冷凍空調学会 (2017).

3) Y. Utaka and S. Wang：Microgravity Science and Technology, 21 (Suppl 1), S77-S85.

4) S. Nishio：Proc. 1983 ASME-JSME Thermal Eng. Joint Conf., **1**, p.103. (1983).

5) 西尾茂文：沸騰熱伝達の基本構造と冷却制御工学への応用, 生研セミナーテキスト (1990).

6) G. Mazor, et al.：*Applied Thermal Engineering*, **52**, pp.345-352. (2013).

7) 大久保英敏：霜層被覆面を用いた自然対流飽和沸騰熱伝達の促進, 伝熱, 57-239, pp.26-29. (2018)

8) 上村欣一, 西田勲夫：熱電半導体とその応用, 日刊工業新聞社 (1988).

9) 小川吉彦：熱電変換システム設計のための解析, 森北出版株式会社 (1998).

— 340 —

第11節　熱電素子を用いた低温領域での発電特性[1]

関西大学　大橋　俊介

1　はじめに

熱電発電は，多くの場合，高温側に高温熱源，低温側は常温という構成において利用されている。

一方で，熱電発電の原理は素子の両側に温度差を与えることによって発電することにある。よって，必ずしも高温熱源を利用する必要はない。LNG気化器ではLNGをガス化させる際に莫大な量の極低温の熱エネルギーが廃棄されている。また，寒冷地においては氷雪が膨大な低温熱源となりうる。本節では低温熱源を利用した場合の熱電素子の発電特性について述べる。

図1に熱電素子をモジュール化したものを示す。ここでは発電電力を増加させるため，4個の熱電素子を並列に接続している。各素子の間はシリコンゴムで熱的に絶縁されている。

このモジュールを用いて，低温領域の熱エネルギーを回収するシステムの構築を想定した装置を作成し，モジュールの無負荷特性，負荷特性を測定する。

図2に熱電発電実験装置を示す。熱電発電実験装置は，熱電発電ユニットの下部に発熱器の発熱面を接触させ，熱電発電ユニットの上部に液体窒素を入れた容器の下面を接触させる構造になっており，高温部および低温部に熱電発電ユニットを接触させることで電圧が発生する。

表1に使用した熱電素子の諸元を示す。ビスマス-テルル系の素子を使用する。

2　低温領域における無負荷特性

まず，基本的な特性を示すため，無負荷特性（出力端子に負荷を接続せず，開放状態にする）

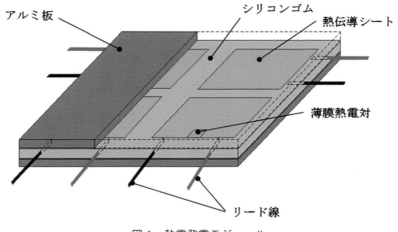

図1　熱電発電モジュール

第7章 熱電デバイス

を示す。実験方法は熱電発電ユニットを発熱器(25[℃])に接触させておき低温側に液体窒素が入った容器を接触させる。容器を接触させた後，熱電発電ユニットの電圧 V_0，上面部および下面部の温度を測定する。

図3に高温側，低温側の温度および高温側と低温側の温度差の変化を示す。

測定開始時は高温側-低温側ともに25[℃]になっている。時間の経過とともに低温側は液体

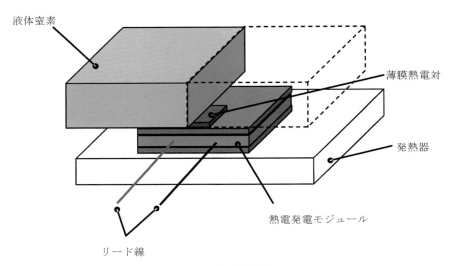

図2　実験装置図

表1　熱電素子諸元

材　質	ビスマス・テルル系
常用温度	180[℃]以下
内部抵抗	10.1[Ω]
寸法(縦×横×高さ)	40×40×3.6[mm]

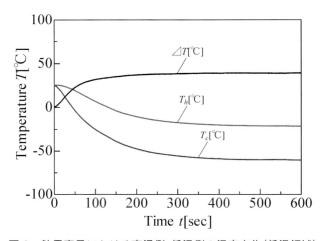

図3　熱電素子における高温側-低温側の温度変化(低温領域)

窒素容器に接触しているアルミ材によって低下する。高温側は本来初期温度に保たれるのが理想であるが，素子内部を通して低温側の冷気が高温側に流れるため，温度が低下する。そして，高温側の温度は測定開始400秒付近で約 −21[℃]で安定する。低温側は −60[℃]で安定する。その結果，温度差は39[℃]を保つことになる。

比較のため，図4に高温領域での温度差特性を示す。高温側を発熱器によって120[℃]，低温側を常温としている。高温領域で使用の場合，高温側から低温側に熱が流れることで低温側の温度がどんどん上昇する。その結果，平衡状態になるまでに時間が必要となり，さらに温度差が少しずつ減少する。したがって，低温領域での使用の方が温度差を安定して保つのは容易となる。

図5に低温領域における無負荷特性を示す。このように低温では高温領域同様に動作を行うことができ，さらに熱の流れの関係から，低温領域において熱電素子は安定した動作を行うことが可能となる。

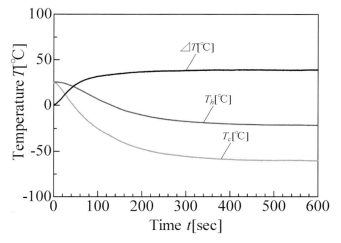

図4　熱電素子における高温側−低温側の温度変化（高温領域）

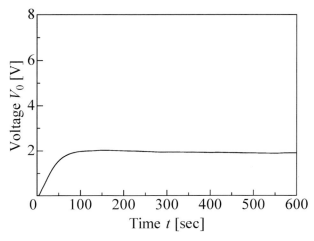

図5　電圧特性（無負荷特性）

第7章 熱電デバイス

３　低温領域における負荷特性

次に低温領域における負荷特性を示す。出力端子に負荷を接続し，電流を流すことで得られる。まず，電圧と電流の特性を示す。発電電圧を変化させ，それに伴う電流変化を測定する。最大電力供給の定理により，内部抵抗と負荷の値が一致したときに負荷への供給電力の効率が最大になる。よって，ここで接続する負荷は内部抵抗とほぼ等しい10[Ω]を接続する。

図6に電圧と温度差の関係，図7に電流と温度差の関係を示す。温度差に比例した出力が得られていることが分かる。

４　低温領域における熱電素子の内部抵抗

低温領域においては熱電素子の温度も低下するため，熱電素子の内部抵抗も低下することが考えられる。そこで，負荷を変化させた場合に最大電力を得られる場合，負荷と内部抵抗が一致すると考えて，内部抵抗の変化について検討した。内部抵抗の変化を確認するため，熱電素子を2個，直列に接続した場合，および並列に接続した場合について示す。

図8に直列接続したときの高温領域の場合，および低温領域での負荷特性を示す。素子の

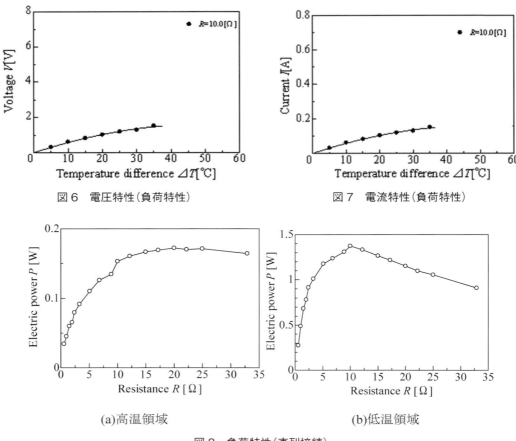

図6　電圧特性（負荷特性）　　　　　　　図7　電流特性（負荷特性）

(a)高温領域　　　　　　　　　　　(b)低温領域

図8　負荷特性（直列接続）

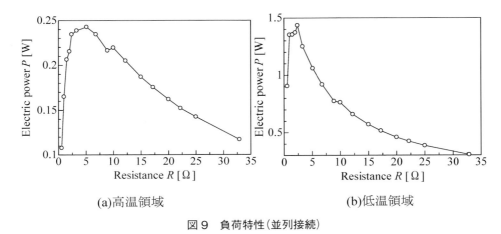

(a)高温領域　　　　　　　　　　(b)低温領域

図9　負荷特性（並列接続）

　内部抵抗の値は表1に示すように10.1[Ω]である。よって，直列接続した場合，電源としての合成内部抵抗は20.2[Ω]となる。図8(a)より高温領域においては負荷20[Ω]付近で発電電力が最大となる。したがって，素子1個当たりの内部抵抗はほぼ10.1[Ω]であると考えられる。一方で低温領域においては10[Ω]付近において電力が最大となる。これより素子1個あたりの内部抵抗は5[Ω]まで低下していることが分かる。素子に流れる電流による違いが出るか検証するため，図9に並列接続した場合の結果を示す。並列接続した場合は電源全体での内部抵抗は半分になるため，理論的には5[Ω]になると考えられる。図9(a)より高温領域では電力は負荷抵抗が5[Ω]付近で最大となっており，理論どおりである。一方，低温領域では2.5[Ω]付近で最大値をとっており，内部抵抗が半分になっていることが分かる。

　以上の結果より，低温領域では内部抵抗が減少することが示された。内部抵抗が減少することで，損失は低減する。一方，発電効率とのバランスが変化するので，注意が必要である。

文　献

1) T. Nomoto, T. Nakai and S. Ohashi: "Application of Thermoelectric Generation System under Low Temperature in Case of Temperature Ununiformity". Proceedings of the 2017 IEEE Region 10 Conference (TENCON), pp.3018-3021 (2017).

第12節 排熱を利用した環境低負荷熱電材料・モジュール・システム

東京理科大学　飯田　努／塩尻　大士／山陽小野田市立山口東京理科大学　阿武　宏明

１　はじめに

半導体の熱起電力効果(ゼーベック効果)によって，熱を直接電気に変換する熱電発電は，産業プロセス排熱，運輸排熱，廃棄物焼却排熱，LNG冷熱，自然熱などさまざまな未利用熱を電気エネルギーに変換して有効利用する技術として期待されている。熱電発電素子で高い出力が得られるように，材料のゼーベック係数Sと電気伝導率σは高いこと，熱電発電素子に温度差が付きやすいように材料の熱伝導率κは低いことが求められる。よって，無次元熱電性能指数$ZT = S^2 \sigma T / \kappa$($T$は想定する使用温度)の高い材料がよい。中・高温域の未利用熱を利用する場合，材料には高い耐熱性・耐酸化性を有することも求められる。さらに，この技術が持続可能な社会の構築に寄与するためには，資源量が豊富で低コストの経済的な元素，毒性が低く安全で環境負荷の低い元素からなる材料の開発が鍵となる。シリコン元素を主成分とするシリサイド系材料Mg_2Siやシリコン系クラスレート$Ba_8Al_{16}Si_{30}$は，そのような熱電材料として要求される特徴を有するため，その材料開発に期待が寄せられている。ここでは，シリサイド系材料Mg_2Siおよびシリコン系クラスレート$Ba_8Al_{16}Si_{30}$の熱電材料開発ならびに発電モジュール・システムへの応用開発について述べる。

２　シリコン系環境低負荷熱電材料

2.1　シリサイド Mg_2Si 系材料

2.1.1　Mg_2Si 系の結晶構造とキャリアドーピング

Mg_2Siは太陽系岩石惑星の地殻中に豊富に存在する元素から構成される無毒な熱電変換材料である。Bi_2Te_3など他の無機系熱電材料に比べて50％程度以上も軽量($1.99\,[g/cm^3]$，テフロンなどの一部の有機樹脂並み)であり，600〜900Kの中・高温度域で高い熱電性能指数を有するため，運輸排熱発電を筆頭にして宇宙開発においても有力な熱電変換材料候補の一つである。本稿では，母材の熱電性能や機械的特性・酸化耐久性能の向上，専用モジュール構造の検討についてMg_2Si熱電材料の実用化に向けた取り組みを紹介する。

Mg_2Siは立方晶系の逆蛍石型構造(図1)を有し，アンドープの試料では4bサイトへの侵入型Mg欠陥によりn型伝導性を示す[1]。MgサイトへはAl，SiサイトへはSbやBiなどをドーピングすることによりn型Mg_2SiのZTが向上することが報告されており[2]-[4]，この内，高温領域でのZTと酸化耐久性能が両立されるSbが実用化に有望なn型ドーパントである。ここでは，Sbと他元素とを同時ドーピングしたMg_2Siの熱電性能について述べる。

第12節 排熱を利用した環境低負荷熱電材料・モジュール・システム

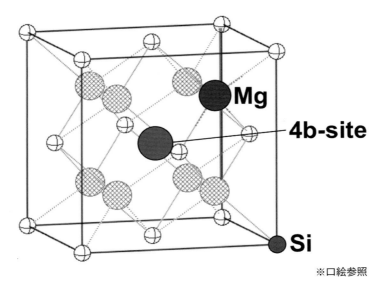

※口絵参照

図1 Mg$_2$Si の結晶構造（立方晶系逆蛍石型構造）

2.1.2 Mg$_2$Si 系におけるドーピングと熱電特性

Sb と同時ドーピングする元素候補として，同じ n 型ドーパントである Al と，Mg が置換されることにより格子歪みによる κ の減少が期待される等価数不純物 Zn を選定した。Mg$_2$Si 焼結体の作製にはプラズマ放電焼結（PAS）法を採用した。溶融法により作製した共添加インゴットを粉砕し，得られた粉末をハンドプレス機で ϕ15 mm の圧粉体とした後に，0.06 MPa の Ar ガス雰囲気下で PAS 法により圧力 30 MPa で加圧焼成した。保持温度は 1113 K で 13 分間焼成することで，相対密度 98% を超える緻密な焼結体が得られた。熱電性能の評価は，レーザーフラッシュ法により熱拡散率と比熱を，4 探針法にて導電率とゼーベック係数を調べた。図2 は Sb を 0.5 at%，Al+Zn を 1.0 at% 添加した Mg$_2$Si の S・σ・パワーファクター（$S^2\sigma$）・κ・ZT を示す[5]。σ は Al を 1.0 at% 同時ドーピングした試料では Sb のみをドーピングした試料に比べて増加したが，S が減少し $S^2\sigma$ は全試料でほぼ同様の値となった。一方で，Sb を 0.5 at%，Zn を 1.0 at% 同時ドーピングした試料では，全測定温度領域で κ が最小値となり，873 K で ZT = 0.98 が得られ実用化目安程度の値に達した。現在では，当組成試料の電子状態を実験的・計算的手法により明らかにしつつあり，さらなる高性能 n 型 Mg$_2$Si の創製が期待される。

2.2 クラスレート Ba$_8$Al$_{16}$Si$_{30}$ 系材料

2.2.1 Ba$_8$Al$_{16}$Si$_{30}$ 系の結晶構造と同時ドーピングによるキャリア制御

シリコン（Si），ゲルマニウム（Ge），スズ（Sn）を主構成元素とする半導体クラスレートは，熱を輸送するフォノンにとってはガラスのように，伝導電子にとっては結晶のように振舞う物質，つまり Phonon Glass Electron Crystal（PGEC）の有力な候補材料の一つとされている[6)7]。半導体クラスレートの中でも，タイプⅠ型クラスレート構造の Ba$_8$Al$_{16}$Si$_{30}$ 系は構成する元素

第7章 熱電デバイス

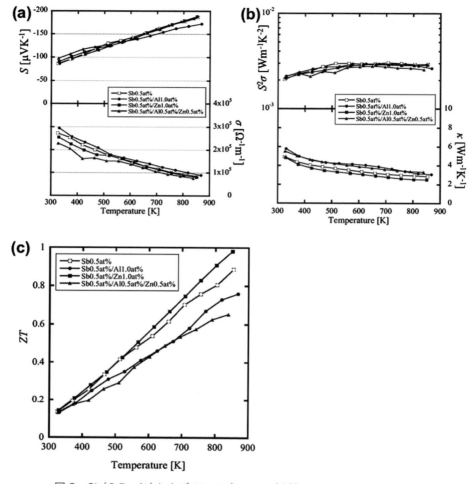

図2 Sb(0.5 at%)およびAl+Zn(1.0 at%)添加したMg$_2$Siの熱電特性

が資源量豊富で低コスト,毒性が低いことから,とくに中・高温域の熱電材料として注目されている。タイプⅠ型クラスレート A$_8$X$_{46}$(A=Sr, Ba, Eu;X=Si, Ge, Sn)結晶構造を図3に示す[8]。結晶構造は立方晶で,単位格子中に54個の原子を含み,5員環からなる正十二面体が2個,6員環を含む十四面体が6個,合計8個の多面体が面を共有して三次元に並んだ構造を形成している。おのおのの多面体の内部には,アルカリ土類金属元素あるいは希土類元素(A=Sr, Ba, Eu)が含まれる。X元素の14族元素(X=Si, Ge, Sn)は13族元素(Al, Ga, In)や遷移金属元素と部分置換が可能である。

ZintlモデルによるとBa$_8$Al$_y$Si$_{46-y}$の場合,SiをAlで置換することで,Baから供給される価電子をAlが受け取ってSiと同じ電子配置となり化合物として電荷バランスがとれ半導体となるはずである。しかし,単結晶や焼結体のいずれの場合も合成されたBa$_8$Al$_y$Si$_{46-y}$では,Al置換量が増加すると共有結合から成るクラスレート骨格におけるAl-Al結合を避けるためAlの置換量(固溶量)は$y=15$程度までが限界となっている[9)-11)]。そのために,Ba$_8$Al$_{15}$Si$_{31}$($y=15$の場合)は最適なキャリア濃度より電子が過剰ドープの状態である。固溶限界の問題に対する

第12節　排熱を利用した環境低負荷熱電材料・モジュール・システム

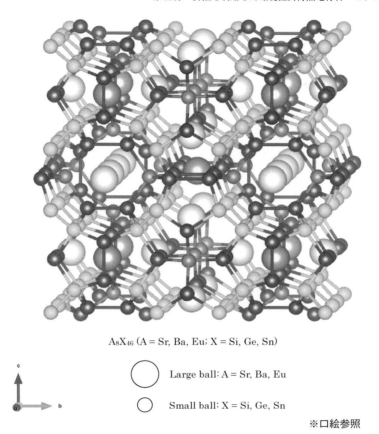

A_8X_{46} (A = Sr, Ba, Eu; X = Si, Ge, Sn)

Large ball: A = Sr, Ba, Eu

Small ball: X = Si, Ge, Sn

※口絵参照

図3　タイプⅠ型クラスレート結晶構造

解決法として，阿武ら[12)13)]の研究グループはGa（アクセプタ）とP（ドナー）の同時ドーピングによるクーロン斥力の緩和によって置換元素の固溶量の増加効果とそれによる熱電特性の改善効果を見い出している。ここでは，その成果について述べる。

Ga-P同時ドープ$Ba_8Al_ySi_{46-y}$系クラスレート試料の合成は次の方法で行った。出発原料として，Ba（3N）フレーク，Al（5N）粒，Si（5N）粒，Ga（6N）ショット，P（5N）粉末を用いた。Baは不活性ガスAr雰囲気のグローブボックス中で表面の酸化層を研磨削除したものを使用した。試料の仕込化学組成は$Ba_8Al_{16}Ga_xSi_{30-2x}P_x$（$x=0\sim2.0$）とした。秤量した原料を先ずアーク溶融して合金インゴットを作製した。次に，得られた合金をメノウ乳鉢と乳棒を使って粉末（90 μm以下）にし，その粉末を放電プラズマ焼結（SPS）により高密度化を施した。SPS条件は，焼結温度1138～1181 K，焼結圧力30 MPa，焼結保持時間5～23 minとした。EDXおよびICP-AES・ICP-MS分析の結果から，同時ドーピングにより，アクセプタの役割をするAlとGaの両方を合わせた置換量（Al+Ga）は15.65となり，$Ba_8Al_ySi_{46-y}$系のAlまたはGa固溶限（$y=15$）より増加していることが明らかとなった[12)13)]。

— 349 —

2.2.2 $Ba_8Al_{16}Si_{30}$ 系における同時ドーピングの熱電特性への効果

Ga-P同時ドーピングのキャリア濃度への効果を解明するために室温におけるHall測定を行った。その結果，$Ba_8Al_{15}Si_{31}$試料のHallキャリア濃度は約$9.7×10^{20}$ cm^{-3}であったが，Ga-P同時ドーピング量xの増加に伴ってHallキャリア濃度は減少し，$x=2.0$において約$6.3×10^{20}$ cm^{-3}となり，$Ba_8Al_{15}Si_{31}$試料の値から大幅に低下することが明らかとなった[12)13)]。

図4および図5はそれぞれGa-P同時ドーピング$Ba_8Al_{16}Ga_xSi_{30-2x}P_x$試料におけるゼーベック係数$S$および電気伝導率$\sigma$の温度依存性である。$Ba_8Al_{15}Si_{31}$試料とGa-P同時ドーピング試料のゼーベック係数を比較すると，Ga-P同時ドーピング$x=2.0$では顕著に増加していることが明らかとなった。図中の曲線は，$x=2.0$の場合に相当するキャリア濃度$6.0×10^{20}$ cm^{-3}（実線）と$Ba_8Al_{15}Si_{31}$試料に相当するキャリア濃度$1.0×10^{21}$ cm^{-3}（破線）の場合の計算結果である。な

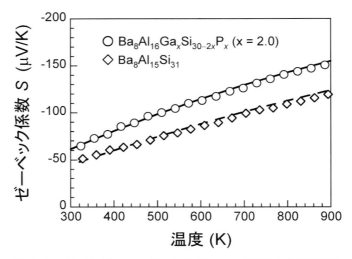

図4　$Ba_8Al_{16}Ga_xSi_{30-2x}P_x$におけるゼーベック係数の温度依存性

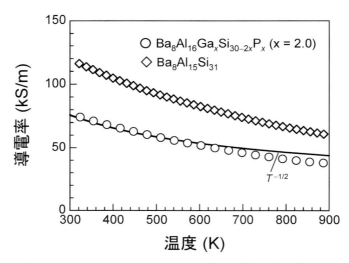

図5　$Ba_8Al_{16}Ga_xSi_{30-2x}P_x$における電気伝導率の温度依存性

お，この計算はボルツマン輸送方程式に基づくものであり[14]，有効質量 $m^* = 2.2\, m_0$（m_0：自由電子質量），単一放物線バンド，混晶（合金）散乱が支配的であると仮定している．計算結果は実験とよく一致していることから，同時ドーピングによるゼーベック係数の増加は，Hall キャリア濃度の低下によるものと説明できる．

一方，Ga-P 同時ドーピング試料の電気伝導率 σ は，$Ba_8Al_{15}Si_{31}$ 試料の値より減少した．Ga-P 同時ドーピング試料と $Ba_8Al_{15}Si_{31}$ 試料のどちらもキャリア散乱機構は混晶（合金）散乱が支配的であり，電気伝導率の温度依存性は 600 K 以上の高温域を除いて，ほぼ $T^{-1/2}$ に依存している．Hall キャリア移動度は，$Ba_8Al_{15}Si_{31}$ 試料では約 $7.4\, cm^2V^{-1}s^{-1}$，Ga-P 同時ドーピング試料では約 $6.6\, cm^2V^{-1}s^{-1}$ であり，Ga-P 同時ドーピングにより混晶（合金）散乱が増加したものと推察される[12)13)]．

Ga-P 同時ドーピング $Ba_8Al_{16}Ga_xSi_{30-2x}P_x$ 試料の熱伝導率 κ の温度依存性を図6に示す．Ga-P 同時ドーピング試料の熱伝導率は Ga-P 同時ドーピング量 x におおむね依存しており，x が増加すると熱伝導率の値は低下する傾向がある．Ga-P 同時ドーピング試料における格子熱伝導率を見積もったところ，その変化は混晶系で期待される混晶散乱に起因する組成依存性を明確に示さなかった．したがって，Ga-P 同時ドーピング試料における κ の減少のおもな原因は，x の増加に伴うキャリア濃度の減少による電気伝導率の低下，つまりキャリアによる熱伝導への寄与が低下することであると考えられる．

図7に $Ba_8Al_ySi_{46-y}$ 試料および Ga-P 同時ドーピング $Ba_8Al_{16}Ga_xSi_{30-2x}P_x$ 試料の熱電性能指数 ZT のキャリア濃度依存性を示す．$Ba_8Al_ySi_{46-y}$ 試料の ZT = 約 0.4（y = 15，900 K）に対して，Ga-P 同時ドーピング試料の ZT は，x = 2.0 で約 0.47（900 K）となり向上した[12)13)]．Ga-P 同時ドーピングによりキャリア濃度は $Ba_8Al_ySi_{46-y}$ 試料より低減して最適キャリア濃度へ近づいている．Ga-P 同時ドーピングの場合の出力因子は $Ba_8Al_ySi_{46-y}$ 試料と同程度の値であるので，Ga-P 同時ドーピングによる ZT の向上の要因として，熱伝導率の大幅な低下の効果が考えられる．

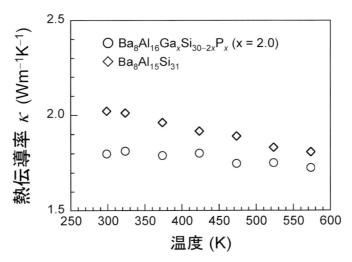

図6　$Ba_8Al_{16}Ga_xSi_{30-2x}P_x$ における熱伝導率の温度依存性

第7章 熱電デバイス

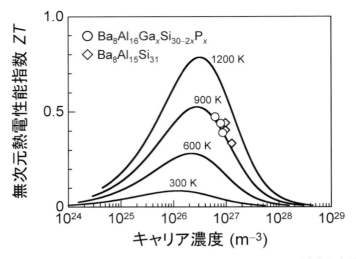

図7　$Ba_8Al_{16}Ga_xSi_{30-2x}P_x$における熱電性能指数のキャリア濃度依存性

表1　$Ba_8Al_{16}Si_{30}$系クラスレートのヤング率

材料	ヤング率（GPa）
$Ba_8Al_{15}Si_{31}$	105.40
$Ba_8Al_{16}Ga_2Si_{26}P_2$	102.55
Bi_2Te_3	32.00
$MnSi_{1.73}$	160.00
Mg_2Si	117.70
Filled skutterudite	104.00
$Ca_3Co_4O_9$	84.00

2.2.3　$Ba_8Al_{16}Si_{30}$系の弾性定数

　材料の熱的安定性や機械的強度は，材料をモジュールへ応用する上での重要な特性でもある。超音波測定による音速の計測結果から算出した$Ba_8Al_{16}Si_{30}$系クラスレートにおけるヤング率Eを表1にまとめている[13]。Ga-P同時ドーピングによるヤング率への影響はほとんどみられない。$Ba_8Al_{16}Si_{30}$系クラスレートのヤング率はシリサイド系材料と比較するとやや低い値であるが，酸化物系材料やBi_2Te_3と比べると高い値である。機械的に脆いBi_2Te_3と比較して$Ba_8Al_{16}Si_{30}$系クラスレートは充分に中・高温度領域の熱電発電モジュール材料に適応できる特性をもつと考えられる。

3　モジュール

3.1　シリサイドMg_2Si系材料のモジュール技術

　熱電変換材料の実用化に向けて，材料性能を十分に発揮させるモジュールの構築が不可欠である。高性能な熱電変換モジュールの構築には，高いZTをもつ熱電変換材料の他にも，最適なモジュール構造や電気・熱的な損失の少ない材料接合，実用環境下における十分な高温耐久

第12節　排熱を利用した環境低負荷熱電材料・モジュール・システム

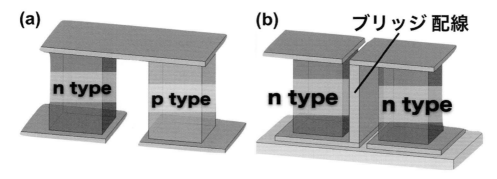

図8　熱電発電素子の構造：(a)Π形構造，(b)uni-leg形構造

性と機械的強度といった数多くの要素技術が求められる。

　現在，市販の低温領域で使用される熱電発電モジュールは図8(a)に示すn形半導体とp形半導体から成るΠ形構造である。しかし，Π形構造ではn型・p型熱電素子間での熱電変換性能や熱膨張係数のマッチングを考慮する必要があり，中・高温度領域における熱サイクル下で長期的な信頼性が必要とされるMg_2Siでは図8(b)に示すuni-leg形構造を採用した。uni-leg形モジュール構造では高温側から低温側へ金属ブリッジ配線が配置され熱流ロスが生じるため，実用レベル（≧1 W/cm^2）のMg_2Si熱電変換モジュールの構築のためには素子形状や金属配線構造などの最適化が必要とされる。本稿では，高性能Mg_2Si熱電変換モジュールの実現を目指し，モジュール構造や熱電変換材料の物性値からモジュール性能が精密に計算可能なシミュレーション環境の構築について述べる。

3.2　シリサイドMg_2Si系材料のモジュール出力特性

　uni-leg形Mg_2Si熱電変換モジュールにおける性能シミュレーションの結果と実際のモジュール性能との比較評価を行った。モジュールの精密なシミュレーションには，有限体積法により精密かつ高速に伝熱解析可能なアドバンスドナレッジ研究所製FlowDesignerを使用した。出力密度の算出に至る計算フローは図9に示す。熱電素子におけるペルチェ効果やトムソン効果，ジュール熱に伴う素子の吸発熱を熱流計算に反映させ，熱伝導率や接触熱抵抗などの実測値も繰り込むことでモジュール性能シミュレーションの精密化を図った。モジュールの構築にはNi電極付き5×5×5 mm^{3}サイズのSb・Znドーピングn型Mg_2Si素子を使用し，配線にはNiメッキ銅板を用いて，素子の低温側へ流れる熱流量を減少させた独自開発構造のS形配線uni-leg形モジュール（図10）を作製した。モジュールの精密な性能評価のために，素子1・2本のモジュールではAdvance Riko, Inc.製の小モジュール用の熱電変換効率評価装置（ADVANCE理工社製 Mini-PEM）を，素子4本のモジュールでは発電効率特性評価装置（ADVANCE理工社製 PEM2）を用いた。表2はモジュールの開放電圧（V_{OC}）・電気抵抗値（R）・短絡電流値（I_{SC}）・最大出力（P_{max}）・出力密度を示す。表2より，いずれの値でも実測値とシミュレーション値との間で良好な一致が得られ，出力密度においては90％を超える一致率が得られた。なお，本モジュール構造は車載搭載を想定したJIS規格に基づく振動試験に

— 353 —

第7章 熱電デバイス

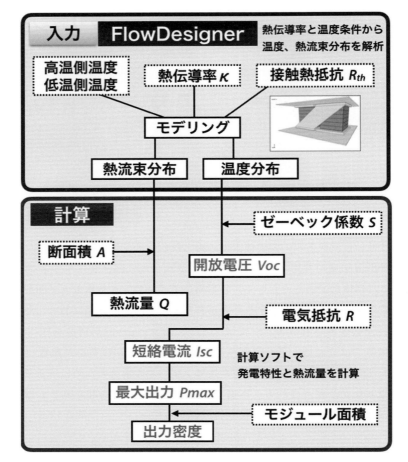

図9 FlowDesigner を使用した熱電発電モジュールの出力密度シミュレーションの計算フロー

おいても十分な熱的・機械的耐久性を有していることも示されている。

　FlowDesigner による伝熱モデリングに熱電変換材料の物性値や接触熱抵抗値を繰り込むことで，モジュール性能の精密なシミュレーション環境が構築された。本システムにより，モジュール構成要素の出力密度への影響が可視化され，今後，さらなる高性能モジュールの実現に向けた構造探索が可能となった。前述の発電モジュールは素子本数が2本以上では出力密度が1 W/cm^2 を下回ったが，素子1本では 1.77 W/cm^2 の出力密度を有しており，実用化に向けてはモジュールに占める電極面積の省スペース化が求められる。現在では，本シミュレーション手法を用いた新規配線構造の探索や電極内蔵型の新規高放熱性モジュール基板の設計に着手している。

4 おわりに

　熱発電モジュール開発では，EU の RoHS 指令（2006年）と REACH 規則（2007年）による，有害化危惧物質の使用制限の例外条項削除により，2009年1月から，従来の主力材料である鉛-テルル（Pb-Te）系の発電モジュールが EU 域内で禁止された。現状においても代替発電モ

第12節　排熱を利用した環境低負荷熱電材料・モジュール・システム

図10　n型 Mg_2Si を使用した独自開発構造のS形配線 uni-leg 形モジュール

表2　作製した熱電モジュールとシミュレーション値との比較

		V_{OC}[mV]	R[mΩ]	I_{SC}[A]	P_{max}[mW]	出力密度 [W/cm^2]	実測値／計算値 [％]
素子1本	実測値	75.1	3.18	23.6	443	1.77	100.4
	計算値	76.7	3.34	23	441	1.76	
モジュール (素子2本)	実測値	117	6.44	18.2	532	0.78	98.2
	計算値	119.5	6.59	18.1	542	0.8	
モジュール (素子4本)	実測値	265	16.7	15.8	1048	0.68	99.5
	計算値	266	16.8	15.8	1053	0.69	

ジュール開発の多くは材料開発に留まり，現状では国際的に発電用途の汎用モジュールが開発されていない。熱電材料として，無毒・資源豊富なエネルギー変換素材へのシフトのニーズは高く，シリコン系材料による熱電発電モジュール開発は引き続き注目されている。Mg_2Si は現状，産業界の発電デバイス・システム化が推進されているものの，発電デバイスとして初期のみならず継続的に中核的技術位置を得るためには，さらなる発電性能向上および耐久性向上に対する要素技術開発が必要である。

　一方，中高温域材料として注目される $Ba_8Al_{16}Si_{30}$ 系クラスレートにおけるキャリア濃度最適化の課題に対して Ga-P 同時ドーピングは，この系の従来の元素置換では実現できなかったキャリア濃度の低減を可能とした。Ga-P 同時ドーピングによって，キャリア濃度の減少に伴うゼーベック係数の増加効果，電気伝導率の減少に伴う熱伝導率の低下効果，出力因子は $Ba_8Al_ySi_{46-y}$ 系と同程度を維持するため熱電性能指数 ZT は向上する効果がもたらされた。また，Ga-P 同時ドーピングによる弾性定数への影響は低く，機械的な特性への影響も低いと推測された。今後，同時ドーピング条件の最適化とキャリア移動度の改善を図れば，さらに熱電

第7章　熱電デバイス

性能が向上すると期待され，中高温域の熱電モジュール材料として活用するための要素技術の開発が進むものと考えられる。

文　献

1) Akihiko Kato, Takeshi Yagi and Naoto Fukusako: *J. Phys.: Condens. Matter* **21**, 205801 (2009).

2) J. Tani and H. Kido: *Intermetallics*, **15**, 1202-1207 (2007).

3) J. Tani and H. Kido: *J. Alloys Compd.*, **466**, 335-340 (2008).

4) T. Sakamoto, T. Iida, A. Matsumoto, Y. Honda, T. Nemoto, J. Sato, T. Nakajima, H. Taguchi, and Y. Takanashi: *J. Electron. Mater.*, **39**, 1708-1713 (2010).

5) Y. Oto, T. Iida, T. Sakamoto, R. Miyahara, A. Natsui, K. Nishio, Y. Kogo, N. Hirayama, and Y. Takanashi: *Phys. Status Solidi C* **10**, 1857-1861 (2013).

6) G. A. Slack: New Materials and Performance Limits for Thermoelectric Cooling, CRC Handbook of Thermoelectrics, pp. 407-440, CRC Press, Boca Raton (1995).

7) G. A. Slack: Design Concepts for Improved Thermoelectric Materials, Mat. Res. Soc. Symp. Proc. **Vol. 478**, eds. by T. M. Tritt, M. G. Kanatzidis, H. B. Lyon, Jr. and G. D. Mahan, pp. 47-54, MRS Press, Warrendale, Pennsylvania (1997).

8) V. L. Kuznetsov, L. A. Kuznetsova, A. E. Kaliazin, and D. M. Rowe: *J. Appl. Phys.*, **87**, 7871-7875 (2000).

9) N. Tsujii, J. H. Roudebush, A. Zevalkink, C. A. Cox-Uvarov, G. J. Snyder, and S. M. Kauzlarich: *J. Solid State Chem.*, **184**, 1293-1303 (2011).

10) H. Anno, M. Hokazono, R. Shirataki, and Y. Nagami: *J. Mater. Sci.*, **48**, 2846-2854 (2012).

11) H. Anno, M. Hokazono, R. Shirataki, and Y. Nagami: *J. Electron. Mater.*, **42**, 2326-2336 (2013).

12) H. Anno, T. Ueda, and H. Sakuma: *J. Jpn. Soc. Powder Powder Metallurgy*, **62**, 194-199 (2015).

13) Hiroaki Anno, Takahiro Ueda, and Kazuya Okamoto: *J. Electron. Mater.*, **46**, 1730-1739 (2017).

14) H. J. Goldsmid: Elrctronic Refrigeration, Chap. 2, pp. 17-56, Pion Limited, London (1986).

第13節　高温排気ガスを利用する熱電変換技術

国立研究開発法人産業技術総合研究所　三上　祐史

名古屋工業大学　西野　洋一

1　はじめに

　化石資源の有用エネルギーへの変換過程や化学反応を利用した有用物質の製造工程などにおいて，膨大な熱量のエネルギーが付随的に発生するが，そのような熱エネルギーが廃棄される場合の多くは，最終形態として大気へ熱を発散させるために高温の気体が排出される。この高温排気ガスは温水などに比べてエネルギー密度が希薄であるため，効率的に利用することが難しい。たとえば熱電発電に利用することを想定した場合には，固体の熱電材料に散逸しやすい気体の熱エネルギーを集中的に取り込むことが難しいことや，熱交換部の避け難い熱抵抗によって熱電素子への入熱時に大きく温度が低下することなど，高い発電効率の熱電発電ユニットの実現に向けて解決すべき課題は多い。しかし，産業部門や運輸部門など幅広い分野において排気ガスの形態で大量の熱が排出されており，これらの高温排気ガスからのエネルギー回収は実用化が強く望まれている。たとえば自動車においては，走行距離あたりの燃料消費量や二酸化炭素排出量に対して世界的に厳しい規制が導入されるなど，環境への配慮などの観点からも効率的なエネルギー利用技術の開発が具体的に求められている。したがって，高温排気ガスからのエネルギー回収技術の一つとして熱電発電システムを検討し，技術的な課題の解決を進めることは，エネルギー資源の有効利用やCO_2排出量の削減に向けて有用性の高い技術開発であると考えられる。

　高温排気ガスを熱源とした熱電発電システムを想定した場合に，実現性の高い開発ターゲットとして自動車が挙げられる。自動車は，工場など産業分野からの排熱に比べて規模が小さく，また設置可能なスペースや重量に対する制限が厳しいため，変換効率のスケールメリットが無く小型化が可能な熱電発電に優位性がある。また，移動体では一般的な発電所からの低コストな電力が利用できないため，発電コストに対する要求は緩和されると期待できる。近年，電気自動車や燃料電池車などの環境対応車へのシフトが進められているが，中・長距離走行用途にはハイブリッド自動車を含めて，依然として内燃機関を有する自動車が主流であると想定されるため，高温排気ガスのエネルギーを有効利用するための技術開発は今後も必要性が高いと考えられる。ところで，自動車用の熱電発電システムに要求される特徴的な条件としては，走行中における振動や衝撃および頻繁に繰り返される熱サイクルに対する高い耐久性が挙げられる。つまり，車載部品として適応可能な熱電モジュールが必要不可欠となる。しかし，一般的に開発されている熱電モジュールは，そのような適応基準のもとに設計されたものではなく，熱電材料そのものの強度や耐熱性および電極接合部の信頼性が十分に高いとはいえない。したがって，自動車用の熱電発電システムに既存の熱電モジュールをそのまま導入することは難しいため，機械的強度や耐熱性に優れた熱電モジュールを開発する必要がある。また，自動車の

第7章　熱電デバイス

排気系に熱電発電システムを取り付ける場合に，内燃機関の排気負荷の増大や温度バランスの変化によって自動車そのもののシステムに影響を与えることが懸念される。そのため，熱電発電システムの熱交換機構や熱抵抗について，自動車システム全体への影響を十分に考慮した設計が必要とされる。

　このような自動車への搭載要件を考慮し，ホイスラー型 Fe_2VAl 合金を用いた熱電発電システムの開発を行った。自動車用の熱電発電システムには室温〜300℃付近の比較的低温で性能の良い熱電材料が適していると考えているが，ホイスラー型 Fe_2VAl 合金はこのような中・低温域で高い発電性能を示す。また，希少元素から構成される既存の Bi-Te 系に比べて，鉄やアルミニウムなど安価で豊富な元素から構成されることから原材料の資源性に優れており，高い量産性が求められる自動車への応用に適している。さらに，鉄系の金属間化合物であることに由来して，高い機械的強度や優れた耐熱性を備え，また材料設計により熱伝導性を幅広く制御することも可能であることから，車載用の熱電発電システムとしての耐久性の向上や熱設計の最適化に有利な熱電材料である。本稿では，まずホイスラー型 Fe_2VAl 合金の性能向上に向けた材料開発について概説し，高い機械的強度を備えた Fe_2VAl 熱電モジュールの開発，および高温排気ガスを熱源とした場合の設計指針の検討など，実用化に向けた取り組みについて述べる。

❷　Fe_2VAl 熱電デバイスの研究開発

2.1　ホイスラー型 Fe_2VAl 合金

　Fe_2VAl 合金は，ホイスラー型の結晶構造を有する場合にフェルミ準位付近に鋭い擬ギャップを有する半金属となり[1]，適切な元素置換により大きなゼーベック係数と高い導電率を示す優れた熱電材料となる[1-4]。また，Fe_2VAl の V/Al 組成比を化学量論組成からわずかにずらすことで，元素置換しなくても元素置換した合金と同様にゼーベック係数 S と導電率 σ が同時に増大する[5]。図 1 に，n 型の $Fe_2V_{1+x}Al_{1-x}$ $(0.03 \leq x \leq 0.12)$ における出力因子 $P(=S^2\sigma)$ の温度依存性を示す[5]。組成 x の増加とともに出力因子は増大し，$x=0.05$ で $P=6.8\times10^{-3}$ W/mK^2 となり，Fe/V 非化学量論組成の合金に元素置換した場合[6]に匹敵する大きさを示す。さらに，組成 x が大きくなると出力因子のピーク温度は高温側にシフトしていくが，この変化はゼーベック係数のピーク温度の上昇に対応している。また，環境調和型熱電材料としては，Fe_2VAl 系のほかに，ハーフホイスラー化合物やマグネシウムシリサイドがよく知られている。図 1 には，比較のために $Hf_{0.8}Zr_{0.4}NiSn_{0.995}Sb_{0.05}$[7]と $Mg_2Si_{0.3}Sn_{0.7}$[8]および Sb をドープした Mg_2Si[9]の出力因子も示してある。これらはすべて n 型材料のデータであるが，少なくとも 700 K 以下の温度範囲では，Fe_2VAl 系の出力因子の方がかなり大きいことが分かる。このようなピーク温度の上昇は p 型の $Fe_2V_{1+x}Al_{1-x}$ 合金でも確認されており，非化学量論組成の制御だけで出力因子がピークとなる温度を最適化することができるため，熱源の温度に合わせた材料設計が可能である。

　ホイスラー型 Fe_2VAl 合金は上記のように優れた熱電特性を示すが，比較的シンプルな結晶構造であるために熱伝導率が高い。そのため，熱電発電においてはエネルギー変換効率が低く

— 358 —

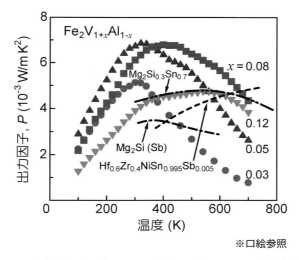

図1 非化学量論組成 Fe₂VAl 合金の出力因子の温度依存性

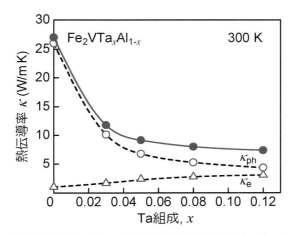

図2 Fe₂VTa$_x$Al$_{1-x}$ 合金の熱伝導率の Ta 組成依存性

なることや,とくに高温排気ガスを想定した場合には熱源のエネルギー密度が希薄なため,大きな温度差を与えることが難しいことなどが懸念される。しかし,ホイスラー型 Fe₂VAl 合金の構成元素の一部を原子量の比較的大きな元素で置換する重元素置換や[4)10-13)],粉末冶金技術などを用いた組織微細化により[13)14)],熱伝導を大幅に低減することができる。たとえば,Ta 置換した合金 Fe₂VTa$_x$Al$_{1-x}$ について,300 K における熱伝導率 κ を Ta 組成 x に対してプロットした結果を図2に示す[10)]。Fe₂VAl(x=0)の熱伝導率は 27 W/mK であるが,Ta 置換により約 7 W/mK にまで低下している。一般に,熱伝導率 κ はフォノンによる成分 κ_{ph} とキャリアによる成分 κ_e の和で表される。このうちキャリア成分 κ_e は,ヴィーデマン・フランツ則($\kappa_e = L_0 T \sigma$,L_0:ローレンツ数,T:絶対温度)を仮定すると導電率 σ から求めることができる。

図2において測定した熱伝導率 κ と比較すると,電子成分 κ_e は小さくフォノンによる熱伝

第7章　熱電デバイス

導 κ_{ph} が支配的であることが分かる。このことから，Taで部分置換することによりフォノン散乱の影響がより強まり，熱伝導率の低減にきわめて有効である。

2.2　Fe₂VAl 合金の熱電モジュール化技術の開発

Fe₂VAl 合金の熱電材料として実用的な点は，高い機械的強度や優れた耐酸化性を示すことが挙げられる。たとえば，サブミクロン程度の微細な結晶粒からなる Fe₂VAl 焼結体は 800 MPa と高い抗折強度を示すとともに 600℃ 程度まで大気中で安定であることが分かっている。このような Fe₂VAl 合金について，熱電モジュールとしても高い機械的強度や耐熱性を求めるために，高い接合強度と優れた熱的安定性を有する電極接合を形成する技術開発を行った。その結果，Fe₂VAl 焼結体と銅電極を加圧下で加熱することにより固相拡散させ，接合強度が高く耐熱性に優れた電極接合が形成されることが分かった[15]。図3に示すように，得られた接合界面は割れや剥離の無い密接な接合が得られている。また，およそ 1 μm の拡散層が形成されている様子が観察される。せん断強度試験により評価した接合強度は 100 MPa 程度であり，比較的強固な接合が得られていることを確認している。

2.3　Fe₂VAl 熱電モジュールの発電性能および耐久性

Fe₂VAl 焼結体と銅電極との直接接合により作製した 18 対の p-n 対からなる Fe₂VAl 熱電モジュールについて発電試験を行った。Fe₂VAl 焼結体には微細組織化と W ドープにより低熱伝導率化した焼結体を用いている[13]。4.5 mm 角の素子で構成され 35 mm×35 mm のものと 2.0 mm 角素子で 17 mm×17 mm の二種類の熱電モジュールについて，それぞれ 300℃ および 400℃ に設定したホットプレート上にモジュールを設置して片方を加熱し，他方を 20℃ の水冷ヒートシンクにより冷却した。図4に発電試験結果を示す。熱源温度や素子サイズによって評価条件が異なるものの，Fe₂VAl 合金の高い出力因子に由来して 0.5～0.7 W/cm² と高い出力密度を示すことが特徴的である。また，17 mm×17 mm 熱電モジュールは I-V 特性から内部抵抗が 101.9 mΩ と見積もられるが，この内部抵抗は Fe₂VAl 焼結体の電気抵抗率から求めた理論抵抗値 100.4 mΩ とほぼ同じであり，銅電極との直接接合により形成した接合部での電気抵抗が十分に低く抑えられていることが分かる。これは，熱電材料内で発生した電力をロスなく外部に取り出せることを意味している。

この Fe₂VAl 熱電モジュールについて，熱サイクル下での耐久性試験を大気中で行った結果を図5に示す[16]。30 分を 1 サイクルとして，5 分で 300℃ まで加熱した後に 10 分間保持し，

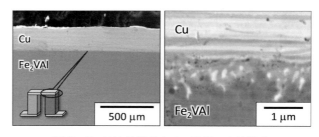

図3　Fe₂VAl 焼結体と Cu 電極の直接接合

第13節　高温排気ガスを利用する熱電変換技術

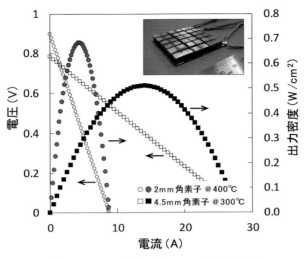

図4　Fe₂VAl熱電モジュールの発電性能

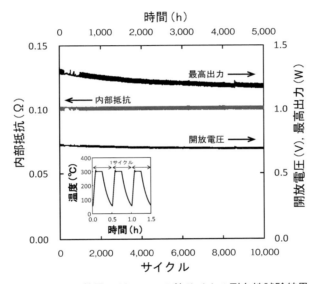

図5　Fe₂VAl熱電モジュールの熱サイクル耐久性試験結果

15分で50℃程度まで放冷した(図5の挿入図参照)。熱電モジュールの発電性能は300℃，10分保持の間に評価した。試験結果から，1万サイクル/5000時間後においても熱電モジュールの内部抵抗はまったく変化しなかった。この結果から，Fe₂VAl焼結体や電極接合部が，長期的な加熱や熱サイクルに対して高い耐久性を有することが分かる。一方，開放電圧および最高出力は徐々に低下する傾向がみられた。これは，熱電モジュールそのものの劣化ではなく，熱電モジュールと熱源との熱接触の劣化であることが分かっている。とくに熱接触部に用いたグリースの乾燥などによる熱伝導性能の低下が原因であると考えられる。実際に，1万サイクルの試験後に熱電モジュールの表面に固化付着したグリースを除去し，新たにグリースを塗布して再試験を行ったところ，熱サイクル試験開始時と同程度の出力に回復することを確認してい

第7章　熱電デバイス

る。このように，熱電発電においては，熱電モジュールに大きな温度差を与えるための伝熱技術が重要であることが分かる。

3 高温排気ガスを想定した熱電発電ユニット

3.1 発電性能の検討

高温排気ガスからのエネルギー回収を想定した熱電発電ユニットの設計に向けて，高温熱源を高温排気ガス，低温側を空冷もしくは水冷を想定した場合の発電性能について検討を行った。熱電材料としては非化学量論組成制御により特性制御した$Fe_2V_{1-x}Al_{1+x}$焼結体（p型：x = 0.10, n型：x = -0.10）の熱電特性を用い[17]，伝熱面積は直径5 cm長さ30 cmのガス管を想定し，ガス管内部の高温側を600℃，ガス管外部の低温側を20℃の温度一定のガスもしくは液体が流れているとして，そのガス管の内外部間での温度差を利用するものとした。排気ガスから熱電モジュールへの伝熱面積は，もとのガス管の面積の約471 cm^2に対して伝熱促進用のフィンを設けることで約6.6倍の3111 cm^2に増大させた。ガスから受熱部への熱伝達係数は10 m/s程度のガス流速の場合を想定し，経験的に100 W/m^2Kとした。また，水冷の場合には2 m/s程度の流速を想定し，経験的に5000 W/m^2Kとした。以上の条件のもとで熱電モジュールを構成する素子のサイズをϕ3 mm，高さ7 mmで固定し，パラメーターとしてp-n対の対数を変化させた場合の最大出力，開放電圧および素子に与えられる温度差を図6に示す。なお，素子サイズについては，上記の熱条件に対して出力と電圧などのバランスを考慮して決定した[17]。

図6に示したように，空冷および水冷のいずれの場合においても，最大出力がpn対数に対してピークを示す。これは，上記の仮定により決定される熱源との熱交換能力と熱電材料の熱伝導率およびサイズに依存する熱抵抗とのバランスに依存する。つまり，p-n対数が少ない場

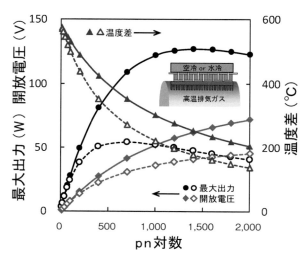

図6　Fe_2VAl熱電ユニットの発電特性予測（実線および破線はそれぞれ水冷および空冷での計算結果を表す）

合には熱抵抗が高く，相対的に熱交換に余力があるために大きな温度差が得られるが，熱電素子が少ないために得られる電力が小さい。この場合，実際の高温排気ガスへの応用においては，熱エネルギーは十分に熱電素子に取り込まれることなく大気中に排出されてしまう。これに対して，p-n 対数が多い場合には熱抵抗が小さくなり熱電素子に熱を取り込みやすくなるが，熱交換能力が相対的に不足するために温度差が小さくなり，エネルギー変換効率が低下する。このように，熱源との熱交換性能と熱電素子部の熱抵抗がバランスした結果として発電量は pn 対数に対してピークを示す。また，図 6 では低温側について空冷と水冷の両方の結果を示している。空冷に比べて水冷では発電量のピークを示す pn 対の数が多くなり，最大発電量も倍以上大きくなっているが，これは冷却側の熱交換性能が高くなったことが寄与している。一方，電圧に関しては pn 対数に対して単調に増加するため，電力需要側において昇圧デバイスの性能やバッテリーへの充電など電圧に対する要求仕様がある場合には，それらも考慮して設計を行う必要がある。

　上記の発電性能の検討は，Fe_2VAl 焼結体の温度依存性を含めて熱電特性を考慮しており，熱電材料としては熱伝導率が高い Fe_2VAl 合金でも高温排気ガスを熱源とした熱電発電ユニットにおいて 50〜120 W 級の発電が期待できると考えられる。ただし，熱電モジュールとの熱交換による高温排気ガスの温度低下や伝熱フィンと熱電モジュールとの部材間での熱抵抗などは考慮しておらず，実際に得られる電力は小さくなる可能性があり，より詳細な検討は実際の熱源について具体的な伝熱解析を行う必要がある。

3.2 移動体への熱電発電ユニットの搭載検討

　熱電発電技術を実際に応用する高温排気ガスの熱源としては，上記したように自動車などの移動体が有力であると考えられる。自動車の排気ガスはエンジンの種類や走行状態，内燃機関からの距離などによって温度が大きく異なるため，それぞれの場合によって最適設計を行う必要がある。たとえば，ガソリン自動車のマフラー部では排気ガスの温度は 450℃〜650℃程度であり，前項の検討のように固体部材との熱交換における熱抵抗による温度低下を考慮した場合には 200〜300℃程度の温度低下が予想されるため，熱電素子の高温端は 250〜350℃程度と予想される。したがって，外気との温度差を想定した場合に，この温度域は上記で紹介したホイスラー型 Fe_2VAl 合金が優れた熱電性能を発揮する温度域と一致し，高い発電効果が期待できる。

　実際に自動車エンジンを想定した高温排気ガス熱源に対して Fe_2VAl 熱電発電ユニットを設置し，水冷により温度差を与えた場合の発電試験においては，自動二輪車の高速走行時相当の排熱において 100 W 級の出力が得られる見込みを得ている。さらに排熱量の大きな自動車においてはより高い出力が期待できる。また，移動体においては長期的に十分な耐久性を示すことが実用化において必要不可欠であるが，実際に Fe_2VAl 熱電発電ユニットを取り付けた自動二輪車による走行試験において，総走行距離としておよそ 6,000 km に達した段階でも熱電発電ユニットに明らかな破損や性能低下は認められず，車載用の熱電発電ユニットとして十分な耐久性を備えていることが期待される[18]。今後の課題としては，Fe_2VAl 熱電発電ユニットの安定的で低コストな生産技術の確立が挙げられる。Fe_2VAl 合金は鉄やアルミニウムなど資源

第7章　熱電デバイス

性に優れた元素から構成されるため，原料そのものは安定的な供給が可能であると考えられるが，熱電発電ユニットを構成するまでの焼結やモジュール化・システム化の工程については，まだ量産体制が確立されていない。現在，通電焼結技術を応用した秒オーダのフラッシュ焼結や短時間の電極接合など Fe_2VAl 熱電発電ユニットの量産化に向けた製造技術の開発を実施中である。

４　おわりに

本稿では，高温の排気ガスを熱源とした熱電発電システムの応用として自動車の排気ガスを想定し，ホイスラー型 Fe_2VAl 合金系の熱電材料について，材料設計や熱電モジュール化技術の開発，高温排気ガスを想定した場合の発電性能検討，および自動車などの移動体への熱電発電システムの導入に向けた取り組みを紹介した。熱源としての高温排気ガスはエネルギー密度が希薄であり，熱交換効率を高めてより多くの熱エネルギー取り込むとともに，熱交換性能と熱電素子の熱抵抗とのバランスなど，熱設計に関する最適化を行うことで発電量を高めることが重要な課題となる。また，高温排気ガスは自動車排気ガスなどのようにさまざまな化学物質を含んでいることが多く，吸熱フィンなどをガスと接触させる場合には部材の変質や表面状態の変化に伴なう発電性能の低下に注意しなければならない。したがって，熱電素子そのものの性能向上に加えて，熱電発電システム全体を構成する周辺部材を含めた総合的な研究開発が必要となる。

文　献

1)　西野洋一，:「擬ギャップ系ホイスラー化合物の熱電特性」，まてりあ，**44**，(8)，648.（2005）

2)　加藤英晃, 加藤雅章, 西野洋一, 水谷宇一郎, 浅野滋 :「ホイスラー型 Fe_2VAl 合金の熱電特性の及ぼす Si 置換の効果」，日本金属学会誌，**65**，(7)，652.（2001）

3)　松浦仁, 西野洋一, 水谷宇一郎, 浅野滋 :「擬ギャップ系 Fe_2VAl 合金の熱電特性に及ぼす元素置換効果」，日本金属学会誌，**66**，(7)，767.（2002）

4)　Y. Nishino, S. Deguchi and U. Mizutani,: "Thermal and transport properties of the Heusler-type $Fe_2VAl_{1-x}Ge_x$ $(0 \leq x \leq 0.20)$ alloys: Effect of doping on lattice thermal conductivity, electrical resistivity, and Seebeck coefficient", *Phys. Rev. B*, **74**, 115115.（2006）

5)　H. Miyazaki, S. Tanaka, N. Ide, K. Soda and Y. Nishino,: "Thermoelectric properties of Heusler-type off-stoichiometric $Fe_2V_{1+x}Al_{1-x}$ alloys", *Mater. Res. Express*, **1**, 015901.（2014）

6)　Y. Nishino and Y. Tamada,: "Doping effects on thermoelectric properties of the off-stoichiometric Heusler compounds $Fe_{2-x}V_{1+x}Al$", *J. Appl. Phys.*, **115**, 123707.（2014）

7)　L. Chen, X. Zeng, T. M. Tritt and S. J. Poon,: "Half-Heusler alloys for efficient thermoelectric power conversion", *J. Electron. Mater.* **45**, 5554.（2016）

8)　W. Liu, X. Tan, K. Yin, H. Liu, X. Tang, J. Shi, Q. Zhang and C. Uher,: "Convergence of conduction bands as a means of enhancing thermoelectric performance of n-type $Mg_2Si_{1-x}Sn_x$ solid solutions". *Phys. Lev. Lett.* **108**, 166601.（2012）

9)　K. Kambe and H. Udono,: "Convenient melt-growth method for thermoelectric Mg_2Si", *J. Electron. Mater.*, **43**, 2212.（2014）

10)　K. Renard, A. Mori, Y. Yamada, S. Tanaka, H. Miyazaki and Y. Nishino,: "Thermoelectric

— 364 —

properties of the Heusler-type $Fe_2VTa_xAl_{1-x}$ alloys". *J. Appl. Phys.* **115**, 033707. (2014)

11) 杉浦隆寛, 西野洋一 :「非化学量論組成 Fe_2VAl 合金の熱電特性に及ぼす遷移元素置換の効果」, 日本金属学会誌, **73**, (11), 846. (2009)

12) 森知之, 井手直樹, 西野洋一 :「p 型 $Fe_2(V_{1-x-y}Ti_xTa_y)Al$ 合金の熱電特性」, 日本金属学会誌, **72**, (8), 593. (2008)

13) M. Mikami, Y. Kinemuchi, K. Ozaki, Y. Terazawa, and T. Takeuchi.: "Thermoelectric properties of tungsten-substituted Heusler Fe_2VAl alloy", *J. Appl. Phys.*, **111**, 093710. (2012)

14) M. Mikami, A. Matsumoto and K. Kobayashi.: "Synthesis and thermoelectric properties of microstructural Heusler Fe_2VAl alloy", *J. Alloy. Compd.*, **461**, (1-2), 423. (2008)

15) M. Mikami, K. Kobayashi, T. Kawada, K. Kubo and N. Uchiyama.: "Development and Evaluation of High-Strength Fe_2VAl Thermoelectric Module", *Jpn. J. Appl. Phys.*, **47**, (3), 1512. (2008)

16) M. Mikami M. Mizoshiri, K. Ozaki, H. Takazawa, A. Yamamoto, Y. Terazawa, and T. Takeuchi,: "Evaluation of the thermoelectric module consisting of W-doped Heusler Fe_2VAl alloy", *J. Electron. Mater.*, **43**, (6), 1922. (2014)

17) 三上祐史, 犬飼学, 宮崎秀俊, 西野洋一 :「非化学量論組成 $Fe_2V_{1-x}Al_{1+x}$ 焼結体の熱電特性と熱電発電モジュール設計」, 日本金属学会誌, **79**, (11), 627. (2015)

18) M. Mikami K. Kobayashi, T. Kawada, K. Kubo, and N. Uchiyama,: "Development of a Thermoelectric Module Using the Heusler Alloy Fe_2VAl", *J. Electron. Mater.*, **38**, (7), 1121. (2009)

第14節　酸化物熱電発電

国立研究開発法人産業技術総合研究所　舟橋　良次／浦田　友幸

■1　はじめに

　地球温暖化による環境への影響，人類の莫大なエネルギー消費，この相関する喫緊の課題の解決に向け，太陽光，地熱，風力など再生可能エネルギーを利用した新エネルギー技術の開発が進められてきた。しかし，高い発電コスト，不安定な発電出力など問題も多く，エネルギー，環境問題を根本的に解決するまでには至っていない。さらに，社会は大きなパラダイムシフトを迎えようとしている。物がインターネットにつながる IoT（Internet of Things）は，莫大な数のセンサーを用い，環境，物，人の状態を計測をインターネットにより送信し，集約化したビッグデータを解析することで，さまざまなサービスに役立てていくものであり，AI やロボットの普及，自動車の自動運転などを実現するために不可欠の社会システムとなるであろう。このような IoT 社会で危惧されるのは，エネルギー消費量の増大である。IoT デバイスの省電力化は進められているが，場合によっては環境改善目的のシステムが，エネルギー，環境問題をより深刻化しかねないことも起こりうる。

　そこで，環境発電（エネルギーハーベスト，EH）技術に期待が膨らんでいる。人類はさまざまな資源から，種々の発電方法を用いて電気を得ている。エネルギーを変換する段階では必ず損失が生じる。この損失は，ほとんどの場合，熱として大気中に放散される。つまり排熱である。この排熱から電気を得ようとする技術にバイナリーサイクル[1]，スターリングエンジン[2]などの機械的方法や，ここで紹介する熱電変換のような電子的方法がある。一般に機械的方法は変換効率が高いが，メンテナンスが必要，構造や操作が複雑，そもそも EH 電源として小型，分散化には適していないなどの問題がある。筆者らは，規模の大きな発電から，IoT 社会へ向けた，小型，小電力発電が可能な熱電変換について研究を行っている。ここでは，酸化物熱電材料を用いた，発電システムの開発状況について述べる。

■2　熱電発電と酸化物材料

　熱電発電はゼーベック効果を用いたシステムである（図1）。この効果は導体材料の両端に温度差を付けることで電位差が生じる現象であり，これまでにさまざまな熱電材料が開発されてきた（図2）[3]。熱電材料の性能は無次元性能指数 ZT で比較される。この指数は，$ZT = S^2 T / \rho \kappa$ で定義される。ここで S，T，ρ，κ はそれぞれ，ゼーベック係数，絶対温度，電気抵抗率，熱伝導度を示す。ZT は熱電変換効率を計算できる因子の一つである。温度条件などにもよるが，ZT が大きい材料ほど，熱電変換効率も高くなるため，多くの研究者が高い ZT を有する材料の発見に心血を注いでいる。

　しかし，効率の良い熱電発電には材料開発だけでは不十分である。一般的な熱電材料のゼーベック係数は 100〜200 μV/K であり，素子両端に 500℃の温度差をつけたとしても，得られ

— 366 —

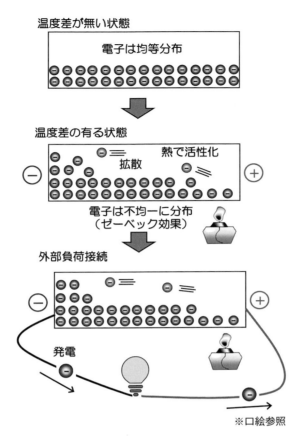

図1 ゼーベック効果を用いる熱電発電の仕組み

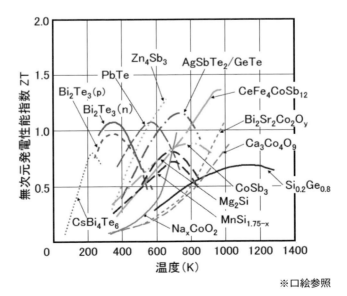

図2 これまでに報告された主な熱電材料の無次元性能指数の温度依存性[3]

る電圧は 50〜100 mV である。そのため，高温側が高電位になる n 型熱電素子と低電位になる p 型熱電素子を交互に直列接続した熱電モジュールが必要となる(図3)。

図2に示した熱電材料の多くは，空気中で加熱すると酸化する問題があり，使用期間，製造コストなどを考えると，低コストが必要な民生応用での実用化は困難であった。

筆者らは，耐久性に優れ，毒性や稀少元素を含まない熱電材料の開発のため，酸化物材料を研究してきた。これまでに開発した酸化物材料として，p型熱電材料の $Ca_3Co_4O_9$[4] や $Bi_2Sr_2Co_2O_9$[5] がある(図4)。これらの酸化物の単結晶は 800℃，空気中でも安定に存在し，700℃以上の ZT は約1となる[6]。これら酸化物は，高温，空気中では，現在でも世界最高の ZT を有する熱電材料である。

民生応用の場合，発電性能に加え，毒性など安全性の面から熱電材料を評価することも重要である。後述するが，酸化物熱電モジュールに用いる p 型熱電素子の $Ca_3Co_4O_9$ と n 型熱電素子の $CaMnO_3$ のマウスを用いた急性経口毒性試験を行い，LD_{50}(半数致死量)を推定した。試験方法は，両酸化物の一定量をマウスに経口投与し，投与14日後までの死亡数・症状変化の

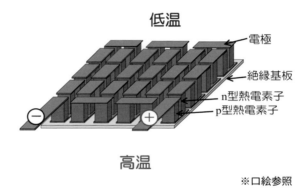

図3 上面を冷却し，絶縁基板側を加熱し発電した場合の熱電モジュールの概略図

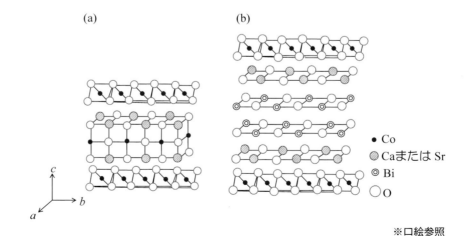

図4 (a) $Ca_3Co_4O_9$ と(b) $Bi_2Sr_2Co_2O_9$ の結晶構造の概略図

第14節　酸化物熱電発電

表1　酸化物熱電材料の急性毒性試験

試験	マウスを用いた経口試験
試験体	$Ca_3Co_4O_9$ $CaMnO_3$
方法	投与14日後までの死亡・症状変化観察，体重測定，病理検査，半数致死量（Lethal Dose：LD_{50}）見積もり
投与量	300 mg/kg
結果	$Ca_3Co_4O_9$ $LD_{50}>300$ mg/kg[*]
	$CaMnO_3$ $LD_{50}>300$ mg/kg[*]

[*]閾値は，毒物が$LD_{50}<50$ mg/kg，劇物が50 mg/kg$<LD_{50}<300$ mg/kg

表2　酸化物熱電材料のAmes試験

目的	物質の変異原性を評価
試験	バクテリア（サルモネラ，大腸菌）を用いた復帰突然変異試験
試験体	$Ca_3Co_4O_9$ $CaMnO_3$
方法	復帰変異体のコロニー数
投与量	156.3～5000 μg/plate
結果	$Ca_3Co_4O_9$ 陰性　$CaMnO_3$ 陰性

観察及び体重測定を行い，試験終了時に肉眼的病理検査を実施した。その結果，両酸化物ともにマウスの死亡は認められず，$LD_{50}>300$ mg/kg（体重1 kg当たりの投与量）と推定された（表1）。この結果から$Ca_3Co_4O_9$および$CaMnO_3$は毒物，劇物には相当しないことが分かった。またAmes試験を実施したところ，どちらの酸化物も陰性であり，変異原性は認められなかった（表2）。つまり発がん性も低いことが推察できる。

❸　酸化物熱電モジュール

　酸化物熱電材料は800℃，空気中でも安定であり，この特徴を活かした熱電モジュールを得るためには，モジュールを構成する電極や接合材料にも高温，空気中での耐久性が要求される。そこで，筆者らは銀ペーストを主成分にした接合材料を開発し，銀シートを電極に用いた酸化物熱電モジュールを開発した（図5）[7]。

　モジュール作製において重要な開発課題は，熱電素子と電極間の接合形成である。接合部での電気抵抗を低くし，温度変化による熱応力がかかっても破損しない接合技術の構築が必要である。まず，酸化物熱電モジュールは高温での使用を想定しているため，温度差が大きな条件で発電することになる。そのため，モジュールの両面を絶縁基板で固定すると，接合部分には大きな熱応力がかかり，モジュールの発電性能が低下する。そこで，高温側のみにアルミナ基板を有するハーフスケルトンタイプのモジュールを開発した。銀ペーストは市販製品を使用したが，そこに熱電材料と同じ組成の粉末を添加することで，接合部の電気抵抗を下げ，接着強度も高い接合を形成することができた[8]。

　p型熱電素子が$Ca_3Co_4O_9$，n型熱電素子が$CaMnO_3$で，断面が3.5 mm角，温度差をつける方向の高さが5 mmの素子を用い，14対の熱電モジュールを作製した。各素子対は，素子破損時の導通確保のため，p型，n型熱電素子ともに二本ずつ用いた。酸化物熱電モジュールのアルミナ基板（35 mm×26.5 mm）をプレート型電気炉で900℃まで加熱し，反対面を20℃の循

— 369 —

第7章 熱電デバイス

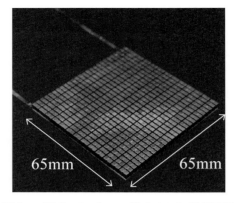

図5　p型 Ca$_3$Co$_4$O$_9$，n型 CaMnO$_3$ 熱電素子で構成される酸化物熱電モジュール

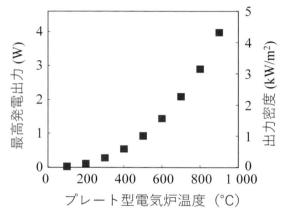

図6　14対の Ca$_3$Co$_4$O$_9$ と CaMnO$_3$ 素子を用いた酸化物熱電モジュールの最高発電出力と基板面積に対する出力密度

環水で冷却して計測した最高発電出力を図6に示す。電気炉温度が900℃の時，約アルミナ基板面積当たりの出力密度は4.3 kW/m^2 となった。

4　水冷用カスケード熱電モジュール

酸化物熱電材料は，600℃以上で優れた特性を示すが，それ以下の温度域では ZT が低い。そのため，低温部を水冷する場合，酸化物熱電モジュールのみでは高い熱電発電効率を得られない。そこで200℃以下で使用できる Bi$_2$Te$_3$ 熱電モジュールを低温側に用いた，積層型カスケードモジュールにより，広い温度域での高出力化を試みた。Bi$_2$Te$_3$ および酸化物熱電モジュールの基板サイズは30 mm角で，両モジュール間に伝熱シートを挿入した。

プレート型電気炉を用い，空気中で測定したカスケードモジュールと，それを構成するBi$_2$Te$_3$ および酸化物熱電モジュールの各々の最高発電出力と出力密度の電気炉温度依存性を図7に示す。カスケードモジュールの発電出力は高温側のプレート型電気炉の温度と共に増

— 370 —

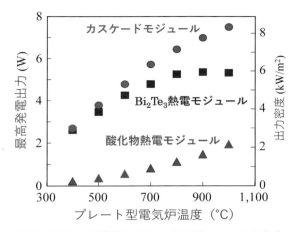

図7 Bi$_2$Te$_3$/酸化物カスケードモジュールとそれを構成するBi$_2$Te$_3$および酸化物熱電モジュールの最高発電出力と基板面積に対する出力密度のプレート型電気炉の温度に対する依存性

加した。電気炉温度が500℃以下では，カスケードモジュールの発電出力はBi$_2$Te$_3$熱電モジュールと差がなかったが，600℃以上になると，酸化物熱電モジュールの発電出力が増加し，カスケードモジュールの発電出力の方が高くなった。電気炉温度が1,000℃の時，カスケードモジュールの発電出力は7.5 Wとなった。これは基板面積当たり8.3 kW/m^{2}の出力密度に相当する。

5　水冷式熱電発電ユニット

基板サイズが65 mm角のBi$_2$Te$_3$および酸化物熱電モジュールを用い，カスケードモジュールを作製した。このカスケードモジュールを4枚用い，伝熱面積が140 mm角である集熱フィンと水冷槽と組み合わせた水冷式熱電発電ユニットを製造した（図8）。集熱フィンには高温側の温度を考慮し鋳鉄を用いた。一方，水冷槽はアルミニウムを用い作製した。このユニットを天然ガスバーナーで加熱することで，発電性能を評価した（表3）。

燃焼ガス温度は1,000℃を超えたが，集熱フィンの酸化物熱電モジュールと接する箇所の温度は690℃であった。冷却水温度は，水冷槽入口で12℃，出口で13.8℃となった。この温度条件で4枚のカスケードモジュールから49.3 Wの発電出力が得られた。集熱フィンの受熱面積（水冷槽も同じ）に対する発電出力密度は約2.5 kW/m^{2}となった。冷却水の流量と水温変化から，モジュールを通過した熱量を計算し，発電出力と合わせ，モジュール内を移動した総熱移動量を計算し，発電効率を計算した。その結果，カスケードモジュールの発電効率は約4.7%であった。

6　空冷式熱電発電ユニットの開発

熱を利用した発電では，水冷あるいは過熱蒸気を生成するため，水が必要なことは常識ともいえる。熱電発電も温度差を大きくするため，冷却水を用いた方が発電効率は高くなる。しか

第7章 熱電デバイス

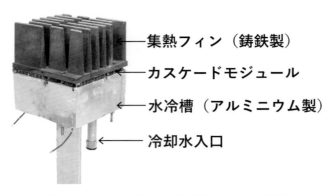

図8 Bi$_2$Te$_3$/酸化物カスケード熱電モジュールを搭載した水冷式熱電発電ユニット

表3 Bi$_2$Te$_3$/酸化物カスケード熱電モジュールを搭載した水冷式熱電発電ユニットの天然ガスの燃焼を用いた発電特性

I	燃焼ガス温度(℃)	1,097
II	集熱フィン温度(℃)	690
III	冷却水入口温度(℃)	12.0
IV	冷却水出口温度(℃)	13.8
V	冷却水量(L/min)	8.0
VI	冷却水への熱量(W)	1,005
VII	発電出力(W)	49.3
VIII	発電出力密度(kW/m^2)	2.52
IX	総熱移動量 VI+VII(W)	1,054
IX	発電効率 VII/IX×100(%)	4.68

し，これまで開発された熱電モジュールの変換効率は高くても10%程度であり，モジュールを通過する熱エネルギーの90%は冷却水に吸収されている。つまり，電気を消費しながら，温度上昇した冷却水の降温と循環を行っている。冷却で消費する電力量を，熱電発電の出力量が上回る発電規模があるかもしれないが，熱電発電をするほど，電力を消費するという本末転倒なことになってしまう。

熱電発電には，モジュールを通る熱流束を高めるため，温度差が必要であるが，冷却水が不可欠というわけではない。とくに，ここで紹介している酸化物熱電モジュールは，高温まで優れた耐久性があるため，空冷により，モジュールの温度が高くなっても使用することは可能であり，常温との温度差を確保することもできる。

通常空冷には，アルミニウム製などの放熱フィンを用いる。しかし，この方法では，放熱が十分でなく，酸化物熱電モジュールの最高発電出力は水冷時よりも65%減少する(図9)。そこで，水の蒸発潜熱を用い，冷媒補給が不要なヒートパイプに注目した。ヒートパイプを用いた冷却デバイスは，コンピュータのCPUクーラーなどですでに市販されている。そこで筆者らは，市販のCPUクーラーを用い，冷却水が不要な空冷式熱電発電ユニットの開発を試みた。

図10には，電気ホットプレートにより500℃で加熱し，水冷およびヒートパイプを用い冷

第14節 酸化物熱電発電

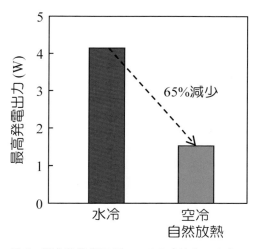

図9 酸化物熱電モジュールの水冷とアルミニウム製放熱フィンを用いた空冷で発電した場合の最高発電出力の比較。熱源温度は650℃

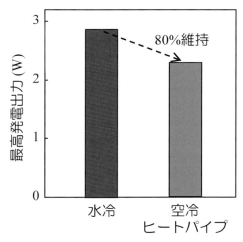

図10 酸化物熱電モジュールの水冷とヒートパイプを用いた空冷で発電した場合の最高発電出力の比較。熱源温度は500℃

却した場合の酸化物熱電モジュールの最高発電出力の比較を示す。図9の実験とは高温側の温度が異なるが，ヒートパイプを用いた空冷による発電出力は，水冷時の80%を維持した。この結果から，ヒートパイプを用いた空冷は高い熱電発電出力を得るために有効であることが分かった。

図11はヒートパイプを用いた空冷式熱電発電ユニットの写真である。用いたモジュールは一枚で，酸化物熱電素子のサイズがp，n型共に断面が2mm角で高さが3mmである。高温側に用いるアルミナ基板のサイズは65mm角，厚さが0.8mmであり，338対の素子対で構成

— 373 —

第7章　熱電デバイス

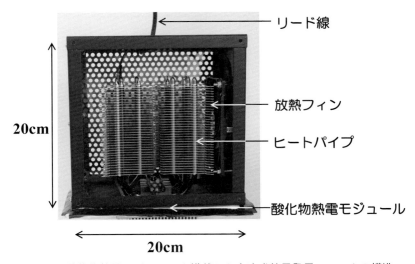

図11　酸化物熱電モジュールを搭載した空冷式熱電発電ユニットの構造

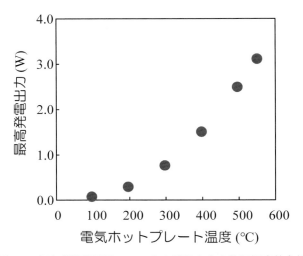

図12　空冷式熱電発電ユニットの発電出力の熱源温度依存性

されている(図5)。この素子形状は，水冷式発電ユニットで用いたモジュールよりも断面が小さい。これは，ヒートパイプを用いた空冷では温度差が水冷よりも小さくなるため，素子対数を増やすことで，発電実証に十分な電圧を得るためである。図12に加熱源である電気ホットプレートの温度を変化させて測定した，空冷式熱電発電ユニットの最高発電出力を示す。放熱フィンは12Vの直流ファンを外部電力により稼働し冷却した。発電出力は加熱温度の上昇により増加し，550℃で約3Wとなった。

　現在，この空冷式熱電発電ユニットを用い，工業炉での実証試験を行っている。表面が約400℃の鉄管に空冷式発電ユニットを2台設置し，1台からの電力で，ヒートパイプ冷却用のファンを回し，もう1台の電力でLED照明を行っている。すでに，断続的ではあるが1年以上(2019年1月現在)にわたって実証試験を行っており，顕著な性能の劣化は見られていない。

第14節　酸化物熱電発電

7　空冷式熱電発電の利用

　ここで紹介した，酸化物熱電モジュールを用いた空冷式熱電発電ユニットは，熱源温度やユニット数により出力を制御できる。図11で示したような20 cm角の筐体サイズで最高で6 W程度の発電出力を得ることができる。想定される空冷式熱電発電ユニットの利用例を**図13**に示す。工場など炉や機械からの排熱のある場所では，配線など電設工事をすることなく，照明やIoTセンサー用電源として使用することができる。また，もみ殻など農業残渣，いわゆるバイオマス燃料を用いれば，農業用グリーンハウス内の暖房と同時に発電ができ，それを生育促進用のLED照明やハウス内の温度，湿度，CO_2濃度のセンシング，害獣予防，Webカメラ

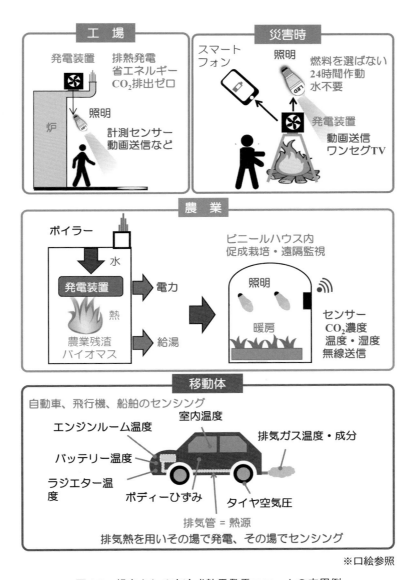

図13　想定される空冷式熱電発電ユニットの応用例

— 375 —

第7章　熱電デバイス

による遠隔管理などの電源として用いることが可能である。

　震災時の非常用電源として，薪などを燃焼することで，携帯電話の充電も可能である。空冷式であり，持ち運びも可能であるため，上記のような設備から取り外し，誰しもが簡単に利用できる。さらに，自動車，航空機では，自動運転や安全性の向上のため，車体や機体およびその周辺のセンシングが重要となってくる。このような電源としても，信頼性の高い酸化物熱電モジュールを用いた空冷式熱電発電ユニットが使用できると考えている。

8　おわりに

　排熱や環境熱など小規模熱でも直接電気に変換できる熱電発電は，発電設備の小型化，分散化，さらに IoT の発展により増大する電池に置き換わる，メンテナンスフリー電源として省エネルギー，二酸化炭素削減に大いに貢献すると期待できる。そのためには，資源性，安全性，コスト，耐久性において民生応用が可能な条件をクリアしなければならない。ここで示した酸化物熱電材料は安全性，コスト，耐久性においては他の熱電材料よりも優れているが，変換効率が低く，今後より性能の高い熱電材料の開発が望まれる。

謝　辞
本研究を進めるに当たり，酸化物熱電材料の安全性を評価してくださいました日産化学株式会社の前田真一様，伊佐治忠之様，長濱宅磨様，竹内和也様，河西容督様に感謝の意を表します。

文　献
1）　清水邦彦：サーマルマネージメント（エヌ・ティー・エス），487-499 (2013).
2）　平田宏一：電気学会誌，**136**(9)，592-595 (2016).
3）　河本洋：科学技術動向，2008 年 9 月号，20-32 (2008).
4）　R. Funahashi, I. Matsubara, H. Ikuta, T. Takeuchi, U. Mizutani and S. Sodeoka: *Jpn. J. Appl. Phys.*, **39**(11B), L1127-L1129 (2000).
5）　R. Funahashi and M. Shikano: *Appl. Phys. Lett.*, **81**(8), 459-1461 (2002).
6）　M. Shikano and R. Funahashi: *Appl. Phys. Lett.*, **82**(12), 1851-1853 (2003).
7）　S. Urata, R. Funahashi, T. Mihara, A. Kosuga, S. Sodeoka and T. Tanaka: *Int. J. Appl. Ceram. Tech.*, **4**(6), 535-540 (2007).
8）　R. Funahashi, S. Urata, K. Mizuno, T. Kouuchi and M. Mikami: *Appl. Phys. Lett.*, **85**(6), 1036-1038 (2004).

第15節　パワーエレクトロニクスと熱電発電

東京工科大学　高木　茂行

1　はじめに

熱電素子は国内外の研究機関やメーカーで研究開発が進み，容易に市販素子を購入できるようになってきた。今後は素子性能の向上だけでなく，こうした素子で発電された電力を，利用しやすくかつ高効率に提供する電力変換の技術が重要となる。

具体的な例として，300℃以下の温度領域で高い発電性能が得られる BiTe 系の熱電素子について考える。市販の BiTe 系熱電素子では発電電圧が直流数 V ボルト，発電電力が数ワットレベルであり，熱源に温度により出力変動も発生する。これに対して，多くの家電製品や産業用の電気機器は交流 100 V が安定に供給されることが前提になっている。また，小型な電子機器では直流 5 V での動作が多く，USB 端子で電源接続する機器多い。

このように熱電素子からの電力を，①安定的に取り出し，②所望する電力形態へと変換する技術が，図1に示すようなパワーエレクトロニクス(以下，略してパワエレ)である。パワエレについては多くの定義がなされているが，最も理解しやすいのは，この図に示すように電力(パワー)をパワーデバイスと電子回路(エレクロトロニクス)により制御する技術である[1]。直流から交流，交流から直流への変換，さらには直流の電圧を可変することも可能で，電子機器のアダプタや電気自動車のモーター駆動など広く活用されている。

①の安定的な電力取り出しでは，素子温度の変動により発電量が変動しても，パワエレを使うことで一定電力が取り出せる仕組みを構築できる。②では，パワエレを使って，熱電素子の発電電力を，最も汎用性が高い交流 100V への電力変換が可能である。

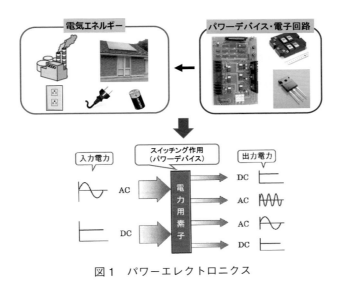

図1　パワーエレクトロニクス

①の安定電力取り出しでは，バッテリーとの組み合わせで安定化する回路について述べる。また，②の電力変換については，熱電素子の電圧を直流のまま昇圧し，その後に交流化する方法について説明する。①，②ともに，300℃以下で比較的高出力の得られるBiTe系の熱電素子を扱う。熱電発電で利用できる発熱は，100～200℃に分布しており[2]，BiTe系の熱電素子の利用が有効と考えられるからである。

全体構成としては，2項で熱電発電の利用用途を小電力の電子機器用と大電力の電気機器用に分類する。3項では①の電源回路の全体構成を説明し，4項では②電力変換の回路構成と動作原理について詳しく説明する。後述の5項では，4項の具体的な回路例を示し，シミュレーションにより回路動作の確認・検証を行う。シミュレーションにあたっては，市販されている熱電素子を取り上げ，熱電素子の等価回路モデルについても検討する。

❷　熱電素子を使った2タイプの電力源

熱電素子を使った電源としては，図2に示すように，以下の二つのタイプが考えられる。
(a) 電子機器駆動用の小電力電源（≦10 W）
(b) 家電などを含む電気機器駆動用の大電力電源（＞10 W）

ここでの10 Wは，あくまでも一つの目安である。(a)は1個～数個の熱電素子を使い，熱電発電の電力で素子を空冷するタイプである。発電電力を使いセンサーなどの電子回路に電力を供給する。あるいは，アウトドアや災害時の電源として，携帯電話の充電源やLED照明の電源として活用する。熱電モジュールの冷却は，発電電力を使って小型ファンで行う。また，アウトドア用では加熱する水（お湯）を冷却源とする方法もある。

これに対して，(b)は電力用で数個～数100個以上の熱電素子を使い，10 W以上の電力を得る。発電量も大きくなるので，発電した電力を交流100 Vに変換し，24時間稼働しているサーバや家電製品の電源として使用する。熱電モジュールは循環させた水で冷却し，循環水はヒートシンクを使って空冷する。冷却にチラーを使用することもできるが，その分だけ活用できる電力は減少する。

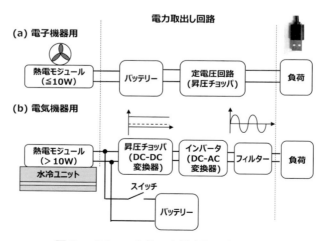

図2　パワエレを使った電力取り出し回路

3 電子機器用取り出し回路と動作

3.1 電子機器用取り出し回路

図2に熱電発電からの電力を安定的・高効率に取り出すための回路図を示す。(a)電子機器用の取り出し回路は，バッテリーと昇圧チョッパを基本とした定電圧回路で構成される。使用するバッテリーは小型化のため，エネルギー密度が高いLiイオン蓄電池が望ましい。Liイオン蓄電池の出力電圧は3.7Vであるのに対し，多くの電子回路は5V動作である。直流電圧を高めるため，4.2項で詳しく説明する昇圧チョッパを使用する。

電力取り出し回路と負荷との接続は，直接結線する方式と，USBコネクタを使用する2タイプが考えられる。センサーなどの電源として使用する場合は，昇圧チョッパとセンサーの回路基板を直接結線すれば良い。一方，アウトドアなどの電源として使用する場合は，USBコネクタの使用で利便性が向上する。携帯電話を始めとした充電を必要とする電子機器を容易に接続することができる。さらに，LED照明や小型の扇風機などUSB端子で電源に接続する電子機器が多く販売されており，それらの電源として活用することができる。

3.2 電子機器用取り出し回路の動作

使用開始時にはバッテリーを充電しておく。バッテリーが十分に充電されているので，発電された電力はバッテリーを充電せず，負荷に供給される。負荷での電力消費が大きくなると不足分がバッテリーから供給され，消費が少なくなると余剰分でバッテリーが充電される。昇圧チョッパは，3.1項で述べるように入力電圧に対する出力電圧を容易に変えることができる。このため，バッテリ電圧が一時的に低下しても，負荷には5Vの一定電圧で電力を供給できる。

図4は，図3で提案した電源取り出し回路を組み込んだ熱電発電の市販製品である。アウ

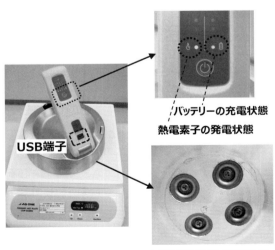

図3 熱電素子とバッテリーを使ったアウトドア製品

第7章 熱電デバイス

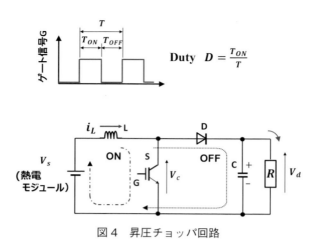

図4　昇圧チョッパ回路

トドア製品を販売している海外メーカーが製造している。キャンプの焚火やポータブルガスコンロで，湯を沸かすケトル（やかん）である。ケトルの下に熱電素子が取り付けられており，熱源と水（湯）の温度差で発電する構造となっている。ケトルの持ち手の部分に，バッテリー，昇圧チョッパ，USB端子が組み込まれている。

写真では，186℃のホットプレートの上に置いて発電させている。持ち手の右側（電池のマーク）のLEDが充電状態を示し，左側（炎のマーク）のLEDが熱電素子での発電状態を示している。両方のLEDが点灯した状態で，USBに携帯電話，スマホを接続すると安定的に充電することができる。

ケトルの中の水は，加熱により温度が上がるため，熱電素子両端の温度差が低下し，時間とともに発電量は減少する。減少分を，バッテリーに蓄積した電力で補う。このように，バッテリーを併用することで，電源としての安定を高めることができる。

❹　電力用電源の取り出し回路と動作

4.1　回路の構成と動作

図2(b)に電力用電力取り出し回路の構成を示す。熱電モジュールで発電された十～数十Vの電力を，昇圧チョッパで141V以上に昇圧し，インバータで交流100Vに変換する。インバータはDC-AC変換器とも呼ばれ，パワーデバイスより，直流を交流に変換する回路である。以下，4.2項で昇圧チョッパ，4.3項でインバータの回路構成と動作について説明する。

電力用用途では発電電力が多く，バッテリーからの供給頻が高いと大容量バッテリーが必要となる。そこで，基本は的には熱電モジュールで発電された電力を負荷に供給し，バッテリーは補助的に使用する。回路構成としては，昇圧チョッパとバッテリーとをスイッチを介して並列接続する。スイッチには，パワーデバイスであるIGBT（insulated gate bipolar transistor）[3]あるいはMOSFET（metal oxide semiconductor field effect transistor）[4]を使い電気信号でON/OFFする。

実際の動作では，負荷での電力使用量が減り，熱電モジュールの発電電力が過剰となった時

第15節　パワーエレクトロニクスと熱電発電

にはスイッチを ON してバッテリーを充電する。一方，負荷での電力消費が急増し，熱電モジュールからの電力が不足の場合にバッテリーから電力を供給する。バッテリーを併用することで，電源の安定性は格段に向上する。

4.2　昇圧チョッパ

直流電源の電圧を変化させる回路が，DC-DC 変換器である。入力に対して出力を低くするのが降圧チョッパ，高くするのが昇圧チョッパである[5]。熱電発電の回路では，熱電モジュールの電圧を高くするため，昇圧チョッパが使われる。

最も一般的な昇圧チョッパを図4に示す。熱電発電では直流電源が熱電モジュールとなり，負荷側がインバータに接続される。回路動作は，次にようになる。スイッチ S の ON 状態では，電流は電源 → インダクタ → スイッチ S と流れ(一点鎖線)，インダクタ L に電流が蓄えられる。OFF では，インダクタに蓄えられた電流がインダクタ → ダイオード → 負荷(点線)へと流れる。スイッチ S が OFF すると，直流電源からの電力とインダクタに蓄えられていた電力の両方が負荷に供給され，負荷電圧が上昇する。

この昇圧回路で，周期を T，ON 時間を Ton とすると，デューティD は式(1)で定義される[5]。

$$D = \frac{T_{ON}}{T} \tag{1}$$

また，直流電源の出力電圧を V_S とすると，昇圧後の負荷電圧 V_D は，解析的には，式(2)となる[5]。

$$V_d = \frac{1}{(1-D)} V_s \tag{2}$$

たとえば，ON 時間と OFF が等しいデューティ$D = 0.5$ とすると，負荷電圧 V_d は電源電圧の 2 倍となる。このように，昇圧チョッパでは，デューティ比により昇圧比を変えることができる。デューティを制御し，熱電素子の出力電圧変動に対して，昇圧チョッパの出力電圧を一定に維持することが可能である。

昇圧チョッパでの電圧昇圧は，電源の 3〜5 倍が比較的安定な領域である。直流 141 V まで昇圧チョッパを使って 4 倍以上に電圧を高めることを考えると，式(2)より $D \geqq 0.8$ とし，熱電モジュールの電圧を 30〜40 V にする電源構成となる。

4.3　インバータ（DC-AC 変換器）とフィルタ

直流から交流を作り出すのが，インバータあるいは DC-AC と呼ばれる回路である[6]。一般的なインバータ回路を，図5に示す。大文字 S が記載された 4 個の素子は，スイッチとして動作する半導体パワーデバイスである。回路では IGBT を用いているが，MOSFET でもよい。また，右側のインダクタとコンデンサは，電圧を正弦波に変えるフィルタである。

インバータ回路の動作は，次のようになる。S_{a1}，S_{b2} を同時にオンすると，電流は①実線の矢印に従って電源 → S_{a1} →負荷 → S_{b2} → 電源と流れる。負荷へ供給される電流は，①のよう

— 381 —

第7章 熱電デバイス

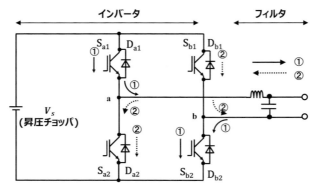

図5 インバータとフィルタ回路

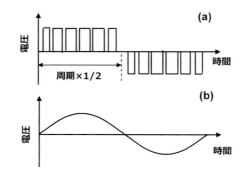

図6 インバータ電圧波形(a), フィルタ出力波形(b)

に左から右へ流れる。これに対して，S_{b1}，S_{a2} を同時にオンすると，電流は②の点線に従って電源 → S_{b1} → 負荷 → S_{a2} → 電源と流れ，負荷への電流は②点線のように右から左へ流れる。負荷に流れる電流と印加される電圧の向きを変えることができる。

実際の回路では，図6(a)に示す波形のように S_{a1}，S_{b2} を一定時間継続して ON/OFF させ，次に S_{b1}，S_{a2} を一定時間継続して ON/OFF させる。この時の出力パルス継続時間は，所望する交流周期の 1/2 に対応させる。西日本では交流 60 Hz の 1/2 周期で 8.3 ms，東日本では 50 Hz の 1/2 周期の 10 ms となる。

また，ON/OFF の時間を最初は短くして次第に長くし，その後減少させる。時間ごとの電圧平均は，周期の始めで低く，次第に増加し，周期の終わりで低くなる。これにより，正弦波に相当する平均電圧を発生させることができる。パルス幅を変えて出力調整することから，この手法はパルス変調 PWM (pulse width modulation) と呼ばれている[7]。

インバータから直接正弦波を作るためには，昇圧チョッパからの出力電圧を，正弦波に対応させて時間とともに高速に変化させる必要があり，高速で昇圧チョッパを制御する必要がある。また，昇圧チョッパでは，熱電発電モジュールより低い電圧にすることはできない。このため，インバータで PWM 波形を発生させ，フィルタで正弦波にする方法がとられる。

PWM 波形は平均電圧が正弦波となるように形成されており，PWM から高調波成分を除去すれば平均である正弦波が得られる。そこで，インダクタ L とコンデンサ C から構成される低

第15節 パワーエレクトロニクスと熱電発電

周波透過フィルタ(ローパスフィルタ)が使われる。図6(b)は，インバータ形成されたPWM波をフィルタに通した結果である。

5 シミュレーションによる回路動作確認

前項[4.]で説明した回路の動作確認を回路シミュレーションで確認・検証する。使用したシミュレータは，Powersim社のPSIMである。パワエレ回路では，スイッチング現象が多く扱われるため，ON/OFFによる電圧・電流の不連続を扱う必要がある[8]。回路シミュレータとして一般に使われるSpiceでは，こうした不連続現象の扱いが難しく，パワエレ回路ではPSIMが広く使われている。

5.1 熱電発電の等価回路

回路シミュレーションを行うにあたって，熱電素子の等価回路が必要で，これについて検討する。図7(a)に，KELK社から市販されている高性能タイプの発電特性を示す[9]。特性カーブはメーカーから報告されているデータをもとに作成しており，高温側が250℃で低温側が30℃の結果である。

これらの特性カーブでは，熱電素子の温度差を確保するため液体窒素による冷却が行われており，素子の理想的な発電特性を示している。実際に，ホットプレートを熱源とし，空冷や水冷で冷却して実験を行うと，発電電力はこのカーブの数分の1程度以下となる。熱電素子の熱伝導率が高く，素子の厚みが1 cm以下と薄いため，周囲から低温側に熱が伝わってしまうためである。実際の発電特性は，動作環境に依存するため，ここでは理想に近いメーカーからのデータを使用する。

図7(a)の熱電素子の発電電圧は，開放電圧が約12 Vであり，負荷抵抗を低減させて電流を流していくと直線的に減少する。発電出力は6 V，3.2 Aで最大値19.2 Wとなり，この時の抵抗は6 V÷3.2 A＝1.875 Ωである。熱電素子を直流電源と内部抵抗の等価回路とすると，電気回路的には内部抵抗と負荷抵抗が等しくなる場合に，電源からの供給電力が最大となる。した

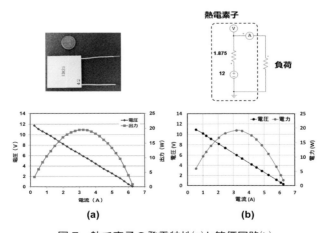

図7 熱で素子の発電特性(a)と等価回路(b)

がって，熱電素子の電気特性を，12 V の直流電源と 1.875 Ω の内部抵抗で模擬できる。

一方，メーカー側の提供されているデータシートでは，抵抗値が 1.15 Ω となっている。これは，交流を引加えて測定した値であり。両者にはズレがある。他の熱電素子で同様な評価を行ったが同様な結果となり，電気特性から見積もられた内部抵抗が大きくなった。熱電素子の発電で電流が流れ，ペルチェ効果が発生するのがこの一因と推定されている。

等価回路の妥当性を確かめるため，図 7(b) の上段に示す回路でシミュレーションを行った。計算では，負荷抵抗を変化させ，熱電素子から供給される電力（＝負荷で消費される電力）を計算した。計算結果を図 7(b) の下段に示す。負荷抵抗の低減に伴う電流増に対して電圧は直線的に減少し，電流 3.2 A，出力電圧 6 V で最大電力 19.2 W となり，熱電素子の出力特性を再現できている。熱電素子の等価回路が，12 V の直流電源と 1.875 Ω の内部抵抗でモデル化できることが示された。

5.2 電力取り出し回路

前項 [4.] で説明した回路構成に対応させたシミュレーションモデルが**図 8** である。左から熱電モジュール，昇圧チョッパ，インバータ，フィルタで構成されている。

図 7 の結果から，熱電素子は 12 V の直流電源と 1.875 Ω の内部抵抗となる。4.2 項で述べたように昇圧チョッパで安定的に昇圧できる倍率は 3〜4 倍である。昇圧後の電圧として 141 V が必要となることから，熱電素子を 3 個直列に接続し，36 V の直流電源電圧を 141 V に昇圧する。

3 直列熱電素子の内部抵抗は，1.875 Ω×3＝5.625 V となる。昇圧チョッパは，ON 時間にインダクタに蓄えた電力（電流）を，OFF 時に負荷に供給することで昇圧する。電源とインダクタ間の抵抗が大ききと，ON 時に蓄積される電流が制限され，所望の昇圧比が得られない。3 直列の熱電素子を，2 並列に接続し，内部抵抗を 2.813 Ω に低減している。

昇圧チョッパのスイッチングには IGBT を使用している。IGBT のゲートに接続された図 8 下段の回路は，駆動用のゲート回路である。三角波と一定電圧とを比較することで，所望の

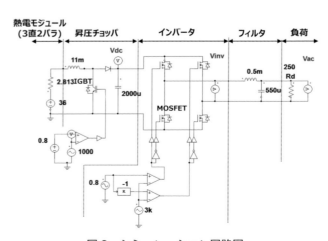

図 8　シミュレーション回路図

デューティで IGBT を駆動できる。たとえば，0 から 1 V の三角波を使い，直流電圧 0.5 V とすると，ON 時間が 0.5 で OFF 時間 0.5 のデューティ 0.5 となる。直流電圧を 0～1 V と変化させることで，直流電圧に比例したデューティで IGBT を駆動できる。図 8 では電圧 0.8 V で，デューティ 0.8 に設定している。

インバータのスイッチングには，MOSFET を用いている。昇圧チョッパでは 1 個のパワーデバイスですべてのスイッチング動作を行っており，比較比較的容量の大きい IGBT とした。これに対して，インバータでは 4 個の素子でスイッチング動作を行うことから，比較的容量の小さい MOSFET を用いた。昇圧チョッパと同様，下段の回路で PWM 駆動するためのゲート信号を発生させている。

フィルタは，L と C によって構成した最も単純なローパスフィルタである。電子回路のフィルタでは，抵抗 R を使ったフィルタが多く用いられる。これに対して，パワエレでは R での電力損失を避けるため，L と C を使ったフィルタが用いられる。LC ローパスフィルタでは，透過できる周波数の目安となるカットオフ周波数 f_c は，式(3)で与えられる。

$$f_c = \frac{1}{2\pi\sqrt{LC}} \tag{3}$$

図 8 の回路では，$L=0.5$ mH，$C=550$ μF なので，$f_c=303$ Hz となる。カットオフ周波数では，電力損失が -3 dB となる値で定義されており，すでに減衰の始まっている領域である。L と C の値は式(3)の少なくとも 2 倍以上に取るのが望ましい。ただし，あまり大きくすると，PWM の高周波成分も透過し，波形に振動成分が現れるので，注意が必要である。

5.3 動作波形

図 9 に，図 8 の回路で回路シミュレーションを行った結果を示す。昇圧チョッパ(Vdc)，インバータ(Vinv)，負荷端(Vac)で，それぞれの電圧波形をモニタした。図 9 は(a)が Vdc，(b)が Vinv，(c)が Vac である。昇圧された直流の Vdc が，インバータにより PWM 波形となり，ローパスフィルタを通して交流 100 V に変換されている。

昇圧チョッパで，回路動作でのデューティは 0.8 であり，式(2)より昇圧チョッパの出力電圧

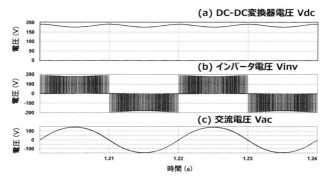

図 9 シミュレーションで得られ出力波形

第7章　熱電デバイス

は，電源電圧 5 倍の 180 V と計算される。回路シミュレーションでの Vdc 電圧は 183.7 V と
なっており，ほぼ一致している。その後のインバータとフィルタにより，実効値 100 V の交流
電圧が得られている。以上のように，図 2 (b)に示した構成の回路で，熱電素子で発電された電
力を昇圧し，交流 100 V に変換して利用できることが示された。

6　まとめと課題

　熱電素子モジュールの用途を，小電力な電子機器用と大電力の電気機器用に分類し，パワエ
レを使った電力取り出し回路を提案した。電子機器用では，電力安定化と電圧一定化のため，
バッテリーと昇圧チョッパで回路を構成する。電気機器用では，熱電素子モジュールの直流電
圧を高める昇圧チョッパ，直流を PWM の交流波形に変換するインバータ，PWM 波形から正
弦波の交流 100 V を抽出するフィルタで回路を構成する。

　提案した電気機器用の変換回路の動作を検証するため，PSIM を使って回路シミュレーショ
ンを行った。熱電素子は，発電特性をもとに直流電源と内部抵抗の等価回路でモデル化した。
これを，昇圧チョッパ，インバータ，フィルタの電力変換の回路モデルに組み込み，正弦波の
交流 100 V が得られることを確認した。

　本稿では熱電素子からの電力を所望の電力形態に変換する回路について説明した。熱電素子
モジュールを電源として活用する場合に検討するもう一つの要素として，電源と負荷とのマッ
チングがある。最大電力の取り出し手法が確立している太陽光発電を参考に，熱電発電で負荷
とのマッチングにより最大電力を取り出す手法を開発する必要がある。

文　献

1)　高木茂行, 長浜龍：" これでなっとくパワーエレクトロニクス ", コロナ社 pp.1～2 (2017).
2)　株式会社三菱総合研究所　環境・エネルギー研究本部：" 平成 24 年度新エネルギー等導入促進基
　　礎調査 p.7 (2013)
　　http://www.meti.go.jp/meti_lib/report/2013fy/E003447.pdf.
3)　谷内利明監修：" パワー半導体デバイス ", オーム社 pp.56～76 (2016).
4)　谷内利明監修：" パワー半導体デバイス ", オーム社 pp.82～102 (2016).
5)　高木茂行, 長浜龍：" これでなっとくパワーエレクトロニクス ", コロナ社 pp.60～67 (2017).
6)　高木茂行, 長浜龍：" これでなっとくパワーエレクトロニクス ", コロナ社 pp.74～82 (2017).
7)　高木茂行, 長浜龍：" これでなっとくパワーエレクトロニクス ", コロナ社 pp.91～98 (2017).
8)　今井孝二：" パワーエレクトロニクスハンドブック ", R & D プランニング pp.413～417 (2002).
9)　KELK 社ホームページ：http://www.kelk.co.jp/generation/data_1.html#data_11

第16節　熱電マイクロジェネレーター

九州工業大学　宮崎　康次

■１　はじめに

　熱から直接発電する熱電発電は，可動部がないことから相対的に増大する摩擦によるロスや機械的な動作による問題が小さく，以前よりマイクロジェネレーターとしての大きな可能性が期待されている[1)2)]。マイクロジェネレーターの応用先には，身近な未利用エネルギーで発電する環境発電[3)]が想定されているが，おもなエネルギー源として想定される光，振動，熱エネルギー量について**表１**に示す[4)]。さまざまな見積もりがあるが，表１によれば熱エネルギーは，1桁ほど他よりも大きなエネルギーが期待されており，熱電発電によるマイクロジェネレーターの開発は急がれるところである。低コストも重要な課題[5)6)]と思われるが，すでに技術的には熱電マイクロジェネレーターは実現レベル[6)]にあるといえる。上記，背景の下，取り組んできた熱電マイクロジェネレーターの開発[8)-10)]について概説する。

■２　Bi_2Te_3薄膜を利用したマイクロジェネレーターの作製

　熱電薄膜生成技術を利用してin-plane型[2)]の熱電マイクロジェネレーター（**図１**）を作製することに取り組んだ[8)]。エッチングやリフトオフなどの通常の微細加工技術による形状生成も考えたが，利用したフラッシュ蒸着法により生成したBi_2Te_3膜のガラス基板への付着が弱く，膜自体の機械的特性も脆かったことから，シャドウマスクを利用した（**図２**）。ステンレスで加工したマスク上から薄膜蒸着する方法でp型，n型，電極を順に作製する。始めに試作したミニジェネレーターを**図３**に示す。両端の温度差を30 Kとしたときに解放電圧80 mVで0.2 μW程度の発電出力を得た。

　シャドウマスクを用いた手法が確認できたので，次にマイクロ構造をもつシャドウマスクを通常のクリーンルームプロセスを利用して作製し，ミニジェネレーター作製と同様の手法でマイクロ化できるか確かめた。始めにシャドウマスク作製に取り組んだ。Siを用いると異方性

表１　環境発電で想定されるエネルギー源とその発電量

エネルギー源	エネルギー量	発電量
光		
屋内	0.1 mW/cm^2	10 μW/cm^2
屋外	100 mW/cm^2	10 mW/cm^2
振動		
人	0.5 m@1 Hz 1 m/s^2@50 Hz	4 μW/cm^2
機械	1 m@5 Hz 10 m/s^2@1 kHz	100 μW/cm^2
熱		
人	20 mW/cm^2	30 μW/cm^2
機械	100 mW/cm^2	1-10 mW/cm^2

第7章　熱電デバイス

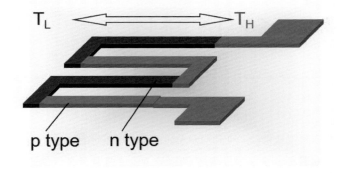

図1　in-plane型熱電マイクロジェネレーターの概略図

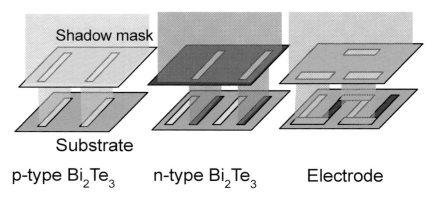

図2　シャドウマスクを利用した熱電ジェネレーター生成

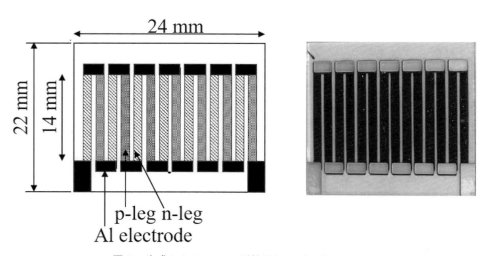

図3　生成したin-plane型熱電ミニジェネレーター

— 388 —

エッチングのために構造の角が斜めになる。これを避けるため，窒化 Si を PECVD（プラズマCVD）により Si の表面に生成し，細かいパターンは窒化 Si を RIE（反応性イオンエッチング）で等方性エッチングして生成した（図4）。Si をドライプロセスである DRIE（深堀り RIE）によってエッチングして生成できることも確かめたが大変高価となった。これら作製したシャドウマスクを用いて，ガラス基板上に16対の p-n 接合からなるマイクロジェネレーターを作製した（図5）。熱電薄膜部の長さは，長い部分で 2 mm，短い部分で 0.5 mm，幅 0.2 mm，厚み 1 μm とした。およそ 5 mm×5 mm の領域に設計通りパターン生成できており，直角の縁もほぼ完全に生成できた（形状(c)の電極部の一部が失敗しており，シャドウマスクの角が出せない場合の形状が確認できる）。ガラス基板上に蒸着しただけであるため，温度差を付けることができないことは明らかであり，次にジェネレーターの動作確認のためレーザーを集光して熱電モジュールの中心部を加熱した。図5左側グラフの横軸は加熱レーザーの出力，縦軸は熱電マ

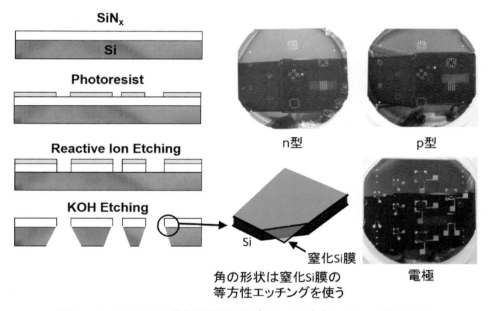

図4　シャドウマスク作製の微細加工プロセスと完成したシャドウマスク

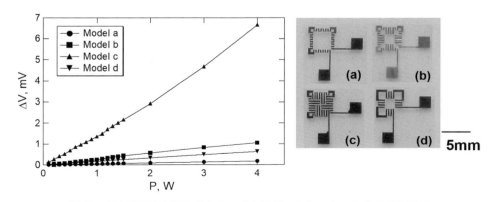

図5　ガラス基板上に生成したマイクロジェネレーターとその出力電圧

イクロジェネレーターから出力された解放電圧を示している。横軸の値は加熱の度合いを示す目安程度と考えている。加熱量が大きくなるほどマイクロジェネレーターからの出力が高くなり、中心部と周囲との温度差を多く利用できる形状(c)の出力電圧が最も高くなった。(b)(d)(a)の順に出力電圧が測定され、予想通りにモジュール形状の密度が高いほど、出力が高い結果が得られた。

3 自立膜を利用した in-plane 型熱電モジュール作製

環境発電において局所的な中心部のみが加熱されるような熱環境は通常想定できないため、周辺部が加熱され、中心部が自然冷却される自立膜型の形状を考えた[9]（図6）。環境発電で考えるような対流冷却の熱抵抗は大きいため、熱設計を工夫しないと熱電モジュール全体が加熱され、熱電薄膜の両端に温度差を生み出すことができない。できるだけ薄い基板上に熱電モジュールを作製する自立膜型とすることは、自立膜部分の熱伝導に相当する熱抵抗を大きくでき、熱電薄膜の一端が加熱されにくいため、結果、加熱面に設置するだけで温度差を得て作動するモジュールを設計できる。自立膜基板作製にはシャドウマスク作製とまったく同じプロセスを用いた。作製したマイクロジェネレーターを図7に示す。ガラス基板上に作製したときと同じシャドウマスクを用いており、熱電薄膜部分のサイズ並びに形状は同じである。これにより横方向の熱抵抗を大きくでき、100℃程度のホットプレートに設置するだけでデバイス両端に10℃ほどの温度差を得た。Si 基板部分に熱電対を設置してデバイス周辺部の温度を測定し、非接触の赤外線温度センサーを用いて、機械的に弱い中心部の温度を測定した。測定結果

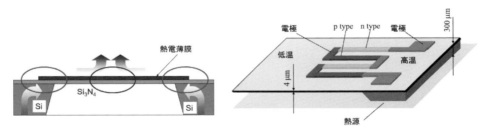

図6 自立膜型熱電モジュールの熱輸送モデル（左図）と熱電モジュールの全体概略図（右図）

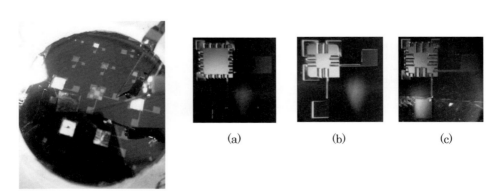

図7 自立膜型熱電マイクロジェネレーター
窒化 Si 自立膜のサイズは 4 mm×4 mm、膜厚 4 μm

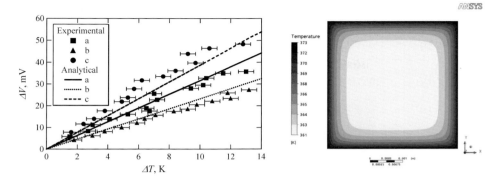

図8 熱電マイクロジェネレーターの解放電圧測定結果と熱伝導率計算(右図)から得られる予測解放電圧

を図8に示す。横軸が温度差,縦軸が解放電圧であり最大48mVが測定された。マイクロジェネレーターの電気抵抗を用いると16nWの出力に相当する。図8右図は,自立薄膜部分の熱伝導を数値計算して得た温度分布である。表面での熱伝達率を16 W/(m²·K)と仮定した。膜周辺部が100℃,中心部が88℃となった。熱電モジュールに流れる電流はきわめて少ないため,ペルチェ効果による加熱冷却の効果,モジュール自体のジュール発熱を無視しても実験結果を説明できた。熱電発電は通常,熱電材料の体積に比例して出力が増加するため,体積がまったく同じ形状(a)(b)は同じ発電量となると思われがちであるが,実際は,図8右に示すように温度差が自立薄膜周辺部に集中しており,p-n対を自立膜周辺部に集中させた形状(a)のほうが出力は大きくなった。熱電マイクロジェネレーターを作製するにあたり,材料のZTは当然高い必要があるが,一方でデバイスとしての熱設計を工夫することで出力を大きくできることも示した[9]。

4 熱電マイクロジェネレーターの出力向上

断面積S[m²],長さL[m]の熱電材料の熱電特性が導電率σ[S/m](電気抵抗率ρ[Ω·m]),ゼーベック係数α[V/K],熱伝導率λ[W/(m·K)]のとき,熱電ジェネレーターの出力P[W]は以下のように書ける[2]。

$$P = \frac{V^2}{R} = \frac{(\alpha \cdot \Delta T)^2}{\rho \frac{L}{S}} = \sigma \alpha^2 \left(\frac{\partial T}{\partial x} \times L \right)^2 \times \frac{S}{L} = \frac{\sigma \alpha^2}{\lambda} \times q^2 \times S \times L \tag{1}$$

ここで熱電材料の両端に生じる電圧差V[V],温度差ΔT[K],熱電デバイスを通過する熱流束q[W/m²]とした。$\sigma\alpha^2/\lambda$は性能指数Z[K^{-1}]と呼ばれる値で物性値である。$S \times L$[m³]は熱電材料の体積Vであり,熱電発電が体積に比例することが式でも示されている。もちろん性能指数Z[K^{-1}]が高いほど,出力は大きくなる。先のin-plane型熱電ジェネレーターをさまざまなサイズで作製し,熱電材料の体積を横軸,出力を縦軸にプロットした結果を図9に示す。In-plane型を代表例として,周辺部と中心部の温度差を利用する際,形状の大幅変更がなければ,式(1)で示されるように熱電材料部分の大きさで出力はほぼ決定する。今回のように4 mm×4 mm×1 μmの体積をもつ熱電材料を使って,10℃差で1 μWの出力を目標とすると,

第7章 熱電デバイス

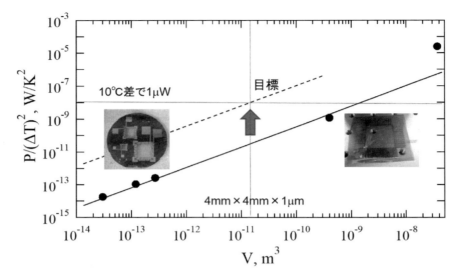

図9　熱電マイクロジェネレーター出力のサイズ依存

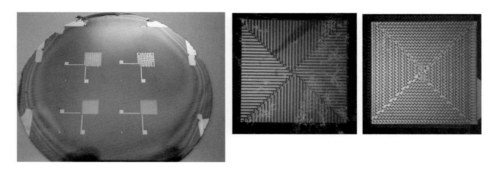

図10　熱電パターン密度を高めたマイクロジェネレーター

さらなる形状工夫が必要なことが分かる．4 mm×4 mmの自立膜部分の熱電部分の平面方向のパターン密度を高めれば，図9の横軸となる体積を稼げるため試作を試みたが(図10)，電気抵抗が大きくなり大幅な出力向上はみられなかった．

熱電パターンの自立膜上での空間充填率を高めながら出力低下の原因だった電気抵抗を下げるため，p-n 一対として全面利用する形状を考えた(図11)．自立膜周辺部を電極とし，p型膜を自立膜上全面に蒸着，次に絶縁層を生成して，冷却されて温度が低くなる中心部のみ絶縁層を取り除く．絶縁膜の上にn型膜を全面に蒸着して，最後，周辺部に電極を生成する．膜厚を倍にすれば，単純計算で出力を倍にできるほか，膜厚方向に対数を増やすことが可能であり，さらなる出力増加も計画できる．実際には絶縁層の作製が技術的に困難であり，出力は60 nW 程度に留まったが[10]，p型膜のみ，n型膜のみで実験した際には，それぞれ150 nW の出力が測定されている(図12)．nWオーダーのジェネレーターの出力をこのように積層構造にするなどして熱設計を工夫すれば，サブμWオーダーまで出力を改善できる可能性を示した．

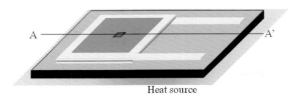

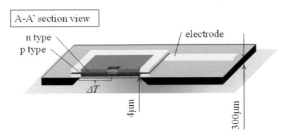

図11　積層型熱電マイクロジェネレーター

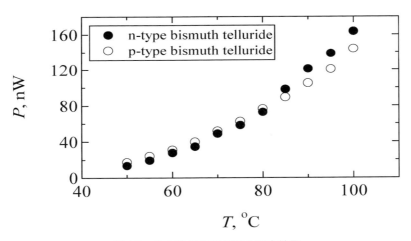

図12　自立熱電薄膜の出力測定結果

5　熱電マイクロジェネレーターの熱設計について

　式(1)に示したようにジェネレーターの出力は，熱電材料の体積に比例すると考えられるので，マイクロジェネレーターにおける熱設計の重要性をつかみにくい．そこで図13に示すような単純なケースを考えて理解を試みたい．始めに熱電薄膜の温度分布を in-plane 型として考える(図6左)．薄膜の体積は 4 mm×4 mm×1 μm と設定する．空気の温度 T_{air} を 25℃，熱電薄膜の表面は熱伝達率 $h = 10$ W/(m^2·K) で対流冷却されているとして，単純なフィン計算の式を使うと中心温度 T_c は以下のように書ける[11]．

$$T_c = T_{air} + (T_h - T_{air})/\cosh\beta L \tag{2}$$

第7章 熱電デバイス

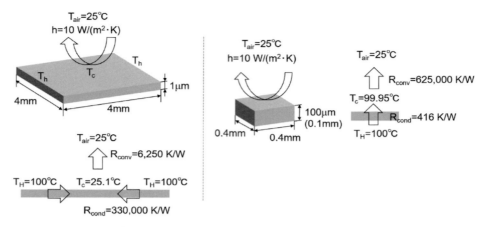

図13 in-plane 型(左図)と cross-plane 型(右図)マイクロジェネレーターの熱輸送概略
(材料の熱伝導率・を 1.5 W/(m・K)と仮定した)

$$\beta = \sqrt{2h/\lambda\delta} \tag{3}$$

ここで T_h は膜周辺の加熱部温度，L は高温部と低温部の距離，λ は材料の熱伝導率，δ は膜厚である．図13左の設定どおりに $L=2$ mm，$\delta=1$ μm を代入すると $T_c=25.1$ ℃とほぼ空気と同じ温度まで下がる．一方で図13右に示すように薄膜と体積(16×10^{-12} m^3)を同じくして，断面積 0.4 mm×0.4 mm，長さ 100 μm の塊を考えて cross-plane 型とする．環境発電を想定しているので，0.4 mm×0.4 mm の上表面が熱伝達率 10 W/(m^2・K)で冷却され，下面が 100 ℃に加熱されていることを想定する．材料内部の熱伝導を考慮すると表面温度は 99.95 ℃となり，材料全体が加熱されてしまう．熱輸送を温度差 ΔT K，熱抵抗 R K/W，熱輸送量 Q W で考え直すと($\Delta T = R\times Q$)，薄い薄膜の熱抵抗 $R_{cond}=L/\lambda A$(A は熱輸送の断面積)は A が非常に小さいことから 330,000 K/W(=2 mm/(1.5 W/(m・K)×4 mm×1 μm))と非常に大きな値となる．熱伝達の熱抵抗 $R_{conv}=1/hA(=1/(10$ W/(m^2・K)×4 mm×4 mm))=6,250 K/W のほうが圧倒的に小さいため，T_c は空気側の温度に引き寄せられている．一方で図13右の熱伝導では，材料内の熱抵抗はわずか 416 K/W(=100 μm/(1.5 W/(m・K)×0.4 mm×0.4 mm))しかないため，低温部での熱伝達の巨大な熱抵抗(=1/(10 W/(m^2・K)×0.4 mm×0.44 mm)=625,000 K/W)が障壁となって，低温部の温度は加熱側温度に引き寄せられる．

この状況を改めて，熱電発電の効率の式[12]に代入して考察する．

$$\eta_{\max} = \frac{T_h - T_c}{T_h}\frac{m_{opt}-1}{m_{opt}+\dfrac{T_c}{T_h}} \tag{4}$$

$$m_{opt} = \sqrt{1+\frac{1}{2}Z(T_h+T_c)}, \quad Z = \frac{\sigma S^2}{\lambda} \tag{5}$$

非常によい熱電材料が得られたとして $ZT=1$ を仮定すると，$m_{opt}=1.41$ で in-plane 型の熱電

マイクロジェネレーターの効率 η_{max} は 3.7% と計算される。一方で cross-plane 型は温度差が 0.05℃ しか得られていないことから発電できないことは明確で計算するまでもないが，数字を代入すると η_{max}＝0.0023% が得られる。空気の温度 25℃，高温熱源 100℃ が有していたエクセルギー率(＝$(T_h-T_{air})/T_{air}$)は 20% で，in-plane 型の熱設計では熱の質を落とすことなく有効に活用できた。一方，cross-plane 型では 20% あったエクセルギー率を熱設計の失敗で 0.013% にまで落としてしまっており，もはや ZT では回復できないほど効率が悪い。通常のデバイスでも起こり得るが，サイズが小さくなればなるほど，古典的なサイズ効果で表面効果が見かけ上大きくなるため($L^2 \gg L^3$)，熱設計の重要性が顕著となる[13]。

⑥　おわりに

　熱電マイクロジェネレーターの開発に研究室として取り組んできた内容を概説した。Bi_2Te_3 という非 Si 材料であることから，Si を対象として積み上げられてきた通常のクリーンルーム微細加工技術が直接適用できないため，シャドウマスクを用いる方法でマイクロジェネレーターの作製を試みてきた。近年は，3D プリンティングや塗布できる有機材料の開発など[15]も進んできているため，工程を変えることによる低コスト化や高出力化へ向けた構造の最適設計，ジェネレーターのフレキシブル化など実用化に向けたさまざまな開発が進むと期待される。一方，マイクロジェネレーターの開発を通して，デバイス出力が材料体積に比例すること，熱設計の工夫で出力を向上できることも明確となった。最後に粗いモデルではあるが，マイクロ化に伴う古典的なサイズ効果の側面から，熱電マイクロジェネレーターにおける熱設計の重要性についても概説した。熱電マイクロジェネレーターの情報は異なる切り口からたびたび取り上げられており[3][12][14][15]，参考にしていただきたい。

文　献

1)　C. B. Vining: *Nature Materials*, **8**, 83 (2010).
2)　宮崎康次：電気学会論文誌 E, 133, B237 (2013).
3)　鈴木雄二監修：環境発電ハンドブック，NTS (2012).
4)　R. J. M. Vullers et al.: *Solid-State Electronics*, **53**, 684-693 (2009).
5)　K. Yazawa et al.: *Env. Sci. and Tech.*, **45**, 7548 (2011).
6)　S. K. Yee et al.: *Energy and Env. Sci.*, **6**, 2561 (2013).
7)　H. Böttner, et al.: *J. Microelectromech.Syst.* **13**, 414-420 (2004).
8)　M. Takashiri, et al.: *Sens. and Act. A*, **138**, 329 (2007).
9)　J. Kurosaki, et al.: *J. Electron. Mater.*, **38**, 1326 (2009).
10)　A. Yamamoto, et al.: *J. Electron. Mater.*, **41**, 1799 (2012).
11)　日本機械学会編：伝熱工学, 日本機械学会 (2005).
12)　梶川武信監修：熱電変換技術ハンドブック, NTS (2008).
13)　S. Hama, et al.: *J. Physics: Conference Series*, **660**, 012088 (2015).
14)　日本熱電学会編纂：熱電変換技術の基礎と応用, CMC (2018).
15)　中村雅一監修：フレキシブル熱電変換材料の開発と応用, CMC (2017).

第17節　熱電発電モジュールと応用製品

株式会社KELK　八馬　弘邦／藤本　慎一／後藤　大輔

1　はじめに

　株式会社KELKは1950年代より熱電の事業を行っている。熱電の市場はそのほとんどが冷却・温調の分野であり，発電の市場はまだ非常に小さく，KELKの事業も冷却・温調関連が中心である。近年，環境技術への関心が高まってきたことや，周辺技術が揃ってきたことなどから熱電発電もさまざまな分野で実用化に向けた活動がなされている。
　KELKでは，熱電発電を，その出力規模や用途の性質に応じて，排熱回収・自立電源・エネルギーハーベストの3分野に分けて，製品展開を行っている。

2　熱電発電による排熱回収

　近年，京都議定書やパリ協定をはじめとする国際的枠組みで，地球温暖化対策が活発に行われており，未利用熱の活用はますます重要になってきている。現在，国内では一次エネルギーの約6割が有効利用されずに未利用熱として排出されており，これまでも，ランキンサイクル，スターリングエンジン，熱電発電などによるエネルギー回生が検討されてきた。熱電発電には，熱電素子が熱を電気に直接変換するため駆動部品が必要なく，システムを比較的コンパクトで軽量にしやすい，排熱の変動に比較的強いといった利点がある。これらの特徴から，分散した排熱を利用した発電においてとくに競争優位性が高い。
　図1は，排熱回収を対象に開発された「熱電発電モジュール」である。熱電材料としてはBi-Te系熱電半導体を用いている。このモジュールの最高使用温度は280℃であり，低温側30℃，高温側280℃のときに最大出力24W，熱電変換効率7.2％（同温度領域で世界最高）を示す。
　図2は，この熱電発電モジュールの技術を用いて作られた「熱電発電排熱回収ユニット」である。モジュールと受熱板・水冷板で構成されており，熱源に設置し冷却水を通すことで最大

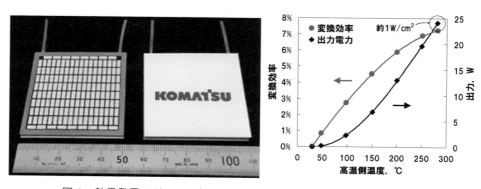

図1　熱電発電モジュール（KTGM161-18）の外観（左）とその特性（右）

第17節　熱電発電モジュールと応用製品

型式	KSGU240
サイズ	W290×D290×H85 [mm]（取り付け部含まず）
重さ	約12 kg
定格発電量	240 W
使用可能温度	受熱板センサ温度 250 ℃以下（冷却水が必要）
備考	熱源の形に応じて受熱板の形態は異なる。

図2　熱電発電排熱回収ユニット（KSGU240）の外観（左）とその仕様（右）

図3　工業炉アフターバーナーでの排熱回収熱電発電の実証事例

出力 240 W の発電ができる。

以下に熱電発電排熱回収ユニットの実証事例を示す。

図3は工業炉のアフターバーナーの排熱を利用した実証事例である。この種の炉では，熱処理に可燃性ガスを用いるため，使用済みのガスを燃焼除害する必要があり，その棄てられている燃焼熱を利用して発電しているものである。工業炉は，温度を維持することによる経済性や製造条件の安定性の観点から，設備稼働率も高い。本事例では75％以上の高い稼働率が確認できた。発電した電気は，電気事業者の配電系統に系統連系しており，熱電発電としては国内初の経済産業省保安院発電設備認定を取得している。

図4は，製鉄所の連続鋳造設備におけるふく射排熱を利用した熱電発電の事例である。本事例はNEDOの助成を受けて実施された。

製鉄業は未利用排熱が最も多く出ている業種の一つである。連続鋳造の高温スラブ表面から放出されるふく射熱は，広い面積から周囲に拡散するため，ランキンサイクルやスターリングエンジンなどの排熱回収技術では，効率的な回収が困難である。熱電発電排熱回収ユニットでは，ふく射排熱を受熱面で受け，直接発電可能であるため，レイアウト上の利点がある。この実証試験では，幅2 m，長さ4 mのエリアに56台のユニットを敷き詰め，国内最大規模の10 kW級の発電を実現している。

第7章　熱電デバイス

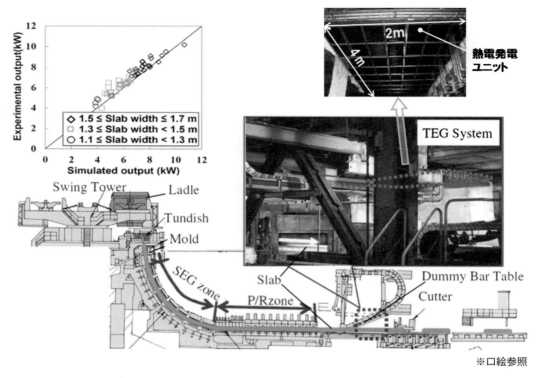

図4　製鉄所の連続鋳造設備におけるふく射排熱を利用した熱電発電実証事例

3　熱電発電自立電源ユニット

　熱電発電モジュールは，熱源さえあれば特別な配線なしで半永久的に自立した電源として機能させられるため，数W～十数Wレベルのバッテリーの代替としても応用可能である。このような電力レベルの電源として，配線レス・バッテリーレスのカセットガスファンヒーター（図5左），ストーブトップ用のエアサーキュレーター（図5中），アウトドアや災害時対策用の機器（図5右）などもすでに市販されている。わずかな炎のように数kWの熱があれば，実用的な数Wの発電をすることは容易に実現でき，電池に対してコスト優位性がある。また，電気配線をなくせたり，バッテリーの充電・交換の手間がなくなったりするため，コスト以上の付加価値をもつ製品が実現できる。

　このような自立電源としての用途を主目的とした図6に示す「熱電発電モジュール」が上市されている。この熱電発電モジュールは排熱回収用の熱電発電モジュールと比較すると性能面でやや劣るものの，出力，耐久性，価格のバランスがとれており，コストパフォーマンスが高い製品である。

　また，この熱電発電モジュールによる熱電発電を簡単に利用できる形にしたのが図7に示す「熱電発電自立電源ユニット」である。熱源に設置するだけで，数Wの電力を得ることができる製品となっている。この熱電発電自立電源ユニットは，自ら発電した電力で空冷ファンを回し，十分な電力を維持している。発電した電力から空冷ファンの動力分を差し引いた余剰

— 398 —

第17節 熱電発電モジュールと応用製品

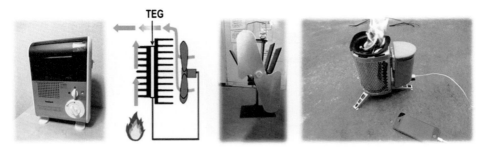

図5　熱電発電モジュールの自立電源としての応用例

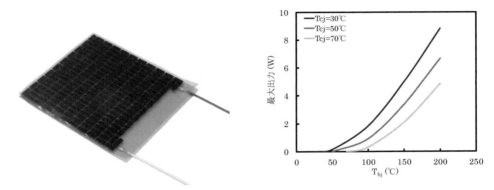

図6　熱電発電モジュール（KTGM199-02）の外観（左）とその特性（右）

図7　熱電発電自立電源ユニットの外観と仕様

電力が使用可能な電力となり，KSGU004では最大4W，KSGU002では最大2.5Wの出力を取り出すことができる。

　この熱電発電自立電源ユニットの具体的応用例の一つとして，図8に示すペレットストーブのペレット燃料自動供給システムがあげられる。このシステムでは，燃焼熱を利用して熱電発電を行い，その電力をペレット供給用モーターの動力および制御に用いている。電力供給の

— 399 —

第7章　熱電デバイス

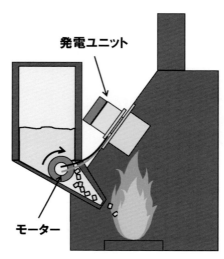

図8　ペレットストーブのペレット燃料自動供給システム

ない木質燃料ストーブでは，手動で燃料を供給し続ける必要があるが，熱電発電を用いれば，燃料が枯渇するまで，自動でストーブの火力を維持することができる。

4　熱電発電 EH デバイス

　IoT（モノのインターネット）時代を迎え，機械設備／社会インフラ／医療・ヘルスケア／流通・物流／農業などさまざまな分野でモノが，ネットワークで有機的に繋がり始めている。さらに，ビッグデータ処理や AI によるデータ分析の利活用で，センサーから現場の状態をリアルタイムで把握し，故障・事故を未然に防ぐことや，健康状態の管理，見守りなどの生活支援，防災・減災への活用など，幅広い分野で新しい価値が創造され始めている。インターネットにつながるモノ，すなわち IoT デバイスの数は，2016 年時点で 173 億個，2016 年から 2021 年までの年平均成長率（CAGR）は 15％と高く，2020 年には約 300 億個に拡大すると見込まれている。そこで用いられるセンサーの数は IoT デバイスの数倍と見込まれている。

　このように多くのセンサーを設置するための重要な課題の一つが電源の確保である。多くの数量となると電池交換は大きな手間となるし，そもそも電源配線や電池交換が困難な場所は多い。この課題を解決する手段として，環境中に存在する光・熱（温度差）・振動・電波などさまざまな形態の微小なエネルギーを，充電・取り替え・燃料補給なしで電力に変換して収穫（ハーベスト）し，実質永久にエネルギーを供給するエネルギーハーベスティング（EH）技術が注目されている。

　EH 用途に向けて，環境中に存在する小さな熱エネルギーを電気エネルギーに変換する「EH 熱電発電モジュール」（図9），その電力を電源とした「熱電 EH 無線デバイス」（図10）が上市されている。

　EH 熱電発電モジュールはサイズが 5 mm 以下と小型で，温度差 15℃で 2 mW 程度の発電が可能である。消費電力の小さな回路の駆動や，キャパシタに蓄電することでのボタン電池レベルの電力を一時的に取り出すことができる。

— 400 —

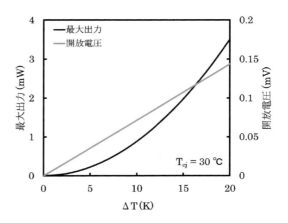

図9　EH熱電発電モジュールと出力線図（KTGS018A01）

図10　熱電EH無線デバイス

　熱電EH無線デバイスは，EH熱電発電モジュールの電力を電源とした無線通信機能付きセンサーデバイスである。機械などの排熱部分（モーター，ポンプなど）に本デバイスを設置するだけで，電池レスかつ配線レスで測定し，データを無線で送信することができる。

　本デバイスは，EH熱電発電モジュールの発電量がセンシングおよび通信など一式の動作に必要な電力量を満たす毎にデータ送信を行う（図11）。図12の建設機械に適用した事例では，デバイス設置面と雰囲気との温度差が60℃の条件で3秒ごとにデータ送信された。

　この熱電EH無線デバイスは，屋外での使用も考慮した設計となっており，建設機械に設置しての状態監視や，図13のように工場設備の点検業務への活用が始まっている。図14は工場屋上のモーターに設置した熱電EH無線デバイスの実測定データである。雰囲気温度は日中と夜間で10℃以上変動するが，機械動作中は熱流が一定であるため，本デバイスの表裏面の温度差が一定であることが確認できた。降雨による急激な温度変化時でさえ，本デバイスの表裏面の温度差は一定であった。この熱電EH無線デバイスは環境変化に対しても，安定してセンシングデータを送信することができることが分かった。なお，本デバイスを設置したモーターが停止する休日および一部の夜間の時間帯は，モーターが熱を発生しないため，データを送信しない。

第7章 熱電デバイス

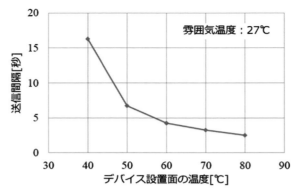

図11 設置面温度とデータの送信間隔

図12 建機設置の「熱電EH無線デバイス」

※口絵参照

図13 工場内各種設備に設置した「熱電EH無線デバイス」と屋上モーターへの設置の様子

　この事例では，通信として2.4 GHz IEEE 802.15.4準拠方式を採用した。中継機を最大3段設置して通信の障害物の迂回や通信距離を伸ばすことができ，工場1棟のセンシングデータを1箇所のゲートウェイで集めることができた。図15のように，得られたデータはオンプレミスまたはクラウドを利用して収集する。センサー内蔵型のデバイスだけでなく，設備に搭載さ

— 402 —

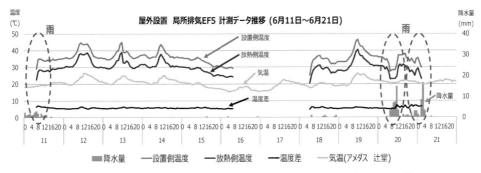

図14 屋外モーターに設置した熱電EH無線デバイスのデータ送信結果

図15 熱電EH無線デバイスのシステム構成例

れている電流・流量・圧力・湿度などの計測器のアナログ出力値を信号入力できる熱電EH無線デバイスなどが開発されており，繋がるセンサーの適用範囲が広がると共にデータ分析の方法も検討が進むであろう。まずは，データの自動連続収集により日常点検業務の工数低減や設備の予防保全などに活用されると思われる。

5 おわりに

上述した通り，熱電の市場は，冷却・温調が中心であり，発電はこれからである。冷却・温調市場も，長年かけて熱電の使いこなし方の理解が進んだ結果，成長する市場となってきた。熱電発電も今後，適切な用途を見つけ出し，この技術を使いこなすことで，成長する市場となるように活動を進めたい。

▷ 索 引 ◁

英数・記号

2 ω 法	98
3 ω 法	53, 91
2 段階加圧法	222
Ag	228
Ag 層の凝集	159
Ag の凝集	158
Al	217
Ba8Al16GaxSi30 − 2xPx（x = 0〜2.0)	349
Ba8Al16Si30	346
Ba8AlySi46 − y	348
Bi2Te3	88
BiTe	377
Boundary conductance	218
Bruggeman モデル	217
CNT	318
CNT 系材料	290
Cu	224
DEPOT：PSS	88
DC-AC 変換器	380
DCB 基板	7
differential thermal analysis; DTA	38
Diffrencial Scaninng Calorimetry：DSC	25
Einstein 振動モード	275
Fe2VAl 熱電モジュール	360
FlowDesigner	353
FTS 装置	156
Ga-P 同時ドーピング	349, 350
Ge	98
GHP	137
Gires-Tournois 干渉器	110
Graphite-TIM	207
Gruneisen 定数	274
h-BN	83

Hasselman モデル	217
IGBT	380
IoT	366, 400
I-V 曲線	55
in-plane	390
in-situ 重合法	239
Kirchhoff の法則	106
LC ローパスフィルタ	385
LESA プロセス	291
Li イオン蓄電池	379
LLDPE	36
Maxwell-Euken モデル	217
MBE	98
Mg2Si	346
MOSFET	264, 380
Mott の式	317
NFTS 方式	163
NIST	144
n 型ドーパント	306
n 型バッファ層	6
n 型熱電素子	368
O-H	254
p 型熱電素子	368
PCM	236
PEDOT	88, 291, 309
PEDOT：PSS	88
PET フィルム	159
PGEC	347
Phase Change Material：PCM	183
Phonon Blocking and Electron（Hole） Transmitting	320
Phonon Glass Electron Crystal	347
PIV（Particle Image Velocimetry）	186
PSIM	383
PiN ダイオード Vf 劣化	6

pn 接合	264
PWM	382
REACH 規則	354
RoHS 指令	354
Roll to Roll 乾燥炉	**250**
SCTG	**47**
SiC	**4**
SiC-MOSFET	5
Si	96
SnSe	275
SPS	215
TEM で断面観察	159
TG	**38, 49**
TG-DTA	38
TG-FTIR	49
TG-GC-MS	49
TG-MS	49
TiS2	287
TSParticle 法	186
uni-leg 形構造	**353**
X 線回折	**204**
Zintl モデル	348
ZT	287

あ

圧縮率	207
厚み方向の熱伝導率	261
アモルファス	99
アモルファス SiO2	52
アモルファス Al2O3	64
アルミナ系繊維質断熱材	143
アルミナ粉末(α-Al2O3)	30
アルミパウチ	170

い

イオン注入	98
位相差	**141**
一枚方式	138

移動度	96, 310
異方的なボンディング	274
インコヒーレント性	273
印刷法	**328**
インターカレーション	287
インダクタンス	7
インバータ	**380**

う

ウィーデマンフランツ則	62
上皿式	39
ウェットスピニング法	322

え

エアーキャップ	151
液相剥離法	291
エクセルギー率	395
エチレングリコール	170
エナジーハーベスター	315
エネルギーハーベスティング	273, 400
エネルギーハーベスト	**366**
エネルギーバンド	265
エネルギーバンド構造	100
エネルギーフロー	15
エネルギー変換	88
エネルギー補償型	**25**
エピタキシャル	97
エポキシ樹脂	7
エンタルピー緩和	**35**

お

オニウムイオン	306
温暖化対策	21
オンチップ	115
温度校正	41
温度差	312
温度速度分布計測例	185

温度波	74, 141
温度分布	55
温度較正	29

か

カーボンナノチューブ	54, 303, 318, 326
回折強度	204
外挿開始温度	32
ガイドロール	162
界面	51
界面重縮合反応法	238
界面抵抗	262
界面熱コンダクタンス	52
界面熱抵抗	55, 64, 91
拡散係数	255
拡散電位差	4
可視化	68
可視化計測	187
カスケードモジュール	370
ガスファンヒーター	398
ガス分離	163
カットオフ周波数	385
カプセル充填層型	179
ガラス転移	8, 28
カルノー効率	19
カルボアニオン	305
過冷却現象	240
過冷却度	185
感温性粒子	187
環境低負荷熱電材料	346
環境発電	315, 366, 387
還元	45
還元剤	305
完全吸収体	103
乾燥プロセス	249
乾燥炉	105
緩和時間	99

き

機械的特性	322
擬似高速化	74
キセノンフラッシュ法	216
基底面転位	6
起電力	334
キトサンエアロゲル	134
逆蛍石型構造	346
キャッピング	260
キャリア	96
キャリアドーピング	322
キャリア濃度制御	288
キャリア輸送方程式	315
凝固潜熱	185
凝集体	84
共振器	103
局在表面プラズモン	103
キルヒホッフの法則	70
金属細線（ホットワイヤ）	53
金属の自由電子	157

く

空冷式熱電発電	371
クライオポンプによる排気	163
クラウンエーテル	306
クラスレート	273
グラファイト	202
クロム	227

け

ゲート酸化膜	5
結晶化	76
結晶化ピーク温度	28
結晶構造	273
結晶成長	259
結晶成長速度	185
原子層	98

懸濁重合法 ……………………… 236
顕熱蓄熱 ………………………… 177

こ

コアシェル …………………………… 320
コアシェル型 …………………… **239**
コイン TEG ………………………… 291
高アスペクト比 ………………… 258
降圧チョッパ …………………… 381
高温高圧水 ……………………… 259
光学的手法 ……………………… 51
格子欠陥 ………………………… 156
構造欠陥 ……………………… **276**
高熱伝導性フィラー ……………… 81
高配向性グラファイトシート … **202**
恒率（定率）乾燥期間 …………… 251
コールドトラップパネル ………… 163
固化 ……………………………… 173
黒体輻射強度 …………………… 69
極薄 Si 酸化膜技術 …………… **98**
極薄膜 …………………………… 54
固固変態 ………………………… 179
コジェネレーション ……………… 20
コストペイバックタイム ………… 298
固相率可変型 SPS 成形 ……… **229**
固体伝熱 ………………………… 152
コヒーレント …………………… 97
孤立電子対 ……………………… 282
混晶（合金）散乱 ……………… 351
コンポジット …………………… 273
コンポジット化 ………………… 180

さ

サージ電圧 ……………………… 7
サーモグラフィー ………………… 115
サーモパイル …………………… 68, 140
サーモリフレクタンス … 58, 77, 98, 273
サーモリフレクタンス係数 ……… 52, 60

最大エネルギー変換効率 ………… 299
最大電力供給の定理 …………… 344
最低熱伝導率 …………………… 275
酢酸ナトリウム 3 水和塩 …… **170**
サスペンション構造 ……………… 54
サスペンション膜 ………………… 55
差分計測 ………………………… 53
酸化物材料 …………………… **368**

し

シェル・チューブ型 ……………… 179
時間分解サーモリフレクタンス法 … 58
時間領域サーモリフレクタンス法 … **51**
自己ジュール加熱法 ……………… 54
自己触媒反応 …………………… 47
自己組織化 ……………………… 291
自己発熱 ………………………… 47
自己冷却 ………………………… 47
示差走査熱量計（Diffrencial Scaninng
Calorimetry：DSC）………… 25
示差熱分析（differential thermal analysis；
DTA）…………………………… 38
支持脚構造 ……………………… 55
磁性 ……………………………… 273
自生雰囲気 ……………………… 48
持続型固 − 液共存状態 ……… **222**
下皿式 …………………………… 38
四端子計測 ……………………… 53
湿度制御 TG …………………… **49**
質量校正 ………………………… 41
市販反射型透明断熱フィルム …… 160
脂肪酸 …………………………… 178
シミュレーション ………………… 353
ジャンクション温度 ……………… 3
シャドウマスク …………………… 387
遮熱 …………………………… **18**
周期 …………………………… **141**
周期加熱法 ……………………… 140
自由電子密度が低下した状態 …… 160

充填率	170	スリット	162

充填率 …… 170
柔軟性 …… 205
出力密度 …… 353, 370
主熱板 …… 138
昇圧チョッパ …… **379**
省エネフィルム …… 157
省エネ法 …… 20
昇華法 …… 4
蒸着重合 …… 310
蒸発潜熱 …… **372**
植物細胞 …… 76
シリカエアロゲル …… **133**
シリコン IGBT …… 3
シリコン系クラスレート …… **346**
シリサイド系材料 …… **346**
試料制御熱分析 …… 45
試料速度制御熱分析 …… **46**
真空断熱材 …… 131
真空ホットプレス法 …… **214**
シングルナノ微粒子 …… 245
伸縮振動 …… 254
親水性モノマー …… 237
侵入型 Mg 欠陥 …… 346
振幅比 …… **141**
深夜電力 …… 170

す

水素結合 …… 254
水平式 …… 39
水平方向の熱伝導率 …… 261
水冷式熱電発電 …… **371**
水和塩 …… 178
スクッテルダイト …… 273
スタイロフォーム …… 151
ストーブ …… 398
スパッタプラズマ技術 …… 156
スパッタ冷却ロール …… 161
スペクトル伝導度 …… 315
スラリー …… 249

スリット …… 162

せ

静止空気 …… 148
静止雰囲気 …… 44
静電吸着法 …… **84**
性能指数 …… 297
ゼーベック係数 …… 91, 288, 304, 311, 315
ゼーベック効果 …… 334, 346
赤外線 …… **252**
赤外線加熱炉 …… 43
赤外線カメラ …… 71
赤外線サーモグラフィー …… 68
赤外線センサー …… 68, 103
赤外線ヒーター …… 103
積層欠陥 …… 100
積層構造 …… 203
絶縁破壊強さ …… 261
絶縁破壊の強さ …… **82**
接合 …… **369**
セラミックヒータ …… 253
セラミックファイバー断熱材 …… 148
セレン化カドミウム …… 320
線形応答理論 …… 315
潜熱蓄熱 …… **169, 176, 183**
潜熱蓄熱材 …… **176**

そ

走査型熱顕微鏡（SThM） …… 77
相対密度 …… **219**
相変化 …… 172, 176
相変化温度 …… 170
相変化型蓄熱材 …… **169**
相変化物質 …… 183, 236
速度制御 TG …… 46
ソフト化 …… 275

た

ターボ分子ポンプ	162
対称性由来	275
大振幅振動	282
タイプⅠ型クラスレート構造	347
ダイヤモンド	**9, 213**
太陽熱	169
対流	44, 189
対流伝熱	250
ダイレクトボンディングアルミニウム	9
暖気	16
弾性定数	352
炭化ケイ素	**213**
炭素前駆体	203
断熱	**18**

ち

蓄熱	**17**
蓄熱材	169, 170
蓄熱システム	**169**
蓄熱槽	169
蓄熱・放熱技術	236
窒化アルミニウム	**213**
中間点ガラス転移温度	28
長期エネルギー需給見通し	21
長期信頼性	208
超高速レーザフラッシュ法	58
超臨界乾燥	134
直鎖状低密度ポリエチレン（LLDPE）	35
直接接触型	180
貯湯槽	169
チラー	378

て

低エネルギー振動モード	274
低周波透過フィルタ	382
定常法	**216**

（右段）

鉄酸化物	320
テトラヘドライト	283
デューティD	**381**
融解（転移）	27
電荷移動	305
電気的手法	51
電子基板	73
電子数密度	265
電子線描画	53
電子チャネル	266
電磁場シミュレーション	104
電動化	16
伝導伝熱	250
天秤	38
電力因子	303

と

同時技法	**49**
同時ドーピング	**349**
等速度熱分析	**46**
動的雰囲気	44
導電性高分子	**91, 326**
導電性ポリマー	309
導電度	91
導電率	288
銅ピン配線	7
銅ブロック	7
透明酸化層	158
透明断熱フィルム	157
ドーパント	100
ドーピング	303
塗膜内部空気対策	245
トレンチゲート構造	**5**

な

内部抵抗	**344, 384**
ナノカプセル	181
ナノ結晶	310

ナノ構造	96
ナノ構造制御	273
ナノコンポジット	96
ナノセルラー	**135**
ナノ多孔	273
ナノ断熱材料	**132**
ナノドット	97
ナノ発泡体	**135**
ナノフォーム構造体	65
ナノブロックインテグレーション	287
ナノ粒子断熱材	148
ナノワイヤ	54

に

ニクトゲン	**284**
二原子鎖	275
日本工業規格	65
二枚方式	138
二膜構造型マイクロデバイス	54
認証標準物質	66

ぬ

布状熱電変換素子	322

ね

熱イメージング	68
熱応力	8, 263
熱回収	17
熱拡散率	140, 205
熱拡散率異方性	75
熱型赤外線受光素子	116
熱型センサー	69
熱起電力効果	346
熱吸収	172
熱源	169
熱交換器	170
熱コンダクタンス	139

熱重量曲線	38
熱重量測定（thermogravimetry; TG）	**38**
熱出力	174
熱処理	203
熱制御	177
熱設計	263
熱損失	146
熱対策	**206**
熱対策技術	208
熱抵抗	**91, 131, 267, 394**
熱抵抗低減	206
熱・電気連成解析	266
熱電材料	**366**
熱電素子	**377**
熱電素子の等価回路	383
熱電対	39
熱電テープ	291
熱電デバイス	291
熱伝導	44
熱伝導方程式	55
熱伝導率	**81, 91, 131, 202, 213, 288, 315**
熱伝導率・熱拡散率	68
熱電布	322
熱電発電	**296, 341, 366, 387, 396**
熱天秤	38
熱電併給型ソーラーパネル	169
熱電変換	**19, 88, 315, 366**
熱電変換材料	287, 296
熱電モジュール	**368, 378**
熱の３R	18
熱媒流体	169
熱風方式	251
熱負荷	170
熱ふく射	**103, 252**
熱分解	**45, 203**
熱膨張係数	**213**
熱輸送	19, 177
熱容量	**31**
熱流	26
熱流計法	140

熱流束	91, 174
熱流束型	25
熱流束計	131
熱履歴	35
燃費規制	16

は

パーコレーション	258
バイオナノ接合	320
配向	83
排熱	366
排熱回収	396
ハイブリッド化	311
ハイブリッドシェル	238
ハイブリッド車	16
バイモーダル	223
バインダーマイグレーション	255
破壊電界強度 Ec	4
薄膜	51
薄膜組織	156
波長識別	103
波長制御ヒータ	253
波長選択性	111
発生ガス分析	42
発生気体分析（EGA）	49
発泡スチロール	151
発泡ポリマー	131
バルク	96
パルス通電	215
パルス光加熱サーモリフレクタンス法	58
パルス変調	382
パワーエレクトロニクス	377
パワーサイクル試験	207
パワーデバイス	9, 380
パワーファクター	290, 311, 315
パワーモジュール	81
半値幅	204

ひ

ヒートシンク	9, 378
ヒートスプレッダー	213
ヒートパイプ	372
ヒートポンプ	17
非局在化	305
微細加工域	74
微細加工技術	103
微小熱量計	73
ビスマス－テルル系	341
非調和性	274
ピッカリングエマルション	238
比熱	141
標準板	144
標準物質	66, 140

ふ

フィラー	216, 257
フィラーの配向性	262
フィルタ	381
フィルム搬送	161
フィン型モジュール	312
フーリエの法則	145
フェリハイドライド	320
フォトニック構造	111
フォトルミネッセンス	77
フォノニック結晶	279
フォノン	96, 273
フォノンエンジニアリング	278
フォノン散乱効果	275
負荷抵抗	384
複合化	257
ふく射伝熱	152, 250
ふく射熱	397
輻射率	70
不対電子	275
沸騰冷却	339
フュームドアルミナ	148

プラズマ放電焼結（PAS）法 347
プラズモンポラリトン 104
フラッシュ蒸着法 387
プランクの法則 70
プランク分布 252
プランク補正 41
フリーホイーリングダイオード 6
浮力 39, 44
浮力対流 189
フレキシビリティー 326
フレキシブル **326**
フレキシブルデバイス 313
フレキシブル熱電変換材料 289
プレス成型法 180
プロピレングリコール 170
分子線エピタキシー法 98
分子ドーピング 305
分布反射器 111

へ

平均自由工程 **99**
平面アレイ（Focal Plane Array：FPA） 68
併用同時技法 **49**
ベース樹脂 81
ベースライン（ブランク） 29
ベーマイト 258
ペルチェ効果 334, 384
ベルト式高圧成形法 **214**
変調 52

ほ

ホイスラー型 Fe2VAl 合金 358
ボイラー 17
芳香族ポリイミドフイルム 202
放射率 115
ホウ素 **227**
膨張黒鉛 202
放電プラズマ焼結（SPS） 349

放電プラズマ焼結法 **215**
放熱コーティング 244
放熱材料 **213**
放熱性コンポジット絶縁材料 **81**
放熱・蓄熱密度 240
補外ガラス転移開始温度 28
補外ガラス転移終了温度 28
補外結晶化開始温度 28
補外結晶化終了温度 28
補外融解開始温度 28
補外融解終了温度 28
保護熱板 138
保護熱板法 131, 137
ホットエレクトロン 266
ホットスポット 263
ホットプレス法 181
ポリアクリル酸 89
ポリアミド酸 260
ポリイミド 258
ポリエチレンテレフタレート 89
ポリスチレンフォーム 151
ボルツマン近似 317
ポンプ・プローブ法 51

ま

マイクロカプセル 181
マイクロジェネレーター 387
マクロカプセル 181
マトリックス **216**
マランゴニ凝縮 339
マルチスケール 77
マルチスケール階層構造 279

み

密度 **141**
未利用熱 15

む

無機・有機ハイブリッド超格子	287
無次元温度	146
無次元性能指数	**315, 366**
無次元性能指数 ZT	**88**
無次元熱電性能指数 ZT	346

め

メタマテリアル	103
面積積分	242
面特異的	260
メンブレン構造	116

も

モジュール	**291, 309, 352**

や

ヤング率	352

ゆ

融解	27, 32
融解潜熱	184
融解ピーク温度	28
有機修飾	259
有機修飾鎖	262
有機膜	257
有効最大出力	300
ユニポーラ素子	4
ユニレグ構造	330
ユニレグ素子構造	312

よ

溶解再析出	259
容積エネルギー密度	169

溶融塩	178
溶融金属含浸法	**214**
余剰電力	169

ら

ラットリング	282
ラトリング	273
ランキンサイクル	19

り

リアクテイブスパッタ	163
リチウムイオン二次電池	249
粒子分散型	**213**
量子型赤外線センサー	69
両面冷却方式	8
理論発熱量	**173**
燐光粒子	187

る

累積熱伝導率	278
ループヒートパイプ	19

れ

零位法	40
レーザースライス技術	4
レーザーフラッシュ法	**216**

ろ

ローパスフィルタ	383
ローンペア	282

わ

ワイドバンドギャップ半導体材料	3

サーマルデバイス

新素材・新技術による熱の高度制御と高効率利用

発行日	2019年4月25日　初版第一刷発行
監修者	舟橋　良次　　小原　春彦
発行者	吉田　　隆
発行所	株式会社 エヌ・ティー・エス
	〒102-0091 東京都千代田区北の丸公園 2-1　科学技術館 2 階
	TEL.03-5224-5430　http://www.nts-book.co.jp
印刷・製本	倉敷印刷株式会社

ISBN978-4-86043-602-5

Ⓒ2019　舟橋　良次　小原　春彦　他

落丁・乱丁本はお取り替えいたします。無断複写・転写を禁じます。定価はケースに表示しております。
本書の内容に関し追加・訂正情報が生じた場合は、㈱エヌ・ティー・エスホームページにて掲載いたします。
※ホームページを閲覧する環境のない方は、当社営業部(03-5224-5430)へお問い合わせください。

関連図書

NTSの本

	書籍名	発刊年	体裁	本体価格
1	刺激応答性高分子ハンドブック	2018年	B5 864頁	60,000円
2	ALD（原子層堆積）によるエネルギー変換デバイス	2018年	B5 328頁	32,000円
3	スマートマテリアル産業利用技術 〜形状記憶材料の変態・塑性挙動のシミュレーション〜	2018年	B5 194頁	36,000円
4	フォノンエンジニアリング 〜マイクロ・ナノスケールの次世代熱制御技術〜	2017年	B5 280頁	35,000円
5	Brown粒子の運動理論 〜材料科学における拡散理論の新知見〜	2017年	B5 224頁	20,000円
6	光触媒/光半導体を利用した人工光合成 〜最先端科学から実装技術への発展を目指して〜	2017年	B5 250頁	40,000円
7	光合成研究と産業応用最前線	2014年	B5 446頁	35,000円
8	微生物燃料電池による廃水処理システム最前線	2013年	B5 254頁	35,000円
9	サーマルマネジメント 〜余熱・排熱の制御と有効利用〜	2013年	B5 636頁	44,800円
10	環境発電ハンドブック 〜電池レスワールドによる豊かな環境低負荷型社会を目指して〜	2012年	B5 444頁	46,600円
11	高効率太陽電池 〜化合物・集光型・量子ドット型・Si・有機系・その他新材料〜	2012年	B5 376頁	39,000円
12	スマートエネルギーネットワーク最前線 〜新エネルギー促進, 制御技術からシステム構築, 企業戦略, 自治体実証試験まで〜	2012年	B5 502頁	42,000円
13	次世代パワー半導体 〜省エネルギー社会に向けたデバイス開発の最前線〜	2009年	B5 400頁	47,000円
14	高性能蓄電池 〜設計基礎研究から開発・評価まで〜	2009年	B5 420頁	45,200円
15	熱電変換技術ハンドブック	2008年	B5 736頁	55,000円
16	太陽エネルギー有効利用最前線	2008年	B5 664頁	47,400円
17	エネルギーの貯蔵・輸送	2008年	B5 508頁	47,600円
18	マイクロ燃料電池の開発最前線	2008年	B5 320頁	40,800円
19	マイクロ・ナノ熱流体ハンドブック	2006年	B5 696頁	52,400円
20	薄膜太陽電池の開発最前線 〜高効率化・量産化・普及促進に向けて〜	2005年	B5 336頁	38,000円
21	実用化に向けた色素増感太陽電池 〜高効率化・低コスト化・信頼性向上〜	2003年	B5 350頁	46,600円
22	太陽光発電システムの最新技術開発動向 〜各種太陽電池の研究・開発動向から設計・施工および導入事例・補助制度まで〜	2001年	B5 320頁	37,200円

※本体価格には消費税は含まれておりません。